제3판

R을 이용한 통계적 실험설계와 분석

김재희 지음

자유아카데미

머리말

실험을 통해 연구를 수행하는 연구자들은 실험 상황과 조건에 맞는 실험을 설계하고 설계에 따른 적절한 통계적 모형을 세우며 통계적 분석을 수행함으로써 데이터가 발생하는 시스템에 대한 정보를 얻을 수 있다. 실험설계 후 얻은 데이터에 대한 통계적 분석을 수행하기 위해서는 컴퓨터 프로그래밍 활용이 필수적이며, 최근에는 R 시스템이 여러 통계분석 분야에 널리 활용되고 있다.

이 책은 다양한 분야에서 실험설계와 통계분석을 이해하고 활용하고자 하는 이들에게 도움을 주기 위해 집필하였으며, 구성은 다음과 같다. 1장에서는 실험설계의 필요성과 유의점을 언급하고, 2장에서는 기초통계 이론과 R을 이용하여 각 분포에서의 확률계산 방법을 소개한다. 3장에서는 가장 기본적인 실험설계로 완전확률화설계에 대한 이론과 R 프로그래밍을 설명한다. 4장에서는 확률화완전블록설계와 균형불완비블록설계, 5장에서는 두 방향 블록이 겹친 형태인 라틴정방설계에 대해 설명한다. 6장에서는 처리조합에 대한 배치 방법으로 요인설계를 설명하고, 7장에서는 요인설계 중 각 요인의 수준이 두 개인 경우를 다룬 2^k 요인설계를 설명한다. 8장에서는 요인들의 처리조합의 일부만 실험할 수 있는 경우에 활용할 수 있는 부분요인설계를 다룬다. 마지막으로 9장에서는 분할구설계를 설명한다. 여기에 각 장에서 소개되는 실험설계에 대한 통계적 분석을 할 수 있도록 R 코드를 제공한다.

이번 개정판에는 3장과 6장에 공분산분석을 추가하였다. 반응변수에 선형적 영향을 미치는 변수로 공변량(covariate)이 존재할 경우, 공변량의 효과를 조절하기 위해 반응변수의 분산 변화뿐만 아니라 반응변수와 설명변수 간 관계를 고려해야 한다. 분산분석(anova)과 공변량의 선형효과를 조절하는 회귀(regression) 기법을 결합한 통계적 방법이 공분산분석(ancova)이다. 공분산분석으로 반응변수에 영향을 미치는 공변량을 고려하여 공변량의 영향을 제거하고 독립변수의 순수한 효과를 추정하고 검정할 수 있게 된다. 8장에서는 부분요인설계에 대한 설명을 추가하였고, 선별설계로 Plackett-Burman 설계를 추가하여 R 코드로 실험설계를 할 수 있도록 코드를 보여주고 있다.

출간 후 나올 수 있는 수정사항 등은 자유아카데미 홈페이지(www.freeaca.com) 자료실에 제공할 예정이니 참고하기를 바라며, 이 책이 실험설계와 통계분석에 대해 이해하고 활용하고자 하는 사람들에게 조금이나마 도움이 된다면 큰 기쁨이고 보람이 될 것이다. 끝으로 나의 사랑하는 가족과 덕성여대 통계학 전공 학생들, 그리고 조언을 해주시는 선후배님들께 깊이 감사드린다.

2025년 1월

도전하는 학생들이 넘치는 아름다운 덕성여대 캠퍼스

김재희

차례

1장 실험설계에 대하여

2장 실험과 통계적 추론

3장 완전확률화설계

4장 확률화블록설계

5장 라틴정방설계

6장 요인설계

7장 2^k 요인설계

8장 부분요인설계

9장 분할구설계

1장

실험설계에 대하여

1.1 실험설계의 이해

실험(experiment)의 목적은 나타나는 현상을 관찰해서 연구대상 또는 연구체계를 더욱 잘 이해하거나 혹은 새로운 사실을 발견하는 데 있다. 따라서 실험공정은 관심 있는 요인 이외의 다른 조건의 변동을 최소화하여 관심요인의 영향을 파악하기 쉽게 만들어져야 한다. 입력변수(input variable)에 따라 결과로 나타나는 반응에 의도적인 변화가 일어나도록 하는 일련의 검정 과정들을 실험이라고 정의할 수 있겠다.

예를 들어보자. 어떤 화학공학자가 알루미늄 합금(aluminum alloy)에 대해 오일(oil)로 담금질하는 방법과 소금물로 담금질하는 방법을 비교하고자 한다. 이 실험의 목적은 어떤 방법이 알루미늄 합금을 단단하게 하는가를 알고자 하는 것이다. 연구자는 각 합금표본막에 사전에 정한 방법으로 실험을 수행하고 합금강도를 측정하여 데이터를 얻게 된다. 각 방법으로 처리된 표본막의 데이터 평균을 계산하여 두 방법의 결과를 비교할 수 있다. 이러한 실험에서 다음과 같이 몇 가지 문제를 제기할 수 있다.

(1) 두 가지 방법만이 관심 있는 처리인가?
(2) 합금 강도에 영향을 미치는 다른 요인은 없는가?
(3) 두 방법에 대한 검정을 위해 몇 개의 표본이 필요한가?
(4) 실험에서 표본막에 대한 처리를 할 때 어떤 순서로 해야 하는가?
(5) 데이터를 얻은 후 어떠한 데이터 분석방법을 적용해야 하는가?
(6) 방법별 강도 평균의 차이는 어느 정도 나야 차이가 있다고 말할 수 있는가?

이러한 문제들은 실험 이전에 정리되어야 한다.

실험수행(experimentation)은 과학(공학)적 방법의 일부분이다. 실험을 통해 물리학적인 현상이 수학적 모형으로 표현되고 이해되는 상황도 있다. 예를 들어, 옴(Ohm)의 법칙은 $E = IR$에서는 전압(E)을 전기회로에서 흐르는 전류의 세기(I)와 저항(R)의 관계식으로 밝혀내었다. 보일 샤를의 법칙(Boyle-Charles' law)은 기체의 부피는 압력에 반비례하고 절대온도에 비례함을 발견한 것으로, $pV = GRT$(p: 기체의 압력, V: 기체의 부피, G: 기체의 중량, R: 가스 정수, T: 절대온도)으로 표현된다. 이러한 모형을 기계학적인 모형(mechanistic model)이라고 한다. 그러나 과학과 공학에서 다루는 문제는, 관심 있는 과정(process) 또는 시스템(system)에 대한 측정값을 구해 시스템이 어떻게 작동하는지에 대한 정보를 얻는 것이다. 잘 계획된(well-designed) 실험을 통해 이러한 정보를 얻을 수 있으며, 실험을 통해 결정된 모형을 경험적 모형(empirical model)이라고 한다. 이 책에서는 경험적 모형을 얻기 위한 실험설계를 다루고자 한다. 이러한 실험에서는 데이터가 수집된 방법에 따라 도출되는 결론이 달라질 수 있으므로 잘 계획된 실험설계가 필수적이다.

일반적으로 실험은 과정 또는 시스템에 대한 작업 혹은 성능 등에 대해 연구하기 위한 과정에서 사용된다. <그림 1.1>에서 보여 주는 모형과 같이 최종 결과는 여러 가지 작동, 기계, 방법, 실험자 등의 조합으로 과정을 표현할 수 있고 이러한 실험에서 조절 가능한 변수 $x_1, \ldots, x_p$와 조절 불가능한 변수 $z_1, \ldots, z_q$들이 있게 된다. 실험의 목적은 다음과 같은 상황을 포함한다.

(1) 반응변수 Y에 가장 큰 영향을 미치는 변수를 결정하고자 한다.

(2) 반응변수 Y에 대해 원하는 값을 가까이 얻을 수 있는 영향력 있는 설명변수 x 들을 결정하고자 한다.

(3) 반응변수 Y의 변동성은 작게 하며 영향력 있는 설명변수 x의 범위를 설정한다.

(4) 조절 불가능한 변수들에 의한 영향을 최소화하며 영향력 있는 설명변수 x의 범위를 설정한다.

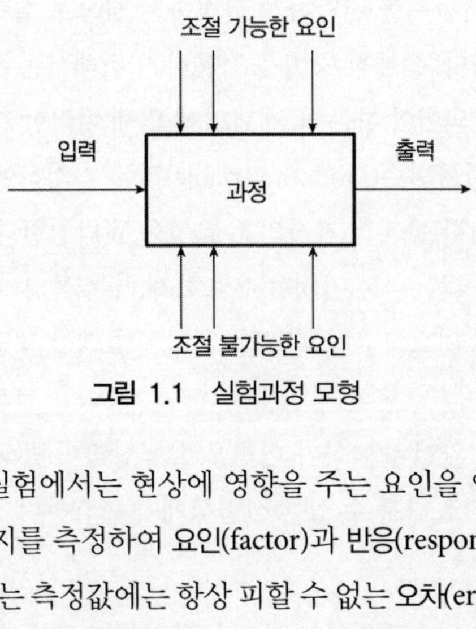

그림 1.1 실험과정 모형

비교실험과 같은 통계실험에서는 현상에 영향을 주는 요인을 연구자가 임의로 조절하여 어떤 반응이 나타나는지를 측정하여 **요인**(factor)과 **반응**(response) 간의 인과성을 유추한다. 실험을 통해 얻게 되는 측정값에는 항상 피할 수 없는 **오차**(error)가 포함되므로, 이런 오차를 최소화하여 오차가 포함된 측정값으로부터 참값에 대한 최대정보를 얻을 수 있는지가 실험의 관건이 된다.

실험설계(experimental design) 혹은 **실험계획**이란 관심의 대상이나 시스템의 특성을 알기 위해 실험을 수행할 때, 실험조건을 고려하여 최소한의 시간과 비용으로 최대의 정보를 얻고 통계적인 해석이 가능하도록 실험방법을 결정하는 통계적 기법이다. 동일한 조건과 방법을 통해 실험을 진행하여 관찰하더라도 결과로 측정된 값은 항상 동일하게 나오지 않을 수 있다는 점에서 통계적 사고방식이 필요하다.

1.2 실험설계의 기본 원칙

통계적 실험설계는 실험을 계획하고 진행하는 과정으로 적절한 데이터를 수집하여 통계적 방법으로 분석하고 유효하며 객관적인 결론을 도출할 수 있어야 한다. 실험으로 얻은 데이터로부터 의미 있는 결론을 얻고자 한다면 실험설계에 대한 통계적인 접근이 필수적이다. 그러므로 실험문제에서 두 가지 부분이 고려되어야 한다. 첫 번째는 실험의 설계이며. 두 번째는 데이터에 대한 통계적 분석이다. 통계적 분석방법은 계획한 실험설계에 직접적으로 의존하므로 두 주제는 매우 밀접하게 연관되어 있다.

통계적 실험설계에는 랜덤화(randomization), 반복(replication), 블록화(blocking)의 기본적인 세 가지 원칙이 있다. 이러한 원칙은 통계적 분석을 가능하게 하는 데 매우 필요한 원칙이다.

(1) 랜덤화(확률화)

랜덤화는 실험설계에서 통계적 분석을 사용할 수 있는 토대라고 볼 수 있다. 랜덤화는 실험단위의 배정 및 실험순서를 랜덤하게 결정하는 것으로 실험의 객관성과 통계적 이론 전개에 필수적인 원칙이다. 통계적 방법을 적용하기 위해서는 관측값 또는 오차들이 서로 독립인 확률변수로 표현되어야 하는데, 랜덤화에 의해 이러한 가정이 유효하게 된다. 관측값들이 서로 독립적인 확률변수(random variable)라는 가정하에 통계적 방법과 이론이 유추되므로 랜덤화는 이러한 통계적 가정의 유효성을 뒷받침한다. 랜덤화는 오차항이 서로 독립이고 동일한 분포를 갖는다는 가정을 유효하게 하는 작업이 되며, 적절한 랜덤화의 사용은 관심요인 이외의 요인으로부터 발생할 수 있는 효과를 평균화 소거(averaging out)할 수 있는 근거가 된다.

때로는 실험설계에서 완전 랜덤화가 어려운 실험상황이 발생한다. 이러한 경우 랜덤화에 대한 제약조건을 별도로 다룰 수 있는 실험설계가 필요하다.

(2) 반복

실험에서의 반복은 각 처리조합에서 서로 독립적인 측정에 대한 반복으로 둘 이상의 실험단위에 대해 실험하는 것을 의미한다. 여기서 반복은 두 가지 중요한 의미를 지닌다. 첫 번째는 반복을 통해 실험오차를 구할 수 있다는 점이다. 데이터로부터 관측된 차이가 통계적으로 유의한 차이라고 볼 수 있는지 결정하는 데 실험오차 추정값을 이용하면 된다. 두 번째로, 표본평균($\overline{Y}$)이 실제 평균반응값에 대한 추정값으로 사용될 경우, 반복이 있는 측정값을 통해 정확도가 높은 모수추정값을 얻을 수 있게 된다. 예를 들어, 각 측정값에 대한 분산이 σ^2일 때, n번 반복이 있는 경우 표본평균에 대한 분산은 σ^2/n으로 줄어든다. 반복적인 실험을 통해 실험오차(experimental error)를 측정할 수 있고, 반복수를 늘리면 처리 평균의 분산이 줄어들어 실험의 정확도(precision)를 높일 수 있다.

반복을 많이 하면 실험의 정확도는 높아지지만 실험비용이 증가하므로 시간과 경비를 고려하여 반복수를 정해야 한다.

(3) 블록화

블록화는 실험의 정확도를 높이고 편차(bias)를 제거할 수 있는 방법으로 실험설계의 기술이라고 할 수 있다. 몇 개의 블록을 정한 후 블록 내에서 동질적인 실험조건을 유지하는 집합으로, 동질성을 가진 실험단위들을 랜덤하게 배치하여 실험한다. 블록 내는 동질적이지만 블록 간은 이질적이다.

주어진 상황의 제약 때문에 완전랜덤화가 불가능한 경우 실험설계에서 제시하는 랜덤화에 대한 대안으로, 블록화는 제한된 랜덤화를 의미한다. 각 블록에서는 완전랜덤화가 이루어지며 이러한 블록을 여러 개 고려하는 것이다. 같은 블록 안에서는 동일한 실험조건이 유지되므로 관심요인들 간 비교가 가능하다.

1.3 실험설계와 관련한 용어

실험 및 실험설계와 관련한 주요 용어를 정의하고 설명하고자 한다.

요인(factor)은 반응 결과에 영향을 미치는 중요 원인이다. 예를 들어, 사과 수확량에 영향을 미치는 요인실험에서 농약, 토질, 비료는 요인이 된다. 모르타르 성분 배합 비율에 따른 시멘트의 강도실험에서 요인은 모르타르 성분 배합이다. 물고기 종류에 따른 먹이 종류의 영향을 비교하는 실험에서는 물고기와 먹이가 요인이 된다.

수준(level)은 요인의 수준을 의미하며, 실험자가 조절할 수 있는 조건이며 수준수는 이러한 조건의 개수이다. 예들 들어, 농약의 종류가 수준이며 세 종류의 농약을 비교할 경우 수준수는 3이다. 모르타르의 성분 배합 비율이 수준이며 5가지 배합 비율을 비교할 경우 수준수는 5이다. 물고기 종류와 먹이 종류의 조합이 요인의 각 수준을 형성하며 세 종류 물고기와 다섯 종류의 먹이를 고려할 경우, 물고기 요인의 수준수는 3이고 먹이 요인의 수준수는 5이다.

처리(treatment)는 요인수준들의 조합이다. 관심요인이 한 개일 때는 요인의 수준이 처리가 되며, 요인이 두 개 이상이면 요인들의 수준의 조합이 처리가 된다. 예들 들어, 농약실험에서 세 종류의 농약, 네 종류의 토질, 두 종류의 비료가 요인일 경우 $3\times4\times2=24$개 처리조합을 고려해야 한다. 모르타르 실험에서 5가지 배합 종류를 비교할 경우 처리조합은 5

가지이다. 물고기와 먹이 실험에서 세 종류 물고기와 다섯 종류의 먹이를 고려할 경우 처리 조합은 15가지이다.

실험단위(EU: experimental unit)는 처리가 랜덤하게 배치되어 처리를 받는 대상 또는 실험환경으로 서로 다른 처리가 가해지는 최소단위이다. 실험설계에서 가장 중요한 개념으로 실험의 반복이 이루어지는 단위로서 자유도를 증가시키는 단위가 된다. 예를 들어, 실험단위의 최소단위로 개체, 식물, 화분, 동물 등이 가능하다.

반응변수(response variable)는 실험단위에 대해 실험결과로 관측되는 값을 갖는 변수이다.

효과(effect)는 요인의 수준 변화가 반응에 미치는 효과로서 통계적으로 정량화될 수 있어야 한다.

실험오차(experimental error)는 실험단위들이 완전히 동일하지 않아서 생기는 오차이다. **처리오차**(treatment error)는 실험단위에 완전히 동일한 처리를 가하지 못해 발생하는 실험오차이다. **관측오차**(observational error)는 관측값을 읽으면서 생기는 오차이다. 예를 들어, 측정시 계기를 읽으면서 발생하는 오차 등이다.

실험에서 얻는 측정값에 대해
측정값 = 참값 + 오차

로 표현할 수 있으며 여기서 오차에 대해 확률분포를 가정할 수 있다. 또한 적절한 확률분포로 정규분포를 고려할 수 있다.

일반적으로 비교실험에서는 관심요인들의 수준 간 효과 차이를 검증하는 것이 실험의 목표이다. 실험의 객관성을 유지하도록 실험설계를 하여 객관적인 결과분석이 가능하도록 해야 한다. 어떤 실험이든 오차가 발생하기 마련이므로, 오차의 발생을 최소화하면서 판별하고 싶은 요인들의 효과를 보일 수 있는 실험을 수행하도록 해야 한다.

1.4 실험설계에 대한 가이드라인

실험결과로서 데이터를 얻으며, 이러한 데이터를 바탕으로 시스템에 대한 결론을 도출해야 한다. 데이터가 어떻게 수집되는가에 대해 고려하지 않으면 도출되는 결론이 유효하지 않거나 원하는 결론을 얻지 못할 수도 있다. 그러므로 잘 설계된 실험으로부터 데이터를 얻고 설계에 맞는 적절한 통계적 분석을 수행할 수 있도록 유의해야 한다. 실험설계에 대한 가이드라인(guideline)은 다음과 같다.

(1) 문제에 대한 이해와 실험의 목적 설정

실험의 목적, 문제점, 현실적 제약 사항 등에 대해 명확한 서술이 필요하다. 문제에 대한 명확한 서술은 현상을 이해하고 문제를 해결하는 데 큰 도움이 된다.

(2) 요인과 요인의 수준 선택

반응값에 영향을 주는 모든 요인을 고려하는 것은 불가능하므로 많은 요인 중에서 중요한 영향을 미치는 최소의 요인을 선택한다. 실제적인 경험과 주어진 상황에 대한 이해 및 지식을 바탕으로 요인의 수준과 수준의 개수(수준수)를 결정해야 한다.

(3) 반응변수의 선택

실험의 목적에 적합한 반응값을 선정해야 한다.

(4) 실험설계의 선택

구체적인 실험설계의 방법을 결정하여 반복수, 블록화 등을 결정한다. 주어진 상황에 적합하고 통계적 분석이 가능한 실험설계를 선택해야 한다.

(5) 예비실험 및 전체실험의 수행

계획한 대로 실험이 수행되는지 점검이 필요하므로 미리 실험을 수행해야 한다.

(6) 통계적 분석

수행된 실험설계에 대응하는 통계적 모형으로 분석해야 한다.

(7) 결론, 제안 및 새로운 방법에 대한 모색

데이터를 분석한 후 실험결과로부터 시스템에 대해 실제로 의미 있는 결론 및 추론을 하고 새로운 실험을 제안할 수 있어야 한다.

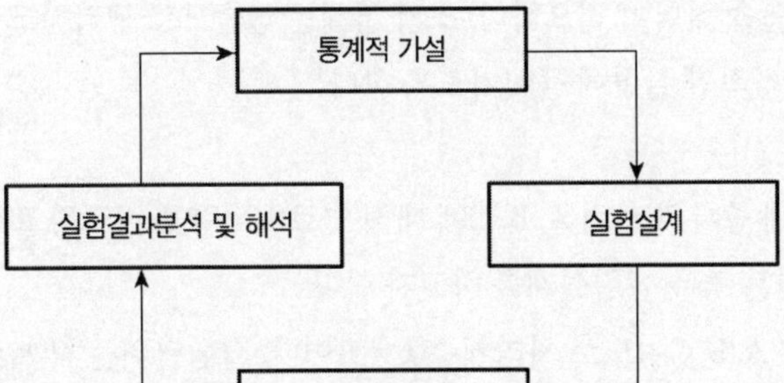

그림 1.2 실험을 통한 연구과정 구조

실험에서 얻는 결론은 주로 데이터에 의존하므로 데이터를 얻기 위해 실험자(experimentor)는 실험수행에 대한 전략(strategy of experimentation)이 필요하다. 예를 들어 최선의 추측접근법(best guess approach), 한 번에 한 요인실험접근법(one-factor- at-a-time approach), 요인설계(factorial design), 부분요인설계(fractional factorial design) 등을 생각할 수 있다. <그림 1.2>에서와 같이 실험을 통한 조사과정은 설계와 실험, 분석 및 향상된 실험설계를 위한 피드백(feedback)의 반복적 과정이다.

1.5 실험에서 통계적 방법 사용

(1) 문제해결에 통계 외의 지식을 충분히 활용한다.
실험자는 실험분야에 자신의 경험적 지식과 방법을 활용하여 관련 변수, 반복수, 제약조건에 대한 결정을 할 수 있다.

(2) 실험설계와 통계적 분석은 간단할수록 좋다.
방법이 쉬울수록 설명이 쉽고 결과에 대한 이해를 높일 수 있다. 복잡한 실험설계방법은 피할 수 없는 제약들로 인해 고안된 것이다.

(3) 통계적 유의성과 실제 유의성이 다르다.
통계적으로 유의하게 다르더라도 실제 공정을 바꾸는 데 과도한 비용이 든다면 실제적으로 공정을 바꾸지 않을 수도 있다.

(4) 실험은 반복적으로 행해져야 한다.
반복적인 연습 실험이 필요하다. 초기 설계는 연습으로 생각하고 실험에 대한 경험을 쌓은 후 본격적인 실험에 들어가도록 한다.

예제 1.1 세 종류의 트럭 A, B, C에 대해 연료소비량을 비교하고자 한다. 종류별로 트럭이 5개씩 있는 경우 실험설계를 하고자 한다.

▸ 처리수준은 A, B, C이므로 처리개수 $k = 3$이다. 실험단위는 각 트럭이므로 $n = 15$ 실험단위가 있다. 100km 주행실험을 통해 연료소비량을 측정한다. 15명의 운전 실력이 동일한 운전자를 각 트럭에 랜덤하게 배치한다. 처리효과에 대한 반응값은 100km 주행 시 소비되는 연료소비량으로 정의한다. 각 처리는 각 실험단위에 랜덤하게 배치되어 실험하므로 완전확률화설계(completely randomized design)가 된다.

예제 1.2 D 안과 병원에서 두 종류의 안약(eye drop) A와 B에 대한 효과를 검정하고자 한다. 안약의 효과는 환자마다 다르고 또한 각 환자에 대해서도 오른쪽/왼쪽 눈에 따라 다를 수 있다. 10명의 환자에 대해 이와 같은 안약 실험을 할 수 있는 상황일 경우 실험설계를 하고자 한다.

▸ 각 환자를 실험구수 $k = 2$인 블록으로 정하고 블록수 $b = 10$이다. 처리는 A와 B이므로 처리개수 $\nu = 2$이다. 실험단위는 10명 환자의 오른쪽 눈과 왼쪽 눈이므로 $n = 20$ 실험단위가 있다. 각 환자에 대해 두 눈은 랜덤하게 선택되어 한 눈에는 A 안약을 처리하고 나머지 눈에는 B 안약을 넣는다. 처리효과에 대한 반응값은 각 환자의 두 눈에 넣은 안약효과 차(difference)로 정의한다. 각 처리는 각 블록에서 모두 실험하므로 완전블록설계(complete block design)가 된다.

1.6 통계적 실험설계에 대한 간략한 역사

통계적 실험설계에 대한 간략한 역사를 알아보자. 통계적 실험설계의 발달 단계는 시기로 구분해 볼 수 있다. 1920년대 농업 실험설계분야에서의 분산분석법은 영국의 통계학자 R. A. Fisher에 의해 창시되었다. 당시 Fisher는 로담스테드 농업실험연구소(Rothamsted Agriculture Experimental Station)에서 비료를 분석하는 일을 했었다. Fisher의 업무는 말똥거름, 화학비료, 윤작(돌려짓기), 강우량, 기온, 수확량 등과 관련하여 수십 년 동안 축적된 방대한 양의 데이터를 분석하는 것이었다. Fisher는 이러한 데이터를 다루면서 토양분야의 과학자들과 토론하면서 현실적인 문제들을 직시하게 되었으며, 문제 해결을 위해 여러 가지 방안을 고안했다. 이후 관련 분야의 과학자 및 연구자들과 상호연구를 통해 통계적 실험설계의 기본 원칙인 랜덤화, 반복, 블록화에 대한 영감을 얻었고 실험을 통한 연구에 통계적 사고와 원칙을 포함하게 되었다. Fisher 덕분에 과학자들은 실험설계를 할 때 통계적인 방법을 도입할 수 있게 되었다. 이때 출판한 두 권의 책, 『Statistical methods for Research Workers』(1958)와 『The Design of Experiments』(1966)는 농업과 관련한 생물과학분야에 매우 큰 영향을 미쳤다. 초기 실험계획방법론은 농업 및 생물통계분야에서 활용되었기에 이들 분야에서 비롯된 용어들이 많다.

1930년대는 산업시대로 Box와 Wilson(1951)에 의해 개발된 반응표면방법(response surface methodology: RSM)의 개발이 두드러진다. 여러 가지 산업적 실험은 농업 실험과는 다른 다음의 특성을 갖는다: (i)반응값을 바로 얻을 수 있다. (ii)실험설계를 위한 소규모 실험으로도 실험상황과 관련된 정보를 얻을 수 있다. 실험설계는 세계대전 이후 화학공업분야에서 주로 많이 활용되기 시작했고 현재는 거의 모든 산업분야에서 활용된다. 이러한 활동의 지성적 선구자는 George Box이다.

1970년대는 제조산업에서 품질관리(quality control)와 품질향상에 대한 관심이 높아졌다. Genich Taguchi와 Wu(1980)의 방법이 이러한 분야에서의 실험설계 사용에 의미 있는 영향을 미쳤고, Taguchi는 robust parameter design의 주창자가 되었다. Taguchi 방법이 실제 산업계에서 활발히 이용되기는 했으나 통계적인 이론 부분에서는 논란거리가 있었고, 이러한 문제에 대해 Box(1988), Hunter(1985, 1989), Myers와 Montgomery(2002) 등이 토론에 참여했다. Taguchi 방법에 대한 논란은 긍정적인 결과도 낳았다. 먼저 부품 산업, 즉 자동차, 항공기 부품, 전자제품, 반도체 제조분야 등의 산업계에서도 실험설계가 널리 활용되었다. 둘째, 실험설계의 새 시대가 시작되는 계기가 되었다. 즉, 연구자와 실무자들에 의해 통계적 실험설계에 대한 관심이 높아져서 산업계의 실험문제를 풀 수 있는 새롭고 유용한 실험설계에 대한 발전이 이루어지게 되었다. 그러면서 대학에서 공학교육 프로그램에 통계적 실험설계가 포함되었다. 통계적 실험설계를 통해 그룹 또는 처리 간의 성공적인 비교가 가능하고 이러한 응용이 필요한 분야가 많아졌다.

최근에는 공학과 과학분야 이외에도 경영, 금융 서비스, 정부 사업 등을 포함한 여러 다양한 분야에서 실험설계가 활용되고 있다. 또한 컴퓨터의 발달과 소프트웨어 활용으로 다양한 실험설계와 복잡한 통계적 분석기법 구현이 가능하게 되어 통계적 실험설계와 분석법은 한층 발전하고 있다.

1.7 통계적 분석과 통계 소프트웨어 R

R 시스템은 통계적 계산(statistical computing)과 그래프를 구현하는 데 매우 유용한 컴퓨터 언어(computer language)로 무료 소프트웨어(free, open software)이다. 스크립트 파일에 R 명령어를 저장할 수 있고 R-GUI에서 편집기를 사용할 수 있다. R 사용자들은 수많은 공헌 패키지(package)들을 사용할 수 있으며, 패키지를 만들 수 있는 도구들도 받을 수 있다. 이와 관련한 다양한 정보와 R 시스템을 다운로드할 수 있는 방법은 R 홈페이지 http://www.r-project.org/에서 얻을 수 있다.

이 책에서는 각 예제에 대해 R을 이용한 프로그램을 보여 주고 결과를 설명한다. 다양한 R 패키지와 함수들을 활용하여 실험설계에 따른 통계적 분석을 위한 계산을 쉽게 할 수 있도록 하여 실제 실험설계와 데이터 분석에 도움이 되고자 한다.

연습문제

1.1 여러 다른 조건, 즉 일사량, 물의 양, 비료 종류, 토양 상태에 따라 각각 $1\ m^2$의 플롯(plot)에 장미꽃을 키워 꽃송이 수로 수확상태를 비교하고자 한다. 다음에 해당하는 바를 쓰시오.

(1) 실험의 목적 (2) 요인
(3) 수준 (4) 수준수
(5) 처리 (6) 반응값
(7) 실험단위 (8) 실험오차
(9) 처리오차 (10) 관측오차

1.2 P 회사에서는 3가지 종류의 접착제를 생산하는데, 종류에 따라 접착력의 차이가 있는지 알아보기 위한 실험을 하고자 한다. 각 종류를 5개씩 랜덤 선택하여 전체 15회에 걸쳐 플라스틱 접착 실험을 했다. 이 실험에서 5명의 연구원이 직접 실험을 한다. 다음에 해당하는 바를 쓰시오.

(1) 실험의 목적 (2) 요인
(3) 수준 (4) 수준수
(5) 처리 (6) 반응값
(7) 실험단위 (8) 실험오차
(9) 처리오차 (10) 관측오차

1.3 새로운 비료가 기존 비료에 비하여 200 kg/ha 이상의 수확량 증가를 보이는지 알고자 한다. 토질, 습도, 바람 등 제반 환경 조건이 비슷한 9쌍의 농지(plot)에서 실험을 하고자 한다. 다음에 해당하는 바를 쓰시오.

(1) 실험의 목적 (2) 요인
(3) 수준 (4) 수준수
(5) 처리 (6) 반응값
(7) 실험단위 (8) 실험오차

1.4 전기밥통(rice cooker)을 만드는 C 회사에서 밥을 짓는 데 영향을 미치는 요인에 대한 연구를 하고자 한다.

(1) 이러한 실험에서 반응변수를 어떻게 선택하겠는가?
(2) 반응에 영향을 미칠 수 있는 원인들에 대해 나열하시오.
(3) 실험의 목적, 요인, 수준과 수준수, 처리, 실험단위 등을 정해 실험설계를 제안하시오.

1.5 신문, 잡지, 인터넷 등의 검색을 통해 실험설계와 함께 데이터를 얻은 사례를 찾아보고 다음에 해당하는 바를 쓰시오.

(1) 실험의 목적
(2) 요인
(3) 수준
(4) 수준수
(5) 처리
(6) 반응값
(7) 실험단위
(8) 실험오차

1.6 적절한 답을 하시오.

(1) 통계적 분석을 위한 실험설계의 3원칙을 쓰고 설명하시오.
(2) 실험에서 발생하는 오차의 종류 세 가지 예를 쓰시오.
(3) 실험을 통해 연구결과를 얻고자 할 때 통계적 실험설계가 필요한 이유는 무엇인지 설명하시오.

2장

실험과 통계적 추론

2.1 서론

2.1.1 통계적 추론

어떤 실험에서든 실험자는 확실한 추론 또는 가설에 대한 결정을 얻고자 한다. 우리의 삶은 결정의 연속이다. 당신은 커피(coffee)를 마실 때 무의식적으로 과거에 마셨던 커피와 맛을 비교하며 맛이 더 낫다, 비슷하다, 더 나쁘다를 판단한다. 당신은 기준 커피보다 지금 마시는 커피가 맛이 나쁘다고 판단된다면 컵 속의 커피를 버릴 수도 있고, 기준 커피보다 맛이 좋다고 판단된다면 그 브랜드로 바꿀 수도 있는 등 다양한 행동을 결정할 수 있다. 그렇지 않으면, 즉 기준 커피와 별 차이가 없다면 당신은 계속 기존의 커피를 마실 수도 있다. 이러한 예를 통해 생각해 보면, 한 모금이란 적은 양으로 커피의 맛을 판단하면 잘못된 결정을 할 위험이 있다.

비가 오지 않는 어느 날, 아침에 우산을 가져갈지 말지에 대한 결정 과정을 생각해 보자. 당신은 결정 전에 데이터를 모으게 된다. 온도계를 읽고, 하늘을 쳐다보고, 신문의 기상정보를 보거나 라디오나 TV의 기상뉴스를 듣거나 인터넷으로 기상정보를 확인한다. 이처럼 가능한 데이터를 수집하여 강수확률을 나름대로 예측한 후 우산을 가져갈지에 대해 결정을 짓는다.

대부분 일상생활에서의 결정은 불확실성(uncertainty) 측면에서 만들어진다. 통계량(statistic)은 이러한 불확실성하에서 결정을 내리는 도구로 사용될 수 있다. 여기서 불확실성이란 정보의 없음을 의미하지 않는다. 바로 정확한 결과에 대해 완벽한 예측을 할 수 없음을 의미한다.

통계적 추론은 표본을 기반으로 한 표본이 추출된 모집단(population)에 대한 추론이다. 모집단은 반응변수 Y가 갖는 가능한 모든 값의 집합으로 정의할 수 있다. 모집단의 특성값을 모수(parameter)라 한다. 통계적 추론은 두 부분으로 나눌 수 있는데, (1) 모수에 대한 추정(estimation)과 (2) 모수에 대한 가설검정(hypothesis testing) 부분이다.

2.1.2 확률변수

확률변수(random variable)가 갖는 확률적인 구조는 확률분포에 의해 표현된다. 모집단의 확률구조를 경험적 또는 수리적 편리성을 근거로 알려진 확률분포 중에서 가정한다.

데이터가 추출되는 모집단의 분포로는 연속분포(continuous distribution)와 이산분포(discrete distribution)가 있다. 연속분포의 확률구조는 확률밀도함수(probability density function)로 주어지며, 이산분포의 확률구조는 확률질량함수(probability mass function)로 표현된다. 이산분포의 예로 이산균등분포, 포아송분포, 이항분포 등이 있다. 연속분포의 예로는 정규분포, 지수분포, 감마분포, t 분포, 카이제곱분포, F 분포 등이 있다.

확률변수 Y는 확률분포 f를 따를 경우 $Y \sim f(y)$ 와 같이 표기한다. 확률분포가 f인 모집단에서 데이터 Y를 추출하여 확률표본을 구성한다.

확률분포는 다음과 같은 특성을 만족한다.

확률변수 Y가 이산분포를 따를 경우 확률질량함수 $p(y)$는 다음을 만족한다.

$$0 \le p(y_i) \le 1$$
$$p(Y = y_i) = p(y_i)$$
$$\sum_{\text{모든 } y_i} p(y_i) = 1$$

확률변수 Y가 연속분포를 따를 경우 확률밀도함수 $f(y)$는 다음을 만족한다.

$$0 \le f(y)$$
$$P(a \le Y \le b) = \int_a^b f(y)dy$$
$$\int_{-\infty}^{\infty} f(y)dy = 1$$

확률변수 Y의 평균(mean, expected value)은 분포의 중심경향측도(central tendency measure)로서 다음과 같이 정의된다.

$$E(Y) = \mu_Y = \begin{cases} \int_{-\infty}^{\infty} yf(y), y\text{는 연속} \\ \sum_{\text{모든 } y} yf(y), \quad y\text{는 이산} \end{cases}$$

확률변수 Y 의 분산(variance)은 분포의 퍼짐(the spread of dispersion) 또는 변동(variation)측도로서 다음과 같이 정의된다.

$$Var(Y) = \sigma_Y^2 = \begin{cases} \int_{-\infty}^{\infty} (y - \mu_Y)^2 f(y), \quad y\text{는 연속} \\ \sum_{\text{모든 } y} (y - \mu_Y)^2 f(y), \quad y\text{는 이산} \end{cases}$$

크기 n의 확률표본(random sample)의 데이터가 $Y_1, Y_2, \ldots, Y_n$ 일 때 표본평균(sample mean)은 다음과 같고,

$$\overline{Y} = \frac{1}{n}\sum_{i=1}^{n} Y_i$$

표본분산(sample variance)은

$$S^2 = \frac{1}{n-1}\sum_{i=1}^{n}(Y_i - \overline{Y})^2$$

이다. 표본분산식을 다시 표현해 보면

$$\text{분산} = \frac{(\text{편차})\text{제곱합}}{\text{자유도}} = \text{평균제곱합}$$

으로 여기서 자유도는 제곱합에서 독립적인 변수의 개수이다.

표본표준편차(sample standard deviation)는

$$S = \sqrt{S^2}$$

이며 표준편차의 단위와 관측자료의 단위는 일치한다.

표준오차(standard error)는 표본평균의 표준편차로

$$S_{\overline{Y}} = se = \frac{S}{\sqrt{n}}$$

이다.

예제 2.1 A 전선(wire)을 끊기 위한 힘(strength)을 알아보기 위해 측정한 데이터는 다음과 같다. 이때 R 프로그램을 이용하여 기초통계량을 구하고자 한다.

5.8 8.0 9.3 7.2 7.8 10.3 11.2 10.8 9.7 8.5

프로그램 2.1 전선 데이터에 대한 기초통계량

```
y<- c(5.8, 8.0, 9.3, 7.2, 7.8, 10.3, 11.2, 10.8, 9.7, 8.5)
mean(y)      # mean
sd(y)        # standard deviation
var(y)       # variance
summary(y)
plot(y)                              # 그림 2.1 (a)
boxplot(y, ylab="strength")          # 그림 2.1 (b)
```

```
> mean(y)    # mean
[1] 8.86
> sd(y)      # standard deviation
[1] 1.710231
> var(y)     # variance
[1] 2.924889
> summary(y)
   Min. 1st Qu.   Median    Mean 3rd Qu.    Max.
   5.80    7.85     8.90    8.86   10.15   11.20
```

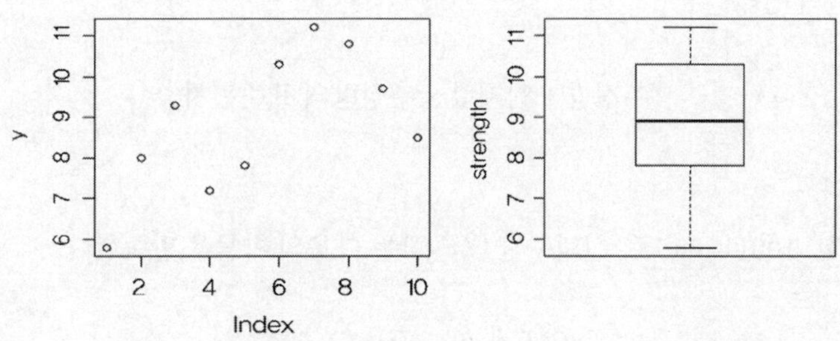

(a) 산점도　　　　　(b) 상자그림

그림 2.1 전선 데이터의 산점도와 상자그림

2.2 추정

통계적 추정은 표본통계량을 기초로 모집단의 모수에 대한 추정값을 얻는 것이다. 점추정(point estimation)과 구간추정(interval estimation)으로 두 종류의 추정이 있다.

점추정은 단일통계량의 값으로 모수를 추정하는 것으로서, 점추정량(point estimator)은 확률변수로서 확률분포를 따른다.

구간추정은 표본오차까지 고려하여 모수에 대해 구간으로 추정하는 것으로 신뢰구간(confidence interval)추정을 들 수 있다.

점추정량이 갖추어야 할 바람직한 성질로는

(1) 불편성(unbiasedness)
통계량의 기댓값이 모수가 된다.

(2) 일치성(consistency)
표본의 크기를 증가시킬수록 통계량이 추정하는 모수에 점점 더 가까워지는 특성을 의미한다.

(3) 최소분산성(minimum variance)
하나의 모수를 추정하는 여러 개의 통계량이 존재할 때 통계량들 중 최소의 분산을 갖는 것으로, 통계량들의 추정 효율을 비교하는 목적으로 사용된다.

구간추정으로는 신뢰도를 고려한 신뢰구간을 구한다. 신뢰도의 값을 신뢰수준(confidence level)이라 하고 흔히 0.90, 0.95, 0.99를 사용한다.

신뢰구간의 형태는

$$\text{추정량} \pm \text{임계값} \times \text{추정량의 표준편차}$$

로 표현된다.

θ에 대한 $100(1-\alpha)\%$ 신뢰구간 $(L,\ U)$는 다음의 확률을 만족한다:

$$P(L \le \theta \le U) = 1 - \alpha .$$

확률표본의 데이터 $Y_1, Y_2, \dots, Y_n$ 이 모평균 μ와 모분산 σ^2인 정규분포를 따를 때 μ에 대한 점추정과 구간추정을 하고자 한다.

(1) μ에 대한 점추정
$\overline{Y}$

(2) μ에 대한 $100(1-\alpha)\%$ 신뢰구간추정
$\overline{Y} \ \pm \ z(\alpha/2)\dfrac{\sigma}{\sqrt{n}}$: σ^2을 알 때
$\overline{Y} \ \pm \ z(\alpha/2)\dfrac{S}{\sqrt{n}}$: σ^2을 모를 때 $\widehat{\sigma^2} = S^2$

여기서 $z(\alpha/2)$는 표준정규분포를 따르는 확률변수 Z가 $P(Z \geq z(\alpha/2)) = \alpha/2$를 만족하는 값이다.

예제 2.2 [예제 2.1]의 A 전선에 대한 힘 데이터는 정규분포를 따른다고 한다. 평균에 대한 95% 신뢰구간을 구하고자 한다.

프로그램 2.2 Z-검정

```
y<- c(5.8, 8.0, 9.3, 7.2, 7.8, 10.3, 11.2, 10.8, 9.7, 8.5)
n<-length(y)
y.m<-mean(y) ; y.m
y.sd<-sd(y)
z<- qnorm(0.975, mean=0, sd=1)
bound<- z*y.sd/sqrt(n)
lo<- y.m-bound         # lower bound
up<- y.m+bound         # upper bound
lo ; up
```

```
> y.m
[1] 8.86
> lo ; up
[1] 7.800008
[1] 9.919992
```

R 프로그램을 활용한 결과 평균에 대한 점추정값은 8.86이고 95% 신뢰구간은 (7.80, 9.92)이다.

2.3 통계적 가설검정

통계적 가설(statistical hypotheses)은 검정하고자 하는 표본이 추출된 모집단(시스템)에 관한 주장(assertion)이다. 통계적 가설은 모집단의 모수에 대한 값으로 표현한다. 통계적 가설검정(statistical hypothesis testing)은 데이터에 근거하여 실험자가 주장하고 싶은 가설의 받아들임과 받아들이지 못함을 판정하는 통계적 절차이다. 귀무가설(null hypothesis)과 대립가설(alternative hypothesis)의 두 가설을 세우고 데이터에 포함된 정보를 이용하여 어느 한 가설을 받아들이는 결론을 취한다. 일반적으로 귀무가설은 H_0, 대립가설은 H_1으로 표기하며 실험자가 새롭게 주장하려는 바는 대부분의 경우 대립가설에 놓는다. 통계적 가설검정 규칙은 표본통계량에 근거한 검정통계량(test statistic)을 사용하여 귀무가설을 기각(reject)하거나 채택(accept, do not reject)한다.

가설검정은 표본에 의한 통계량에 기반하고 이러한 검정통계량에 근거한 통계적 결정은 항상 오류의 가능성이 있게 된다. 실제로는 귀무가설이 참임에도 불구하고 검정통계량에 의한 결정으로 귀무가설을 기각하게 되면 제1종 오류(type I error)를 범하게 되며 이러한 확률을 α로 표기한다. 실제와 통계적 결정 사이에 일어날 수 있는 상황을 <표 2.1>에서 보여 준다.

표 2.1 통계적 가설검정

통계적 결정	귀무가설 H_0	
	참(true)	거짓(false)
H_0를 기각함	제1종 오류(type I error) α	옳은 결정 $1-\beta$
H_0를 채택함	옳은 결정 $1-\alpha$	제2종 오류(type II error) β

통계적 결정에 의한 오류의 확률을 표현하면 다음과 같다.

$$\alpha = \text{P(제1종 오류)} = \text{P(}H_0\text{가 참일 때 }H_0\text{를 기각)} = \text{유의수준}$$
$$\beta = \text{P(제2종 오류)} = \text{P(}H_0\text{가 거짓일 때 }H_0\text{를 채택)}$$
$$1-\beta = \text{P(}H_0\text{가 거짓일 때 }H_0\text{를 기각)} = \text{검정력}$$

오류확률 α, β는 부정확한 결정을 하는 위험(risk)으로 볼 수 있으며 가설검정의 목적 중 하나는 α를 작게 하고 β도 어느 수준으로 작게 하는 것이다. α, β 오류의 두 확률을 동시에 작게 만들 수 없으므로 α를 0.10, 0.05, 0.01 등으로 고정한 다음 β를 최소화하도록 검정법을 만들게 된다. α를 유의수준(significance level)이라고 하며 제1종 오류를 범할 확률의 최대 허용값이 된다.

유의확률은 주어진 데이터로 검정통계량을 계산했을 때 귀무가설을 기각할 수 있는 유의수준을 나타낸다. 유의확률이 적을수록 귀무가설을 기각할 가능성이 커진다고 할 수 있다. 유의확률을 표현하면

$$\begin{aligned}\text{유의확률} &= p\text{-값} = \text{귀무가설이 사실일 때 데이터에 근거하여 제1종 오류를 범할 확률} \\ &= P(H_0\text{가 참일 때 데이터로부터 계산한 검정통계량으로 }H_0\text{를 기각)}\end{aligned}$$

이다. 유의수준을 다양하게 선택할 수 있고, 유의확률(significance probability, p- value)을 실험자가 선택한 유의수준과 비교하여 판정할 수 있다.

검정통계량에 대한 기각역(critical region)은 검정통계량을 기반으로 귀무가설을 기각하는 검정통계량의 범위를 나타낸다. 가설검정을 수행할 때 검정통계량값이 유의수준에 따른 기각역에 속하는지 여부로 귀무가설에 대한 기각 여부를 판단한다. 통계 소프트웨어를 이용할 때는 유의확률을 출력해 주므로 미리 정한 유의수준과 비교하여 결정하면 된다.

2.4 분산에 대한 검정

2.4.1 일집단 모분산에 대한 카이제곱검정

정규분포를 따르는 확률표본 $Y_1, Y_2, \cdots, Y_n \sim N(\mu, \sigma^2)$라 가정하자. 즉, 모평균 μ, 모분산 σ^2인 정규분포를 따르는 모집단에서 n개 데이터가 추출된다고 하자. 이때 모분산 σ^2에 대한 추정량은 표본분산 S^2으로

$$S^2 = \frac{\sum_{i=1}^{n}(Y_i - \overline{Y})^2}{n-1}$$

이다. 귀무가설하에서

$$\frac{(n-1)S^2}{\sigma^2} \sim \chi^2_{n-1}$$

이므로

$$P\left(\chi^2_{n-1}(1-\alpha/2) \le \frac{(n-1)S^2}{\sigma^2} \le \chi^2_{n-1}(\alpha/2)\right) = 1-\alpha$$

임을 이용하여 신뢰구간을 구할 수 있다. 여기서 $\chi^2_{n-1}(\alpha/2)$는 자유도 $n-1$인 카이제곱분포를 따르는 확률변수 χ^2에 대해 $P(\chi^2 \ge \chi^2_{n-1}(\alpha/2)) = \alpha/2$를 만족하는 값이다.

• 모분산 σ^2에 대한 $100(1-\alpha)\%$ 신뢰구간

$$\left(\frac{(n-1)S^2}{\chi^2_{n-1}(\alpha/2)}, \frac{(n-1)S^2}{\chi^2_{n-1}(1-\alpha/2)}\right)$$

• 유의수준 α에서 모분산 σ^2에 대한 가설검정

검정통계량 χ^2은 귀무가설하에서 자유도 $n-1$인 카이제곱분포를 따른다. 즉,

$$\chi^2 = \frac{(n-1)S^2}{\sigma_0^2} \sim \chi^2_{n-1}$$

(1) $H_0 : \sigma^2 = \sigma_0^2$에 대해 $H_1 : \sigma^2 \neq \sigma_0^2$

만일 $\chi^2 > \chi^2_{n-1}(\alpha/2)$이거나 $\chi^2 < \chi^2_{n-1}(1-\alpha/2)$이면 H_0를 기각한다.

(2) $H_0 : \sigma^2 \leq \sigma_0^2$에 대해 $H_1 : \sigma^2 > \sigma_0^2$

만일 $\chi^2 > \chi^2_{n-1}(\alpha)$이면 H_0를 기각한다.

(3) $H_0 : \sigma^2 \geq \sigma_0^2$에 대해 $H_1 : \sigma^2 < \sigma_0^2$

만일 $\chi^2 < \chi^2_{n-1}(1-\alpha)$이면 H_0를 기각한다.

참고 모분산에 대한 신뢰구간 유도

$\frac{(n-1)S^2}{\sigma^2} \sim \chi^2_{n-1}$이므로 $P\left(a \leq \frac{(n-1)S^2}{\sigma^2} \leq b\right) = 1-\alpha$가 되도록 a, b를 구해 보면, $a = \chi^2_{n-1}(1-\alpha/2)$, $b = \chi_{n-1}(\alpha/2)$이 된다. σ^2에 대해 다시 정리해 보면,

$$P\left(\frac{(n-1)S^2}{\chi^2_{n-1}(\alpha/2)} \leq \sigma^2 \leq \frac{(n-1)S^2}{\chi^2_{n-1}(1-\alpha/2)}\right) = 1-\alpha$$

로 σ^2에 대한 신뢰구간을 얻을 수 있다.

예제 2.3 [예제 2.1]의 A 전선에 대한 힘 데이터는 정규분포를 따른다고 한다.

(1) 분산에 대한 추정값과 95% 신뢰구간을 구하고자 한다.

(2) $H_0 : \sigma^2 = 3.5$에 대해 $H_1 : \sigma^2 \neq 3.5$

가설에 대해 유의수준 $\alpha = 0.05$에서 검정하고자 한다.

pchisq( ) 함수를 이용하여 카이제곱분포의 누적확률을 구한다. $P(\chi^2 \le \chi_0^2)$를 구하려면 pchisq(chi.t, df=n-1, lower.tail=TRUE)로 쓴다.

옵션 lower.tail=(var(y)<sigma0)을 사용하여 표현한 경우 var(y)<sigma0이면 lower.tail=TRUE로 왼쪽 꼬리의 확률을 구하게 되므로 2배 하면 양측검정에 대한 p-값을 구할 수 있다. var(y)>= sigma0이면 lower.tail=FALSE가 되어 오른쪽 꼬리의 확률을 구하게 되며 2배 하면 양측검정에 대한 p-값을 구할 수 있다.

(3) $H_0 : \sigma^2 \ge 3.5$에 대해 $H_1 : \sigma^2 < 3.5$

가설에 대해 유의수준 $\alpha = 0.05$에서 검정하고자 한다.

프로그램 2.3 분산에 대한 카이제곱검정

```
var(y)
alpha=0.05
lo<- (n-1)*var(y)/qchisq(alpha/2 , df=n-1, lower.tail=F)
up<- (n-1)*var(y)/qchisq(1-alpha/2 , df=n-1, lower.tail=F)
lo ; up;

sigma0<-3.5
chi.t<-var(y)*(length(y)-1)/sigma0
pchisq(chi.t, length(y)-1, lower.tail= var(y) < sigma0 ) * 2 #for (2)

pchisq(chi.t, length(y)-1, lower.tail= var(y) < sigma0 )     #for (3)
```

```
> var(y)
[1] 2.924889
> lo ; up
[1] 9.748223
[1] 1.383815

> sigma0<-3.5
> chi.t<-var(y)*(length(y)-1)/sigma0
> pchisq(chi.t, length(y)-1, lower.tail=(var(y)<sigma0 ) ) * 2
[1] 0.8339463
```

2.4.2 이집단 모분산비에 대한 F-검정

두 집단의 모분산에 대한 추정과 가설검정을 하고자 한다.

정규분포를 따르는 확률표본 $Y_{11}, Y_{12}, \cdots, Y_{1n_1} \sim N(\mu_1, \sigma_1^2)$과 $Y_{21}, Y_{22}, \cdots, Y_{2n_2} \sim N(\mu_2, \sigma_2^2)$이 있다.

모분산비 $\dfrac{\sigma_1^2}{\sigma_2^2}$에 대한 표본추정량은 $\dfrac{S_1^2}{S_2^2}$이다. 두 집단의 분산이 같다는 귀무가설 $\sigma_1^2 = \sigma_2^2$ 하에서 F-통계량은 분자 자유도 $n_1 - 1$, 분모 자유도 $n_2 - 1$인 F분포를 따른다.

$$F = \frac{(n_1 - 1)S_1^2/\sigma_1^2(n_1 - 1)}{(n_2 - 1)S_2^2/\sigma_2^2(n_2 - 1)} = \frac{S_1^2}{S_2^2} \sim F_{n_1 - 1, n_2 - 1}$$

여기서

$$\overline{Y_1} = \frac{1}{n_1 - 1}\sum_{i=1}^{n_1} Y_{1i}, \quad \overline{Y_2} = \frac{1}{n_2 - 1}\sum_{j=1}^{n_2} Y_{2i}$$

$$S_1^2 = \frac{1}{n_1 - 1}\sum_{i=1}^{n_1}(Y_{1i} - \overline{Y_1})^2, \quad S_2^2 = \frac{1}{n_2 - 1}\sum_{j=1}^{n_2}(Y_{2i} - \overline{Y_2})^2$$

이다. 또한

$$\frac{1}{F} = \frac{S_2^2}{S_1^2} \sim F_{n_2 - 1, n_1 - 1}$$

를 만족한다.

$$\begin{aligned}\alpha/2 &= P\left(F \leq F_{n_1 - 1, n_2 - 1}(1 - \alpha/2)\right) \\ &= P\left(\frac{1}{F} \geq \frac{1}{F_{n_1 - 1, n_2 - 1}(1 - \alpha/2)}\right) \\ &= P\left(\frac{1}{F} \geq F_{n_2 - 1, n_1 - 1}(\alpha/2)\right)\end{aligned}$$

이므로

$$\frac{1}{F_{n_1 - 1, n_2 - 1}(1 - \alpha/2)} = F_{n_2 - 1, n_1 - 1}(\alpha/2)$$

이다. σ_1^2/σ_2^2에 대해

$$P\left(F_{n_1-1,n_2-1}(1-\alpha/2) \le \frac{S_1^2/S_2^2}{\sigma_1^2/\sigma_2^2} \le F_{n_1-1,n_2-1}(\alpha/2)\right) = 1-\alpha$$

을 만족하므로 다음과 같이 신뢰구간추정을 할 수 있다.

• $\dfrac{\sigma_1^2}{\sigma_2^2}$에 대한 $100(1-\alpha)\%$ 신뢰구간

$$\begin{aligned}&\left(\frac{S_1^2/S_2^2}{F_{n_1-1,n_2-1}(\alpha/2)}, \frac{S_1^2/S_2^2}{F_{n_1-1,n_2-1}(1-\alpha/2)}\right)\\ =&\left(\frac{S_1^2/S_2^2}{F_{n_1-1,n_2-1}(\alpha/2)}, \frac{S_1^2}{S_2^2}F_{n_2-1,n_1-1}(\alpha/2)\right)\end{aligned}$$

• 유의수준 α에서 두 집단 모분산비 $\dfrac{\sigma_1^2}{\sigma_2^2}$에 대한 가설검정

검정통계량 F는 귀무가설 하에서 $F_{n_1-1,\,n_2-1}$ 분포를 따른다. 즉,

$$F = \frac{S_1^2}{S_2^2} \quad \sim \quad F_{n_1-1,\,n_2-1} \quad (S_1^2 > S_2^2 \text{ 일 때})$$

(1) $H_0 : \sigma_1^2 = \sigma_2^2$에 대해 $H_1 : \sigma_1^2 \ne \sigma_2^2$

만일 $F > F_{n_1-1,\,n_2-1}(\alpha/2)$ 또는 $F < F_{n_1-1,\,n_2-1}(1-\alpha/2)$이면 H_0를 기각한다.

(2) $H_0 : \sigma_1^2 \le \sigma_2^2$에 대해 $H_1 : \sigma_1^2 > \sigma_2^2$

만일 $F > F_{n_1-1,\,n_2-1}(\alpha)$이면 H_0를 기각한다.

여기서 $P(F \ge F_{n_1-1,\,n_2-1}(\alpha)) = \alpha$를 만족한다.

예제 2.4 두 종류의 지혈제 A와 B의 효과를 측정한 데이터이다. 실험 참여자에게 같은 상처를 낸 후 지혈될 때까지의 시간을 측정했으며 모집단은 정규분포를 따른다고 한다. 지혈제 A와 B의 분산 차이가 있는지 검정하고자 한다.

표 2.2 지혈제 데이터

	지혈시간						
지혈제 A	1.1	2.3	4.3	2.2	5.3	6.5	7.0
지혈제 B	3.3	4.3	3.5	3.6			

(1) 통계적 가설

$$H_0 : \sigma_A^2 = \sigma_B^2 \text{에 대해 } H_1 : \sigma_A^2 \neq \sigma_B^2$$

(2) var.test( )를 이용한 이집단 양측검정

```
x1= c(1.1, 2.3, 4.3, 2.2, 5.3, 6.5, 7.0)
x2= c(3.3, 4.3, 3.5, 3.6)
var.test(x1, x2)
```

```
> var.test(x1,x2)
        F test to compare two variances
data:  x1 and x2
F = 27.7533, num df = 6, denom df = 3, p-value = 0.02016
alternative hypothesis: true ratio of variances is not equal to 1
95 percent confidence interval:
   1.883531 183.138461
sample estimates:
ratio of variances
          27.7533
```

(3) 결론

p-값 $= 0.02016 < \alpha = 0.05$으로 H_0를 기각한다. 유의수준 5%에서 지혈제 A와 B의 분산 차이가 유의하다고 할 수 있다. 모분산비 $\frac{\sigma_A^2}{\sigma_B^2}$ 추정값은 27.7533이고 모분산비에 대한 95% 신뢰구간은 (1.883, 183.138)이다.

2.5 평균에 대한 검정

2.5.1 일집단 t-검정: 소표본이며 모분산 σ^2을 모르는 경우

일변량 확률표본 $X_1, X_2, \cdots, X_n$이 서로 독립이며 평균 μ_0, 분산 σ^2인 정규분포 $N(\mu_0, \sigma^2)$를 따른다고 하자. 소표본($n < 30$)이며 모분산 σ^2를 모르는 경우 확률표본

$X_1, \cdots, X_n$에 대해 특정한 모평균에 대한 가설검정을 하기 위한 검정통계량

$$t = \frac{\overline{X} - \mu_0}{S/\sqrt{n}}$$

은 H_0 하에서 t_{n-1} 분포를 따른다. 여기서 $\overline{X}$는 표본평균, S는 표본표준편차이다.

모평균에 관한 가설들에 대해 유의수준 α에서 검정법은 다음과 같다.

(1) $H_0 : \mu = \mu_0$에 대해 $H_1 : \mu \neq \mu_0$ (양측검정: two-sided test)

만일 $|t| > t_{n-1}(\alpha/2)$이면 H_0를 기각한다.

(2) $H_0 : \mu = \mu_0$에 대해 $H_1 : \mu > \mu_0$ (단측검정: one-sided test)

만일 $t > t_{n-1}(\alpha)$이면 H_0를 기각한다.

(3) $H_0 : \mu = \mu_0$에 대해 $H_1 : \mu < \mu_0$

만일 $t < -t_{n-1}(\alpha)$이면 H_0를 기각한다.

여기서 $t_{n-1}(\alpha)$는 자유도가 $n-1$인 t 분포를 따르는 확률변수 T에 대해 $P(T \geq t_{n-1}(\alpha)) = \alpha$를 만족하는 값이다.

R에서는 t.test( )를 이용해 $t-$검정을 수행한다.

예제 2.5 [예제 2.1]의 A 전선에 대한 힘 데이터는 정규분포를 따른다고 한다.

(1) 힘의 평균이 기존 전선의 평균인 7과 다르다고 할 수 있는지 검정하고자 한다.

(a) 통계적 가설

$$H_0 : \mu = 7.0 \text{에 대해 } H_1 : \mu \neq 7.0$$

(b) t.test( )를 이용한 일집단 $t-$검정을 한다. <프로그램 2.4>를 참조한다.

프로그램 2.4 전선 데이터에 대한 일집단 $t-$검정

```
y<- c(5.8, 8.0, 9.3, 7.2, 7.8, 10.3, 11.2, 10.8, 9.7, 8.5)
t.test(y, mu=7.0, alt=" two.sided " )          #(a)
t.test(y, mu=7.0, alt="greater")               #(b)
t.test(y, mu=7.0, alt="less")                  #(c)
```

```
> y<- c(5.8, 8.0, 9.3, 7.2, 7.8, 10.3, 11.2, 10.8, 9.7, 8.5)
> t.test(y, mu=7.0, alt=" two.sided " )
        One Sample t-test
data:  y
t = 3.4392, df = 9, p-value = 0.0074
alternative hypothesis: true mean is not equal to 7
95 percent confidence interval:
  7.636575 10.083425
sample estimates:
mean of x
     8.86
```

(c) 결론

p-값$= 0.0.0074 < \alpha = 0.05$으로 H_0를 기각한다. 유의수준 5%에서 힘 평균은 7.0이 아니라고 할 수 있다. 모평균 추정값은 8.86이고 모평균에 대한 95% 신뢰구간은 (7.636 10.083)이다.

(2) 힘의 평균이 기존 전선의 평균인 7보다 크다고 할 수 있는지 검정하고자 한다.

(a) 통계적 가설

$$H_0 : \mu \le 7.0 \text{에 대해 } H_1 : \mu > 7.0$$

(b) t.test( )를 이용한 일집단 단측 t−검정

```
> t.test(y, mu=7.0, alt="greater")
        One Sample t-test
data:  y
t = 3.4392, df = 9, p-value = 0.0037
alternative hypothesis: true mean is greater than 7
95 percent confidence interval:
 7.868611       Inf
sample estimates:
mean of x
     8.86
```

(c) 결론

p-값$= 0.0037 < \alpha = 0.05$이므로 H_0를 기각한다. 유의수준 5%에서 힘 평균은 7.0보다 크다고 할 수 있다. 모평균 추정값은 8.86이고 가설검정 방향에 대한 모평균의 95% 신뢰구간은 $(7.868, \infty)$ 이다.

(3) 힘의 평균이 기존 전선의 평균인 7보다 작다고 할 수 있는지 검정하고자 한다.

(a) 통계적 가설

$$H_0 : \mu \ge 7.0 \text{에 대해 } H_1 : \mu < 7.0$$

(b) t.test( )를 이용한 일집단 단측 $t-$검정(one sample t-test)

```
> t.test(y, mu=7.0, alt="less")
        One Sample t-test
data:  y
t = 3.4392, df = 9, p-value = 0.9963
alternative hypothesis: true mean is less than 7
95 percent confidence interval:
     -Inf 9.851389
sample estimates:

mean of x
     8.86
```

(c) 결론

p-값 $= 0.9963 > 0.05 = \alpha$이므로 H_0를 기각하지 못한다. 힘 평균은 7.0보다 작다고 할 수 있는 통계적 근거가 있다고 할 수 없다. 모평균 추정값은 8.86이고 가설검정 방향에 대한 모평균의 95% 신뢰구간은 $(-\infty, 9.851)$이다.

2.5.2 일집단 t -검정: 모분산 σ^2을 아는 경우

일변량 확률표본 $X_1, X_2, \cdots, X_n$이 서로 독립이며 평균 μ_0, 분산 σ^2인 정규분포 $N(\mu_0, \sigma^2)$을 따를 때, 확률표본 $X_1, \cdots, X_n$에 대해 특정한 모평균에 대한 가설검정을 하기 위한 검정통계량

$$Z = \frac{\overline{X} - \mu_0}{\sigma / \sqrt{n}}$$

은 H_0 하에서 표준정규분포를 따르며 모평균에 관한 가설들에 대해 유의수준 α에서 검정법은 다음과 같다.

(1) $H_0 \ : \ \mu = \mu_0$에 대해 $H_1 \ : \mu \neq \mu_0$

만일 $|Z| > z(\alpha/2)$이면 H_0를 기각한다.

(2) $H_0 \ : \ \mu = \mu_0$에 대해 $H_1 \ : \mu > \mu_0$

만일 $Z > z(\alpha)$이면 H_0를 기각한다.

(3) $H_0 \ : \ \mu = \mu_0$에 대해 $H_1 \ : \mu < \mu_0$

만일 $Z < -z(\alpha)$이면 H_0를 기각한다.

여기서 $z(\alpha)$는 표준정규분포 $N(0,1)$를 따르는 확률변수 Z에 대해 $P(Z \geq z(\alpha)) = \alpha$를 만족하는 값이다.

예제 2.6 다음은 암컷 원숭이의 몸무게를 조사한 자료이다(단위 kg). 원숭이 몸무게는 분산이 1.0인 정규분포를 따른다고 한다. 암컷 원숭이의 평균 몸무게가 8.5kg이라고 할 수 있는지 검정하고자 한다.

8.30	9.50	9.60	8.75	8.40	9.10	8.15	8.80

(1) 통계적 가설

$$H_0 : \mu = 8.5 \text{에 대해 } H_1 : \mu \neq 8.5$$

(2) z−검정

```
x=c( 8.30,  9.50,  9.60, 8.75, 8.40, 9.10, 8.15, 8.80)
mu0<-8.5
z= (mean(x)-mu0 )/(1/sqrt(length(x)) )
z
pvalue=pnorm(z, 0, 1, lower=(mean(x)<mu0) ) *2
pvalue
```

```
> z= (mean(x)-mu0 )/(1/sqrt(length(x)) )
> z
[1] 0.9192388
> pvalue=pnorm(z, 0, 1, lower=(mean(x)<mu0) ) *2
> pvalue
[1] 0.3579707
```

(3) 결론

p-값 $= 0.3579 > \alpha = 0.05$이므로 H_0를 기각하지 못한다. 유의수준 5%에서 암컷 원숭이의 평균 몸무게가 8.5 kg이 아니라고 할 수 있는 통계적 근거가 없다.

2.5.3 일집단 z-검정: 대표본이며 모분산 σ^2를 모르는 경우

표본이 어떤 분포에서 추출되든 상관없이, 대표본$(n \geq 30)$이면 모분산 σ^2를 모르는 경우 표본평균을 표준화한 검정통계량

$$Z = \frac{\overline{Y} - \mu_0}{S/\sqrt{n}}$$

은 H_0 하에서 표본의 크기가 충분히 크면 근사적으로 표준정규분포 N(0, 1)을 따른다. 즉,

$$Z = \frac{\overline{Y} - \mu_0}{S/\sqrt{n}} \sim N(0,1)\ ,\ n \to \infty.$$

모평균에 관한 다음의 가설들에 대해 유의수준 α에서 검정법은 다음과 같다.

(1) $H_0 : \mu = \mu_0$에 대해 $H_1 : \mu \neq \mu_0$
   만일 $|Z| > z(\alpha/2)$이면 H_0를 기각한다.

(2) $H_0 : \mu \leq \mu_0$에 대해 $H_1 : \mu > \mu_0$
   만일 $Z > z(\alpha)$이면 H_0를 기각한다.

(3) $H_0 : \mu \geq \mu_0$에 대해 $H_1 : \mu < \mu_0$
   만일 $Z < -z(\alpha)$이면 H_0를 기각한다.

2.5.4 이집단 t-검정: 소표본이며 모분산 $\sigma_1^2 = \sigma_2^2 = \sigma^2$ 이며 σ^2을 모르는 경우

두 개의 모집단으로부터 서로 독립인 확률표본을 얻었을 때 두 집단의 분산이 같은 경우 모평균의 비교 문제를 고려하고자 한다. 관련 모수와 추정통계량을 <표 2.3>과 같이 정리할 수 있다. $\sigma_1^2 = \sigma_2^2$ 이므로 집단의 분산을 공통으로 추정해야 한다.

두 집단의 분산이 같으므로 합동분산추정량(pooled variance estimator)

$$S_p^2 = \frac{(n_1 - 1)S_1^2 + (n_2 - 1)S_2^2}{n_1 + n_2 - 2}$$

을 사용한다. 검정통계량

$$t = \frac{(\overline{Y_1} - \overline{Y_2}) - \delta_0}{S_p \sqrt{\frac{1}{n_1} + \frac{1}{n_2}}}$$

표 2.3 이집단 표본 정보

	모집단 1	모집단 2
모평균	μ_1	μ_2
모분산	σ_1^2	σ_2^2
랜덤표본	$Y_{11}, Y_{12}, \cdots, Y_{1n_1}$	$Y_{21}, Y_{22}, \cdots, Y_{2n_2}$
표본평균	$\overline{Y_1} = \frac{\sum_{i=1}^{n_1} Y_{1i}}{n_1}$	$\overline{Y_2} = \frac{\sum_{i=1}^{n_2} Y_{2i}}{n_2}$
표본분산	$S_1^2 = \frac{\sum_{i=1}^{n_1} (Y_{1i} - \overline{Y_1})^2}{n_1 - 1}$	$S_2^2 = \frac{\sum_{i=1}^{n_2} (Y_{2i} - \overline{Y_2})^2}{n_2 - 1}$

은 H_0 하에서 $t_{n_1+n_2-2}$ 분포를 따르며 두 집단 모평균에 관한 다음의 가설들에 대해 유의수준 α에서의 검정법은 다음과 같다.

(1) $H_0 : \mu_1 - \mu_2 = \delta_0$에 대해 $H_1 : \mu_1 - \mu_2 \neq \delta_0$
만일 $|t| > t_{n_1+n_2-2}(\alpha/2)$이면 H_0를 기각한다.

(2) $H_0 : \mu_1 - \mu_2 \leq \delta_0$에 대해 $H_1 : \mu_1 - \mu_2 > \delta_0$
만일 $t > t_{n_1+n_2-2}(\alpha)$이면 H_0를 기각한다.

(3) $H_0 : \mu_1 - \mu_2 \geq \delta_0$에 대해 $H_1 : \mu_1 - \mu_2 < \delta_0$
만일 $t < -t_{n_1+n_2-2}(\alpha)$이면 H_0를 기각한다.

- $\mu_1 - \mu_2 = \delta$에 대한 $100(1-\alpha)\%$ 신뢰구간

$$\overline{Y_1} - \overline{Y_2} \pm t_{n_1+n_2-2}(\alpha/2) \times S_p \sqrt{\frac{1}{n_1} + \frac{1}{n_2}}$$

2.5.5 이집단 t -검정: 소표본이며 모분산을 모르며 $\sigma_1^2 \neq \sigma_2^2$ 인 경우

두 개의 모집단으로부터 서로 독립인 확률표본을 얻었을 때 두 집단의 모분산이 다른 경우 모평균의 비교 문제를 고려하고자 한다. 관련 모수와 추정통계량은 <표 2.3>과 같으며 $\sigma_1^2 \neq \sigma_2^2$ 이므로 각 집단의 분산을 각각 추정해야 한다. 검정통계량

$$t = \frac{\overline{Y_1} - \overline{Y_2} - \delta_0}{\sqrt{\dfrac{S_1^2}{n_1} + \dfrac{S_2^2}{n_2}}}$$

은 H_0 하에서 Satterthwaite 근사에 의해 자유도

$$df = \frac{\left[\dfrac{S_1^2}{n_1} + \dfrac{S_2^2}{n_2}\right]^2}{\dfrac{\{S_1^2/n_1\}^2}{n_1 - 1} + \dfrac{\{S_2^2/n_2\}^2}{n_2 - 1}}$$

인 t_{df} 분포를 따른다. 두 집단 모평균에 관한 다음의 가설들에 대해 유의수준 α에서의 검정법은 다음과 같다.

(1) $H_0 : \mu_1 - \mu_2 = \delta_0$에 대해 $H_1 : \mu_1 - \mu_2 \neq \delta_0$
 만일 $|t| > t_{df}(\alpha/2)$이면 H_0를 기각한다.

(2) $H_0 : \mu_1 - \mu_2 \leq \delta_0$에 대해 $H_1 : \mu_1 - \mu_2 > \delta_0$
 만일 $t > t_{df}(\alpha)$이면 H_0를 기각한다.

(3) $H_0 : \mu_1 - \mu_2 \geq \delta_0$에 대해 $H_1 : \mu_1 - \mu_2 < \delta_0$
 만일 $t < -t_{df}(\alpha)$이면 H_0를 기각한다.

- $\mu_1 - \mu_2$에 대한 $100(1-\alpha)\%$ 신뢰구간

$$\overline{Y_1} - \overline{Y_2} \pm t_{df}(\alpha/2) \times \sqrt{\frac{S_1^2}{n_1} + \frac{S_2^2}{n_2}}$$

예제 2.7 두 종류의 진통제 A와 B의 효과를 측정한 데이터이다. 두통이 있는 실험 참여자에게 같은 진통이 완화될 때까지의 시간을 측정했으며 모집단은 정규분포를 따른다고 한다. 진통제 A와 B의 효과가 차이가 있는지 검정하고자 한다.

표 2.4 진통제 데이터

	진통 완화까지 걸리는 시간
진통제 A	1.1 2.3 4.3 2.2 5.3
진통제 B	2.3 4.3 3.5

(1) 두 집단의 분산이 같다고 가정할 경우 양측검정

(a) $H_0 : \mu_1 - \mu_2 = 0$에 대해 $H_1 : \mu_1 - \mu_2 \neq 0$

(b) 두 집단의 분산이 같을 경우 이집단 $t-$검정(two sample t-test)

프로그램 2.5 이집단 $t-$검정

```
x1= c(1.1, 2.3, 4.3, 2.2, 5.3)
x2= c(2.3, 4.3, 3.5)
t.test(x1,x2, var.equal=TRUE, alternative="two.sided") # 등분산 경우
t.test(x1,x2, var.equal=FALSE, conf.level=0.95)        # 이분산 경우
```

```
> x1= c(1.1, 2.3, 4.3, 2.2, 5.3)
> x2= c(2.3, 4.3, 3.5)
> t.test(x1,x2, var.equal=TRUE, alternative="two.sided") # default
        Two Sample t-test
data:  x1 and x2
t = -0.2956, df = 6, p-value = 0.7775
alternative hypothesis: true difference in means is not equal to 0
95 percent confidence interval:
 -3.030714  2.377381
sample estimates:
mean of x mean of y
 3.040000  3.366667
```

(c) 결론

p-값 $= 0.7775 > 0.05 = \alpha$이므로 H_0를 기각하지 못한다. 유의수준 5%에서 지혈제 A와 B의 효과가 차이가 난다고 할 수 있는 통계적 근거가 없다. 모평균 차에 대한 95% 신뢰구간은 (−3.030714, 2.377381)이다.

(2) 두 집단의 분산이 다르다고 가정할 경우 양측검정

(a) $H_0 : \mu_1 - \mu_2 = 0$에 대해 $H_1 : \mu_1 - \mu_2 \neq 0$

(b) 두 집단의 분산이 다를 경우 이집단 $t-$검정

```
> t.test(x1,x2, var.equal=FALSE, conf.level=0.95)
        Welch Two Sample t-test
data:  x1 and x2
t = -0.34, df = 5.972, p-value = 0.7455
alternative hypothesis: true difference in means is not equal to 0
95 percent confidence interval:
 -2.680674  2.027341
sample estimates:
mean of x mean of y
 3.040000  3.366667
```

(c) 결론

p-값$= 0.7455 > \alpha = 0.05$이므로 H_0를 기각하지 못한다. 유의수준 5%에서 지혈제 A와 B의 효과가 차이가 난다고 할 수 있는 통계적 근거가 없다.

(3) 두 집단의 분산이 같다고 가정할 경우 단측검정 1

다음의 단측가설

$$H_0 : \mu_1 \le \mu_2 \text{에 대해 } H_1 : \mu_1 > \mu_2$$

에 대한 단측검정을 할 경우에는 옵션으로 지정해 다음과 같이 사용할 수 있다.

```
> t.test(x1,x2, var.equal=TRUE, alt="greater")
        Two Sample t-test
data:  x1 and x2
t = -0.2956, df = 6, p-value = 0.6113
alternative hypothesis: true difference in means is greater than 0
95 percent confidence interval:
 -2.474048       Inf
sample estimates:
mean of x mean of y
 3.040000  3.366667
```

(4) 두 집단의 분산이 같다고 가정할 경우 단측검정 2

$$H_0 : \mu_1 \ge \mu_2 \text{에 대해 } H_1 : \mu_1 < \mu_2$$

```
> t.test(x1,x2, var.equal=TRUE, alt="less")
        Two Sample t-test
data:  x1 and x2
t = -0.2956, df = 6, p-value = 0.3887
alternative hypothesis: true difference in means is less than 0
95 percent confidence interval:
     -Inf 1.820714
sample estimates:
mean of x mean of y
 3.040000  3.366667
```

(5) 두 진통제의 분산이 다르다고 할 수 있는지 검정하고자 한다.

(a) 통계적 가설

$$H_0 : \sigma_A^2 = \sigma_B^2 \text{에 대해 } H_1 : \sigma_A^2 \neq \sigma_B^2$$

(b) var.test( )를 이용한 이집단 양측검정

```
> var.test(x1,x2)
        F test to compare two variances
data:  x1 and x2
F = 2.8895, num df = 4, denom df = 2, p-value = 0.5465
alternative hypothesis: true ratio of variances is not equal to 1
95 percent confidence interval:
  0.07362013 30.77032496
sample estimates:
ratio of variances
          2.889474
```

(c) 결론

p-값 $= 0.5465 > \alpha = 0.05$로 H_0를 기각하지 못한다. 유의수준 5%에서 진 통제 A와 B의 분산 차이가 유의하다고 할 수 없다. 모분산비 $\dfrac{\sigma_A^2}{\sigma_B^2}$ 추정값은 2.889이고 모분산비에 대한 95% 신뢰구간은 $(0.0736, 30.7703)$이다. 그러므로 분산이 동일한 경우의 이집단 $t-$검정을 할 수 있다.

2.5.6 짝지어진 t -검정

각 개체에 대해 정규분포를 따르는 모집단으로부터 쌍(pair)으로 측정하여 확률표본 $(Y_{11}, Y_{21}), \cdots, (Y_{1n}, Y_{2n})$을 얻은 경우 두 집단(처리)의 모평균이 같은지 검정하고자 한다. 관심 있는 가설

$$H_0 : \mu_\delta = 0 \text{에 대해 } H_1 : \mu_\delta \neq 0$$

로 표현할 수도 있다. <표 2.5>는 짝지어진 표본의 자료구조를 보여 주며 각 개체에 따른 효과를 제거하기 위해 각 개체에 대한 관측값의 차이를 구하여 이용한다.

표 2.5 짝지어진 표본의 자료구조

쌍	처리 1	처리 2	차이
1	Y_{11}	Y_{21}	$d_1 = Y_{11} - Y_{21}$
2	Y_{12}	Y_{22}	$d_2 = Y_{12} - Y_{22}$
⋮	⋮	⋮	⋮
n	Y_{1n}	Y_{2n}	$d_n = Y_{1n} - Y_{2n}$

여기서 $d_1, d_2, \cdots, d_n \sim iid \quad N(\delta, \sigma_\delta^2)$이 되며 차이에 대한 평균과 분산의 추정량은 각각

$$\bar{d} = \frac{\sum_{i=1}^{n} d_i}{n}, S_d^2 = \frac{\sum_{i=1}^{n} (d_i - \bar{d})^2}{n-1}$$

검정통계량

$$t = \frac{\bar{d} - \delta_0}{S_d / \sqrt{n}}$$

은 H_0 하에서 t_{n-1} 분포를 따른다. 모평균 차이에 관한 다음의 가설들에 대해 유의수준 α에서의 검정법은 다음과 같다.

(1) $H_0 : \delta = \delta_0$에 대해 $H_1 : \delta \neq \delta_0$
만일 $|t| > t_{n-1}(\alpha/2)$이면 H_0를 기각한다.

(2) $H_0 : \delta \leq \delta_0$에 대해 $H_1 : \delta > \delta_0$
만일 $t > t_{n-1}(\alpha)$이면 H_0를 기각한다.

(3) $H_0 : \delta \geq \delta_0$에 대해 $H_1 : \delta < \delta_0$
만일 $t \leftarrow t_{n-1}(\alpha)$이면 H_0를 기각한다.

예제 2.8 A 대학에서 랜덤하게 선택된 10명의 학생을 대상으로 집중학습법 강좌 수강 전후의 B 과목 시험점수를 얻었다. 모집단은 정규분포를 따른다고 할 수 있다. 다음의 가설에 대해 검정하고자 한다.

$$H_0 : \text{강좌 수강 전후 점수 차이가 없다.}$$

에 대해

$$H_1 : \text{강좌 수강 전후 점수 차이가 있다.}$$

표 2.6 강좌 수강 전후의 시험점수

시험	점수									
pre test	77	56	64	60	58	72	67	78	67	79
post test	99	80	78	65	59	67	65	85	74	80

(1) $H_0 : \mu_\delta = 0$에 대해 $H_1 : \mu_\delta \neq 0$

(2) 짝지어진 집단에 대한 $t-$검정(paired t-test)

프로그램 2.6 짝지어진 집단 t – 검정

```
pre=c(77, 56, 64, 60, 58, 72, 67, 78, 67, 79)
post=c(99, 80, 78, 65, 59, 67, 65, 85, 74, 80)
t.test(post, pre, paired=T)
```

```
> pre=c(77, 56, 64, 60, 58, 72, 67, 78, 67, 79)
> post=c(99, 80, 78, 65, 59, 67, 65, 85, 74, 80)
> t.test(post, pre, paired=T)
        Paired t-test
data:  post and pre
t = 2.3906, df = 9, p-value = 0.04052
alternative hypothesis: true difference in means is not equal to 0
95 percent confidence interval:
  0.3974552 14.4025448
sample estimates:
mean of the differences
                    7.4
```

(3) 결론

p-값 $= 0.04052 < 0.05 = \alpha$이므로 유의수준 $\alpha = 0.05$에서 H_0를 기각한다. 즉, 강좌 수강 전후 점수 차이가 유의하므로 강좌 효과가 유의하다.

2.6 정규분포

2.6.1 정규분포 확률밀도함수

확률변수 Y가 평균 μ, 분산 σ^2인 정규분포(normal distribution)를 따를 때, 즉 $Y \sim N(\mu,\ \sigma^2)$일 때 확률밀도함수는

$$f(y) = \frac{1}{\sigma\sqrt{2\pi}} e^{-\frac{(y-\mu)^2}{2\sigma^2}}, \qquad \infty < y < \infty$$

여기서 μ는 평균으로 $-\infty < \mu < \infty$이고, 분산 $\sigma^2 > 0$이다.

정규분포는 2개의 모수, 평균 μ와 분산 σ^2으로 함수의 모양이 결정되며 종 모양을 갖는다. 평균 μ를 중심으로 좌우 대칭이며 평균에서 함수의 최댓값을 가지고 평균에서 멀어질수록 함수의 값이 급격히 작아지며 0으로 수렴한다. 평균에서 멀어질수록, 즉 오른쪽 꼬리(right tail, upper tail)와 왼쪽 꼬리(left tail, lower tail)의 확률이 적어진다. <그림 2.2>를 보면 정규분포함수가 종모양(bell shape)을 가지며 캥거루 꼬리 모양을 가짐을 알 수 있다. 또한, 표준화에 의한 변수 Z는 평균 0, 분산 1인 표준정규분포를 따른다. 즉,

$$Z = \frac{Y-\mu}{\sigma} \sim N(0,1)$$

<프로그램 2.7>을 이용하여 정규분포 확률밀도함수와 누적분포함수를 <그림 2.3>에서 보여 준다.

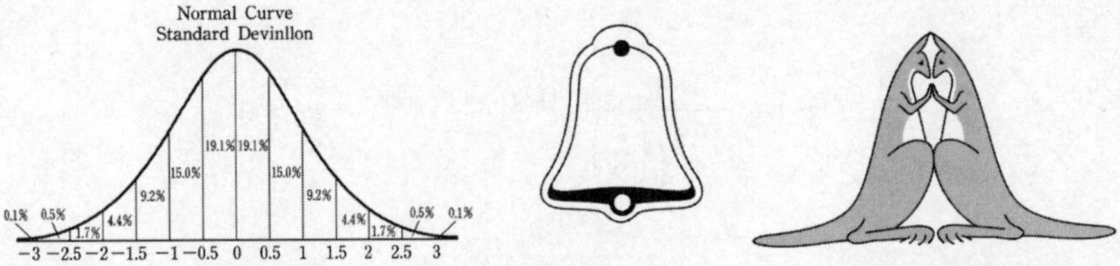

(a) 정규분포 (b) 종 모양 (c) 두 캥거루와 양쪽 꼬리

그림 2.2 정규분포 모양

프로그램 2.7 정규분포 확률밀도함수

```
# 정규분포
x<-seq(-3,3, by=0.1)
y<-dnorm(x, 0,1)
  plot(x,y, type="l", ylab="f(x)", main="normal density") # 그림 2.3 (a)
y2<-pnorm(x, 0,1, lower.tail=T)                          # 그림 2.3 (b)
  plot(x,y2, type="l", ylab="prob",main="normal cumulative probability")
```

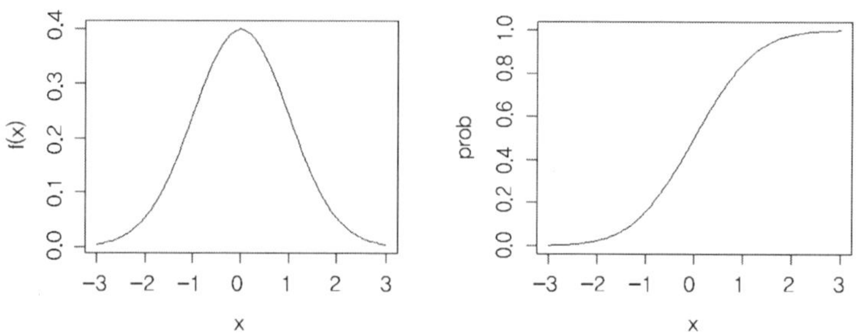

(a) 표준정규분포 확률밀도함수 (b) 표준정규분포의 누적확률분포함수

그림 2.3 표준정규분포

2.6.2 카이제곱분포

$Z_1, Z_2, \ldots, Z_k$이 서로 독립적으로 $N(0,1)$을 따를 때

$$W = Z_1^2 + Z_2^2 + \cdots + Z_k^2 \quad \sim \quad \chi_k^2$$

W는 자유도가 k인 카이제곱분포(chi-square distribution)를 따른다. 자유도가 k인 카이제곱분포의 확률밀도함수는

$$f(w) = \frac{1}{2^{k/2}\Gamma\left(\frac{k}{2}\right)} w^{(k/2)-1} e^{-w/2}, \quad w > 0$$

이다. 여기서

$$\Gamma\left(\frac{k}{2}\right) = \int_0^\infty t^{k/2-1} e^{-t} dt$$

이다.

<프로그램 2.8>을 이용하여 카이제곱분포 확률밀도함수를 <그림 2.4>에서 보여준다.

프로그램 2.8 카이제곱분포 확률밀도함수

```
# 카이제곱분포
x<-seq(0,10, by=0.1)
y1<-dchisq(x, df=3)
y2<-dchisq(x, df=5)
y3<-dchisq(x, df=10)
y<-cbind(y1,y2,y3)
matplot(x,y, type="l", lty=1:3, main="카이제곱분포 확률밀도함수", ylab="f(x)")
legend(6,0.2, c("df=3", "df=5", "df=10"), lty=1:3 )
# 그림 2.4
```

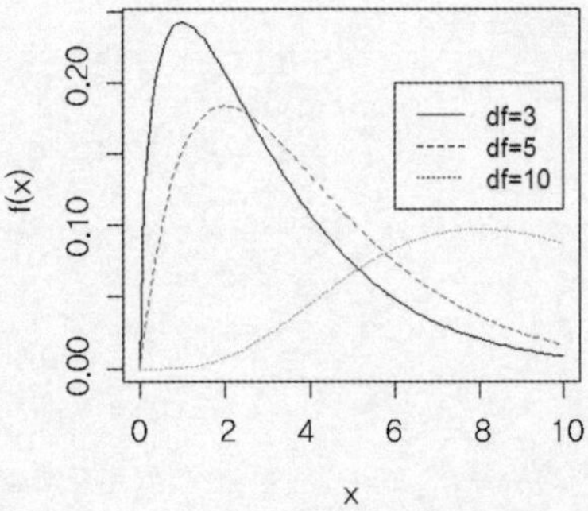

그림 2.4 카이제곱분포 확률밀도함수

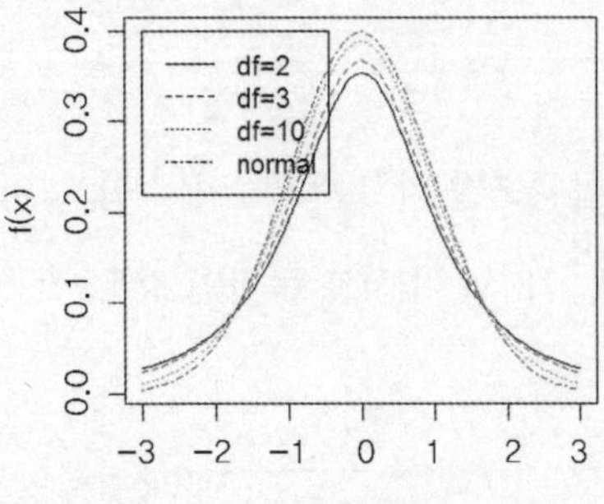

그림 2.5 자유도에 따른 t분포 확률밀도함수

2.6.3 t 분포

Y_1, Y_2, ... , Y_n이 서로 독립적으로 $N(\mu,\ \sigma^2)$을 따르며 σ^2은 모를 때 통계량 t는 자유도 $n-1$인 t 분포를 따른다. 즉,

$$t = \frac{\overline{Y} - \mu}{S/\sqrt{n}} \sim t_{n-1}$$

<그림 2.5>를 보면 t 분포의 확률밀도함수는 정규분포와 비슷한 모양을 가지며 자유도가 증가할수록 정규분포로 근사함을 알 수 있다. <프로그램 2.9>를 이용한 t 분포 확률밀도함수를 <그림 2.5>에서 보여 준다.

프로그램 2.9 t 분포 확률밀도함수

```
# t-분포
x<-seq(-3,3, by=0.1)
 y1<-dt(x, df=2)
 y2<-dt(x, df=3)
 y3<-dt(x, df=10)
 y4<-dnorm(x)
y<-cbind(y1,y2,y3,y4)
matplot(x,y, type="l", lty=1:4, main="t분포 확률밀도함수", ylab="f(x)")
legend(-3,0.4, c("df=2", "df=3", "df=10","normal"), lty=1:4 )
# 그림 2.5
```

2.6.4 F 분포

χ_u^2는 자유도 u인 카이제곱분포를 따르는 확률변수이고 χ_v^2는 자유도 v인 카이제곱분포를 따르는 확률변수이다. χ_u^2과 χ_v^2이 서로 독립인 경우,

$$f_{u,v} = \frac{\chi_u^2/u}{\chi_v^2/v} \sim F_{u,v}$$

$f_{u,v}$는 분자의 자유도 u, 분모의 자유도 v인 $F_{u,v}$ 분포를 따른다. <프로그램 2.10>을 이용하여 F 분포 확률밀도함수를 <그림 2.6>에서 보여 준다.

프로그램 2.10 F 분포 확률밀도함수

```
# F-분포
x<-seq(0,4, by=0.1)
  y1<-df(x, df1=1, df2=5)
  y2<-df(x, df1=3, df2=5)
  y3<-df(x, df1=5, df2=10)
  y4<-df(x, df1=10, df2=15)
y<-cbind(y1,y2,y3,y4)
matplot(x,y, type="l", lty=1:4, main="F 분포 확률밀도함수", ylab="f(x)")
                                                        # 그림 2.6
legend(2,0.7, lty=1:4,
     c("df1=1,df2=5", "df1=3,df2=5", "df1=5,df2=10", "df1=10,df2=15")  )
```

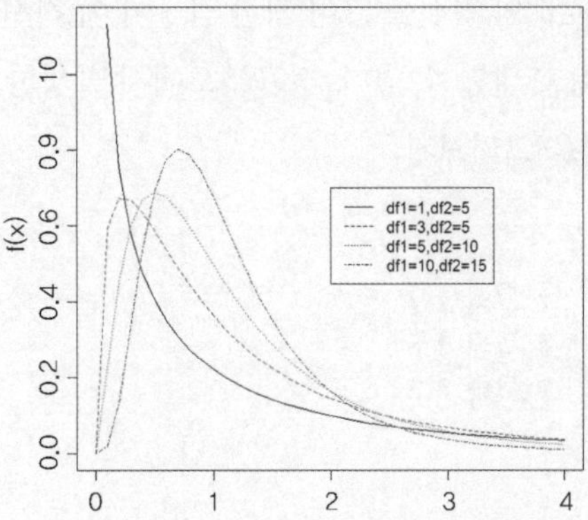

그림 2.6 F 분포 확률밀도함수

2.6.5 중심극한정리

크기 n인 확률표본의 데이터 $Y_1, Y_2, ..., Y_n$이 $E(Y_i)=\mu,\ \ Var(Y_i)=\sigma^2$인 어떤 분포를 따를 때

$$Z_n = \frac{\sum_{i=1}^{n} Y_i - n\mu}{\sqrt{n}\,\sigma}$$

은 표본의 크기 n이 커지면 근사적으로 $N(0,\ 1)$을 따른다. 또한

$$U_n = \frac{\sqrt{n}(\overline{Y} - \mu)}{\sigma}$$

은 표본의 크기 n이 커지면 근사적으로 표준정규분포 $N(0,\ 1)$을 따른다.

2.7 정규성 평가

2.7.1 정규확률그림

정규성 평가를 위해 정규 Q–Q 그림(normal Quantile-Quantile plot)을 그려서 정규성을 확인할 수 있다. 기울기가 45°인 직선을 그어 찍힌 점들이 이 직선에서 많이 벗어나면 데이터가 정규성에서 벗어난다고 말할 수 있다. 정규분포에서 발생한 랜덤 데이터에 대해 히스토그램과 정규 Q–Q 그림을 그려보자.

```
> x=rnorm(20)
> hist(x)           # 그림 2.7
> qqnorm(x)         # 그림 2.8
> qqline(x)         # 그림 2.8
```

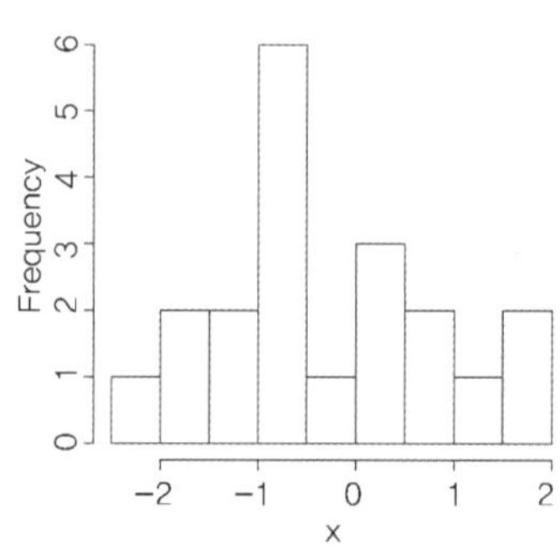

그림 2.7 정규분포 데이터에 대한 히스토그램

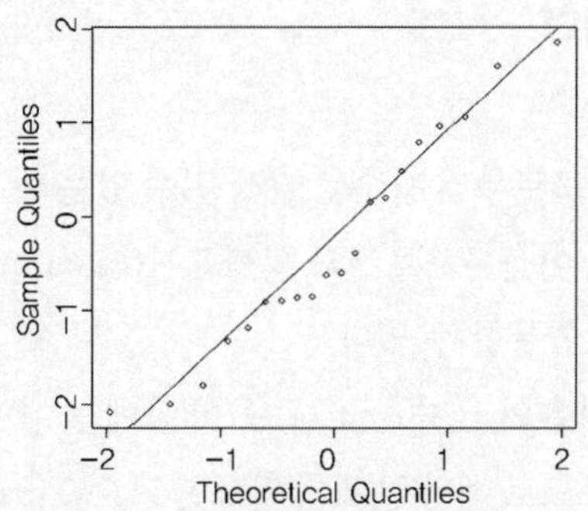

그림 2.8 정규분포 데이터에 대한 Q-Q 그림

2.7.2 Shapiro-Wilk 정규성 검정

데이터에 대해 검정통계량을 이용한 정규성 검정을 하고자 한다.

'H_0 : 정규분포를 따른다.'에 대해 'H_1 : 정규분포를 따르지 않는다.'

에 대한 Shapiro-Wilk 검정을 할 수 있으며 shapiro.test( ) 함수를 이용한다.

```
x=rnorm(10)
shapiro.test(x)
```

```
> x=rnorm(10)
> x
 [1]  0.11539664 -0.26776144 -0.44143672 - 1.06303183 -0.01890180
 [6]  -0.90705018   0.65871382  -1.95079005  1.22090523    0.85995412
>  shapiro.test(x)
        Shapiro-Wilk normality test
data:  x
W = 0.9802, p-value = 0.9665
```

p-값 $= 0.9665 > 0.05 = \alpha$ 이므로 유의수준 5%에서 H_0를 기각하지 못한다. 그러므로 데이터 x는 정규분포를 따른다고 할 수 있다.

2.8 R에서 확률계산

R에는 몇 개의 특정한 분포로부터 난수를 발생할 수 있는 함수가 내장되어 있다. 이러한 기능을 이용해 연속분포와 이산분포로부터 확률표본(random sample)을 생성할 수 있으며 모의실험(simulation)에 활용할 수 있다.

각 분포함수 이름 앞에 다음의 글자 p, d, q, r 이 앞에 붙여져 해당 함수를 계산한다. 또한 각 분포마다 모수가 다르므로 해당 분포에 필요한 모수값(parameter value)을 지정해 주어야 한다.

d	확률밀도함수(density)값	$d = f(x)$
p	누적확률(probability)	$p = P(X \le x)$: default이며 lower.tail=TRUE인 경우
		$p = P(X > x)$: lower.tail=FALSE인 경우
q	사분위수(quantile)값	$\int_{-\infty}^{q} f(x)dx = p$를 만족하는 q값
r	난수(random number) 발생	

2.8.1 정규분포

확률변수 X가 정규분포를 따를 때, $X \sim N(\mu, \sigma^2)$, 평균 μ와 표준편차 σ가 정규분포의 모수가 된다. R에서 정규분포 이용시 평균과 표준편차값을 지정해 주어야 한다.

다음의 함수를 이용하여 정규분포의 확률밀도함수(probability density), 누적확률(cumulative probability), 사분위수(quantile), 난수(random number)를 얻을 수 있다.

```
dnorm(x, mean=mu, sd=sigma )                          # f(x)
pnorm(q, mean=mu, sd=sigma, lower.tail = TRUE)        # P(X ≤ x)
pnorm(q, mean=mu, sd=sigma, lower.tail= FALSE)        # P(X > x)
qnorm(p, mean=mu, sd=sigma, lower.tail = TRUE)        # ∫_{-∞}^{q} f(x)dx = p
qnorm(p, mean=mu, sd=sigma, lower.tail = FALSE)       # ∫_{q}^{∞} f(x)dx = p
rnorm(n, mean=mu, sd=sigma)      # 정규분포 따르는 난수 n개 발생
```

예제 2.9 $Z \sim N(0,1)$일 때

(1) $P(Z \leq -1)$을 구하고자 한다.

```
> pnorm(-1, mean=0,sd=1, lower.tail=T)
[1] 0.1586553
```

(2) $P(Z \geq -1)$을 구하고자 한다.

```
> pnorm(-1, mean=0,sd=1, lower.tail=F)
[1]  0.8413447
```

(3) 아래로부터(왼쪽 꼬리로부터) 10%에 해당하는 값을 구하고자 한다.

```
> qnorm(0.10, mean=0, sd=1, lower.tail=TRUE)   # 
```

$\int_{-\infty}^{q} f(x)dx = 0.10$

```
[1] -1.281552
```

(4) 위로부터(오른쪽 꼬리로부터) 2.5%에 해당하는 값을 구하고자 한다.

```
> qnorm(0.025, mean=0, sd=1, lower.tail=F)     # 
```

$\int_{q}^{\infty} f(x)dx = 0.025$

```
[1] 1.959964
```

또는

```
> qnorm(0.975, mean=0, sd=1, lower.tail=T)
[1] 1.959964
```

(5) $x=0$에서의 확률밀도함수값을 구하고자 한다.

```
> dnorm(0, mean=0, sd=1)                # f(0)
[1] 0.3989423
```

2.8.2 t 분포

자유도가 ν인 t 분포의 모수는 자유도 ν이다. R에서 t 분포 이용시 자유도를 지정해 주어야 한다. 다음의 함수를 이용하여 t 분포의 확률밀도함수, 누적확률, 사분위수, 난수를 얻을 수 있다.

```
dt(x, df=a)   # f(x)
pt(q, df=a)   # P(X ≤ x)
qt(p, df=a)   # ∫_{-∞}^{q} f(x)dx = p
```

```
rt(n, df=a)   # t 분포 따르는 난수 n개 발생
df : degree of freedom (자유도)
```

예제 2.10 $X \sim t_5$ 분포일 때

(1) $P(X \leq -1)$을 구하고자 한다.

```
> pt(-1, df=5, lower.tail=T)
[1] 0.1816087
```

(2) $P(X \geq -1)$을 구하고자 한다.

```
> pt(-1, df=5, lower.tail=F)
[1] 0.8183913
```

(3) 아래로부터(왼쪽 꼬리로부터) 5%에 해당하는 값을 구하고자 한다.

```
> qt(0.05,  df=5, lower.tail=TRUE)   # ∫_{-∞}^{q} f(x)dx = 0.05
[1] -2.015048
```

2.8.3 카이제곱분포

자유도가 k인 카이제곱분포의 모수는 자유도 k이다. R에서 카이제곱분포 이용 시 자유도를 지정해 주어야 한다. 다음의 함수를 이용하여 카이제곱분포의 확률밀도함수, 누적확률, 사분위수, 난수를 얻을 수 있다.

```
dchisq(x, df=k)        # f(x)
pchisq(q, df=k)        # P(X ≤ x)
qchisq(p, df=k)        # ∫_{-∞}^{q} f(x)dx = p
rchisq(n, df=k)        # 카이제곱분포 따르는 난수 n개 발생
df : 자유도
```

예제 2.11 $X \sim \chi^2_6$ 분포일 때

(1) $P(X \leq 1)$을 구하고자 한다.

```
> pchisq(1, df=6, lower.tail=T)
[1] 0.01438768
```

(2) $P(X \geq 4)$을 구하고자 한다.

```
> pchisq(4, df=6, lower.tail=F)
[1] 0.6766764
```

(3) 아래로부터(왼쪽 꼬리로부터) 5%에 해당하는 값을 구하고자 한다.

```
> qchisq(0.05, df=6, lower.tail=T)  # ∫_{-∞}^{q} f(x)dx = 0.05
[1] 1.635383
```

(4) $P(2 \leq X \leq 4)$을 구하고자 한다.

$P(2 \leq X \leq 4) = P(X \leq 4) - P(X < 2)$이므로

```
> pchisq(4, df=6, lower.tail=T)-pchisq(2, df=6, lower.tail=T)
[1] 0.2430222
```

2.8.4 F 분포

분자 자유도 d_1, 분모 자유도 d_2인 F 분포의 모수는 자유도 d_1, d_2 이다. R에서 F 분포 이용시 분자 자유도와 분모 자유도를 지정해 주어야 한다. 다음의 함수를 이용하여 F 분포의 확률밀도함수, 누적확률, 사분위수, 난수를 얻을 수 있다.

```
df(x, df1=d1, df2=d2)          # f(x)
pf(q, df1=d1, df2=d2)          # P(X ≤ x)
qf(p, df1=d1, df2=d2)          # ∫_{-∞}^{q} f(x)dx = p
rf(n, df1=d1, df2=d2)          # F 분포 따르는 난수 n개 발생
df1 : 분자 자유도,  df2 : 분모 자유도
```

예제 2.12 $X \sim F_{2,6}$ 분포일 때

(1) $P(X \leq 1)$을 구하고자 한다.

```
> pf(1, df1=2, df2=6, lower.tail=T)
[1] 0.578125
```

(2) $P(X \geq 4)$을 구하고자 한다.

```
> pf(4, df1=2, df2=6, lower.tail=F)
[1] 0.421875
```

(3) 아래로부터(왼쪽 꼬리로부터) 5%에 해당하는 값을 구하고자 한다.

```
> qf(0.05, df1=2, df2=6, lower.tail=T)       # ∫_{-∞}^{q} f(x)dx = 0.05
[1] 0.0517343
```

$$\int_{-\infty}^{q} f(x)dx = 0.05$$

(4) 위로부터(오른쪽 꼬리로부터) 5%에 해당하는 값을 구하고자 한다.

```
> qf(0.05, df1=2, df2=6, lower.tail=F)      # ∫_{q}^{∞} f(x)dx = 0.05
[1] 5.143253
```

$$\int_{q}^{\infty} f(x)dx = 0.05$$

연습문제

2.1 서비스센터에서 컴퓨터 수리시간은 정규분포를 따른다고 할 수 있으며 다음과 같이 10개의 컴퓨터의 수리시간에 대한 데이터를 얻었다. (단위: 시간)

5	10	11	11	4	5	13	19	12	9

(1) 컴퓨터 수리시간 데이터에 대해 평균, 분산, 표준편차를 구하시오.

(2) 평균 수리시간이 10시간을 넘는다고 할 수 있는지 알고자 한다. 적절한 통계적 가설을 설정하시오.

(3) (2)의 가설에 대해 유의수준 $\alpha = 0.05$로 가설검정하시오(검정통계량, p-값, 결론).

(4) 평균 수리시간에 대한 95% 신뢰구간을 구하시오.

(5) 분산이 5시간이라고 알려져 있는데 통계적으로 확인하고자 한다. 적절한 통계적 가설을 세우시오.

(6) (5)의 가설에 대해 유의수준 $\alpha = 0.05$로 가설검정하시오(검정통계량, p-값, 결론).

(7) 컴퓨터 수리시간의 분산에 대한 95% 신뢰구간을 구하시오.

(8) 컴퓨터 수리시간 데이터가 정규분포를 따른다고 할 수 있는지 정규 Q-Q 그림을 그리고 설명하시오.

(9) 위 데이터가 정규분포를 따른다고 할 수 있는지 Shapiro 검정을 하시오(가설, 검정통계량, p-값, 결론).

2.2 두 종류 기계로 종이박스에 우유를 500mL 채우는 작업을 하며 이 과정은 정규분포를 따른다고 가정할 수 있다고 한다.

기계 A: 501, 502, 495, 498, 499, 506
기계 B: 508, 510, 503, 504, 500, 504, 505, 512

(1) 두 기계의 분산이 같다고 할 수 있는지 알고자 한다. 적절한 통계적 가설을 세우시오.

(2) (1)의 가설에 대해 유의수준 $\alpha = 0.05$로 가설검정하시오.

(3) 분산비 $\dfrac{\sigma_A^2}{\sigma_B^2}$에 대한 95% 신뢰구간을 구하시오.

(4) (1)의 결과를 바탕으로, 두 기계의 평균 우유량이 같은지 유의수준 $\alpha = 0.05$로 가설검정하시오.

2.3 M 화학자는 두 종류 물질의 연소에 대해 관찰하고 연소시간(burning time)에 대해 측정했다. 물질을 알코올램프에 랜덤하게 배치했고 데이터는 정규분포를 따른다고 가정할 수 있다.

	연소시간 (분)					
물질 A	65	81	57	66	75	70
물질 B	78	79	82	74	79	84

(1) 각 물질의 연소시간에 대한 평균, 분산, 표준편차를 구하시오.

(2) 두 물질의 연소시간에 대한 분산이 같다고 할 수 있는 경우, 두 물질의 평균 연소시간이 같은지 유의수준 $\alpha = 0.05$로 가설검정하시오.

(3) 두 물질의 분산이 같다고 할 수 없는 경우, 두 물질의 평균 연소시간이 같은지 유의수준 $\alpha = 0.05$로 가설검정하시오.

(4) 두 물질의 분산이 같다고 할 수 있는지 유의수준 $\alpha = 0.05$로 가설검정하시오.

2.4 A 심리학자는 도시에 거주하는 10쌍의 부부를 랜덤하게 추출한 후 지역사회에 대한 만족도 설문조사를 실시했다. 모집단은 정규분포를 따른다고 할 수 있다. 부부 간 만족도에 차이가 있는지 알아보고자 한다.

H_0 : 부부 간 지역사회 만족도에 차이가 없다.

에 대해 H_1 : 부부 간 지역사회 만족도에 차이가 있다.

	1	2	3	4	5	6	7	8	9	10
부인	33	57	32	54	52	34	60	45	59	50
남편	44	60	55	60	50	45	57	49	47	51

(1) 부인의 만족도에 대한 평균, 분산, 표준편차를 구하시오.

(2) 남편의 만족도에 대한 평균, 분산, 표준편차를 구하시오.

(3) 부부 간 차(wife-husband)의 만족도에 대한 평균, 분산, 표준편차를 구하시오.

(4) 위 가설에 대해 유의수준 $\alpha = 0.05$에서 짝지어진 t-검정하시오.

(5) x축에는 부인, y축에는 남편으로 놓고 산점도를 그려보시오.

2.5 제약회사에서 다이어트 약의 효과가 있는지 알아보고자 랜덤추출한 10명의 사람을 대상으로 약 투여 전후의 몸무게를 조사했다. 몸무게는 정규분포를 따른다고 할 수 있다.

번호	약 투여 전	약 투여 후	차(=전−후) d_i
1	55	54	
2	60	55	
3	70	64	
4	75	73	
5	66	61	
6	78	70	
7	80	76	
8	83	65	
9	88	78	
10	73	72	

(1) 몸무게 차 d_i를 구하시오.

(2) 몸무게 차 d_i에 대한 평균, 분산, 표준편차를 구하시오.

(3) 약의 효과가 있다고 할 수 있는지 즉 체중감소효과가 있다고 할 수 있는지 유의수준 $\alpha = 0.05$로 가설검정하시오(가설, 검정통계량, p-값, 결론).

2.6 반도체 제조공정에서 웨이퍼에서 실리콘을 제거하는 과정이 있으며 이러한 과정에서 부식 비율(etch rate)은 매우 중요한 특성값이다. 두 종류의 부식액(etching solution)의 효과를 비교하고자 데이터를 얻었다.

용액1				용액2			
9.9	10.6	9.4	10.3	10.9	11.6	10.4	12.3
10.0	9.8	9.7	10.1	10.0	10.8	10.7	10.9

(1) 각 용액의 부식 비율에 대한 평균, 분산, 표준편차를 구하시오.

(2) 두 용액의 부식 비율에 대한 분산이 같다고 할 수 있는지 유의수준 $\alpha = 0.05$로 가설검정하시오.

(3) 두 용액의 부식 비율이 같다고 할 수 있는지 (2)의 결과를 바탕으로 유의수준 $\alpha = 0.05$로 가설검정하시오.

2.7 D 고등학교에서 6주 동안 특별히 제작한 교재로 수업을 한 후 성취도 평가를 하여 수업 전의 성취도와 비교하고자 한다. 랜덤하게 선택된 10명의 학생들을 대상으로 실시되어 데이터를 얻었다. 성취도는 정규분포를 따른다고 할 수 있다.

번호	수업 전	수업 후	차(=후−전) d_i
1	15	20	
2	10	17	
3	17	18	
4	15	16	
5	16	15	
6	8	10	
7	8	12	
8	13	18	
9	18	18	
10	12	15	

(1) 성취도 차 d_i를 구하시오.

(2) 성취도 차 d_i에 대한 평균, 분산, 표준편차를 구하시오.

(3) 교재의 효과가 있다고 할 수 있는지, 즉 6주 동안 수업 후 성취도가 증가했다고 할 수 있는지 유의수준 $\alpha = 0.05$로 가설검정하시오(가설, 검정통계량, p-값, 결론).

3장

완전확률화설계

한 가지 요인에 대한 가장 기본적인 실험설계로 완전확률화설계에 대해 설명하고자 한다. 완전확률화설계로 얻은 데이터에 대하여 처리요인의 유의성, 즉 요인의 수준 간 평균 차이 여부가 관심이다. 셋 이상의 집단으로 k개 집단의 평균들 간 비교 문제에 대해 다음의 가설을 고려한다.

$$H_0 \;:\; \mu_1 = \mu_2 = \mu_3 = \cdots = \mu_k \;\; (k\text{개 집단 모평균이 같다})$$

에 대해 H_1 : 적어도 1개의 모평균은 나머지와 다르다.

2장에서 다루었던 이집단 t-검정으로 이러한 가설에 대해 검정을 할 수 없으므로 분산분석법(ANOVA: ANalysis Of VAriance)을 이용하여 문제를 해결해야 한다.

정의 3.1

분산분석(ANOVA)이란 실험에서 얻은 관측값들의 총 변동을 구별되는 요인에 의한 변동들로 분해하는 과정이다.

3.1 일원배치 완전확률화설계

완전확률화설계(completely randomized design: CRD)는 동질적인 실험단위들의 사용이 가능한 경우, 처리의 배치를 실험단위에 랜덤하게 배정한다. 각 처리마다 등반복(equal repetition) 실험의 결과로 얻어진 자료를 균형 자료(balanced data)라고 하고 각 처리마다 반복수가 같지 않으면 불균형 자료(unbalanced data)라고 한다.

실험단위 배치 시 확률화 원리를 적용한 여러 가지 방법이 있으며 랜덤화 과정으로 활용한다. 예를 들어, 실험단위에 일련번호를 부여하고 그 중 난수를 뽑아 처리번호 순으로 실험단위에 배치한다.

처리요인이 한 개이고 수준이 k개인 모집단에서 각각 독립적으로 크기 n_i인 확률표본(랜덤표본)을 얻는다. 각 처리를 실험단위에 배치할 때 확률화 원리를 충실하게 따라야 한다.

3.2 자료구조와 가정

처리요인이 한 개이고 수준이 k개인 모집단에서 각각 독립적으로 크기 $n_1, \dots, n_k$ 인 확률표본 $\{Y_{11}, Y_{12}, \dots, Y_{1n_1}, \; \cdots, \; Y_{k1}, Y_{k2}, \dots, Y_{kn_k}\}$을 얻는다. <표 3.1>에서 데이터의 배치 구조를 보여 준다.

여기서

$$Y_{i\cdot} = \sum_{j=1}^{n_i} Y_{ij} \text{ 은 } i \text{번째 처리합, } \overline{Y_{i\cdot}} = \frac{1}{n_i}\sum_{j=1}^{n_i} Y_{ij} \text{ 은 } i \text{번째 처리평균,}$$

$$Y_{\cdot\cdot} = \sum_{i=1}^{k}\sum_{j=1}^{n_i} Y_{ij} \text{ 은 데이터 총합}$$

이다.

데이터에 대한 가정은 다음과 같다. 각 집단에서의 관측값은 집단별로 동일한 정규분포를 따르며 서로 상호독립적이며, 분산은 전체 집단에서 모두 동일하다. 즉,

$$\begin{aligned} &Y_{11}, Y_{12}, \dots, Y_{1n_1} \sim iid \; N(\mu_1, \sigma^2) \\ &\quad \vdots \\ &Y_{k1}, Y_{k2}, \dots, Y_{kn_k} \sim iid \; N(\mu_k, \sigma^2) \end{aligned} \tag{3.1}$$

k개의 집단에서 나온 표본들은 서로 상호독립이다.

표 3.1 완전확률화설계 일원배치 자료구조

처리(treatment)	1	2	$\cdots$	k
	Y_{11}	Y_{21}	$\cdots$	Y_{k1}
	Y_{12}	Y_{22}	$\cdots$	Y_{k2}
	$\vdots$	$\vdots$		$\vdots$
	Y_{1n_1}	Y_{2n_2}	$\cdots$	Y_{kn_k}
처리합(treatment total)	$Y_{1\cdot}$	$Y_{2\cdot}$	$\cdots$	$Y_{k\cdot}$
처리평균(treatment mean)	$\overline{Y}_{1\cdot}$	$\overline{Y}_{1\cdot}$	$\cdots$	$\overline{Y}_{k\cdot}$

3.3 통계적 모형

반응값 Y_{ij}는 i번째 처리(요인의 수준)에서 j번째 관측값으로 다음의 통계적 모형

$$Y_{ij} = \mu_i + \epsilon_{ij}, \qquad i = 1, 2, \cdots, k, \qquad j = 1, 2, \cdots, n_i \tag{3.2}$$

을 따른다. 여기서 μ_i는 i번째 처리 모집단의 모평균이다.

처리평균을 전체평균과 처리효과로 나누어

$$\mu_i = \mu + \tau_i \tag{3.3}$$

로 바꾸어 표현하면 다음과 같은 선형모형(linear model)으로 표현할 수 있다.

$$Y_{ij} = \mu + \tau_i + \epsilon_{ij}, \qquad i = 1, 2, \cdots, k, \quad j = 1, 2, \cdots, n_i \tag{3.4}$$

여기서

$N = \sum_{i=1}^{k} n_i$는 데이터 총수

μ는 모집단의 전체평균(overall mean)

τ_i는 i번째 처리효과(treatment effect)

ϵ_{ij}는 i번째 처리의 j번째 측정값에 따르는 오차항(random error)으로

평균 $E(\epsilon_{ij}) = 0$, 분산 $V(\epsilon_{ij}) = \sigma^2$인 정규분포를 따른다. 즉

$$\epsilon_{ij} \sim iid \ N(0, \ \sigma^2).$$

모형 (3.4)에서 μ는 상수(constant)이고 처리효과 τ_i는 처리가 행해졌을 때 상수항 μ로부터의 편차를 나타낸다. 모형 (3.4)는 일원배치 분산분석(one-way AONOVA) 모형으로 한 개 요인만 있는 모형이다.

이 모형에서 처리효과에 따라 τ_i에 대해 두 가지 상황을 고려할 수 있다. k개 처리의 수준이 실험자에 의해 특별히 선택되었다면, 처리평균에 대한 가설검정을 하고자 할 때 분석에 사용된 요인의 수준에 대한 결론을 내리면 된다. 여기서 결론은 고려되지 않은 다른 비슷한 처리수준으로 확장될 수 없다. 이러한 경우 τ_i는 고정효과(fixed effect)로 보며 모형 (3.4)를

고정효과모형(fixed effects model)이라 한다. 다른 경우로는, 처리의 수준이 처리 모집단으로부터 랜덤하게 선택된 것이라면 가설검정의 결론을 처리 모집단에 대해 확장할 수 있다. 이러한 경우 처리의 수준은 랜덤표본이므로 처리효과 τ_i는 확률변수가 되므로 변량효과 또는 랜덤효과(random effect)가 되며 이러한 경우의 모형 (3.4)를 변량효과모형(random effects model)이라 한다. 두 가지 처리효과에 대해 간단하게 비교 설명하고자 한다.

(1) 고정효과모형

고정효과모형에서 식 (3.3)을 이용하여 계산해 보면

$$\frac{1}{N}\sum_{i=1}^{k} n_i \mu_i = \frac{1}{N}\sum_{i=1}^{k} n_i(\mu + \tau_i) = \mu + \frac{1}{N}\sum_{i=1}^{k} n_i \tau_i = \mu$$

이므로

$$\sum_{i=1}^{k} n_i \tau_i = 0 \tag{3.5}$$

이다.

만약 처리마다 반복수가 같으면, 즉 $n_i = n,\ i = 1, \ldots, k$이면

$$\sum_{i=1}^{k} \tau_i = 0 \tag{3.6}$$

이 된다. 즉 처리효과 또는 요인효과는 전체평균으로부터의 편차이고 이들의 합은 0이 된다.

Y의 분산을 구해 보면

$$Var(Y_{ij}) = Var(\mu + \tau_i + \epsilon_{ij}) = Var(\epsilon_{ij}) = \sigma^2 \tag{3.7}$$

이다.

(2) 변량효과모형

요인수준들의 모집단으로부터 k개의 수준을 랜덤하게 선택했을 경우, 처리요인 역시 랜덤하다. 요인의 수준이 랜덤하게 정해졌으므로 요인의 수준 전체 모집단에 대한 추론을 해야 한다. 확률변수인 변량효과에 대한 가정은 다음과 같다.

$$\tau_i \sim iid \quad N(0, \sigma_\tau^2), \qquad \epsilon_{ij} \text{ 와 } \tau_i \text{ 는 서로 독립} \tag{3.8}$$

그러므로 Y의 분산을 구해 보면

$$V(Y_{ij}) = V(\mu + \tau_i + \epsilon_{ij}) = V(\tau_i + \epsilon_{ij}) = \sigma_\tau^2 + \sigma^2 \tag{3.9}$$

이다.

통계적 모형을 세우기 위하여는 처리의 수준이 고정인지 랜덤인지를 결정해야 하고 이러한 결정은 τ_i에 대한 가정이 된다. <그림 3.1>(a)는 세 개 평균 μ_1, μ_2, μ_3가 고정 평균으로 처리효과는 $\tau_1 = \mu_1 - \mu$, $\tau_2 = \mu_2 - \mu$, $\tau_3 = \mu_3 - \mu$로 표현되며 $\sum_{i=1}^{3} \tau_i = 0$이 된다. 고정효과모형에서는 $\tau_1 = \tau_2 = \tau_3 = 0$, 즉 처리평균이 모두 0이 되는 것은 처리평균 간 차이가 없다는 의미가 된다. <그림 3.1>(b)는 세 개 평균 μ_1, μ_2, μ_3는 분산 σ_τ^2을 갖는 분포에서 랜덤하게 발생된 평균이다. 변량효과모형에서는 $\sigma_\tau^2 = 0$, 즉 처리들의 분산이 0이 된다는 것은 처리평균 간 차이가 없다는 의미이다. 이 책에서는 변량효과모형인 경우 $\tau_i \sim N(0, \sigma_\tau^2)$로 가정한다.

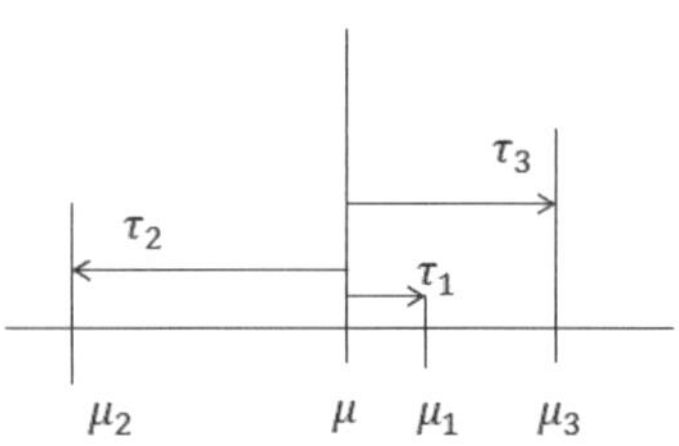

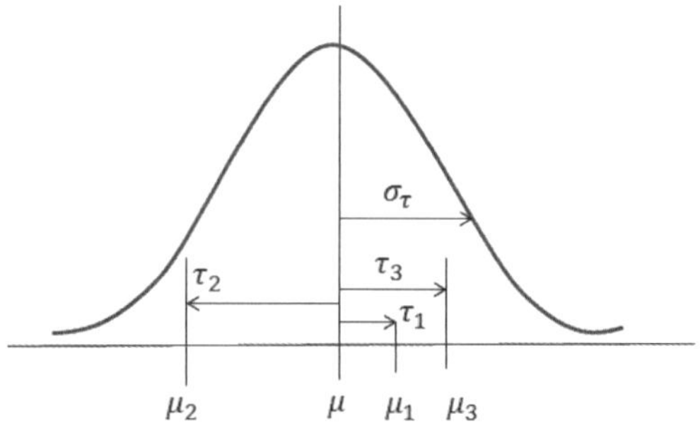

그림 3.1 (a) 처리효과 τ_i가 고정효과 (b) 처리효과 τ_i가 변량효과(랜덤효과)

예제 3.1 완전확률화실험설계 사례를 알아보자.

(1) 벼 품종 A, B, C에 대해 각각 4번 반복 수확 실험설계:

12개의 $1m^2$ 정사각형 농지(plot)를 준비하고 벼 품종 A, B, C를 4개씩 랜덤하게 배치한다. 일정 기간이 지난 후 벼 수확량을 측정한다.

(2) 세 가지 시멘트 혼합 방법(mixing technique) ①, ②, ③에 따라 굳은 시멘트의 강도측정 실험설계:

관심 있는 세 가지 혼합비율에 대해 비교실험을 하기 위한 재료를 준비하고 혼합비율로 만드는 실험도구 9개에 각 처리(혼합비율)를 랜덤하게 배치한다. 9개의 굳은 시멘트에 대해 각각 강도를 측정하여 데이터를 수집한다.

① 시멘트 : 모래 : 골재 = 1 : 1.5 : 3

② 시멘트 : 모래 : 골재 = 1 : 2 : 3

③ 시멘트 : 모래 : 골재 = 1 : 1.5 : 2.5

이 책에서는 실험자의 관심에 따라 수준을 선택한 경우를 고려하여 처리에 대해 고정효과로 말한 모형을 다루고자 한다. 최근 변량효과모형, 고정효과와 변량효과가 혼합된 혼합효과모형(mixed effects model)에 대한 방법과 적용도 활발히 이루어지고 있으므로 혼합모형에 관한 공부도 하길 바란다. 혼합효과모형은 매우 유용하며 적용범위가 확대되고 있다.

3.4 분산분석

반응값에 대한 편차를 다음과 같이 처리 내 편차와 처리 간 편차로 분리하여 표현할 수 있다. 여기서 $\overline{Y}$는 데이터 전체평균이다.

$$(Y_{ij} - \overline{Y}) = (Y_{ij} - \overline{Y}_{i\cdot}) + (\overline{Y}_{i\cdot} - \overline{Y}) \tag{3.10}$$

편차 = 처리 내 편차 + 처리 간 편차

분산분석은 총제곱합을 변동 원인에 의한 제곱합으로 분할하는 기법이다.

총제곱합(total sum of squares)

$$TSS = \sum_{i=1}^{k}\sum_{j=1}^{n_i}(Y_{ij} - \overline{Y})^2 \tag{3.11}$$

은 데이터 전체에 대한 총제곱합으로

$$\sum_{i=1}^{k}\sum_{j=1}^{n_i}(Y_{ij}-\overline{Y})^2=\sum_i\sum_j[(Y_{ij}-\overline{Y_i.})+(\overline{Y_i.}-\overline{Y})]^2 \tag{3.12}$$
$$=\sum_i n_i(\overline{Y_i.}-\overline{Y})^2+\sum_i\sum_j(Y_{ij}-\overline{Y_i.})^2$$

이다. 여기서 $\sum_j(Y_{ij}-\overline{Y_i.})=Y_i.-n_i\overline{Y_i.}=Y_i.-n_i(Y_i./n_i)=0$이므로

교차곱(cross product)

$$\sum_i\sum_j(Y_{ij}-\overline{Y_i.})(\overline{Y_i.}-\overline{Y})=\sum_i(\overline{Y_i.}-\overline{Y})\sum_j(Y_{ij}-\overline{Y_i.})=0 \tag{3.13}$$

이 된다. 그러므로 식 (3.12)는 다음과 같이

$$TSS = SS_t + SSe \tag{3.14}$$

총제곱합 = 처리제곱합 + 오차제곱합

= 처리 간 제곱합 + 처리 내 제곱합

$$N-1 = (k-1) + N-k \tag{3.15}$$

전체 자유도 = 처리 자유도 + 오차 자유도

으로 표현된다. 여기서 SS_t는 처리제곱합(sum of squares due to treatment, sum of squares between treatments)으로 처리평균과 전체평균과의 변동으로 처리 간 변동을 나타낸다. SSe는 오차제곱합(sum of squares due to error, sum of squares within treatments)으로 각 처리 내 관측값과 처리평균과의 변동으로 처리 내 변동을 나타낸다. 또한 오차제곱합은 각 처리의 표본분산으로 다음과 같이 표현된다. 전체 자유도도 요인에 의한 자유도로 분해된다.

$$SSe=\sum_{i=1}^{k}\sum_{j=1}^{n_i}(Y_{ij}-\overline{Y_i.})^2 \tag{3.16}$$
$$=\sum_{i=1}^{k}(n_i-1)\times\frac{1}{n_i-1}\sum_{j=1}^{n_i}(Y_{ij}-\overline{Y_i.})^2$$
$$=\sum_{i=1}^{k}(n_i-1)S_i^2$$

여기서

$$S_i^2 = \frac{1}{n_i - 1} \sum_{j=1}^{n_i} (Y_{ij} - \overline{Y_i.})^2 \tag{3.17}$$

는 i 번째 처리의 표본분산이다.

제곱합을 자유도로 나누어 평균제곱합을 고려하면 다음과 같다.

평균처리제곱합(mean squares due to treatment)

$$MS_t = \frac{SS_t}{k-1} \tag{3.18}$$

평균오차제곱합(mean squares due to error)

$$MSe = \frac{SSe}{N-k} \tag{3.19}$$

이다.

표 3.2 일원배치 분산분석표

요인 (source)	자유도 (df)	제곱합 (SS)	평균제곱합 (MS)	F 통계량	기각값	EMS (고정효과모형)
처리 (treatment)	$k-1$	SS_t	$MS_t = \frac{SS_t}{k-1}$	$F_t = \frac{MS_t}{MSe}$	$F_{k-1, N-k}(\alpha)$	$\sigma^2 + \frac{1}{k-1}\sum_{i=1}^{k} n_i \tau_i^2$
오차(error)	$N-k$	SSe	$MSe = \frac{SSe}{N-k}$			σ^2
총합(total)	$N-1$	TSS				

분산분석법을 적용한 검정 과정은 <표 3.2>의 일원배치 분산분석표(one-way ANOVA table)에서 보여 준다.

분산분석표 <표 3.2>에서 제곱합 계산식은 다음과 같다:

$$TSS = \sum_i \sum_j (Y_{ij} - \overline{Y})^2 = \sum_i \sum_j Y_{ij}^2 - CF \tag{3.20}$$

$$SS_t = \sum_i \sum_j (\overline{Y_i.} - \overline{Y})^2 = \frac{1}{n_i} \sum_i Y_{i.}^2 - CF$$

$$SSe = \sum_i \sum_j (Y_{ij} - \overline{Y_i.})^2 = TSS - SS_t$$

여기서

$$CF = \frac{(Y..)^2}{N} = \frac{1}{N}\left(\sum_i \sum_j Y_{ij}\right)^2$$

는 계산편의를 위한 보정항(correction factor)이다.

고정효과모형의 경우를 고려해서 평균제곱합의 기댓값(EMS: Expected Mean Squares)을 구해보자.

$$\begin{aligned} E(MSe) = E\left(\frac{SSe}{N-k}\right) &= \frac{1}{N-k}E\left[\sum_{i=1}^{k}\sum_{j=1}^{n_i}(Y_{ij}-\overline{Y_i.})^2\right] \\ &= \frac{1}{N-k}E\left[\sum_{i=1}^{k}\sum_{j=1}^{n_i}(Y_{ij}^2 - 2Y_{ij}\overline{Y_i.} + \overline{Y_i.}^2)\right] \\ &= \frac{1}{N-k}E\left[\sum_{i=1}^{k}\sum_{j=1}^{n_i}Y_{ij}^2 - \sum_{i=1}^{k}n_i\overline{Y_i.}^2\right] \\ &= \frac{1}{N-k}E\left[\sum_{i=1}^{k}\sum_{j=1}^{n_i}(\mu+\tau_i+\epsilon_{ij})^2 - \sum_{i=1}^{k}\frac{1}{n_i}(\sum_{j=1}^{n_i}(\mu+\tau_i+\epsilon_{ij}))^2\right] \\ &= \frac{1}{N-k}\left[N\mu^2 + \sum_i n_i\tau_i^2 + N\sigma^2 - N\mu^2 - \sum_i n_i\tau_i^2 - k\sigma^2\right] \\ &= \sigma^2 \end{aligned} \tag{3.21}$$

이다. 그러므로 MSe는 분산 σ^2에 대한 불편추정량(unbiased estimator)이 된다.

마찬가지 방법으로 평균처리제곱합에 대한 기댓값을 구하면

$$\begin{aligned} E(MS_t) = E\left(\frac{SS_t}{k-1}\right) &= \frac{1}{k-1}E\left[\sum_{i=1}^{k}n_i(\overline{Y_i.}-\overline{Y})^2\right] \\ &= \frac{1}{k-1}E\left[\sum_{i=1}^{k}\left(\frac{Y_{i.}^2}{n_i} - 2Y_{i.}\overline{Y} + n_i\overline{Y}^2\right)\right] \\ &= \frac{1}{k-1}E\left[\sum_{i=1}^{k}\frac{Y_{i.}^2}{n_i} - \frac{Y_{..}^2}{N}\right] \\ &= \frac{1}{k-1}E\left[\sum_{i=1}^{k}\frac{1}{n_i}(\sum_{j=1}^{n_i}\mu+\tau_i+\epsilon_{ij})^2 - \frac{1}{N}(\sum_{i=1}^{k}\sum_{j=1}^{n_i}\mu+\tau_i+\epsilon_{ij})^2\right] \\ &= \frac{1}{k-1}\left[N\mu^2 + \sum_i n_i\tau_i^2 + k\sigma^2 - N\mu^2 - \sigma^2\right] \\ &= \sigma^2 + \frac{1}{k-1}\sum_{i=1}^{k}n_i\tau_i^2 \end{aligned} \tag{3.22}$$

이다.

처리마다 반복수가 같은 경우 $n_i = n$일 때 평균오차제곱합의 기댓값을 계산하면

$$E(MSe) = E\left(\frac{SSe}{N-k}\right) = \frac{1}{N-k}E\left[\sum_{i=1}^{k}\sum_{j=1}^{n}(Y_{ij} - \overline{Y_i.})^2\right] \tag{3.23}$$
$$= \frac{1}{N-k}E\left[\sum_{i=1}^{k}\sum_{j=1}^{n}(Y_{ij}^2 - 2Y_{ij}\overline{Y_i.} + \overline{Y_i.}^2)\right]$$
$$= \frac{1}{N-k}E\left[\sum_{i=1}^{k}\sum_{j=1}^{n}Y_{ij}^2 - n\sum_{i=1}^{k}\overline{Y_i.}^2\right]$$
$$= \frac{1}{N-k}E\left[\sum_{i=1}^{k}\sum_{j=1}^{n}(\mu+\tau_i+\epsilon_{ij})^2 - \frac{1}{n}\sum_{i=1}^{k}(\sum_{j=1}^{n}(\mu+\tau_i+\epsilon_{ij}))^2\right]$$
$$= \frac{1}{N-k}\left[N\mu^2 + n\sum_i\tau_i^2 + N\sigma^2 - N\mu^2 - n\sum_i\tau_i^2 - k\sigma^2\right]$$
$$= \sigma^2$$

이며, $n_i = n$일 때 평균처리제곱합의 기댓값을 계산하면

$$E(MS_t) = E\left(\frac{SS_t}{k-1}\right) = \frac{1}{k-1}E\left[n\sum_{i=1}^{k}(\overline{Y_i.} - \overline{Y})^2\right] \tag{3.24}$$
$$= \sigma^2 + n\frac{\sum_{i=1}^{k}\tau_i^2}{k-1}$$

이다.

정리 3.1

코크란의 정리(Cochran's theorem)

Z_i가 서로 독립적으로 표준정규분포를 따를 때, 즉 $Z_i \sim iid\ N(0,1),\ i = 1,2,\ldots,\nu$,

$$\sum_{i=1}^{\nu}Z_i^2 = Q_1 + Q_2 + \cdots + Q_s \tag{3.25}$$

여기서 $s \le \nu$이고 Q_i는 자유도 ν_i를 갖는다. 그러면 $\nu = \nu_1 + \nu_2 + \cdots + \nu_s$를 만족하는 필요충분조건은 $Q_1,\ Q_2,\ \cdots,\ Q_s$는 각각 자유도가 ν_i인 서로 독립적인 카이제곱분포를 따르는 변수이다.

일원배치 분산분석에서 다음을 만족한다:

제곱합: $TSS = SS_t + SSe$

자유도: $N-1 = (k-1) + (N-k)$

처리제곱합과 오차제곱합은 각각 카이제곱분포를 따르며 자유도의 합도 전체 자유도와 같아지므로 코크란 정리에 의해 SS_t/σ^2와 SSe/σ^2는 서로 독립적으로 카이제곱분포를 따르는 확률변수이다. 그러므로 귀무가설하에서 검정통계량

$$F_t = \frac{MS_t}{MSe} = \frac{\dfrac{SS_t}{\sigma^2}/(k-1)}{\dfrac{SSe}{\sigma^2}/(N-k)} \tag{3.26}$$

은 $F_{k-1, N-k}$ 분포를 따른다.

3.5 가설검정

일원배치 문제에서 관심문제는 처리 간의 차이 존재 여부이다. 처리 간에 차이가 없다는 귀무가설에 대한 검정법을 설명하고자 한다. 고정효과모형과 변량효과모형, 각각의 경우에 대한 처리효과의 가설검정법을 알아보자.

(1) 고정효과모형

$$Y_{ij} = \mu + \tau_i + \epsilon_{ij}, \quad \sum_{i=1}^{k} n_i \tau_i = 0, \ \epsilon_{ij} \sim iid \ N(0, \ \sigma^2) \tag{3.27}$$

모형 (3.27)에서 추정해야 할 모수는 $(\mu, \ \tau_i, \ \sigma^2)$, $i = 1, \ldots, k$이다. 식 (3.22)와 (3.23)에서

$$E(MS_t) = \sigma^2 + \frac{\sum_{i=1}^{k} n_i \tau_i^2}{k-1}$$

$$E(MSe) = \sigma^2$$

이므로 σ^2에 대한 불편추정량은 $\widehat{\sigma^2} = MSe$이다.

처리효과에 대한 가설은

$$H_0 \ : \ \tau_1 = \tau_2 = \cdots \tau_k = 0 \ \text{(처리효과가 없다)} \tag{3.28}$$

에 대해

$$H_1 : \text{적어도 한 개의 } \tau_i\text{는 0이 아니다. (처리효과가 있다)}$$

검정통계량

$$F_t = \frac{MS_t}{MSe} \tag{3.29}$$

는 귀무가설하에서 $F_{k-1, N-k}$ 분포를 따른다. 즉, $F_t \sim F_{k-1, N-k}$이다.

유의수준 α에서 검정법은 만일 $F_t > F_{k-1, N-k}(\alpha)$이면 귀무가설 H_0를 기각한다.

(2) 변량효과모형(랜덤효과모형)

$$Y_{ij} = \mu + \tau_i + \epsilon_{ij}, \quad \tau_i \sim iid \ N(0, \sigma_\tau^2), \quad \epsilon_{ij} \sim iid \ N(0, \ \sigma^2)$$

여기서 τ_i 와 ϵ_{ij}는 서로 독립이다.

EMS를 구하면

$$E(MS_t) = \sigma^2 + n_0 \sigma_\tau^2, \qquad n_0 = \frac{1}{k-1}\left(N - \sum_{i=1}^{k} \frac{n_i^2}{N}\right) \tag{3.30}$$

$$E(MSe) = \sigma^2$$

를 얻는다. 그러므로 오차항의 분산에 대한 불편추정량(unbiased estimator)으로 $\widehat{\sigma^2} = MSe$이다.

처리효과의 분산에 대한 불편추정량은

$$\widehat{\sigma_\tau^2} = (MS_t - MSe)/n_0 \tag{3.31}$$

이 된다.

$n_i = n, \ \ i = 1, \ \cdots, \ k$인 경우에 제곱합의 기댓값은 다음과 같다.

$$E(MS_t) = \sigma^2 + n\sigma_\tau^2$$
$$E(MSe) = \sigma^2$$

그러므로 σ^2에 대한 불편추정량은 $\widehat{\sigma^2} = MSe$이고 σ_τ^2에 대한 불편추정량은 $\widehat{\sigma_\tau^2} = \dfrac{MS_t - MSe}{n}$ 이다.

변량효과모형에서 처리효과에 대한 가설은

$$H_0 :\ \sigma_\tau^2 = 0 \text{에 대해 } H_1 :\ \sigma_\tau^2 > 0 \tag{3.32}$$

귀무가설하에서 검정통계량

$$F_t = \frac{MS_t}{MSe} \tag{3.33}$$

는 $F_{k-1,N-k}$ 분포를 따른다. 즉, $F_t \sim F_{k-1,N-k}$ 이다.

유의수준 α에서 검정법은 만일 $F_t > F_{k-1,N-k}(\alpha)$이면 귀무가설 H_0를 기각한다.

예제 3.2 완전확률화설계에서 변량효과모형 사례를 알아보자.

(1) 순무 잎에 함유되어 있는 칼슘량을 랜덤하게 선택한 k개 잎으로부터 채취하여 각각 n번씩 분석 측정한다. 여기서 τ_i는 랜덤하게 선택된 잎으로 확률변수로 간주하여 변량효과모형이 적절하다.

(2) A 회사는 500개의 배치(batch)를 생산하여 구매자에게 공급한다. 5개 배치를 랜덤하게 선택한 후 각 배치로부터 세 개의 표본을 선택하여 재료의 질(quality)을 평가한다. 모형은 $Y_{ij} = \mu + \tau_i + \epsilon_{ij}$, 여기서 τ_i는 랜덤하게 추출된 i번째 배치 효과로 변량효과모형이 적절하다.

3.6 일원배치 완전확률화설계 모형에서 모수추정

모형에 포함된 모수들을 추정하고자 한다. 최소제곱법(least squares method)을 이용해 추정량을 구할 수 있다.

3.6.1 점추정

우선 간단한 계산을 위해 처리의 수준수 $k = 2$인 경우 다음의 고정효과모형을 고려하자.

$$Y_{ij} = \mu + \tau_i + \epsilon_{ij}, \qquad i = 1,2, \quad j = 1,\dots,n_i\,, \;\; N = \sum_{i=1}^{2} n_i \tag{3.34}$$

$$\sum_{i=1}^{2} \tau_i = 0$$

모수추정방법으로 최소제곱법을 이용하여 오차항의 제곱합 Q를 최소화하도록 모수를 추정한다.

$$Q = \sum_{i=1}^{2}\sum_{j=1}^{n_i} \epsilon_{ij}^2 = \sum_{i=1}^{2}\sum_{j=1}^{n_i} (\, Y_{ij} - \mu - \tau_i)^2 \tag{3.35}$$

모수에 따라 오차제곱합 Q를 최소화하도록

$$\underset{\mu, \tau_1, \tau_2}{Minimize} \;\; Q \tag{3.36}$$

μ와 τ_i들을 구하기 위해 다음의 연립방정식을 풀어야 한다.

$$\frac{\partial Q}{\partial \mu} = -\,2\sum_i \sum_j (\, Y_{ij} - \mu - \tau_i) = 0 \tag{3.37}$$

$$\frac{\partial Q}{\partial \tau_1} = -\,2\sum_{j=1}^{n_1} (\, Y_{1j} - \mu - \tau_1) = 0 \tag{3.38}$$

$$\frac{\partial Q}{\partial \tau_2} = -\,2\sum_{j=1}^{n_2} (\, Y_{2j} - \mu - \tau_2) = 0 \tag{3.39}$$

이와 같은 연립방정식을 정규방정식(normal equations)이라고 하고 다음과 같다.

$$① \;\; N\mu + n_1\tau_1 + n_2\tau_2 = N\overline{Y} \tag{3.40}$$

$$② \;\; n_1\mu + n_1\tau_1 = n_1\, \overline{Y}_{1\,.}$$

$$③ \;\; n_2\mu + n_2\tau_2 = n_2\, \overline{Y}_{2\,.}$$

$n_1\tau_1 + n_2\tau_2 = 0$ 조건을 이용하여 정규방정식을 풀면 모수추정 결과를 다음과 같이 얻는다.

$$\text{①}\ \hat{\mu} = \overline{Y}$$
$$\text{②에 대입하여 풀면}\ \hat{\tau_1} = \overline{Y}_1. - \overline{Y} \tag{3.41}$$
$$\text{③에 대입하여 풀면}\ \hat{\tau_2} = \overline{Y}_2. - \overline{Y}$$

그러므로 모수추정 결과는

$$\hat{\mu} = \overline{Y} = \frac{1}{N}\sum_{i=1}^{k}\sum_{j=1}^{n_i} Y_{ij}$$
$$\hat{\tau_i} = \hat{\mu_i} - \hat{\mu} = \overline{Y}_i. - \overline{Y} \tag{3.42}$$
$$\hat{\mu_i} = \widehat{\mu + \tau_i} = \overline{Y}_i. = \frac{1}{n_i}\sum_{j=1}^{n_i} Y_{ij}$$

오차항에 대한 추정은

$$\hat{\epsilon_{ij}} = Y_{ij} - \hat{\mu} - \hat{\tau_i} = Y_{ij} - \overline{Y}_i. \tag{3.43}$$

으로 각 관측값에 대해 관측값과 그 관측값이 속한 처리평균과의 차이로 추정된다.

이번에는 일반적인 경우로 처리요인의 수준수가 k인 경우를 고려해보자. 통계적 모형은

$$Y_{ij} = \mu + \tau_i + \epsilon_{ij},\ \ i = 1, \ldots, k,\ \ j = 1, \ldots, n_i,\ \ N = \sum_{i=1}^{k} n_i, \tag{3.44}$$
$$\text{고정효과모형}\ \sum_{i=1}^{k} n_i\tau_i = 0$$

모수추정방법으로 최소제곱법을 이용하여 오차항의 제곱합 Q를 최소화하도록 모수를 추정한다.

$$Q = \sum_{i=1}^{k}\sum_{j=1}^{n_i}\epsilon_{ij}^2 = \sum_{i=1}^{k}\sum_{j=1}^{n_i}(Y_{ij} - \mu - \tau_i)^2 \tag{3.45}$$

오차제곱합 Q를 최소화하는, 즉

$$\underset{\mu, \tau_1, \dots, \tau_k}{Minimize} \ Q \tag{3.46}$$

μ와 τ_i들을 구하기 위해 다음의 연립방정식을 풀어야 한다.

$$\frac{\partial Q}{\partial \mu} = -2\sum_i \sum_j (Y_{ij} - \mu - \tau_i) = 0 \tag{3.47}$$

$$\frac{\partial Q}{\partial \tau_i} = -2\sum_{j=1}^{n_i} (Y_{ij} - \mu - \tau_i) = 0, \qquad i = 1, 2, \dots, k \tag{3.48}$$

이와 같은 연립방정식을 정규방정식(normal equations)이라고 하고 다음과 같다.

$$\begin{aligned} N\mu + n_1\tau_1 + n_2\tau_2 + \cdots + n_k\tau_k &= N\overline{Y} \\ n_1\mu + n_1\tau_1 \qquad\qquad\qquad\qquad &= n_1 \overline{Y}_{1.} \\ n_2\mu + \qquad\quad n_2\tau_2 \qquad\qquad\quad &= n_2 \overline{Y}_{2.} \\ \vdots \qquad\qquad\qquad\qquad\qquad\quad & \ \ \vdots \\ n_k\mu + \qquad\qquad\qquad\quad n_k\tau_k &= n_k \overline{Y}_{k.} \end{aligned} \tag{3.49}$$

$\sum_{i=1}^{k} n_i \tau_i = 0$ 조건을 이용하여 정규방정식을 풀면 모수추정 결과를 얻는다.

그러므로 모수추정 결과는

$$\begin{aligned} \hat{\mu} &= \overline{Y} = \frac{1}{N} \sum_{i=1}^{k} \sum_{j=1}^{n_i} Y_{ij} \\ \hat{\tau}_i &= \overline{Y}_{i.} - \overline{Y}_{..} = \hat{\mu_i} - \hat{\mu}, \quad i = 1, \dots, k \\ \hat{\mu_i} &= \widehat{\mu + \tau_i} = \overline{Y}_{i.} = \frac{1}{n_i} \sum_{j=1}^{n_i} Y_{ij} \end{aligned} \tag{3.50}$$

오차항에 대한 추정은

$$\hat{\epsilon}_{ij} = Y_{ij} - \hat{\mu} - \hat{\tau}_i = Y_{ij} - \overline{Y}_{i.} \tag{3.51}$$

이다.

3.6.2 구간추정

오차항이 정규분포를 따르는 경우 각 처리평균에 대한 신뢰구간을 구해보자.

$$\overline{Y_{i}.} \sim N\left(\mu_i, \frac{\sigma^2}{n_i}\right) \tag{3.52}$$

이므로 분산추정량 $\widehat{\sigma^2} = MSe$ 을 이용하면

$$\frac{\overline{Y_{i}.} - \mu_i}{\sqrt{MSe/n_i}} \sim t_{MSe\ \text{자유도}} \tag{3.53}$$

인 t 분포를 따른다. 그러므로 분산추정량 MSe 와 t 분포를 이용하여 신뢰구간을 구할 수 있다.

μ_i에 대한 $100(1-\alpha)\%$ 신뢰구간

$$\overline{Y_{i}.} \quad \pm \quad t_{N-k}(\alpha/2)\sqrt{\frac{MSe}{n_i}} \tag{3.54}$$

처리평균 간의 차이 $\mu_i - \mu_j$에 대한 $100(1-\alpha)\%$ 신뢰구간

$$\overline{Y_{i}.} - \overline{Y_{j}.} \quad \pm \quad t_{N-k}(\alpha/2)\sqrt{MSe\left(\frac{1}{n_i} + \frac{1}{n_j}\right)} \tag{3.55}$$

$n_i = n$인 경우에는 다음과 같다.

- μ_i에 대한 $100(1-\alpha)\%$ 신뢰구간

$$\overline{Y_{i}.} \quad \pm \quad t_{N-k}(\alpha/2)\sqrt{\frac{MSe}{n}} \tag{3.56}$$

- $\mu_i - \mu_j$에 대한 $100(1-\alpha)\%$ 신뢰구간

$$\overline{Y_{i}.} - \overline{Y_{j}.} \quad \pm \quad t_{N-k}(\alpha/2)\sqrt{\frac{2MSe}{n}} \tag{3.57}$$

3.7 여러 처리평균에 대한 다중비교

실험결과에 대한 분산분석을 실시했을 때 처리 간의 효과가 통계적으로 유의하면, 즉 귀무가설이 기각되면 어떤 처리의 평균이 유의하게 구별되는지 알기 위해 각 처리평균값들 간 여러 가지 비교에 대한 검정을 해 볼 필요가 있다. 이와 같은 분석을 다중비교검정(multiple comparison test)이라고 한다. 여러 가지 다중검정방법이 제안되었고 그중에서 주로 대비(contrast)를 활용한다.

3.7.1 대비

여러 개의 처리수준을 비교하는 실험에서 처리평균 사이에 특정한 관계 또는 처리 간의 비교가 관심 문제일 경우가 있다. 이러한 비교는 대비를 이용하여 분산분석의 유의수준과 별개로 대비에 대해 검정을 하면 된다.

정의 3.2

대비는 계수의 합이 0인 모수들의 선형조합이다.
k개의 모평균에 관한 선형결합식 Γ에 대해

$$\Gamma = c_1\mu_1 + c_2\mu_2 + \cdots + c_k\mu_k \tag{3.58}$$

여기서 $c_1 + c_2 + \cdots + c_k = 0$이다.

평균에 대한 대비를 이용하여 관심 있는 귀무가설을 설정한다. 예를 들어,

$$H_0 : \mu_1 - \mu_2 = 0 \text{에 대해 } H_1 : \mu_1 - \mu_2 \neq 0 \tag{3.59}$$

또는

$$H_0 : \mu_1 + \mu_2 = \mu_3 + \mu_4 \text{에 대해 } H_1 : \mu_1 + \mu_2 \neq \mu_3 + \mu_4$$

다시 표현하면

$$H_0 : \mu_1 + \mu_2 - \mu_3 - \mu_4 = 0 \text{에 대해 } H_1 : \mu_1 + \mu_2 - \mu_3 - \mu_4 \neq 0$$

관심 있는 가설에 대해 다음과 같이 대비로 표현한 경우

$$H_0 : \Gamma = \sum_{i=1}^{k} c_i\mu_i = 0 \text{에 대해 } H_1 : \Gamma = \sum_{i=1}^{k} c_i\mu_i \neq 0, \text{ 여기서 } \sum_{i=1}^{k} c_i = 0. \quad (3.60)$$

Γ에 대한 추정통계량은 k개의 평균값에 관한 선형결합식은

$$L = \sum_{i=1}^{k} c_i \overline{Y_{i\,.}} = c_1 \overline{Y_{1\,.}} + c_2 \overline{Y_{2\,.}} + \cdots + c_k \overline{Y_{k\,.}} \quad (3.61)$$

으로 표현된다. L을 처리평균값 간의 비교(comparison) 또는 대비(contrast)라고 한다.

L의 분산을 구하면

$$\begin{aligned} \sigma_L^2 = Var(L) &= Var(c_1 \overline{Y_{1\,.}} + c_2 \overline{Y_{2\,.}} + \cdots + c_k \overline{Y_{k\,.}}) \\ &= \sum_{i=1}^{k} c_i^2\, Var(\overline{Y_{i\,.}}) \\ &= \sum_{i=1}^{k} c_i^2 \frac{\sigma^2}{n_i} = \sigma^2 \sum_{i=1}^{k} \frac{c_i^2}{n_i} \end{aligned} \quad (3.62)$$

L의 표준오차는

$$\sigma_L = \sqrt{\sigma^2 \sum_{i=1}^{k} \frac{c_i^2}{n_i}} \quad (3.63)$$

L의 표준오차의 추정량은

$$S_L = \sqrt{\hat{\sigma}^2 \sum_{i=1}^{k} \frac{c_i^2}{n_i}} = \sqrt{MSe \sum_{i=1}^{k} \frac{c_i^2}{n_i}} \quad (3.64)$$

이다.

$n_i = n$이면 $\sigma_L = \sqrt{\sigma^2 \sum_{i=1}^{k} \frac{c_i^2}{n}}$ 이므로 $S_L = \sqrt{MSe \sum_{i=1}^{k} \frac{c_i^2}{n}}$ 을 얻는다.

대비 가설에 대한 검정을 하고자 한다. 검정통계량

$$t_L = \frac{L}{S_L} = \frac{\sum_{i=1}^{k} c_i \overline{Y_i.}}{\sqrt{MSe \sum_{i=1}^{k} \frac{c_i^2}{n_i}}} \tag{3.65}$$

은 귀무가설하에서 MSe 자유도를 갖는 t 분포를 따른다. 그러므로 유의수준 α에서 검정법은 만일 $|t| > t_{MSe\text{자유도}}(\alpha/2)$이면 H_0를 기각한다.

평균에 대한 대비가설에 대한 다른 검정법으로 $F-$검정도 가능하다. t_L 통계량의 제곱은 분자 자유도 1, 분모 자유도 ν인 F 분포를 따르므로 검정통계량

$$F_L = t_L^2 = \frac{L^2}{S_L^2} = \frac{\left(\sum_{i=1}^{k} c_i \overline{Y_i.}\right)^2}{MSe \sum_{i=1}^{k} \frac{c_i^2}{n_i}} \tag{3.66}$$

를 이용하여 $F-$검정을 할 수 있다.

유의수준 α에서 검정법은 만일 $F > F_{1,\nu}(\alpha)$이면 H_0를 기각한다. 여기서 $\nu = MSe$자유도이다.

또한 검정통계량 F_L을 자유도 1을 갖는 대비제곱합을 이용하여 다시 표현하면

$$F_L = \frac{MS_L}{MSe} = \frac{SS_L/1}{MSe} \tag{3.67}$$

여기서

$$SS_L = \frac{\left(\sum_{i=1}^{k} c_i \overline{Y_i.}\right)^2}{\sum_{i=1}^{k} \frac{c_i^2}{n_i}} \tag{3.68}$$

이다.

3.7.2 직교대비

대비를 이용한 통계적 과정 중 특별한 경우로 직교대비(orthogonal contrast)를 이용한 방법이 있다. 직교대비는 서로 독립이고 각 대비에 대한 독립된 검정을 할 수 있다. 각 대비에 대한 자유도는 1이므로 직교대비 제곱합들의 합으로 처리제곱합을 구성할 수도 있다.

정의 3.3

두 개의 대비가 다음과 같을 때

$$\Gamma_1 = \sum_{i=1}^{k} c_i \mu_i \qquad (3.69)$$
$$\Gamma_2 = \sum_{i=1}^{k} d_i \mu_i$$

평균인 경우에는 만일 $\sum_{i=1}^{k} \frac{c_i d_i}{n_i} = 0$이면 두 대비 Γ_1과 Γ_2는 서로 직교한다.

그룹별 표본의 크기가 같은 경우(균형설계), 즉 $n_i = n$, $i = 1, \ldots, k$인 경우, 만일 $\sum_{i=1}^{k} c_i d_i = 0$이면 두 대비 Γ_1과 Γ_2는 서로 직교한다. 즉, 두 대비에 대한 계수의 곱의 합이 0이면 두 대비는 직교대비이다.

정의 3.4

두 개의 대비가 다음과 같을 때

$$C_1 = \sum_{i=1}^{k} c_i Y_{i\cdot}$$
$$C_2 = \sum_{i=1}^{k} d_i Y_{i\cdot}$$

만일 $\sum_{i=1}^{k} n_i c_i d_i = 0$이면 두 대비 C_1과 C_2는 서로 직교한다.

예제 3.3 $n_i = n$인 경우 다음의 두 대비는 서로 직교하는가?

$$D_1 = \frac{1}{3}Y_{1\cdot} + \frac{1}{3}Y_{2\cdot} + \frac{1}{3}Y_{3\cdot} - Y_{4\cdot}$$

$$D_2 = \frac{1}{2}Y_{1\cdot} + \frac{1}{2}Y_{2\cdot} - Y_{3\cdot}$$

풀이 두 대비의 계수의 곱을 구하면

$$(\frac{1}{3})(\frac{1}{2}) + (\frac{1}{3})(\frac{1}{2}) + (\frac{1}{3})(-1) + (-1)(0) = 0$$

이므로 D_1 와 D_2는 직교한다.

k개 처리의 경우, $(k-1)$개의 직교대비를 이용하여 서로 직교하며 각각의 자유도가 1인 대비제곱합으로 처리제곱합을 분할할 수 있다. 이와 같이 각 대비에 대하여 가설검정을 할 수 있고, 또한 처리제곱합은 직교대비들에 의한 대비제곱합의 합이 된다. 여러 가지 직교대비를 선택하는 방법이 있으므로 관심 있는 직교대비들을 미리 선택하고 검정할 수도 있다. 직교대비에 의하여 처리제곱합을 분할할 수도 있다.

정리 3.2

k개 처리 간에 서로 직교하는 대비 $D_1, D_2, \cdots, D_{k-1}$, 즉 $(k-1)$개의 직교대비

$$L_1 = c_{11}\overline{Y_{1\cdot}} + c_{12}\overline{Y_{2\cdot}} + \cdots + c_{1k}\overline{Y_{k\cdot}} \tag{3.70}$$

$$L_2 = c_{21}\overline{Y_{1\cdot}} + c_{22}\overline{Y_{2\cdot}} + \cdots + c_{2k}\overline{Y_{k\cdot}}$$

$$\vdots$$

$$L_{k-1} = c_{k-1,1}\overline{Y_{1\cdot}} + c_{k-1,2}\overline{Y_{2\cdot}} + \cdots + c_{k-1,k}\overline{Y_{k\cdot}}$$

가 있을 때 처리제곱합 SS_t는 각 대비제곱합의 합이 된다. 즉,

$$\frac{L_1^2}{\sum_{i=1}^{k}\frac{c_{1i}^2}{n_i}} + \cdots + \frac{L_{k-1}^2}{\sum_{i=1}^{k}\frac{c_{k-1,i}^2}{n_i}} = SS_t \tag{3.71}$$

와 같이 처리제곱합은 대비제곱합들로 분할된다.

정리 3.3

$n_i = n$인 경우 k개 처리 간에 서로 직교하는 대비 $D_1, D_2, \cdots, D_{k-1}$, 즉 $(k-1)$개의 직교대비

$$D_1 = c_{11}Y_1. + c_{12}Y_2. + \cdots + c_{1k}Y_k. \tag{3.72}$$
$$D_2 = c_{21}Y_1. + c_{22}Y_2. + \cdots + c_{2k}Y_k.$$
$$\vdots$$
$$D_{k-1} = c_{k-1,1}Y_1. + c_{k2}Y_2. + \cdots + c_{k-1,k}Y_k.$$

가 있을 때 처리제곱합 SS_t는

$$\frac{D_1^2}{n\sum_{i=1}^{k} c_{1i}^2} + \ \cdots \ + \frac{D_{k-1}^2}{n\sum_{i=1}^{k} c_{k-1i}^2} = SS_t \tag{3.73}$$

와 같이 분할된다.

3.7.3 대비를 비교하기 위한 Scheffe 검정 방법

실험자는 비교하고자 하는 대비를 미리 알지 못할 수 있고 $k-1$개보다 많은 대비에 대한 검정을 할 수도 있다. Scheffe(1953)는 관심 있는 대비 또는 모든 가능한 대비에 대한 검정법을 제안했다.

Scheffe 방법은 반복수가 동일하지 않을 경우 대비를 이용한 검정이다. 전체 가능한 대비에 대한 검정으로 제1종 오류를 최대 α로 하는 방법은 다음과 같다.

관심 있는 처리평균에 대한 대비가 m개 있다고 하자.

$$\Gamma_u = c_{1u}\mu_1 + \cdots + c_{ku}\mu_k, \qquad u = 1, 2, \ldots, m \tag{3.74}$$

Γ_u에 대한 추정통계량은

$$L_u = \sum_{i=1}^{k} c_{iu}\overline{Y_i.}, \quad u = 1, 2, \ldots, m \tag{3.75}$$

L_u에 대한 표준편차는

$$S_{L_u} = \sqrt{MSe \sum_{i=1}^{k} \frac{c_{iu}^2}{n_i}} \tag{3.76}$$

여기서 n_i는 i번째 처리에서의 관측값 개수이다. L_u에 대한 기각값은

$$S_{k,u} = S_{L_u} \sqrt{(k-1)F_{k-1, N-k}(\alpha)} \tag{3.77}$$

이다.

관심 있는 대비에 관한 가설

$$H_0 \ : \ \Gamma_u = \sum_{i=1}^{k} c_{iu}\mu_i = 0 \text{에 대해 } H_1 : \sum_{i=1}^{k} C_{iu} \ \mu_i \neq 0 \tag{3.78}$$

에 대한 유의수준 α에서 검정법은 만일 $\dfrac{|L_u|}{S_{L_u}} > \sqrt{(k-1)F_{k-1, N-k}(\alpha)}$ 이면 H_0를 기각한다. 마찬가지로 $|L_u| > S_{L_u}\sqrt{(k-1)F_{k-1, N-k}(\alpha)}$ 이면 H_0를 기각한다.

Scheffe 방법은 처리평균 간의 모든 가능한 대비에 대한 신뢰구간을 구할 수 있다. Γ_u에 대한 $100(1-\alpha)\%$ 동시 신뢰구간은

$$\left(L_u - S_{L_u}\sqrt{(k-1)F_{k-1, N-k}(\alpha)}, \quad L_u + S_{L_u}\sqrt{(k-1)F_{k-1, N-k}(\alpha)}\right) \tag{3.79}$$

이다.

3.7.4 모든 평균 간의 다중비교와 오류율

처리 간에 차이가 없다는 귀무가설을 기각할 경우, 처리평균 간에 차이가 있는 것은 유의하지만 어떤 처리가 유의하게 차이 나는지는 알 수 없다. 처리들의 그룹 간 비교를 하는 과정을 다중비교라 하는데, 여러 가지 다중비교 방법이 있다. 대립가설을 받아들일 경우 다중비교 검정을 통해 대립가설의 정확한 형태를 알 수 있다.

다중비교는 분산분석에서 귀무가설의 기각여부와 관계없이 수행할 수 있으며 가능한 모든 처리 쌍들 간의 비교를 고려하고자 한다. 즉, 관심 있는 가설은

$$H_0 \ : \ \mu_i = \mu_j \text{에 대해 } H_1 \ : \ \mu_i \neq \mu_j \text{ 모든 } i \neq j \tag{3.80}$$

이다. 위 가설을 대비로 표현하면

$$H_0 \ : \ \mu_i - \mu_j = 0 \text{에 대해 } H_1 \ : \ \mu_i - \mu_j \neq 0 \ \ i \neq j$$

이다. 이러한 가설에 대한 다중비교 검정법은 여러 가지 방법이 제안되었다. 그 중 몇 가지 유명한 방법을 설명하고자 한다.

다중비교시 제1종 오류에 대해 점검을 해야 하는데, 여러 개의 가설검정을 동시에 고려해야 하므로 오류율 계산에 대한 정의가 필요하다.

비교별 오류율(comparisonwise error rate)은 독립 이집단 검정에서와 같이 비교별로 제1종 오류의 허용치인 유의수준을 고정하는 방식의 오류율 조정 방법이다.

실험별 오류율(experimentwise error rate)은 p개의 모든 가능한 쌍별비교가설 등에 대한 동시 검정의 유의수준을 고정하는 방식의 오류율 조정 방법이다.

비교별 오류율을 α, 실험별 오류율을 α_E 라고 할 때 다음의 관계가 성립한다.

$$\alpha_E = 1 - (1 - \alpha)^p \tag{3.81}$$

왜냐하면 각 실험의 제1종 오류 발생 사건을 A_i, $P(A_i) = \alpha, \ i = 1, 2, \ldots, p$ 라 할 때

$$\begin{aligned} P(\text{실험전체 제1종 오류}) = P(\cup A_i) &= 1 - P([\cup A_i]^c) \\ &= 1 - P(\cap A_i^c) \\ &= 1 - (1 - \alpha)^p \end{aligned} \tag{3.82}$$

처리의 개수 p가 크면 근사적으로

$$\alpha_E = p \times \alpha$$

를 만족하므로 근사식을 사용할 수 있다.

처리의 개수가 5개라면 모든 가능한 비교의 총수는 10개이고 검정해야 할 가설들은 다음과 같다.

$$\begin{aligned} &H_0 \ : \ \mu_1 = \mu_2 \qquad && H_0 \ : \ \mu_2 = \mu_4 \\ &H_0 \ : \ \mu_1 = \mu_3 \qquad && H_0 \ : \ \mu_2 = \mu_5 \\ &H_0 \ : \ \mu_1 = \mu_4 \qquad && H_0 \ : \ \mu_3 = \mu_4 \end{aligned}$$

$$H_0 \ : \ \mu_1 = \mu_5 \qquad\qquad H_0 \ : \ \mu_3 = \mu_5$$
$$H_0 \ : \ \mu_2 = \mu_3 \qquad\qquad H_0 \ : \ \mu_4 = \mu_5$$

각 검정마다 유의수준을 0.05로 놓는다면 위의 가설 중 어느 하나가 옳더라도 기각할 오류 확률의 최댓값은 $1-(1-0.05)^{10}=0.40$이 된다. 즉, 개별적인 비교에 대한 유의수준은 0.05이지만 10개 가설 전부에 대한 유의수준은 0.40으로 오류율이 너무 크게 된다.

전체에 대한 오류율이 0.05가 되도록 하려면 $1-(1-\alpha)^{10}=0.05$를 계산하여 $\alpha = 1-\sqrt[10]{1-0.05} = 0.0051$를 얻으므로 개별비교에 대한 유의수준을 0.0051로 매우 작은 유의수준을 선택해야 한다.

3.7.5 최소유의차 검정

모든 평균쌍에 대한 비교방법으로 Fisher는 각 쌍 비교에 대한 오류율을 조정하는 방법으로 최소 유의차 검정(least significant difference test)을 제안했다. 한 쌍의 평균차이가 없다는 귀무가설과 대립가설

$$H_0 \ : \ \mu_i = \mu_j \text{에 대해 } H_1 \ : \ \mu_i \neq \mu_j$$

에 대해, 즉 한 쌍에 대한 1개의 가설검정 문제에 대해 다음과 같은 t−통계량

$$t = \frac{\overline{Y_i .} - \overline{Y_j .}}{\sqrt{MSe\left(\frac{1}{n_i}+\frac{1}{n_j}\right)}} \tag{3.83}$$

을 사용할 수 있다.

양측 대립가설에 대한 모든 처리평균에 가설검정을 하기 위하여 평균의 차가 통계적으로 유의하다고 말할 수 있는 최소유의차를 설정한다.

유의수준 α에서 만일 $|\overline{Y_i .} - \overline{Y_j .}| > \ t_{N-k}(\alpha/2)\sqrt{MSe\left(\frac{1}{n_i}+\frac{1}{n_j}\right)}$이면 H_0를 기각한다. 여기서

$$LSD = t_{N-k}(\alpha/2)\sqrt{MSe\left(\frac{1}{n_i}+\frac{1}{n_j}\right)} \tag{3.84}$$

를 최소유의차(the least significant difference: LSD)라고 한다.

균형 자료의 경우 $n_i = n_j = n$이면 최소유의차는

$$LSD = t_{N-k}(\alpha/2)\sqrt{\frac{2MSe}{n}}. \tag{3.85}$$

유의수준 α에서 만일 $|\overline{Y_i.} - \overline{Y_j.}| > t_{N-k}(\alpha/2)\sqrt{\frac{2MSe}{n}}$ 이면 H_0를 기각한다.

피셔의 LSD 방법을 사용하기 위해 각 쌍별로 차이를 구해 LSD와 비교하여 평균의 차가 유의한지 결정한다. 그러나 특히 k가 클수록 실험별 오류율 α_E는 증가한다.

3.7.6 Tukey의 HSD

관심 있는 가설은

$$H_0 \ : \ \mu_i = \mu_j \text{에 대해 } H_1 \ : \ \mu_i \neq \mu_j \text{ 모든 } i \neq j$$

이다. Tukey(1953)는 전체 유의수준이 α가 되도록 조절하는 다중비교 검정법으로 HSD 검정법(honestly significant difference test)을 다음과 같이 제안했다.

스튜던트화 범위(studentized range) 통계량

$$q = \frac{\overline{Y_{\max}} - \overline{Y_{\min}}}{\sqrt{MSe/n}}, \qquad df = MSe \text{ 자유도} \tag{3.86}$$

에 근거하며 제안된 방법으로 다중비교에 한 가지의 기각값을 사용한다. 여기서 $\overline{Y_{\max}}$와 $\overline{Y_{\min}}$은 처리평균 중 최댓값과 최솟값을 의미한다. Tukey 방법은 기각값으로

$$T_\alpha = q_{\nu,k}(\alpha)\sqrt{\frac{MSe}{n}} \tag{3.87}$$

을 사용한다. 여기서 $q_{\nu,k}(\alpha)$는 스튜던트화 범위 통계량의 오른쪽 꼬리의 확률이 α 되는 값이다. 즉, $P(q \geq q_{\nu,k}(\alpha)) = \alpha$을 만족하는 값이다.

유의수준 α에서 만일 $|\overline{Y_i.} - \overline{Y_j.}| > q_{\nu,k}(\alpha)\sqrt{\frac{MSe}{n}}$ 이면 H_0를 기각한다.

즉, Tukey의 최소유의차는

$$HSD = q_{\nu,k}(\alpha)\sqrt{\frac{MSe}{n}} \tag{3.88}$$

으로 평균차가 HSD보다 크면 두 처리 간의 평균차이가 유의하다. 여기서 k는 검정하려는 평균들의 개수, 즉 처리의 개수, n은 처리 내의 관측수, ν는 분산분석표에서 오차의 자유도, 즉 MSe 자유도, 유의수준 α는 실험별 오류율이다.

불균형 자료의 경우, 즉 처리마다 반복수가 다를 경우 n 대신 n_i들의 조화평균(harmonic mean) n_h 를 사용해

$$\sqrt{\frac{MSe}{n_h}} \quad \text{여기서} \quad n_h = \frac{k}{\sum_{i=1}^{k}\frac{1}{n_i}} \tag{3.89}$$

를 이용한다.

3.7.7 SNK 방법

SNK 검정(Student-Newman-Keuls Range test)은 평균쌍별 스튜던트화 범위(studentized range)를 이용해 검정한다. 평균을 크기순으로 늘어놓은 후, 평균 간 범위의 수를 증가시키며 검정한다.

$$q = \frac{|\overline{Y_i.} - \overline{Y_j.}|}{\sqrt{MSe/n}} > q_{\nu,p}(\alpha) \tag{3.90}$$

이면 귀무가설을 기각한다. 여기서 p는 검정하려는 평균들의 범위에 포함된 평균들의 개수, n은 처리 내의 관측수, MSe는 분산분석에서 평균오차제곱합이고 ν는 분산분석표에서 오차의 자유도, 즉 MSe 자유도, 유의수준 α는 실험별 오류율이다. 평균차에 대한 유의수준 α 기각값은 $q_{\nu,p}(\alpha) \cdot \sqrt{MSe/n}$ 이다.

표본의 크기가 다를 경우에는

$$q = \frac{|\overline{Y_i.} - \overline{Y_j.}|}{\sqrt{\frac{MSe}{2}\left(\frac{1}{n_i} + \frac{1}{n_j}\right)}} > q_{\nu,p}(\alpha) \tag{3.91}$$

이면 귀무가설을 기각한다. SNK 검정에서 비교의 순서가 중요하다. 가장 큰 평균과 가장 작은 평균에 대한 차 검정부터 시작하며 차가 유의하면 그다음으로 차이가 큰 평균과의 검정을 해나간다. 검정통계량인 스튜던트화 범위 통계량의 분포는 범위 내에 포함된 평균의 개수 p에 의존한다.

3.7.8 Dunett 방법

표준처리(대조군)와 모든 다른 처리평균값의 비교에 관심이 있는 경우, 즉 관심 가설

$$H_0 \ : \ \mu_{control} = \mu_j \text{에 대해 } H_1 \ : \ \mu_{control} \neq \mu_j \tag{3.92}$$

을 고려한다. 유의수준 α에서

만일 $|\overline{Y}_{control}. - \overline{Y_j.}| > \ q_{\nu,k}(\alpha)\sqrt{\frac{MSe}{n}}$ 이면 H_0를 기각한다.

여기서 유의수준 α는 실험별 오류율이다. Dunett 방법은 Tukey 방법과 비슷하나 관심 있는 특정 대조군을 기준으로 검정을 한다.

- 어떤 다중비교 방법을 선택해야 할까?

  여러 다중비교법 중 어떤 방법을 선택해야 할까? 이에 대한 명확한 답을 하기는 어렵다 (no clear-cut answer). Carmer and Swanson(1973)의 모의실험연구에 의하면 분산분석에서 F 검정이 유의수준 $\alpha = 0.05$에서 유의한 경우 LSD 방법이 효율적이라고 설명한다. Tukey 방법이 선호되기는 하지만 전체 오류율을 조절하지 않는다. 그러므로 선택에 대한 명확한 기준은 없다.

3.8 직교다항식과 반응경향 적합

처리에 대한 평균반응값의 변화 패턴을 다항식으로 근사시켜 표현할 수 있다. 직교다항식(orthogonal polynomial)으로 표현하면 처리요인의 수준에 따른 데이터의 추세가 1차적인지 또는 2차적인지를 판단할 수 있으며, 또한 1차식, 2차식으로 설명되는 양을 각각 수량화할 수 있다.

직교다항식의 분해는 일종의 직교대비 분해로 처리제곱합을 1차 선형식으로 설명되는 부분, 2차 곡선식으로 설명되는 부분, 3차 곡선식으로 설명되는 부분 등으로 분해하여 반응값의 변화 패턴을 살펴보는 것이 목적이다. 처리수준이 양적이며 등간격일 때 이러한 분해가 더 의미 있다. k개 처리가 있을 경우 $(k-1)$개 직교대비로 처리제곱합을 분해할 수 있으므로 $(k-1)$차 다항식까지 활용할 수 있다. 계수표 <표 3.3>은 처리 개수 k에 따라 1차, 2차, $\cdots$, $(k-1)$차의 직교대비로 분해할 경우의 계수들의 예를 보여 준다.

(1) 처리 개수 $k=3$인 경우

계수표 <표 3.3>을 이용하여 다음의 두 개의 직교대비

$$C_1 = -\overline{Y}_{1\cdot} + \overline{Y}_{3\cdot} \quad \text{(1차 선형 관계)}$$

$$C_2 = \overline{Y}_{1\cdot} - 2\overline{Y}_{2\cdot} + \overline{Y}_{3\cdot} \quad \text{(2차 곡선 관계)}$$

를 고려할 수 있다.

표 3.3 직교다항식 계수

처리 개수		처리 1	처리 2	처리 3	처리 4	처리 5
$k=3$	1차	−1	0	1		
	2차	1	−2	1		
$k=4$	1차	−3	−1	1	3	
	2차	1	−1	−1	1	
	3차	−1	3	−3	1	
$k=5$	1차	−2	−1	0	1	2
	2차	2	−1	−2	−1	2
	3차	−1	2	0	−2	1
	4차	1	−4	6	−4	1

처리제곱합을 $SS_t = SS^2_{C_1} + SS^2_{C_2}$ 으로 직교분해하여 표현할 수 있으며 각 효과제곱합에 대한 유의성 검정을 할 수 있다.

$$\text{처리제곱합: } SS_t = SS^2_{C_1} + SS^2_{C_2}$$
$$\text{처리자유도: } 2 = 1 + 1$$

대비제곱합 $SS^2_{C_1}, SS^2_{C_2}$ 은 각각 자유도가 1인 카이제곱분포를 따르며 대비제곱합 자유도의 합도 처리제곱합 자유도와 같아지므로 코크란 정리에 의해 $SS^2_{C_1}/\sigma^2$와 $SS^2_{C_2}/\sigma^2$는 서로 독립적으로 카이제곱분포를 따르는 확률변수이다.

(2) 처리 개수 $k = 4$인 경우

계수표 <표 3.3>을 이용하여 다음의 세 개의 직교대비

$$C_1 = -3\overline{Y}_1. - \overline{Y}_2. + \overline{Y}_3. \ + 3\overline{Y}_4. \qquad \text{(1차 효과)}$$
$$C_2 = \overline{Y}_1. - \overline{Y}_2. - \overline{Y}_3. \ + \overline{Y}_4. \qquad \text{(2차 효과)}$$
$$C_3 = -\overline{Y_1.} + 3\overline{Y_2.} - 3\overline{Y_3.} + \overline{Y_4.} \qquad \text{(3차 효과)}$$

를 고려할 수 있다.

처리제곱합을 $SS_t = SS^2_{C_1} + SS^2_{C_2} + SS^2_{C_3}$ 으로 직교분해하여 표현할 수 있으며 각 효과제곱합에 대한 유의성 검정을 할 수 있다.

$$\text{처리제곱합: } SS_t = SS^2_{C_1} + SS^2_{C_2} + SS^2_{C_3} \qquad (3.93)$$
$$\text{처리자유도: } 3 = 1 + 1 + 1$$

대비제곱합 $SS^2_{C_1}, SS^2_{C_2}, SS^2_{C_3}$ 은 각각 자유도가 1인 카이제곱분포를 따르며 대비제곱합 자유도의 합은 처리제곱합 자유도와 같다.

3.9 분산 동일성에 대한 카이제곱검정

분산의 동일성 여부를 알아보기 위해 잔차그림을 주로 사용하기도 하지만 통계적 검정을 할 수 있다. 분산의 동일성 검정을 위해 다음의 귀무가설과 대립가설

$$H_0: \ \sigma_1^2 = \sigma_2^2 = \cdots = \sigma_k^2 \tag{3.94}$$

에 대해 H_1 : 적어도 한 개의 σ_i^2은 나머지와 다르다.

을 고려한다. 이에 대한 검정으로 널리 사용되는 바틀렛 검정(Bartlett's test)을 설명하고자 한다. 바틀렛 검정은 각 집단(처리)의 표본분포가 근사적으로 카이제곱분포를 따른다는 가정을 포함한다. 검정통계량은

$$\chi_0^2 = 2.3026\frac{q}{c} \tag{3.95}$$

여기서 $N = \sum_{i=1}^{k} n_i$

$$q = (N-k)\log_{10} S_p^2 - \sum_{i=1}^{k}(n_i - 1)\log_{10} S_i^2 \tag{3.96}$$

$$c = 1 + \frac{1}{3(k-1)}\left(\sum_{i=1}^{k}\frac{1}{n_i - 1} - \frac{1}{(N-k)}\right)$$

$$S_p^2 = \frac{\sum_{i=1}^{k}(n_i - 1)S_i^2}{N-k}$$

S_i^2 은 i번째 집단의 표본분산이다.

귀무가설이 참이고 표본분산이 모두 같으면 통계량 $q = 0$이 되고 표본분산 간 차이가 클수록 통계량 q값은 커진다. 그러므로 검정법은 유의수준 α에서 만일 $\chi_0^2 > \chi_{k-1}^2(\alpha)$이면 H_0를 기각한다.

바틀렛 검정은 정규성 가정에 매우 민감하다. 그러므로 정규성에 대해 의심스럽다면 바틀렛 검정의 사용을 추천하지 않는다.

대안적인 검정으로 레빈 검정(Levene test)(1960)은 정규성에 덜 민감하고 안정적인 검정법이다. 처리별 중앙값 $\widetilde{Y}_i$를 이용하여 처리 내 절대편차

$$d_{ij} = |Y_{ij} - \widetilde{Y}_i|, \quad i = 1, \ldots, k, \ j = 1, \ldots, n_i \tag{3.97}$$

를 구한 후 $\{d_{ij}\}$를 이용하여 처리별 절대편차 평균에 대한 분산분석으로 레빈 검정통계량 F_L을 구한다. 그러므로 검정법은 유의수준 α에서 만일 $F_L > F_{k-1, N-k}(\alpha)$이면 H_0를 기각한다.

참고 R에서 분산동일성 검정으로 바틀렛 검정을 하기 위해서는 `bartlett.test(y ~ group)` 함수를 사용한다. 처리의 수준수가 2일 경우에는 `var.test(y ~ group)`를 이용할 수 있다.

레빈 검정을 위해서는 패키지 lawstat에서

```
levene.test(y, group, option = c("mean", "median", "trim.mean"), trim.alpha = 1)
```

함수를 이용한다.

3.10 모형의 타당성에 대한 검토

분산분석으로 관측값에 대한 변동성을 분해하는 식은 제곱합 계산에 활용할 수 있는 식이다. 그러나 이렇게 계산된 제곱합을 이용하여 처리 간 효과여부에 대한 $F-$검정을 하기 위해서는 모형에 대한 가정이 만족되어야 한다.

완전확률화설계에서 모형

$$Y_{ij} = \mu + \tau_i + \epsilon_{ij}, \epsilon_{ij} \sim iid \ \ N(0, \sigma^2)$$

을 세우고 분산분석을 실시한다. 분산분석을 통한 $F-$검정이 유효하려면 모형의 타당성에 대한 점검이 필요하며 이는 오차항에 대한 점검이 된다. 만약 오차항에 대한 가정이 맞다면 분산분석에서 $F-$검정이 정확한 검정방법이다. 그러나 만일 오차항에 대한 정규성 가정이 맞지 않는다면 $F-$검정은 유효하지 않다.

가정에 대한 검토 및 모형에 대한 검토로서 오차항의 추정치인 잔차(residual)들에 대한 점검이 필요하다. 여기서 잔차는 관측값과 추정값의 차이로 다음과 같이

$$\widehat{\epsilon_{ij}} = Y_{ij} - \widehat{Y_{ij}} \tag{3.98}$$

정의된다. 여기서 $\widehat{Y_{ij}} = \hat{\mu} + \hat{\tau_i} = \overline{Y} + (\overline{Y}_i. - \overline{Y}) = \overline{Y}_i.$ 이다.

만약 모형이 타당하다면 잔차들은 어떤 경향이나 구조를 나타내지 말아야 한다(structureless).

(1) 정규성 검정: 잔차에 대한 정규확률그림(normal probability plot, 정규 Q−Q 그림)을 그려보아 대략적인 확인을 하고 정규성 검정통계량으로 정규성 검정을 한다.

(2) 잔차그림(residual plot): 반응변수에 대한 잔차그림을 그려보아 특정한 경향이 없는지 확인한다. 특이한 구조가 명백하지 않은지를 살펴본다.

(3) 처리들의 등분산성에 대한 검정: 반응변수에 대한 잔차그림에서 분산의 변화가 없는지 확인한다. 만약 등분산성을 만족하지 않으면 분산안정화변환 등을 시도한 후 다시 분산분석을 실시한다.

만약 분산동일성 가정이 위배된다면 균형 자료(balanced, 처리별 반복수가 같은 경우)보다 불균형 자료(unbalanced, 처리별 반복수가 같지 않은 경우)에서 문제가 심각해진다. 왜냐하면 반복수가 작은 처리에서 분산이 크다면 제1종 오류의 가능성을 실제보다 크게 하고, 반복수가 큰 처리에서 분산이 크다면 제1종 오류의 가능성을 실제보다 작게 할 수 있기 때문이다. 분산이 동일하지 않을 경우 분산안정화변환(variance-stabilizing transformation)으로 변환된 데이터를 사용하여 분산분석을 할 수 있으며 이때의 결과는 변환된 데이터에 대한 결론이 된다. 반응변수 Y에 대한 변환으로 Y^3, Y^2, $\sqrt{Y}$, $\log Y$, $1/\sqrt{Y}$, $1/Y$ 등이 주로 사용된다. Y^3과 Y^2은 왼쪽으로 치우친(left-skewed, negative skew, 왼쪽 꼬리가 긴 경우) 경우 주로 사용하고 나머지는 오른쪽으로 치우친(right-skewed, positive skew, 오른쪽 꼬리가 긴 경우) 경우 주로 사용한다. 또한 $\sqrt{Y}$와 $\log Y$는 비정규성(nonnormality)을 수정하기 위하여 주로 사용된다. 치우친 분포 예를 <그림 3.2>에서 보여 준다.

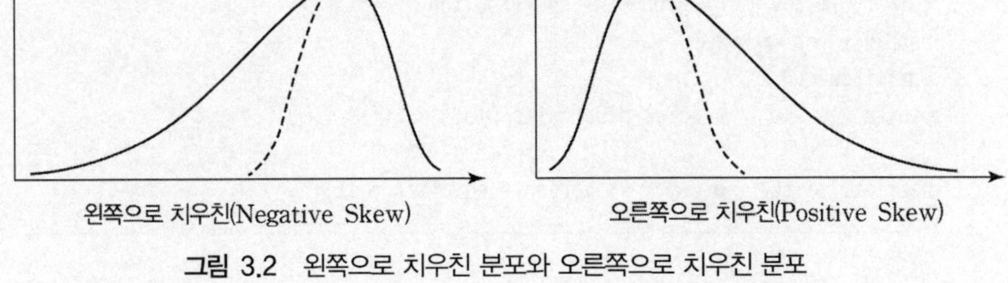

그림 3.2 왼쪽으로 치우친 분포와 오른쪽으로 치우친 분포

3.11 R을 이용한 완전확률화설계 분석

예제 3.4 완전확률화설계에 의해 5개 처리그룹으로부터 각각 4 반복 데이터를 얻었다. 그룹 간에 평균차가 있는지 분석하고자 한다.

표 3.4 완전확률화설계 데이터

	처리그룹				
반복	1	2	3	4	5
1	2.4	0.7	2.4	0.3	0.5
2	2.7	1.6	3.1	0.3	0.9
3	3.1	1.7	5.4	2.4	1.4
4	3.1	1.8	6.1	2.7	2.0

프로그램 3.1 완전확률화설계 분석

```
group<-c(rep( 1,4), rep( 2,4), rep( 3,4), rep( 4,4), rep(5,4))
y<-c(2.4, 2.7, 3.1, 3.1,
     0.7, 1.6, 1.7, 1.8,
     2.4, 3.1, 5.4, 6.1,
     0.3, 0.3, 2.4, 2.7,
     0.5, 0.9, 1.4, 2.0 )
sol <- cbind(group, y)
group<-as.factor(group)
aov1<- aov(y~group)
summary(aov1)      # ANOVA table
plot(y~group)      # groupwise boxplot  그림 3.3
summary.lm(aov1)   # groupwise contribution
tapply(y, group, mean)
par(mfrow=c(2,2))
plot(aov1)        # model diagnositc plots  그림 3.4

bartlett.test(y ~ group)    # variance equality test
```

```
> summary(aov1)      # ANOVA table
            Df Sum Sq Mean Sq F value  Pr(>F)
group        4  27.01   6.752   5.966 0.00444 **
Residuals   15  16.98   1.132
```

분산분석 결과를 보여 주며 분산분석표 <표 3.5>로 정리할 수 있다.

표 3.5 일원배치 분산분석표

요인(source)	자유도(df)	제곱합(SS)	평균제곱합(MS)	F 통계량	p-값
처리(treatment)	4	27.01	6.752	5.966	0.00444
오차(error)	15	16.98	1.132		
총합(total)	19	43.99			

처리(그룹)효과에 대한 다음의 가설

$$H_0 : \tau_1 = \tau_2 = \tau_3 = \tau_4 = \tau_5 \text{에 대해 } H_1 : not \quad H_0$$

에 대한 검정으로 검정통계량 $F_t = 5.966$ 이고 p-값 $= 0.00444 < 0.05 = \alpha$ 이므로 유의수준 0.05에서 H_0를 기각한다. 즉, 5개 처리 간의 평균이 모두 동일하다고 할 수 없다. <그림 3.3>의 5개 그룹별 상자그림을 보면 그룹간 중앙값의 차이, 그룹 내 퍼짐성의 차이 등을 볼 수 있다.

```
> plot(y~group)
```

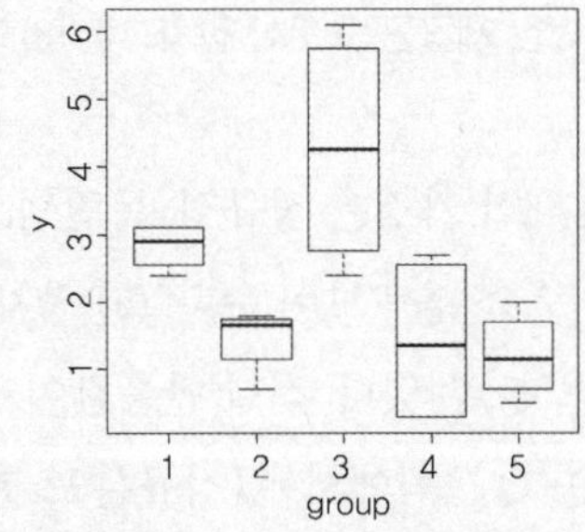

그림 3.3 5개 그룹별 상자그림

```
> tapply(y, group, mean)
    1     2     3     4     5
2.825 1.450 4.250 1.425 1.200
```

그룹별 평균값을 tapply( ) 함수를 사용하여 구할 수 있다. 각 그룹의 평균값을 오름차순으로 늘어놓으면 5 4 2 1 3임을 알 수 있다.

```
> par(mfrow=c(2,2))
> plot(aov1)      # model diagnositc plots
```

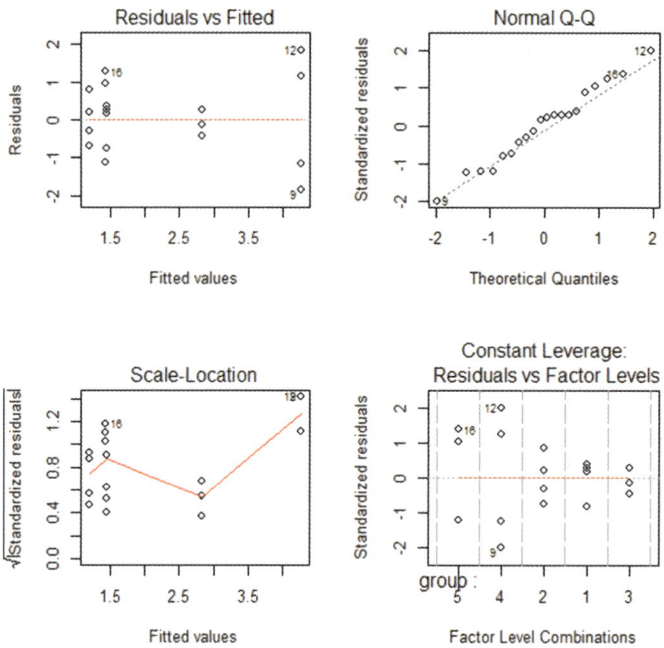

그림 3.4 모형진단그림: 위 왼쪽부터 (a) 잔차그림 (b) 잔차에 대한 정규 Q-Q 그림
아래 왼쪽부터 (c) 적합값에 대한 제곱근 표준화 잔차그림 (d) 그룹별 표준화 잔차그림

분산분석모형에서 오차항에 대한 가정은 정규성, 독립성, 등분산성이다. 잔차를 이용한 모형에 대한 진단 그림을 <그림 3.4>에서 보여 준다. (a) 잔차그림은 (적합 반응값, 잔차)를 점 찍은 그림으로 잔차의 패턴을 볼 수 있다. 적합 반응값이 큰 경우 약간 큰 잔차가 있음이 보인다. (b) 잔차에 대한 정규 Q−Q 그림에서는 (정규분포 분위수, 표준화 잔차)를 점 찍은 그림으로 정규분포를 만족하면 이상적인 경우로 직선 위에 놓이게 된다. 표준화 잔차들이 직선에서 크게 벗어나지 않음을 알 수 있다. (c) 적합값에 대한 제곱근 표준화 잔차그림은 (적합 반응값, $\sqrt{|\text{표준화 잔차}|}$)를 점 찍은 그림으로 정규분포를 만족하면 대략 잔차의 95%가 (0, 2) 사이에 놓인다. 여기서 (빨간)선은 각 적합 반응값에서 평균 잔차를 이은 선으로 이상적인 경우, 즉 그룹간 잔차가 경향이 없는 경우에 수평선이 된다. (d) 그룹별 표준화 잔차그림은 (그룹수준값, 표준화 잔차)를 점 찍은 그림으로 그룹별 잔차들의 경향을 볼 수 있다. 그룹 1과 그룹 3에서 잔차의 퍼짐성이 약간 작아 보인다.

```
> bartlett.test(y ~ group)   # variance equality test
        Bartlett test of homogeneity of variances
data:  y by group
Bartlett's K-squared = 8.7824, df = 4, p-value = 0.06677
```

p-값 $= 0.06677 > 0.05 = \alpha$ 이므로 유의수준 0.05에서 H_0를 기각하지 못한다. 즉, 5개 처리 간 분산은 동일하다고 간주할 수 있다.

프로그램 3.2 다중비교

```
tapply(y, group, mean)
pairwise.t.test(y, group, p.adjust="none", pool.sd=TRUE)        # LSD
pairwise.t.test(y, group, p.adjust="bonferroni", pool.sd=FALSE)  # Bonferoni
a.tukey<-TukeyHSD(aov1, ordered=TRUE)                        # Tukey's HSD
  a.tukey
plot(a.tukey)
```

```
> tapply(y, group, mean)
    1     2     3     4     5
2.825 1.450 4.250 1.425 1.200
> pairwise.t.test(y, group, p.adjust="none", pool.sd=TRUE)    # LSD
       Pairwise comparisons using t tests with pooled SD
data:  y and group
  1      2      3      4
2 0.0875 -      -      -
3 0.0776 0.0020 -      -
4 0.0824 0.9739 0.0019 -
5 0.0473 0.7442 0.0010 0.7690
```

그룹별 평균을 오름차순 순서대로 늘어놓고 유의수준 $\alpha = 0.05$에서 LSD를 이용하여 평균차가 유의하지 않으면 밑줄을 그어 표현하면 다음과 같다:

5 4 2 1 3

그러므로 첫 번째,

5 4 2 1 3

로 {5, 4, 2}와 {1, 3}의 두 개 그룹으로 묶인다.

두 번째,

5 4 2 1 3

{5}, {2, 4, 1}와 {3}의 세 개 그룹으로 묶을 수 있다. 이와 같이 그룹을 묶은 후 대비식을 만들어 가설검정을 할 수 있다.

```
> pairwise.t.test(y, group, p.adjust="bonferroni", pool.sd=FALSE)
       Pairwise comparisons using t tests with non-pooled SD
data:  y and group
  1     2     3     4
2 0.057 -     -     -
3 1.000 0.465 -     -
4 1.000 1.000 0.463 -
5 0.085 1.000 0.349 1.000
```

그룹별 평균을 오름차순 순서대로 늘어놓고 유의수준 $\alpha = 0.05$에서 Bonferroni 방법을 이용하여 평균차가 유의하지 않으면 밑줄을 그어 표현하면 다음과 같다:

5 4 2 1 3

즉, {5, 2, 4, 1, 3}이 한 개 그룹으로 되어 세부 그룹으로 나누어지지 않는다. Bonferroni 방법은 LSD 방법에 비해 매우 보수적으로 처리평균 간에 차이가 유의하다는 결정을 쉽게 내리지 않는다.

```
> a.tukey
  Tukey multiple comparisons of means
    95% family-wise confidence level
    factor levels have been ordered
Fit: aov(formula = y ~ group)
$group
     diff        lwr      upr     p adj
4-5 0.225 -2.0977953 2.547795 0.9980497
2-5 0.250 -2.0727953 2.572795 0.9970635
1-5 1.625 -0.6977953 3.947795 0.2466201
3-5 3.050  0.7272047 5.372795 0.0078279
2-4 0.025 -2.2977953 2.347795 0.9999997
1-4 1.400 -0.9227953 3.722795 0.3776700
3-4 2.825  0.5022047 5.147795 0.0139855
1-2 1.375 -0.9477953 3.697795 0.3944760
3-2 2.800  0.4772047 5.122795 0.0149150
3-1 1.425 -0.8977953 3.747795 0.3612849
```

그룹 평균차이별 Tukey 다중비교를 위한 95% 신뢰구간은 <그림 3.5>에서 보여 주며 여기서 신뢰구간이 0을 포함하면 귀무가설을 기각하지 못한다. 그룹별 평균을 오름차순 순서대로 늘어놓고 유의수준 $\alpha = 0.05$에서 Tukey 방법을 이용하여 평균차가 유의하지 않으면 밑줄을 그어 표현하면 다음과 같다.

5　4　2　1　3

그러므로 첫 번째,

5　4　2　1　3

로 {5, 4, 2, 1}과 {3}의 두 개 그룹으로 묶인다.

두 번째,

5　4　2　1　3

{5, 4, 2}와 {1, 3}의 두 개 그룹으로 묶인다.

```
> plot(a.tukey)
```

agricolae 패키지를 사용하면 LSD, Tukey, Scheffe, SNK 다중비교를 할 수 있으며 그룹화 결과에 대한 표시까지 얻을 수 있어 편리하다. <프로그램 3.3>을 참조하여 활용하기 바란다.

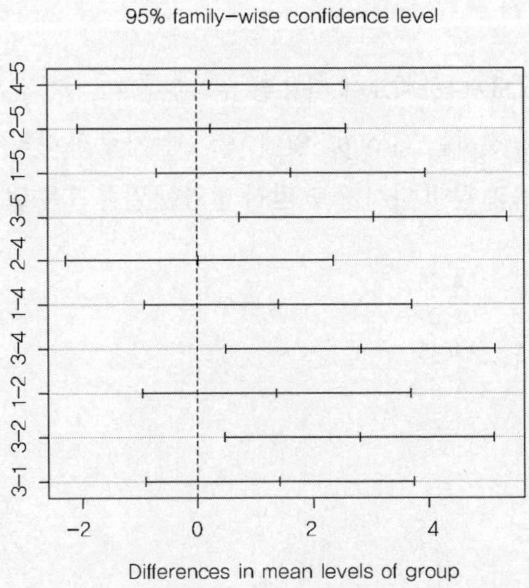

그림 3.5 그룹 평균차이별 Tukey 다중비교를 위한 95% 신뢰구간

프로그램 3.3 agricolae 패키지를 이용한 다중비교

```
library(agricolae)
  aov1<- aov(y~group)    # anova model
d=LSD.test(aov1,"group", p.adj="none", main="Y of different groups") ; d
h=HSD.test(aov1,"group", group=TRUE) ; h
s=scheffe.test(aov1,"group", group=TRUE, main="Y of different groups") ; s
sn=SNK.test(aov1,"group", main="Y of different groups") ; sn
```

```
> LSD.test(aov1,"group", p.adj="none", main="Y of different groups")
Study: Y of different groups
LSD t Test for y
Mean Square Error:  1.131667
group,  means and individual ( 95 %) CI
      y   std.err r        LCL      UCL Min. Max.
1 2.825 0.1701715 4 2.46228807 3.187712  2.4  3.1
2 1.450 0.2533114 4 0.91007953 1.989920  0.7  1.8
3 4.250 0.8892881 4 2.35452727 6.145473  2.4  6.1
4 1.425 0.6523994 4 0.03444356 2.815556  0.3  2.7
5 1.200 0.3240370 4 0.50933141 1.890669  0.5  2.0
alpha: 0.05 ; Df Error: 15
Critical Value of t: 2.13145
Least Significant Difference 1.603317
Means with the same letter are not significantly different.
Groups, Treatments and means
a        3        4.25
ab       1        2.825
bc       2        1.45
bc       4        1.425
c        5        1.2
```

앞의 결과를 보면, LSD 다중비교에 사용된 유의수준 5% 기각값은 1.603317이고 LSD 다중비교에 의한 그룹화 결과는 'Groups' 열에 a, b, c 문자로 표시되어 있다. 여기서 각 문자 배열을 열로 보아 다음과 같이 다시 쓰면 앞서 설명한 밑줄 그은 결과로 보면 된다.

```
a        3      4.25
a  b     1      2.825
   b  c  2      1.45
   b  c  4      1.425
      c  5      1.2
```

그러므로

```
5   4  2   1     3
______
    ______
          ______
```

로 그룹화됨을 알 수 있다.

```
> HSD.test(aov1,"group", group=TRUE)
Study:
HSD Test for y
Mean Square Error:  1.131667
group,  means
      y   std.err r Min. Max.
1 2.825 0.1701715 4  2.4  3.1
2 1.450 0.2533114 4  0.7  1.8
3 4.250 0.8892881 4  2.4  6.1
4 1.425 0.6523994 4  0.3  2.7
5 1.200 0.3240370 4  0.5  2.0
alpha: 0.05 ; Df Error: 15
Critical Value of Studentized Range: 4.366985

Honestly Significant Difference: 2.322795
Means with the same letter are not significantly different.

Groups, Treatments and means
a       3       4.25
ab      1       2.825
b       2       1.45
b       4       1.425
b       5       1.2
```

다음과 같이 다시 쓰면 앞서 설명한 밑줄 그은 결과로 보면 된다.

```
a       3       4.25
a  b    1       2.825
   b    2       1.45
   b    4       1.425
   b    5       1.2
```

그러므로 {3, 1}과 {2, 4, 5} 또는 {3}과 {1, 2, 4, 5}로 그룹화된다.

```
> scheffe.test(aov1,"group", group=TRUE, main="Y of different groups")
Study: Y of different groups
Scheffe Test for y
Mean Square Error  : 1.131667
group,  means
```

```
      y   std.err r Min. Max.
1 2.825 0.1701715 4  2.4  3.1
2 1.450 0.2533114 4  0.7  1.8
3 4.250 0.8892881 4  2.4  6.1
4 1.425 0.6523994 4  0.3  2.7
5 1.200 0.3240370 4  0.5  2.0
alpha: 0.05 ; Df Error: 15
Critical Value of F: 3.055568

Minimum Significant Difference: 2.629785
Means with the same letter are not significantly different.
Groups, Treatments and means
a        3       4.25
ab       1       2.825
b        2       1.45
b        4       1.425
b        5       1.2
```

Scheffe 방법 결과는 Tukey HSD 방법과 결과가 같다. 그러므로 {3, 1}과 {2, 4, 5} 또는 {3}과 {1, 2, 4, 5}로 그룹화된다.

```
> SNK.test(aov1,"group", main="Y of different groups")
Study: Y of different groups
Student Newman Keuls Test
for y
Mean Square Error:  1.131667
group,  means
      y   std.err r Min. Max.
1 2.825 0.1701715 4  2.4  3.1
2 1.450 0.2533114 4  0.7  1.8
3 4.250 0.8892881 4  2.4  6.1
4 1.425 0.6523994 4  0.3  2.7
5 1.200 0.3240370 4  0.5  2.0
alpha: 0.05 ; Df Error: 15
Critical Range
       2        3        4        5
1.603317 1.953866 2.168007 2.322795
Means with the same letter are not significantly different.
Groups, Treatments and means
a        3       4.25
ab       1       2.825
b        2       1.45
b        4       1.425
b        5       1.2
```

SNK 방법에 의한 결과도 Tukey HSD 방법과 결과가 같다. 그러므로 {3, 1}과 {2, 4, 5} 또는 {3}과 {1, 2, 4, 5}로 그룹화된다.

예제 3.5 [예제 3.4] 데이터에 대해 대비에 대한 검정을 하고자 한다.

각 처리의 평균을 $\mu_1, \mu_2, \mu_3, \mu_4, \mu_5$라 할 때 5개 처리그룹에 대한 대비검정을 하고자 한다.

(1) 처리제곱합을 조절그룹과 다른 처리그룹과의 직교대비로 분해하고자 한다.

프로그램 3.4 처리 간 대비

```
k<-5    # number of treatments
control<-1
contr.treatment(k, base = control, contrasts = TRUE)
                # shows treatment contrasts,
                # compares with baseline level(control) as -1
summary.lm(aov1) # contrast contribution
        #split our ANOVA table from above according to the contrasts defined
```

```
> contr.treatment(k, base = 1, contrasts = TRUE)
  2 3 4 5
1 0 0 0 0
2 1 0 0 0
3 0 1 0 0
4 0 0 1 0
5 0 0 0 1
```

다음과 같이 μ_1(조절 그룹: control)과 다른 처리 간의 대비들로 구성한다. `contr.treatment( )` 함수 옵션에서 `base = control` 그룹번호를 쓰면 control group을 지정해 줄 수 있다. 처리가 5개인 경우 조절 그룹번호가 2라면 `contr.treatment(5, base = 2, contrasts = TRUE)`와 같이 쓰면 된다.

$$
\begin{aligned}
C_2 &: \ -\mu_1 + \mu_2 = 0 \\
C_3 &: \ -\mu_1 + \mu_3 = 0 \\
C_4 &: \ -\mu_1 + \mu_4 = 0 \\
C_5 &: \ -\mu_1 + \mu_5 = 0
\end{aligned}
$$

```
> summary.lm(aov1) # contrast contribution
Call:
aov(formula = y ~ group)
Residuals:
    Min      1Q  Median      3Q     Max
-1.8500 -0.7125  0.1750  0.4625  1.8500
Coefficients:
            Estimate Std. Error t value Pr(>|t|)
(Intercept)   2.8250     0.5319   5.311 8.72e-05 ***
```

```
group2        -1.3750     0.7522  -1.828   0.0875 .    # 대비 C2에 대한 검정
group3         1.4250     0.7522   1.894   0.0776 .    # 대비 C3에 대한 검정
group4        -1.4000     0.7522  -1.861   0.0824 .    # 대비 C4에 대한 검정
group5        -1.6250     0.7522  -2.160   0.0473 *    # 대비 C5에 대한 검정
---
Signif. codes:  0 '***' 0.001 '**' 0.01 '*' 0.05 '.' 0.1 ' ' 1
Residual standard error: 1.064 on 15 degrees of freedom
Multiple R-squared: 0.614,      Adjusted R-squared: 0.5111
F-statistic: 5.966 on 4 and 15 DF,  p-value: 0.004442
```

유의수준 $\alpha = 0.05$에서 대비 C_2에 대한 검정 결과 p-값 $= 0.0875 > 0.05 = \alpha$ 이므로 귀무가설 H_0 : $-\mu_1 + \mu_2 = 0$을 기각하지 못한다. 따라서 $\mu_1 = \mu_2$ 관계가 있다고 볼 수 없다. 대비 C_3에 대한 검정 결과 p-값 $= 0.0776 > 0.05 = \alpha$이므로 귀무가설 H_0 : $-\mu_1 + \mu_3 = 0$을 기각하지 못한다. 따라서 $\mu_1 = \mu_3$ 관계가 있어 보인다. 또한 대비 C_4에 대한 검정 결과 p-값 $= 0.0824 > 0.05 = \alpha$이므로 귀무가설 H_0 : $-\mu_1 + \mu_4 = 0$을 기각하지 못한다. 따라서 $\mu_1 = \mu_4$ 관계가 있음을 받아들인다. 그러나 대비 C_5에 대한 검정 결과 p-값 $= 0.0473 < 0.05 = \alpha$이므로 귀무가설 H_0 : $-\mu_1 + \mu_5 = 0$을 기각한다. 따라서 $\mu_1 \neq \mu_5$ 관계가 있다고 볼 수 있다. 즉, 대비에 대한 검정에서는 귀무가설을 기각하지 못할 경우 처리평균 간의 관계를 알려준다.

(2) 처리제곱합을 직교다항대비로 분해하고 각 대비에 대한 검정을 하고자 한다.

```
contrasts(group)<- contr.poly(levels(group))
                                   # polynomial contrast
contrasts(group)
round(contrasts(group), digits=2 )
                                   # round()로 반올림
summary.lm(aov(y~group))
                                   # polynomial contrast  fit
```

```
> contrasts(group)<- contr.poly(levels(group))  # polynomial contrast fit
> contrasts(group)

             .L          .Q            .C         ^4
1 -6.324555e-01  0.5345225 -3.162278e-01  0.1195229
2 -3.162278e-01 -0.2672612  6.324555e-01 -0.4780914
3 -3.287978e-17 -0.5345225  2.164914e-16  0.7171372
4  3.162278e-01 -0.2672612 -6.324555e-01 -0.4780914
5  6.324555e-01  0.5345225  3.162278e-01  0.1195229
> round(contrasts(group), digits=2 )       # round( )로 반올림
```

```
     .L    .Q    .C    ^4
1 -0.63  0.53 -0.32  0.12
2 -0.32 -0.27  0.63 -0.48
3  0.00 -0.53  0.00  0.72
4  0.32 -0.27 -0.63 -0.48
5  0.63  0.53  0.32  0.12
```

선형, 이차, 3차 그리고 4차 다항식으로 구성되는 각 대비(행벡터)에서 처리평균에 해당되는 계수들을 다음과 같이 보여 준다(R시스템에 내장된 계수).

$$\begin{array}{lcccc} & Linear(\text{선형}) & Quadratic(\text{이차}) & Cubic(3\text{차}) & 4\text{차} \\ \mu_1: & -0.63 & 0.53 & -0.32 & 0.12 \\ \mu_2: & -0.32 & -0.27 & 0.63 & -0.48 \\ \mu_3: & 0.00 & -0.53 & 0.00 & 0.72 \\ \mu_4: & 0.32 & -0.27 & -0.63 & -0.48 \\ \mu_5: & 0.63 & 0.53 & 0.32 & 0.12 \end{array}$$

```
> summary.lm(aov(y~group))
Call:
aov(formula = y ~ group)
Residuals:
    Min      1Q  Median      3Q     Max
-1.8500 -0.7125  0.1750  0.4625  1.8500
Coefficients:
            Estimate Std. Error t value Pr(>|t|)
(Intercept)  2.2300    0.2379   9.375   1.16e-07 ***
group.L     -1.0356    0.5319  -1.947   0.07050 .  # 선형대비 C_L에 대한 검정
group.Q     -0.8886    0.5319  -1.671   0.11551    # 이차대비 C_Q에 대한 검정
group.C     -0.4981    0.5319  -0.936   0.36391    # 3차대비 C_C에 대한 검정
group^4      2.1544    0.5319   4.050   0.00105 ** # 4차대비 C_4에 대한 검정
---
Signif. codes:  0 ‘***’ 0.001 ‘**’ 0.01 ‘*’ 0.05 ‘.’ 0.1 ‘ ’ 1
Residual standard error: 1.064 on 15 degrees of freedom
Multiple R-squared: 0.614,     Adjusted R-squared: 0.5111
F-statistic: 5.966 on 4 and 15 DF,  p-value: 0.004442
```

유의수준 $\alpha = 0.05$에서 대비 C_L에 대한 검정 결과 p-값$= 0.07050 > 0.05 = \alpha$이므로 귀무가설 $H_0:\ -0.63\mu_1 - 0.32\mu_2 + 0.32\mu_4 - 0.63\mu_5 = 0$을 기각하지 못한다. 따라서 처리평균 간에 선형 관계가 있다고 볼 수 없다.

대비 C_Q에 대한 검정 결과 p-값$= 0.11551 > 0.05 = \alpha$이므로 귀무가설 $H_0:\ 0.53\mu_1 - 0.27\mu_2 - 0.53\mu_3 - 0.27\mu_4 + 0.53\mu_5 = 0$을 기각하지 못한다. 따라서 처리평균 간에 이차 관계가 있다고 볼 수 없다. 또한 대비 C_C에 대한 검정 결과 p-값$= 0.36391 > 0.05 = \alpha$이므로 귀무가설을 기각하지 못한다. 따라서 처리평균 간에

3차 다항식 관계가 있다고 볼 수 없다. 그러나 대비 C_4에 대한 검정 결과 p-값 $= 0.00105 < 0.05 = \alpha$이므로 귀무가설을 기각한다. 따라서 처리평균 간에 4차 다항식 관계가 있다고 볼 수 있다. 이와 같이 대비에 대한 검정으로 처리평균 간의 관계를 알 수 있다.

(3) <표 3.3> 계수표의 다항식 대비 계수를 이용하여 대비에 대한 검정을 하고자 한다. contrastmatrix를 이용하여 원하는 직교대비를 직접 생성할 수 있다.

```
contrastmatrix<-cbind(c(-2,-1,0,1,2),c(2,-1,-2,-1,2),c(-1,2,0,-2,1),c(1,-4,6,-4,1))
contrasts(group)<-contrastmatrix
contrasts(group)
summary.lm(aov(y~group))

> contrasts(group)
  [,1] [,2] [,3]  [,4]
1   -2    2   -1    1
2   -1   -1    2   -4
3    0   -2    0    6
4    1   -1   -2   -4
5    2    2    1    1

> summary.lm(aov(y~group))
Call:
aov(formula = y ~ group)
Residuals:
    Min      1Q  Median      3Q     Max
-1.8500 -0.7125  0.1750  0.4625  1.8500
Coefficients:
            Estimate  Std. Error t value Pr(>|t|)
(Intercept)  2.23000    0.23787   9.375 1.16e-07 ***
group1      -0.32750    0.16820  -1.947  0.07050 .
group2      -0.23750    0.14216  -1.671  0.11551
group3      -0.15750    0.16820  -0.936  0.36391
group4       0.25750    0.06357   4.050  0.00105 **
---
Signif. codes:  0 '***' 0.001 '**' 0.01 '*' 0.05 '.' 0.1 ' ' 1
Residual standard error: 1.064 on 15 degrees of freedom
Multiple R-squared: 0.614,      Adjusted R-squared: 0.5111
F-statistic: 5.966 on 4 and 15 DF,  p-value: 0.004442
```

(4) H_0 : $2\mu_1 + 2\mu_2 + 2\mu_3 - 3\mu_4 - 3\mu_5 = 0$에 대해 H_1: not H_0

즉, $2(\mu_1 + \mu_2 + \mu_3) = 3(\mu_4 + \mu_5)$

즉, $\dfrac{\mu_1 + \mu_2 + \mu_3}{3} = \dfrac{\mu_4 + \mu_5}{2}$

대비에 대한 F-검정을 하기 위해 다음과 같이 간단한 프로그램을 작성한다.

F_{n_1, n_2} 분포를 따르는 통계량 f에 대해 누적확률을 R에서 구할 수 있다.

확률 $P(F \le f)$를 구하기 위해서는 `pf(f, df1=n1, df2=n2)` 또는 `lower.tail=TRUE` 디폴트(default) 옵션을 사용해 `pf(f, df1=n1, df2=n2, lower.tail=TRUE)`로 쓴다. 확률 $P(F > f) = 1 - P(F \le f)$를 구하기 위해서는 `1-pf(f, df1=n1, df2=n2)`와 같이 사용한다. 또는 `pf(f, df1=n1, df2=n2, lower.tail=FALSE)`로 써도 된다.

프로그램 3.5 처리 간 대비를 위한 검정

```
### For any contrast : F test  #####
k<-5  ;    n<-length(y)
m<- tapply(y, group,  mean)  ; m
ni<-tapply(y, group, length) ; ni
c1<-c(2,2,2,-3,-3)      # contrast of interest
sum(c1^2/ni)
mse<-1.132    # mse from anova table
f<- sum(c1*m)^2 /(mse*sum(c1^2/ni))    # F statistic
1-pf(f, 1, n-k  )        # mse from anova table
```

```
> m<- tapply(y,group,  mean)  ; m
    1     2     3     4     5
2.825 1.450 4.250 1.425 1.200
> ni<-tapply(y,group, length) ; ni
1 2 3 4 5
4 4 4 4 4
> c1<-c(2,2,2,-3,-3)     # contrast
> mse<-1.132       # mse from anova table
> f<- sum(c1*m)^2 /(mse*sum(c1^2/ni))     # F statistic
> f
[1] 9.915268
> 1-pf(f, 1, n-k )    # mse from anova table
[1] 0.00662189
```

주어진 대비가설에 대한 검정통계량은 $F = 9.915268$이고 p-값 $= 0.0066 < 0.05$이므로 H_0를 기각한다. 그러므로 $\frac{\mu_1 + \mu_2 + \mu_3}{3} = \frac{\mu_4 + \mu_5}{2}$ 관계가 있다고 할 수 없다.

예제 3.6 눈동자 색깔이 갈색, 초록색, 파란색인 19명의 사람들을 대상으로 눈동자 깜빡거림 횟수(eye flicker frequency)를 조사하여 데이터를 얻었다. 광원(light source)을 감지했을 때의 횟수로 측정하는데 실험순서와 눈동자 색깔은 랜덤하게 배치했다.

<표 3.6>의 데이터를 읽어들이기 위한 엑셀파일을 작성하고자 할 경우 <표 3.7>의 형태로, 즉 각 변수를 각 열에 배열하여 입력하여 엑셀데이터셋을 만들어 `*.csv` 파일로 저장 후 `read.csv( )` 함수를 사용하여 읽어 들인다. <프로그램 3.6>을 활용하여 통계적 분석을 하고자 한다.

표 3.6 Eye color 데이터

Brown	Green	Blue
26.8	26.4	25.7
27.9	24.2	27.2
23.7	28	29.9
25	26.9	28.5
26.3	29.1	29.4
24.8		28.3
25.7		
24.5		

표 3.7 Eye color 데이터 엑셀 파일 `eyecolor.csv`

Color	Flicker
Brown	26.8
Brown	27.9
Brown	23.7
Brown	25
Brown	26.3
Brown	24.8
Brown	25.7
Brown	24.5
Green	26.4
Green	24.2
Green	28
Green	26.9
Green	29.1
Blue	25.7
Blue	27.2
Blue	29.9
Blue	28.5
Blue	29.4
Blue	28.3

(1) 통계적 모형

$$Y_{ij} = \mu + \tau_i + \epsilon_{ij}, \qquad i = 1,2,3, \quad j = 1,2,\cdots,n_i,$$
$$n_1 = 6(Blue), n_2 = 8(Brown), n_3 = 5(Green)$$

(프로그램 편의상 처리순서를 알파벳 순으로 한다)

여기서

$N = \sum_{i=1}^{k} n_i = 19$는 데이터 총수

μ는 모집단의 전체평균

τ_i는 i번째 색깔(처리) 효과

ϵ_{ij}는 i번째 처리의 j번째 측정값에 따르는 오차항, $\epsilon_{ij} \sim iid\ N(0,\ \sigma^2)$

이다.

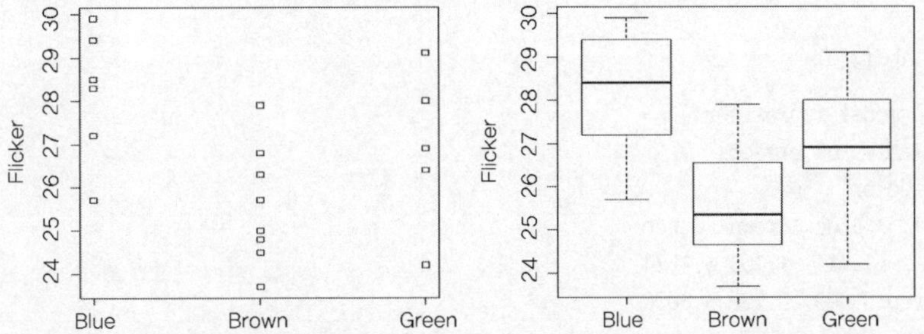

그림 3.6 (a) 눈색깔별 stripchart (b) 눈색깔별 상자그림

<그림 3.6> (a)는 눈색깔별 stripchart를 통해 각 반응값의 위치를 볼 수 있으며, <그림 3.6> (b)는 눈색깔별 상자그림에서 데이터의 사분위수를 나타내어 눈색깔별 데이터의 퍼짐성을 볼 수 있다.

(2) 각 처리수준별 평균

```
> tapply(Flicker, Color, mean)
    Blue    Brown    Green
28.16667 25.58750 26.92000
```

눈색깔별 반응값 평균을 보여 준다.

```
> tapply(Flicker, Color, var)
    Blue    Brown    Green
2.334667 1.864107 3.397000
```

눈색깔별 반응값 분산을 보여 준다.

```
> tapply(Flicker, Color, sd)
    Blue    Brown    Green
1.527962 1.365323 1.843095
```

색깔별 반응값 표준편차를 보여 준다.

```
> by(Flicker, Color, FUN=function(x){ c(mean(x), sd(x)) } )
Color: Blue
[1] 28.166667  1.527962
----------------------------------------------------------
Color: Brown
[1] 25.587500  1.365323
----------------------------------------------------------
Color: Green
[1] 26.920000  1.843095
```

눈색깔별 반응값의 평균과 표준편차를 보여 준다.

(3) 처리효과

```
> model.tables(aov1)
Tables of effects
 Color
     Blue  Brown  Green
    1.414 -1.165 0.1674
rep 6.000  8.000 5.0000
```

색깔별 수준효과를 보여 준다. $\hat{\tau_1}= 1.4114,\ \hat{\tau_2}=-1.165,\ \hat{\tau_3}= 0.1674$

```
> model.tables(aov1, type="mean")
Tables of means
Grand mean
26.75263
 Color
     Blue Brown Green
    28.17 25.59 26.92
rep  6.00  8.00  5.00
```

(4) 분산분석표

```
> aov1<- aov(Flicker~Color)       # ANOVA
> summary(aov1)              # ANOVA table
            Df Sum Sq Mean Sq F value Pr(>F)
Color        2  23.00  11.499   4.802 0.0232 *
Residuals   16  38.31   2.394
---
Signif. codes:  0 '***' 0.001 '**' 0.01 '*' 0.05 '.' 0.1 ' ' 1
```

분산분석 결과를 보면 색깔(처리) 효과에 대한 검정통계량은 $F_t = 4.802$이고 p-값 $= 0.0232 < 0.05 = \alpha$이므로 귀무가설을 기각한다. 그러므로 유의수준 $\alpha = 0.05$에서 색깔(처리)에 따른 효과가 유의하다. 즉, 색깔에 따라 눈동자 깜빡거림 평균 횟수가 같다고 할 수 없다.

```
> summary.lm(aov1)   # groupwise contribution
Call:
aov(formula = Flicker ~ Color)
Residuals:
    Min      1Q  Median      3Q     Max
-2.7200 -0.8771  0.1125  1.1462  2.3125
Coefficients:
            Estimate Std. Error t value Pr(>|t|)
(Intercept)  28.1667     0.6317  44.588  < 2e-16 ***
ColorBrown   -2.5792     0.8357  -3.086  0.00708 **
ColorGreen   -1.2467     0.9370  -1.331  0.20200
Signif. codes:  0 '***' 0.001 '**' 0.01 '*' 0.05 '.' 0.1 ' ' 1

Residual standard error: 1.547 on 16 degrees of freedom
Multiple R-squared: 0.3751,     Adjusted R-squared: 0.297
F-statistic: 4.802 on 2 and 16 DF,  p-value: 0.02325
```

(5) 통계적 모형적합에 의한 반응 예측값

```
> predict(aov1)
       1        2        3        4        5        6        7        8
25.58750 25.58750 25.58750 25.58750 25.58750 25.58750 25.58750 25.58750
       9       10       11       12       13       14       15       16
26.92000 26.92000 26.92000 26.92000 26.92000 28.16667 28.16667 28.16667
      17       18       19
28.16667 28.16667 28.16667
```

(6) 모형진단

<그림 3.7>에서 잔차를 이용한 모형진단그림을 볼 수 있다.

```
> par(mfrow=c(2,2))
> plot(aov1)        # model diagnositc plots
```

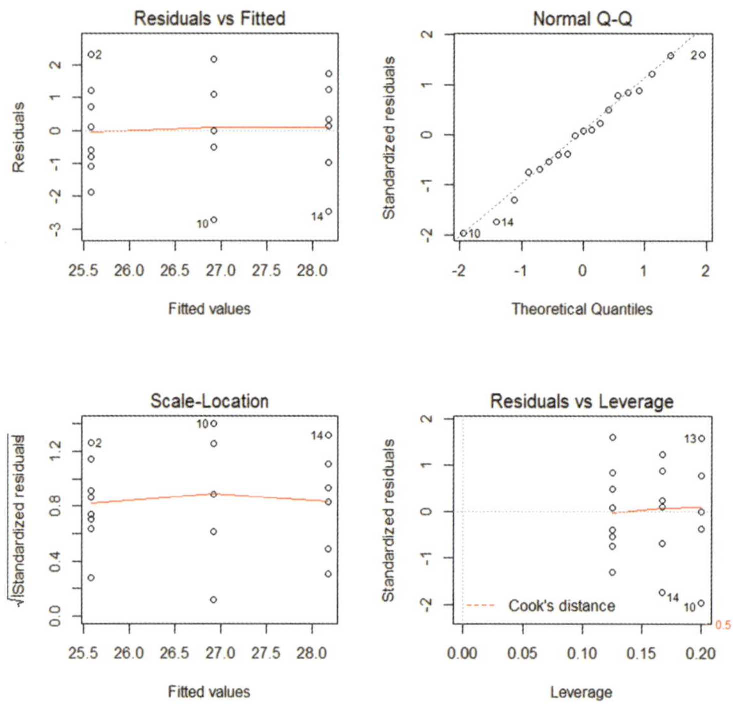

그림 3.7 눈색깔 데이터 분산분석 모형진단그림

(7) 다중비교

```
> pairwise.t.test(Flicker, Color, p.adjust="none", pool.sd=TRUE)   # LSD
        Pairwise comparisons using t tests with pooled SD
data:  Flicker and Color
      Blue   Brown
Brown 0.0071 -
Green 0.2020 0.1504
P value adjustment method: none
```

$\alpha = 0.05$ 최소유의차 다중비교 결과 같은 그룹으로 묶일 수 있는 처리를 밑줄을 그어 표시한다.

```
Blue Green Brown
__________
     ____________
```

그러므로 (Green, Blue), (Brown) 또는 (Green, Brown), (Blue)로 그룹 지을 수 있다.

```
> pairwise.t.test(Flicker, Color, p.adjust="bonferroni", pool.sd=FALSE)   # Bonferoni
        Pairwise comparisons using t tests with non-pooled SD
data:  Flicker and Color
      Blue  Brown
Brown 0.025 -
```

```
Green 0.789 0.621
P value adjustment method: bonferroni
```

$\alpha = 0.05$ Bonferoni 다중비교 결과 같은 그룹으로 묶일 수 있는 처리를 밑줄을 그어 표시한다.

```
Blue Green Brown
```

그러므로 (Green, Blue), (Brown) 또는 (Green, Brown), (Blue)로 그룹 지을 수 있다.

```
> a.tukey<-TukeyHSD(aov1, ordered=TRUE)      # Tukey's HSD
> a.tukey
  Tukey multiple comparisons of means
    95% family-wise confidence level
    factor levels have been ordered
Fit: aov(formula = Flicker ~ Color)
$Color
               diff        lwr      upr     p adj
Green-Brown 1.332500 -0.9437168 3.608717 0.3124225
Blue-Brown  2.579167  0.4228360 4.735497 0.0183579
Blue-Green  1.246667 -1.1710626 3.664396 0.3994319
```

$\alpha = 0.05$ Tukey 다중비교 결과 같은 그룹으로 묶일 수 있는 처리를 밑줄을 그어 표시한다.

```
Blue Green Brown
```

그러므로 (Green, Blue), (Brown) 또는 (Green, Brown), (Blue)로 그룹 지을 수 있다. <그림 3.8>을 보면 평균차이별 Tukey 다중비교를 위한 95% 신뢰구간을 볼 수 있는데 신뢰구간이 0을 포함하지 않으므로 Blue와 Brown은 같은 그룹으로 묶일 수 없다.

```
> a.tukey<-TukeyHSD(aov1, ordered=TRUE)      # Tukey's HSD
> a.tukey
  Tukey multiple comparisons of means
    95% family-wise confidence level
    factor levels have been ordered
Fit: aov(formula = Flicker ~ Color)
$Color
               diff        lwr      upr     p adj
Green-Brown 1.332500 -0.9437168 3.608717 0.3124225
Blue-Brown  2.579167  0.4228360 4.735497 0.0183579
Blue-Green  1.246667 -1.1710626 3.664396 0.3994319
```

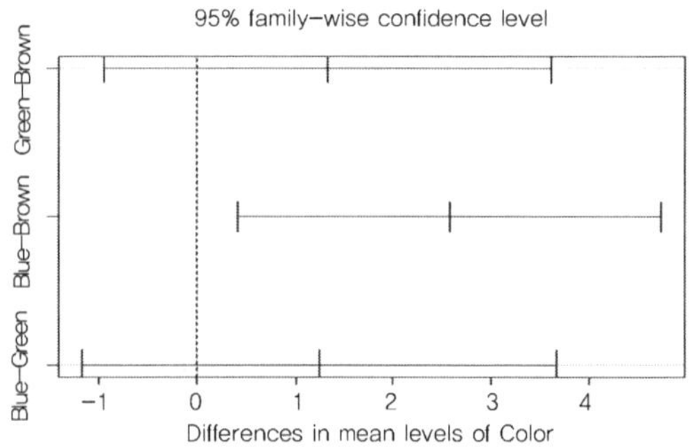

그림 3.8 eye color 데이터에서 평균차이별 Tukey 다중비교를 위한 95% 신뢰구간

프로그램 3.6 Eye color 데이터에 대한 분산분석과 다중비교

```
eye<-read.csv("D:\\13expd\\eyecolor.csv", header=T)
head(eye)   ;  attach(eye)
Color<-as.factor(Color)
levels(Color)
par(mfrow=c(1,2))
stripchart(Flicker ~Color, vertical=TRUE) # 그림 3.6 (a)
boxplot(Flicker ~ Color, ylab="Flicker") # 그림 3.6 (b)

tapply(Flicker, Color, mean)          # Color별 Flicker 평균
tapply(Flicker, Color, var)           # Color별 Flicker 분산
tapply(Flicker, Color, sd)            # Color별 Flicker 표준편차
by(Flicker, Color, FUN=function(x){c(mean(x),sd(x))})
#Color별 Flicker 평균와 표준편차

aov1<- aov(Flicker~Color)             # ANOVA
summary(aov1)                         # ANOVA table
summary.lm(aov1)                      # groupwise contribution
model.tables(aov1)
model.tables(aov1, type="mean")
predict(aov1)

par(mfrow=c(2,2))
plot(aov1)        # model diagnositc plots <그림 3.7>
pairwise.t.test(Flicker, Color, p.adjust="none", pool.sd=TRUE)   # LSD
pairwise.t.test(Flicker, Color, p.adjust="bonferroni", pool.sd=FALSE)
# Bonferoni
a.tukey<-TukeyHSD(aov1, ordered=TRUE)    # Tukey's HSD
a.tukey
plot(a.tukey)    #<그림 3.8>
```

예제 3.7 A 음료수 회사에서 자사 음료수를 슈퍼마켓에서 복도 끝에 배치하는 행위가 판매량 증가에 영향을 주는지 알아보고자 한다. 마케팅 부서에서 고민한 결과 세 가지(문구:text, 색깔:color, 그림:image) 배치(display)방법에 대해 비슷한 규모를 가진 15개의 슈퍼마켓에서 실험하여 비교하고자 한다. 각 배치방법은 5개의 슈퍼마켓에서 복도 코너 끝에 랜덤하게 배치된 후 한 달간의 매출액을 얻는다. 반응값은 복도 코너 끝에 배치되지 않은 경우의 매출액 대비 증가비율로 정한다. <그림 3.9>는 display 방법별 상자그림을 보여 준다. <프로그램 3.7>을 활용하여 분석한다.

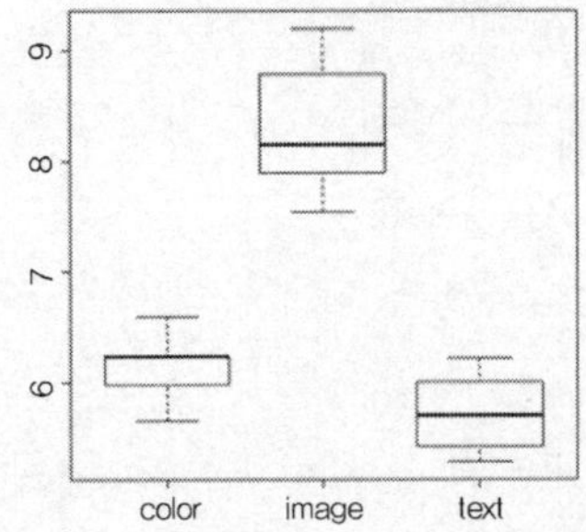

그림 3.9 display 방법별 상자그림

표 3.8 display 방법 데이터

display	매출액				
text	5.43	5.71	6.22	6.01	5.29
color	6.24	6.24	5.98	5.66	6.60
image	8.79	9.20	7.90	8.15	7.55

프로그램 3.7 display 방법별 완전확률화설계 분석

```
display<-c(rep("text",5), rep("color",5), rep("image",5) )
y<-c( 5.43, 5.71, 6.22, 6.01, 5.29,
      6.24, 6.24, 5.98, 5.66, 6.60,
      8.79, 9.20, 7.90, 8.15, 7.55)
sol <- cbind(display, y) ; head(sol)
sol2 <- data.frame(sol)  ; head(sol2)

boxplot(y~display)      # groupwise boxplot 그림 3.9

tapply(y, display, mean)
tapply(y, display, var)
tapply(y, display, sd)
```

```
aov1<- aov(y~display)        # ANOVA
summary(aov1)              # ANOVA table
summary.lm(ov1)                # groupwise contribution

par(mfrow=c(2,2))
plot(aov1)         # model diagnositc plots 그림 3.10
```

```
> sol
     display y
 [1,] "text"  "5.43"
 [2,] "text"  "5.71"
 [3,] "text"  "6.22"
  ⋮
> sol2 <- data.frame(sol)  ; sol2
   display    y
1     text 5.43
2     text 5.71
3     text 6.22
 ⋮
> tapply(y, display, mean)
color image  text
6.144 8.318 5.732
> tapply(y, display, var)
  color   image    text
0.12188 0.44837 0.15062
> tapply(y, display, sd)
    color     image      text
0.3491132 0.6696044 0.3880979
> group<-as.factor(display)
> aov1<- aov(y~display)        # ANOVA
> summary(aov1)                # ANOVA table
            Df Sum Sq Mean Sq F value   Pr(>F)
display      2 19.306   9.653   40.17 4.82e-06 ***
Residuals   12  2.883   0.240
```

분산분석 결과를 보면 배치방법(display) 효과에 대한 검정통계량은 $F_t = 40.17$이고 p-값 $= 4.82 \times 10^{-06} < 0.05 = \alpha$이므로 H_0을 기각한다. 따라서 유의수준 $\alpha = 0.05$에서 배치방법에 따른 효과가 유의하다. 즉, 배치방법에 따라 매출액 평균이 같다고 할 수 없다.

```
> summary.lm(aov1)   # groupwise contribution
Call:
aov(formula = y ~ display)
```

```
Residuals:
   Min     1Q Median     3Q    Max
-0.768 -0.360 -0.022  0.367  0.882

Coefficients:
                    Estimate Std.     Error     t value   Pr(>|t|)
(Intercept)         6.1440    0.2192   28.026    2.64e-12 ***
displayimage        2.1740    0.3100   7.012     1.41e-05 ***
displaytext         -0.4120   0.3100   -1.329    0.209
---
Signif. codes:  0 '***' 0.001 '**' 0.01 '*' 0.05 '.' 0.1 ' ' 1

Residual standard error: 0.4902 on 12 degrees of freedom
Multiple R-squared:  0.8701,    Adjusted R-squared:  0.8484
F-statistic: 40.17 on 2 and 12 DF,  p-value: 4.816e-06
```

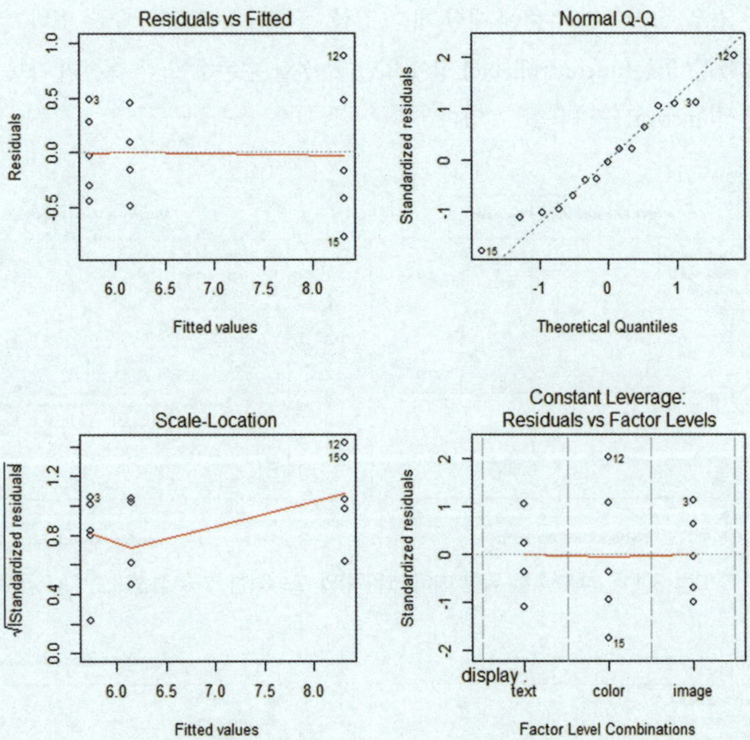

그림 3.10 display 방법 데이터에 대한 모형진단그림: 위 왼쪽부터 (a) 잔차그림 (b) 잔차에 대한 정규 Q-Q 그림 아래 왼쪽부터 (c) 적합값에 대한 제곱근 표준화 잔차그림 (d) 그룹별 표준화 잔차그림

3.12 공분산분석 – 공변량 한 개의 경우

3.12.1 자료구조와 가정

공분산분석(ANCOVA: ANalysis of COVAriance)는 실험설계 방법이라기보다는 분석도구(analysis tool)라고 할 수 있다. 그러나 처리 평균에 대한 분산을 줄일 수 있는 기능이 있으므로 실험설계 전략으로 활용할 수 있다.

장애요인(nuisance factor)은 조절할 수 있는(controllable), 조절할 수 없는(uncontrollable), 또는 잡음(noise)으로 구분할 수 있다.

(i) 조절할 수 있는(controllable) 장애요인: 실험자에 의해 수준을 정할 수 있어 조절할 수 있는 경우, 실험조건 수준에 대한 개수 조절, 블록화 등으로 다룰 수 있다.
(ii) 조절할 수 없는(uncontrollable) 장애요인: 조절할 수는 없으나 측정이 가능하다면 공분산분석(ancova)을 사용할 수 있다.

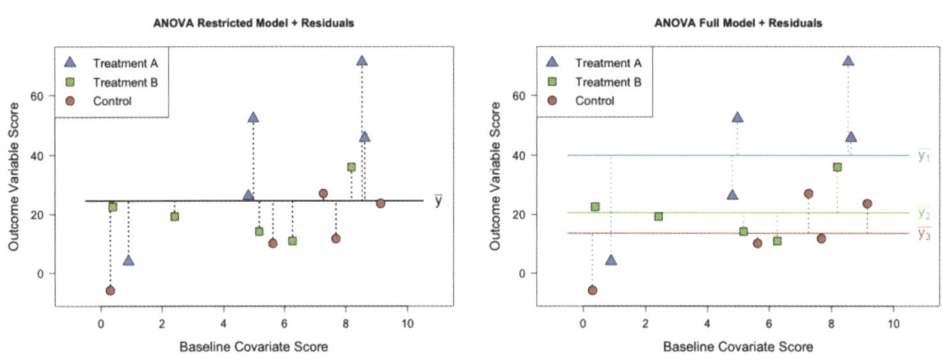

그림 3.11 ANOVA를 위한 데이터(왼쪽)와 모형적합 후 추정선과 잔차(오른쪽)

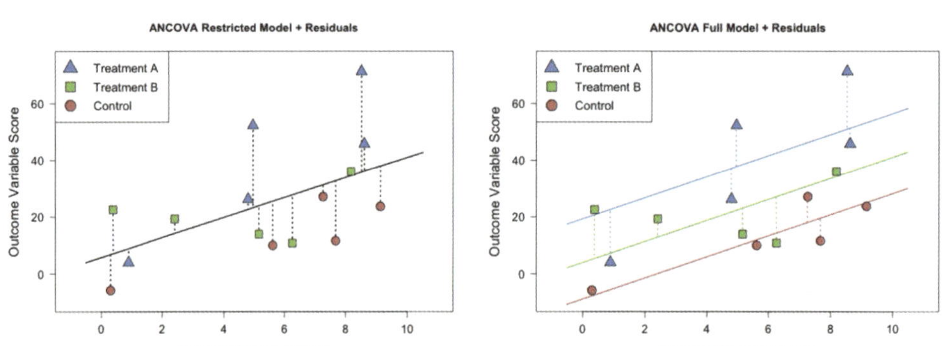

그림 3.12 ANCOVA를 위한 데이터(왼쪽)와 모형적합 후 추정선과 잔차(오른쪽)

<그림 3.11>에서는 ANOVA로 처리수준에 따른 평균선을 그리고 잔차를 나타낸다. <그림 3.12>에서는 ANCOVA로 처리수준에 따른 회귀선과 잔차를 보여준다.

처리요인이 한 개이고 처리요인의 수준이 k개인 모집단에서 각각 독립적으로 크기 n인 확률표본으로 반응변수(Y)와 한 개 공변량(x)으로 다음의 데이터를 얻었다.

$$\{(Y_{11}, x_{11}), (Y_{12}, x_{12}), \cdots, (Y_{1n}, x_{1n}), \cdots, (Y_{k1}, x_{k1}), \cdots, (Y_{kn}, x_{kn})\}$$

<표 3.9>에서 공변량을 포함한 데이터의 배치 구조를 보여준다.

이 책에서는 공변량을 고정 효과로 가정한다.

표 3.9 완전확률화설계 일원배치 공변량 포함한 자료구조

처리(treatment)	1		2		$\cdots$		k	
	Y	x	Y	x	Y	x	Y	x
	Y_{11} Y_{12} $\vdots$ Y_{1n}	x_{11} x_{12} $\vdots$ x_{1n}	Y_{21} Y_{22} $\vdots$ Y_{2n}	x_{21} x_{22} $\vdots$ x_{2n}	$\vdots$	$\vdots$	Y_{k1} Y_{k2} $\vdots$ Y_{kn}	x_{k1} x_{k2} $\vdots$ x_{kn}
처리합(treatment total) 처리평균(treatment mean)	$Y_{1\cdot}$ $\overline{Y}_{1\cdot}$		$Y_{2\cdot}$ $\overline{Y}_{2\cdot}$		$\cdots$		$Y_{k\cdot}$ $\overline{Y}_{k\cdot}$	

여기서 $i = 1, 2, ..., k$ 에 대해

$$Y_{i\cdot} = \sum_{j=1}^{n} Y_{ij} \text{ 은 } i \text{번째 처리합, } \overline{Y_{i\cdot}} = \frac{1}{n}\sum_{j=1}^{n} Y_{ij} \text{ 은 } i \text{번째 처리평균}$$

이다.

예제 3.8 공분산분석(ANCOVA) 예

(1) 농업에서 수확량에 대한 처리효과 실험: 관심 식물의 밀도(density)가 수확량에 영향을 미친다면 밀도를 공변량(covariate)으로 사용한다.

(2) 실험쥐의 성장률에 대한 영양 실험에서 초기 몸무게가 성장률에 영향을 준다면 공변량으로 사용한다.

이와 같이 실험 상황에 맞는 적절한 공변량을 찾아 분석에 활용할 수 있으며 처리 평균에 대한 분산을 설명하고 분산량을 줄일 수 있다.

후보로서 공변량은 다음의 조건을 만족해야 한다.

(i) 공변량은 반응변수와 관련이 있어야 하며 반응변수의 분산을 설명한다.
(ii) 공변량은 처리와는 관련이 없다.

<그림 3.11>(c)에서 처리그룹별 공변량의 기울기가 같아 서로 평행한 경우 공분산분석을 할 수 있다. <그림 3.11>(a)와 (b)의 경우에는 그룹별 동일한 기울기를 추정할 수 없다.

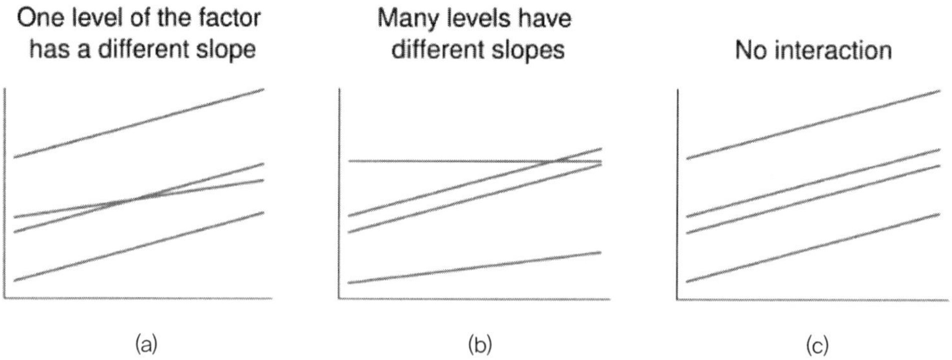

그림 3.13 처리그룹별 공변량과의 선형관계 (a) 한 개 수준의 기울기가 다른 경우 (b) 여러 개 수준의 기울기가 다른 경우 (c) 서로 평행한 경우

3.12.2 통계적 모형

반응값 Y_{ij}는 i 번째 처리(요인의 수준)에서 j 번째 관측값, 공변량 x_{ij}는 반응값과 선형관계가 있다고 가정할 경우 다음의 통계적 모형

$$Y_{ij} = \mu + \tau_i + \beta(x_{ij} - \overline{x}) + \epsilon_{ij}, \qquad i = 1, 2, \cdots, k, \quad j = 1, 2, \cdots, n \qquad (3.99)$$

을 고려한다. 여기서

$N = \sum_{i=1}^{k} n = kn$는 데이터 총수
μ는 모집단의 전체평균(overall mean)
τ_i는 i번째 처리효과(treatment effect), $\sum_{i=1}^{k} \tau_i = 0$
x_{ij}는 i번째 처리에서 j번째 변수의 공변량
$\overline{x}$ 는 x_{ij} 값들의 평균
ϵ_{ij}는 i번째 처리의 j번째 측정값에 따르는 오차항(random error)으로

평균 $E(\epsilon_{ij})=0$, 분산 $V(\epsilon_{ij})=\sigma^2$인 정규분포를 따른다. 즉 $\epsilon_{ij} \sim iid\ \ N(0,\ \sigma^2)$이다. 모형 (3.99)에서 상수항 부분을 μ^*로 정리하여 모형을 다음과 같이 다시 표현할 수 있다.

일원배치 공분산분석(one-way ANCOVA) 모형:

$$Y_{ij} = \mu^* + \tau_i + \beta x_{ij} + \epsilon_{ij}, \qquad i=1,2,\cdots,k, \quad j=1,2,\cdots,n \tag{3.100}$$

여기서 $\mu^* = \mu + \beta\overline{x}$ 상수항이다. 이러한 모형은 회귀분석과 분산분석 모형을 합한 형태이다.

3.12.3 공분산분석

공분산분석을 위한 제곱합을 다음과 같이 표기하고 계산한다:

$$S_{YY} = \sum_{i=1}^{k}\sum_{j=1}^{n}(Y_{ij} - \overline{Y}_{..})^2 \tag{3.101}$$

$$S_{XX} = \sum_{i=1}^{k}\sum_{j=1}^{n}(x_{ij} - \overline{x}_{..})^2$$

$$S_{XY} = \sum_{i=1}^{k}\sum_{j=1}^{n}(x_{ij} - \overline{x})(Y_{ij} - \overline{Y})$$

$$T_{YY} = \sum_{i=1}^{k}\sum_{j=1}^{n}(\overline{Y}_{i.} - \overline{Y}_{..})^2 = n\sum_{i=1}^{k}(\overline{Y}_{i.} - \overline{Y}_{..})^2$$

$$T_{XX} = \sum_{i=1}^{k}\sum_{j=1}^{n}(\overline{x}_{i.} - \overline{x}_{..})^2 = n\sum_{i=1}^{k}(\overline{x}_{i.} - \overline{x}_{..})^2$$

$$T_{XY} = \sum_{i=1}^{k}\sum_{j=1}^{n}(\overline{x}_{i.} - \overline{x}_{..})(\overline{Y}_{i.} - \overline{Y}_{..}) = n\sum_{i=1}^{k}(\overline{x}_{i.} - \overline{x}_{..})(\overline{Y}_{i.} - \overline{Y}_{..})$$

$$E_{YY} = \sum_{i=1}^{k}\sum_{j=1}^{n}(Y_{ij} - \overline{Y}_{i.})^2 = S_{YY} - T_{YY}$$

$$E_{XX} = \sum_{i=1}^{k}\sum_{j=1}^{n}(x_{ij} - \overline{x}_{i.})^2 = S_{XX} - T_{XX}$$

$$E_{XY} = \sum_{i=1}^{k}\sum_{j=1}^{n}(x_{ij} - \overline{x}_{i.})(Y_{ij} - \overline{Y}_{i.}) = S_{XY} - T_{XY}$$

여기서 S는 전체에 대한 제곱합과 교차제곱합, T는 처리(treaetmet)에 대한 제곱합과 교차 제곱합, E는 오차에 대한 제곱합과 교차제곱합을 나타낸다. $S = T + E$를 만족한다.

전체 평균 μ에 대한 추정량은 $\hat{\mu}=\overline{Y}..$ (3.102)

처리 효과 τ_i에 대한 추정량은 $\hat{\tau}_i=\overline{Y}_i.-\overline{Y}..-\hat{\beta}(\overline{x}_i.-\overline{x}..)$ (3.103)

처리 평균 $\mu+\tau_i$에 대한 추정량은

$$\widehat{\mu+\tau_i}=\overline{Y}_i.-\hat{\beta}(\overline{x}_i.-\overline{x}..) \tag{3.104}$$

회귀계수 β 에 대한 최소제곱법 추정량은

$$\hat{\beta}=\frac{E_{XY}}{E_{XX}}=\frac{\sum_{i=1}^{k}\sum_{j=1}^{n}(x_{ij}-\overline{x}_i.)(Y_{ij}-\overline{Y}_i.)}{\sum_{i=1}^{k}\sum_{j=1}^{n}(x_{ij}-\overline{x}_i.)^2}. \tag{3.105}$$

최소제곱추정량은 불편추정량이 되어 처리 평균에 대한 기댓값과 분산은 다음과 같다.

$$E[\widehat{\mu+\tau_i}]=\mu+\tau_i \tag{3.106}$$

$$\begin{aligned}Var[\widehat{\mu+\tau_i}]&=Var\left[\overline{Y}_i.-\hat{\beta}(\overline{x}_i.-\overline{x}..)\right]\\&=Var[\overline{Y}_i.]+(\overline{x}_i.-\overline{x}..)^2\,Var[\hat{\beta}]\\&=\sigma^2\left(\frac{1}{n}+\frac{(\overline{x}_i.-\overline{x}..)^2}{\sum_{i=1}^{k}\sum_{j=1}^{n}(x_{ij}-\overline{x}_i.)^2}\right).\end{aligned} \tag{3.107}$$

분산 계산시 $\overline{y}_i.$ 와 $\hat{\beta}$는 서로 독립임을 이용한다.

식(3.99)를 해석하는 데 다음과 같은 개념으로 고려해 볼 수 있다.

(i) $Y_{ij}-\mu-\tau_i=\beta(x_{ij}-\overline{x})+\epsilon_{ij},\quad i=1,2,\cdots,k,\quad j=1,2,\cdots,n$ (3.108)

좌변항은 anova 잔차이므로 잔차를 회귀모형에 적합하는 것으로 생각할 수 있다. 처리 효과로 더 이상 설명할 수 없는 잔차를 공변량으로 설명하므로 실험오차를 줄일 수 있게 된다.

(ii) $Y_{ij}-\beta(x_{ij}-\overline{x})=\mu+\tau_i+\epsilon_{ij},\quad i=1,2,\cdots,k,\quad j=1,2,\cdots,n$ (3.109)

좌변항은 회귀잔차이므로 회귀잔차를 분산분석모형에 적합하는 것으로 생각할 수 있다. 관측값이 공변량으로 인해 조절된 형태이므로 anova 모형에서의 분산을 줄일 수 있게 된다.

분산분석법은 제곱합을 요인에 의한 제곱합으로 분해하는 기법이다. 제곱합을 분해하여 공분산분석표를 만들고자 한다. 모형에 대한 해석에 따라 공분산분석표 구조에 차이가 난다.

(i) 모형 $Y_{ij}-\mu-\tau_i=\beta(x_{ij}-\overline{x})+\epsilon_{ij}$ **의 경우**

ANOVA 적합으로 제곱합을 처리요인에 따라 분할한 후 회귀모형 적합으로 공변량효과를 계산한 경우 공분산분석 결과 <표 3.10>으로 정리한다.

표 3.10 일원배치 공분산분석표 (i) 모형

요인 (source)	자유도 (df)	제곱합 (SS)	평균제곱합 (MS)	F-통계량	기각값
처리 (treatment)	$k-1$	T_{YY}	$MS_t=\dfrac{T_{YY}}{k-1}$	$F_t=\dfrac{MS_t}{MSe}$	$F_{k-1,df_e}(\alpha)$
처리내 (within treatment) 잔차	$k(n-1)$	S_{YY}	$MS_{wt}=\dfrac{S_{YY}}{k(n-1)}$		
회귀 (regression) :covariate after treatment	1	$SS_{reg}=\hat{\beta}\cdot T_{XY}$	$MS_{reg}=SS_{reg}$	$F_{reg}=\dfrac{MS_{reg}}{MS_{e,c}}$	$F_{1,df_e}(\alpha)$
오차(error) (adjusted for regression)	$df_e=k(n-1)-1$	$SS_{e,c}$	$MS_{e,c}=\dfrac{SS_{e,c}}{df_e}$		
총합(total)	$kn-1$				

여기서 잔차제곱합은

$$SS_{e,c}=\sum_{i=1}^{k}\sum_{j=1}^{n}\left[(Y_{ij}-\overline{Y}_{i.})-\hat{\beta}(x_{ij}-\overline{x}_{i.})\right]^2. \tag{3.110}$$

(ii) 모형 $Y_{ij}-\beta(x_{ij}-\overline{x})=\mu+\tau_i+\epsilon_{ij}$ **의 경우**

공변량을 이용한 회귀 적합으로 조절한 후 처리요인에 따라 제곱합을 분할한 후 ANOVA 모형 적합으로 계산한 경우 공분산분석표는 <표 3.1>로 정리한다.

표 3.11 일원배치 공분산분석표 (ii) 모형

요인 (source)	자유도 (df)	제곱합 (SS)	평균제곱합 (MS)	F-통계량	기각값
회귀 (regression)	1	$SS_{reg}=\widehat{\beta}_0 S_{XY}$	$MS_{reg}=SS_{reg}$	$F_{reg}=\dfrac{MS_{reg}}{MSe}$	$F_{1,df_e}(\alpha)$
회귀 잔차 (residuals from regression)	$kn-2$	$SS_{e,reg}$	$MS_{e,reg}=\dfrac{SS_{e,reg}}{kn-2}$		
처리 (treatment after covariate)	$k-1$	$SS_{t,c}=SSe'-SSe$	$MS_{t,c}=\dfrac{SS_{t,c}}{k-1}$	$F_{t,c}=\dfrac{MS_{t,c}}{MSe}$	$F_{k-1,df_e}(\alpha)$
오차(error)	$df_e=k(n-1)-1$	SSe	$MSe=\dfrac{SSe}{df_e}$		
총합(total)	$kn-1$				

여기서

$$SSe=E_{YY}-\frac{E_{XY}^2}{E_{XX}}. \tag{3.111}$$

회귀 잔차제곱합:

$$SS_{e,reg}=\sum_{i=1}^{k}\sum_{j=1}^{n}\left[(Y_{ij}-\overline{Y}_{i}.)-\widehat{\beta}_0(x_{ij}-\overline{x}_{i}.)\right]^2 \tag{3.112}$$

공변량으로 조절된 후 처리제곱합:

$$SS_{t,c}=SSe'-SSe=SS(\text{residual from reg})-SS(\text{residual}) \tag{3.113}$$

$$SSe'=S_{YY}-\frac{S_{XY}^2}{S_{XX}} \tag{3.114}$$

$$\widehat{\beta}_0=\frac{S_{XY}}{S_{XX}}=\frac{\sum_{i=1}^{k}\sum_{j=1}^{n}(x_{ij}-\overline{x}..)(Y_{ij}-\overline{Y}..)}{\sum_{i=1}^{k}\sum_{j=1}^{n}(x_{ij}-\overline{x}..)^2}. \tag{3.115}$$

잔차제곱합은

$$SSe = \sum_{i=1}^{k}\sum_{j=1}^{n}\left[(Y_{ij} - \hat{\beta}x_{ij}) - (\overline{Y}_{i}. - \hat{\beta}\overline{x}_{i}.)\right]^2 \tag{3.116}$$

이다.

3.12.4 처리에 대한 가설검정

처리에 대한 ANCOVA 검정을 하고자 한다. 관심 가설은 다음과 같이 귀무가설하에서는 처리효과가 없이 회귀모형으로만 표현된다:

$$H_0: \ Y_{ij} = \mu + \beta(x_{ij} - \overline{x}) + \epsilon_{ij} \tag{3.117}$$

에 대해

$$H_1: \ Y_{ij} = \mu + \tau_i + \beta(x_{ij} - \overline{x}) + \epsilon_{ij}. \tag{3.118}$$

검정통계량

$$F = \frac{[SS(residual\ from\ H_0) - SS(residual\ from\ H_1)]/(df_{H_0} - df_{H_1})}{SS(residual\ from\ H_1)]/df_{H_1}} \tag{3.119}$$

은 귀무가설하에서 $F_{df_{H_0} - df_{H_1},\ df_{H_1}}$ 분포를 따른다. 즉, $F \sim F_{df_{H_0} - df_{H_1},\ df_{H_1}}$ 이다.

유의수준 α 에서 검정법은 만일 $F > F_{df_{H_0} - df_{H_1},\ df_{H_1}}(\alpha)$ 이면 귀무가설 H_0을 기각한다.

3.12.5 일원배치 공분산분석 모형에서 모수 추정

모형에 포함된 모수들을 추정하고자 한다. 최소제곱법(least squares method)을 이용해 추정량을 구할 수 있다.

$$Y_{ij} = \mu + \tau_i + \beta(x_{ij} - \overline{x}) + \epsilon_{ij}, \qquad i = 1,2,\cdots,k, \quad j = 1,2,\cdots,n \tag{3.120}$$

여기서 $\overline{x} = \overline{x}..$ 를 나타낸다.

모수추정방법으로 최소제곱법을 이용하여 오차항의 제곱합 Q를 최소화하도록 모수를 추정한다.

$$Q = \sum_{i=1}^{k}\sum_{j=1}^{n}\epsilon_{ij}^2 = \sum_{i=1}^{k}\sum_{j=1}^{n}(Y_{ij} - \mu - \tau_i - \beta(x_{ij} - \overline{x}))^2 \tag{3.121}$$

모수에 따라 오차제곱합 Q를 최소화하도록

$$\underset{\mu,\tau_1,\dots,\tau_k,\beta}{Minimize} \quad Q \tag{3.122}$$

μ, τ_i, β를 구하기 위해 다음의 연립방정식을 푼다.

$$\frac{\partial Q}{\partial \mu} = -2\sum_i\sum_j(Y_{ij} - \mu - \tau_i - \beta(x_{ij} - \overline{x})) = 0 \tag{3.123}$$

$$\frac{\partial Q}{\partial \tau_i} = -2\sum_i\sum_j(Y_{ij} - \mu - \tau_i - \beta(x_{ij} - \overline{x})) = 0, \qquad i = 1,\dots,k \tag{3.124}$$

$$\frac{\partial Q}{\partial \beta} = -2\sum_i\sum_j(x_{ij} - \overline{x})(Y_{ij} - \mu - \tau_i - \beta(x_{ij} - \overline{x})) = 0 \tag{3.125}$$

이와 같은 연립방정식을 정규방정식(normal equations)이라 하고 다음을 얻는다:

$$\begin{aligned} &\mu: \ N\mu + n\sum_i \tau_i = N\overline{Y} \\ &\tau_i: \ N\mu + n\tau_i + \beta\sum_j(x_{ij} - \overline{x}) = \overline{Y}_{i.} \quad i = 1,\dots,k \\ &\beta: \ \sum_i \tau_i \sum_j (x_{ij} - \overline{x}) + \beta S_{XX} = S_{XY} \end{aligned} \tag{3.126}$$

$\sum_{i=1}^{k}\sum_{j=1}^{n}(x_{ij} - \overline{x}) = 0$ 조건을 이용하여 정규방정식을 풀면 모수추정 결과를 얻는다.

$$\hat{\mu} = \overline{Y} = \overline{Y}_{..} \tag{3.127}$$

$$\hat{\tau_i} = \overline{Y}_{i.} - \overline{Y} - \hat{\beta}(\overline{x}_{i.} - \overline{x}), \qquad i = 1,\dots,k \tag{3.128}$$

$$\sum_{i=1}^{k}(\overline{Y}_{i.} - \overline{Y})\sum_{j=1}^{n}(x_{ij} - \overline{x}) - \hat{\beta}\sum_{i=1}^{k}(\overline{x}_{i.} - \overline{x})\sum_{j=1}^{n}(x_{ij} - \overline{x}) + \hat{\beta}S_{XX} = S_{XY} \tag{3.129}$$

이므로

$$\hat{\beta} = \frac{S_{XY} - T_{XY}}{S_{XX} - T_{XY}} = \frac{E_{XY}}{E_{XX}} \tag{3.130}$$

을 얻는다. 처리수준별 평균은

$$\hat{\mu_i} = \hat{\mu} + \hat{\tau_i} + \hat{\beta}(\overline{x}_{i\,.} - \overline{x}) \tag{3.131}$$

오차항에 대한 추정은

$$\hat{\epsilon_{ij}} = Y_{ij} - \hat{\mu} - \hat{\tau}_i - \hat{\beta}(x_{ij} - \overline{x}) \tag{3.132}$$

이다.

3.12.6 모형의 타당성에 대한 검토

공분산분석에 대한 가정으로 다음의 사항을 검토해야 한다. 가정을 만족한다면 공분산분석 모형은 유효하며 결과에 대한 해석이 의미가 있게 된다.

(1) 공변량은 반응변수에 선형관계 또는 알려진 관계를 갖는다.
선형관계인 경우, 반응변수 평균은 선형회귀 기반으로 조절된다. 공변량과 각 처리그룹의 반응값과의 산점도를 그려보아 검토할 수 있다.

(2) 공변량 계수 동질성(처리간 평행선 모형)
공변량 계수(단순선형회귀에서는 기울기)는 각 처리그룹에서 동일하다. 공변량 계수 동질성에 대한 통계적 검정으로 검토할 수 있다.

(3) 오차 독립성 및 정규성
오차항은 공변량과 처리변수와 서로 독립이다. 잔차에 대한 정규성 검정을 수행하여 검토할 수 있다.

그 외에 대한 점검으로 다음과 같은 가정에 대해 고려한다.

(4) 반응값은 전체 평균, 처리효과, 공변량 효과와 오차항의 가법모형(additive model)이다. 이러한 조건이 맞지 않고 곱의 형태로 관계를 만족한다면 log 변환을 사용하여 가법모형으로 만든 후 공분산분석을 할 수 있다.

(5) 복합 구형성(compound sphericity)
서로 다른 두 개 처리그룹의 평균차에 대한 분산은 동일하다. 구형성에 대한 통계적 검정을 할 수 있다. 구형성은 각 처리쌍 간 상관이 동일하다는 복합대칭성(compound symmetry)과 각 처리마다 처리 내 분산이 동일하다는 등분산성(equal variance)을 의미한다.

3.13 공분산분석 – 공변량 여러 개의 경우

3.13.1 자료구조와 가정

처리요인이 한 개이고 처리요인의 수준이 k개인 모집단에서 각각 독립적으로 크기 n인 확률 표본으로 반응변수(Y)와 p개 공변량($x_1,\cdots,x_n$)으로 다음의 데이터 $\{(Y_{11},x_{111},x_{211},\cdots,x_{p11}),(Y_{12},x_{112},\cdots,x_{p12}),\ \cdots,\ (Y_{k1},x_{k11},\cdots,x_{pk1}),\ (Y_{kn},x_{1kn},\cdots,x_{pkn})\}$을 얻는다. 데이터의 배치 구조는 <표 3.12>에서 보여 준다.

공변량은 고정효과 또는 랜덤효과로 볼 수 있다. 본 절에서는 공변량이 고정효과인 경우만 다루기로 한다.

표 3.12 완전확률화설계 일원배치 p개 공변량을 포함한 자료구조

처리 (treatment)	1				2				⋯	k			
	Y	x_1	⋯	x_p	Y	x_1	⋯	x_p	⋯	Y	x_1	⋯	x_p
	Y_{11} Y_{12} ⋮ Y_{1n}	x_{111} x_{112} ⋮ x_{11n}	⋯	x_{p11} x_{p12} ⋮ x_{p1n}	Y_{21} Y_{22} ⋮ Y_{2n}	x_{121} x_{122} ⋮ x_{12n}	⋯	x_{p21} x_{p22} ⋮ x_{p2n}	⋯	Y_{k1} Y_{k2} ⋮ Y_{kn}	x_{1k1} x_{1k2} ⋮ x_{1kn}	⋯	x_{pk1} x_{pk2} ⋮ x_{pkn}
처리합 처리평균	$Y_1.$ $\overline{Y}_1.$				$Y_2.$ $\overline{Y}_2.$				⋯	$Y_k.$ $\overline{Y}_k.$			

여기서 $i=1,2,\ldots,k$ 에 대해

$$Y_i. = \sum_{j=1}^{n} Y_{ij}\text{은 } i\text{번째 처리합, } \overline{Y_i.} = \frac{1}{n}\sum_{j=1}^{n} Y_{ij}\text{은 } i\text{번째 처리평균.}$$

예제 3.9 공분산분석(ANCOVA) 예- 공변량이 여러 개인 경우

(1) 농업에서 수확량에 대한 처리효과 실험: 관심 식물의 밀도(density)와 비료양이 수확량에 영향을 미친다면 밀도와 비료양을 공변량(covariate)으로 사용한다.

(2) 실험쥐의 성장률에 대한 영양 실험에서 초기 몸무게와 콜레스테롤 수치가 성장률에 영향을 준다면 이러한 두 개 공변량으로 사용한다.

이와 같이 실험 상황에 맞는 적절한 공변량들을 찾아 분석에 활용할 수 있으며 처리 평균에 대한 분산을 설명하고 분산량을 줄일 수 있다.

후보로서 공변량은 다음의 조건을 만족해야 한다.

(i) 공변량은 반응변수와 관련 있어야 하며 반응변수의 분산을 설명한다.
(ii) 공변량은 처리와는 관련이 없다.

공분산분석을 하기 위해서는 다음의 가정을 만족해야 한다.

(i) 반응변수는 공변량에 대해 선형적 관계가 있다.
(ii) 처리 그룹별 동일한 공변량 회귀계수를 갖는다.
(iii) 공변량은 처리 그룹의 평균차에 영향을 받지 않는다.
(iv) 공변량들 간 다중공선성(multicolinearity)에 대한 문제가 없다.

3.13.2 통계적 모형

반응값 Y_{ij}는 i번째 처리(요인의 수준)에서 j번째 관측값이고 공변량 x_{lij}는 반응값과 선형관계가 있다고 가정할 경우 다음의 통계적 모형

$$Y_{ij} = \mu + \tau_i + \beta_1(x_{1ij} - \overline{x}_{1i\cdot}) + \cdots + \beta_p(x_{pij} - \overline{x}_{pi\cdot}) + \epsilon_{ij},$$
$$i = 1,2,\cdots,k, \quad j = 1,2,\cdots,n \tag{3.133}$$

을 고려한다. 여기서

$N = \sum_{i=1}^{k} n = kn$는 데이터 총수

μ는 모집단의 전체평균(overall mean)

τ_i는 i번째 처리효과(treatment effect), $\sum_{i=1}^{k} \tau_i = 0$

x_{lij}는 i번째 처리에서 j번째 관측 개체에서 l번째 공변량

$\overline{x}_{li\cdot}$는 i번째 처리에서 l번째 공변량 값들의 평균

ϵ_{ij}는 i번째 처리의 j번째 측정값에 따르는 오차항으로

평균 $E(\epsilon_{ij}) = 0$, 분산 $V(\epsilon_{ij}) = \sigma^2$인 정규분포를 따른다. 즉, $\epsilon_{ij} \sim iid\ N(0,\ \sigma^2)$.

모형 (3.133)에서 상수항 부분을 μ^*로 정리하여 모형을 다음과 같이 다시 표현할 수 있다.

일원배치 공분산분석(one-way ANCOVA) 모형:

$$Y_{ij} = \mu^* + \tau_i + \beta_1 x_{1ij} + \cdots + \beta_p x_{pij} + \epsilon_{ij}, \qquad i = 1,2,\cdots,k, \quad j = 1,2,\cdots,n \qquad (3.134)$$

여기서 $\mu^* = \mu + \beta_1 \overline{x}_1 + \beta_2 \overline{x}_2 + \cdots + \beta_p \overline{x}_p$ 상수항이다. 이러한 모형은 다중회귀분석과 분산분석 모형을 합한 형태이다. 공변량 벡터를 이용하여 다시 표현하면

$$Y_{ij} = \mu^* + \tau_i + \boldsymbol{\beta}_{p\times 1}{}' \boldsymbol{x}_{p\times 1} + \epsilon_{ij}, \qquad i = 1,2,\cdots,k, \quad j = 1,2,\cdots,n$$

여기서

$$\boldsymbol{\beta} = \begin{pmatrix} \beta_1 \\ \beta_2 \\ \vdots \\ \beta_p \end{pmatrix}, \quad \boldsymbol{x}_i = \begin{pmatrix} x_{1i} \\ x_{2i} \\ \vdots \\ x_{pi} \end{pmatrix}.$$

이 책에서는 여러 개 공변량이 있는 경우에 대한 자세한 설명은 생략하기로 한다.

3.14 R을 이용한 공분산분석

예제 3.9 다음의 데이터에 대해 공분산분석 모형을 적합하고 분석하시오.

산업용 철물을 절단하는 세 가지 종류의 기계에 대해 완전확률화설계로 절단강도(Y)를 측정하였다. 그런데 절단강도는 철물의 지름에 영향을 받는 것으로 여겨져 공변량으로 철물의 지름(x)을 같이 측정하여 다음의 데이터를 얻었다.

표 3.13 기계별 절단강도 데이터

기계 종류					
1		2		3	
Y	x	Y	x	Y	x
36	20	40	22	35	21
41	25	48	28	37	23
39	24	39	22	42	26
42	25	45	30	34	21
49	32	44	28	32	15

표 3.14 기계별 절단강도 엑셀 데이터 steel.csv

machine	y	x
1	36	20
1	41	25
1	39	24
1	42	25
1	49	32
2	40	22
2	48	28
2	39	22
2	45	30
2	44	28
3	35	21
3	37	23
3	42	26
3	34	21
3	32	15

프로그램 3.8 절단강도 데이터에 대한 공분산분석

```
setwd("d:\\실험설계개정판\\")
df=read.csv("steel.csv")
attach(df)
head(df)
library(HH)
library(car)
library(lsmeans)

# treatent contrat =0  Type III SS option
options(contrasts=c("contr.sum", "contr.poly"))

model <-lm(y~machine*x, data=df)
# model <-lm(y~machine+x+machine:x, data=df)
Anova(model, type="3")
lsmeans(model.s,  ~machine)

#Visualize ANCOVA coefficients
sumRes <- summary(model.s)
coeffs <- coef(model.s)
icep <- coeffs[1]
icep.machine1 <- coeffs[2] + icep
icep.machine2 <- coeffs[3] + icep
icep.machine3 <-  icep
slopeAll  <- coeffs[4]
```

```
table(machine)
n_1=table(machine)[1] # nunmber of machine1
n_2=table(machine)[2] # nunmber of machine1
n_3=table(machine)[3] # nunmber of machine1

plot(y~ x, data=df, #xlim=xLim, ylim=yLims
   pch=c(rep(3, n_1), rep(17, n_2), rep(8, n_3) ),
col=c(rep("red",n_1),rep("green", n_2),rep("blue", n_3) ),
     main="Data and group-wise regression lines")
legend("topleft", legend=c("machine1","machine2","machine3"),
       pch=c(3, 17, 8), lty=c(1,2,3),
       col=c("red", "green", "blue"))
abline(icep.machine1, slopeAll, col="red", lty=1)
abline(icep.machine2, slopeAll, col="green", lty=2)
abline(icep.machine3, slopeAll, col="blue", lty=3)
```

결과 3.8 절단강도 데이터에 대한 공분산분석 결과

```
> Anova(model, type="3")
Anova Table (Type III tests)
Response: y
            Sum Sq Df F value   Pr(>F)
(Intercept) 11.176  1  3.2678 0.098048 .
machine      0.012  1  0.0034 0.954603
x           38.443  1 11.2408 0.006446 **
machine:x    0.201  1  0.0587 0.813012
Residuals   37.620 11
---
Signif. codes:  0 '***' 0.001 '**' 0.01 '*' 0.05 '.' 0.1 ' ' 1
```

기계(처리그룹)별 x와의 상호작용은 유의수준 5%에서 유의하지 않다. 그러므로 공분산분석을 위한 첫 번째 가정을 만족한다. 공분산분석에서는 공변량 효과를 조절했을 때 처리에 따른 보정된 모평균이 차이가 있는지 여부에 대한 문제이므로 제3종 제곱합으로 R에서는 `Anova(model, type="3")`로 계산한 결과를 볼 수 있다.

참고 분산분석에 제곱합 종류

- 제1종 제곱합(Type I SS): 제곱합 계산 시 제1 요인이 기여한 후 차례대로 제2 요인이 추가로 기여한 부분으로 계산한다. 모형에서 요인들의 순서에 따라 값이 달라진다. 분산분석에서 주로 사용한다. R에서는 aov() 함수의 디폴트 옵션이다.

$$Model\ SS = SS(trt, x) = SS(trt) + SS(x|trt)$$

• 제2종 제곱합(Type II SS): 제곱합 계산 시 주효과의 최종적으로 기여하는 고유 기여분을 계산한다. R에서는 `Anova(model, type="2")`로 사용하며 Ancova() 함수의 디폴트 옵션이다.

$$Model\ SS = SS(trt, x) = SS(trt|x) + S(x|trt)$$

• 제3종 제곱합(Type III SS): 제곱합 계산 시 주효과와 상호작용 요인의 최종적으로 기여하는 고유 기여분을 계산한다. R에서는 `Anova(model, type="3")`로 사용한다.

$$Model\ SS = SS(trt, x) = SS(trt|x, trt:x) + S(x|trt, trt:x))$$

공분산분석에서는 공변량의 효과를 제어한 후 처리효과에 대해 보아야 하므로 제3종 제곱합을 사용하게 된다. R에서는 공분산분석을 위한 함수는 첫 대문자인 `Anova()` 함수이다. `Anova( )` 에서는 제2종과 제3종 제곱합만 계산한다.

프로그램 3.9 Type II와 Type III 제곱합

```
model.s <-lm(y~machine*x, data=df)
Anova(model)  # Anova(model, type="2")=Anova(model, type="II")
Anova(model, type="3")
```

결과 3.9 Type II와 Type III 제곱합 계산 결과

```
> anova(model.s)
Analysis of Variance Table
Response: y
                Df  Sum Sq Mean Sq F value    Pr(>F)
factor(machine)  2 140.400  70.200  27.593 5.170e-05 ***
x                1 178.014 178.014  69.969 4.264e-06 ***
Residuals       11  27.986   2.544
기계간 서로 차이가 유의하다.

> summary(model.s)
Residuals:
    Min      1Q  Median      3Q     Max
-2.0160 -0.9586 -0.3841  0.9518  2.8920
Coefficients:
                Estimate Std. Error t value Pr(>|t|)
(Intercept)      17.1771     2.7830   6.172 6.99e-05 ***
factor(machine)1  0.1824     0.5950   0.307    0.765
factor(machine)2  1.2192     0.6201   1.966    0.075 .
x                 0.9540     0.1140   8.365 4.26e-06 ***

Residual standard error: 1.595 on 11 degrees of freedom
Multiple R-squared:  0.9192,    Adjusted R-squared:  0.8972
F-statistic: 41.72 on 3 and 11 DF,  p-value: 2.665e-06
```

유의수준 5%에서 기계 종류에 따른 차이가 유의하지 않다. 공변량 x 효과 검정에 대한 $p-$ 값 $= 4.26 \times 10^{-6} < \alpha = 0.05$ 이므로 유의수준 5%에서 유의하다. 즉, 공변량 x 효과가 처리평균 보정에 미치는 영향이 있다.

기계 종류별 회귀직선은 다음과 같다:

```
machine 1 :  (17.1771+0.1824) + 0.9540x
machine 1 :  (17.1771+1.2192) + 0.9540x
machine 3 :  (17.1771 + 0.9540x
```

<그림 3.14>에서 데이터 산점도와 기계 종류별 회귀직선을 보여준다.

```
> lsmeans(model.s,  ~machine)
 machine lsmean    SE df lower.CL upper.CL
       1   40.4 0.724 11     38.8     42.0
       2   41.4 0.744 11     39.8     43.1
       3   38.8 0.788 11     37.1     40.5
Confidence level used: 0.95
```

처리수준별, 즉 기계별 반응변수의 평균과 95% 신뢰구간을 보여준다.

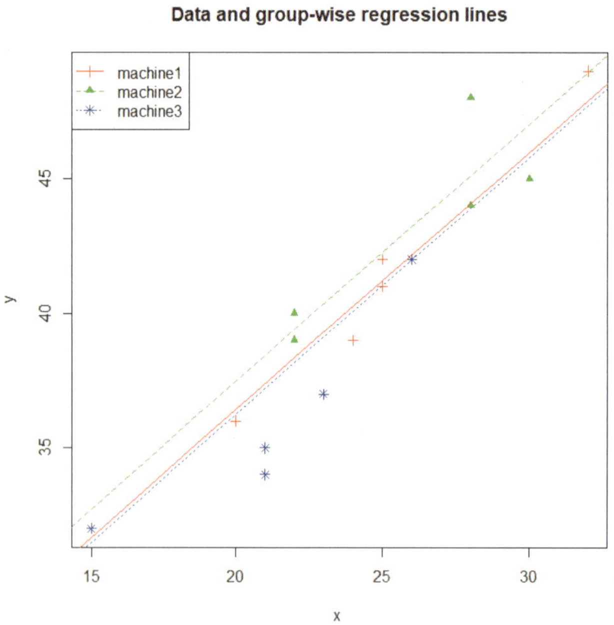

그림 3.14 기계 종류별 회귀선과 산점도

예제 3.10 R 시스템 내장된 CO2 데이터에 대해 공분산분석 모형을 적합하고 분석하시오. Quebec과 Mississippi에서 식물을 6개씩 가져온 후 각각의 식물을 반으로 나눠서 chilled와 nonchilled 처리를 하고 7개 종류의 이산화탄소 농도에 노출된다. 돌피(Echinochloa crus-galli)라는 식물종을 이용하여 냉기에 대한 저항을 실험한 결과 데이터이다.

프로그램 3.10 CO2 데이터에 대한 공분산분석

```
install.packages("effects")
install.packages("vegan")
library(effects)
library(dplyr)
library(vegan)
data(CO2)
str(CO2)
head(CO2)
ancova.example <- lm(uptake ~ conc + Treatment, data = CO2)
anova(ancova.example)

adj.means.ex <- effect("Treatment", ancova.example)
plot(adj.means.ex)

## ANCOVA
library(car)
ancova_model <- aov(uptake ~ conc + Treatment, data = CO2) # covariate first in model
Anova(ancova_model, type="III")

#conduct Levene's Test
leveneTest(uptake ~  Treatment, data = CO2)

fitFull <- lm(uptake ~Treatment +  conc  , data = CO2)
summary(fitFull)
fitGrp  <- lm(uptake ~ Treatment, data = CO2)
summary(fitGrp)
fitRegr <- lm(uptake ~ conc,  data = CO2)
summary(fitRegr)

#Using model comparisons for SS type II
anova(fitRegr, fitFull)
anova(fitGrp,  fitFull)

plot(uptake ~Treatment, data=CO2)
```

```
#Visualize ANCOVA coefficients
sumRes <- summary(fitFull)
coeffs <- coef(sumRes)
icep <- coeffs[1, 1]
icep.chilled <- coeffs[2, 1] + icep
icep.nonchilled <-  icep
slopeAll  <- coeffs[3, 1]

attach(CO2)
table(Treatment)
n_nc=table(Treatment)[1] # nunmber of nonchilled
n_c=table(Treatment)[2]  # nunmber of chilled

plot(uptake ~ conc, data=CO2, #xlim=xLim, ylim=yLims,
   pch=c(rep(3, n_nc), rep(17, n_c) ), col=c(rep("red",42),rep("green", 42)),
     main="Data and group-wise regression lines")
legend(x="topleft", legend=levels(Treatment), pch=c(3, 17),
       col=c("red", "green"))
abline(icep.nonchilled, slopeAll, col="red")
abline(icep.chilled, slopeAll, col="green")
```

결과 3.10 CO2 데이터에 대한 공분산분석 결과

```
> head(CO2)
Grouped Data: uptake ~ conc | Plant
  Plant   Type  Treatment conc uptake
1   Qn1 Quebec nonchilled   95   16.0
2   Qn1 Quebec nonchilled  175   30.4
3   Qn1 Quebec nonchilled  250   34.8
> ancova.example <- lm(uptake ~ conc + Treatment, data = CO2)
> anova(ancova.example)
Analysis of Variance Table
Response: uptake
          Df Sum Sq Mean Sq F value    Pr(>F)
conc       1 2285.0 2284.99  28.767  7.55e-07 ***
Treatment  1  988.1  988.11  12.440 0.0006952 ***
Residuals 81 6433.9   79.43

> ancova_model <- aov(uptake ~ conc + Treatment, data = CO2)
                              # covariate first in model
> Anova(ancova_model, type="III")
Anova Table (Type III tests)
Response: uptake
             Sum Sq Df F value    Pr(>F)
(Intercept) 10548.8  1 132.805 < 2.2e-16 ***
```

```
conc          2285.0  1  28.767  7.55e-07 ***
Treatment      988.1  1  12.440 0.0006952 ***
Residuals     6433.9 81

> leveneTest(uptake ~  Treatment, data = CO2)
Levene's Test for Homogeneity of Variance (center = median)
      Df F value Pr(>F)
group  1  1.2999 0.2576
      82

> summary(fitFull)
Call:
lm.default(formula = uptake ~ Treatment + conc, data = CO2)
Coefficients:
                 Estimate Std. Error t value Pr(>|t|)
(Intercept)      22.930052   1.989746  11.524  < 2e-16 ***
Treatmentchilled -6.859524   1.944840  -3.527 0.000695 ***
conc              0.017731   0.003306   5.364 7.55e-07 ***
---
Residual standard error: 8.912 on 81 degrees of freedom
Multiple R-squared:  0.3372,    Adjusted R-squared:  0.3208
F-statistic:  20.6 on 2 and 81 DF,  p-value: 5.837e-08

> summary(fitGrp)
Call:
lm.default(formula = uptake ~ Treatment, data = CO2)
Residuals:
     Min       1Q   Median       3Q      Max
-20.0429  -8.6530  -0.4429   9.7321  18.6167

Coefficients:
                 Estimate Std. Error t value Pr(>|t|)
(Intercept)        30.643      1.591  19.259   <2e-16 ***
Treatmentchilled   -6.860      2.250  -3.048   0.0031 **
---
Signif. codes:
0 '***' 0.001 '**' 0.01 '*' 0.05 '.' 0.1 ' ' 1
Residual standard error: 10.31 on 82 degrees of freedom
Multiple R-squared:  0.1018,    Adjusted R-squared:  0.09084
F-statistic: 9.293 on 1 and 82 DF,  p-value: 0.003096
```

유의수준 5%에서 $p-$ 값 $= 0.0031 < \alpha = 0.05$ 이므로 처리효과가 유의하다. 즉, 처리수준 간 반응변수의 평균차가 유의하다.

```
> fitRegr <- lm(uptake ~ conc,  data = CO2)
> summary(fitRegr)
Coefficients:
            Estimate Std. Error t value Pr(>|t|)
(Intercept) 19.500290   1.853080  10.523  < 2e-16 ***
conc         0.017731   0.003529   5.024 2.91e-06 ***
---
Signif. codes:
0 '***' 0.001 '**' 0.01 '*' 0.05 '.' 0.1 ' ' 1

Residual standard error: 9.514 on 82 degrees of freedom
Multiple R-squared:  0.2354,    Adjusted R-squared:  0.2261
F-statistic: 25.25 on 1 and 82 DF,  p-value: 2.906e-06
```

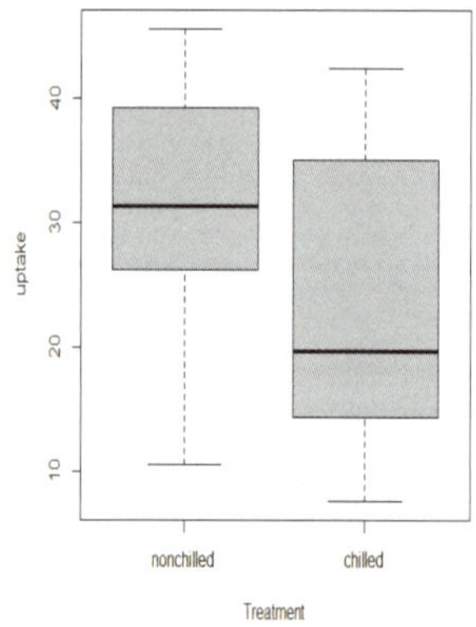

그림 3.15 처리수준별 반응값 상자그림

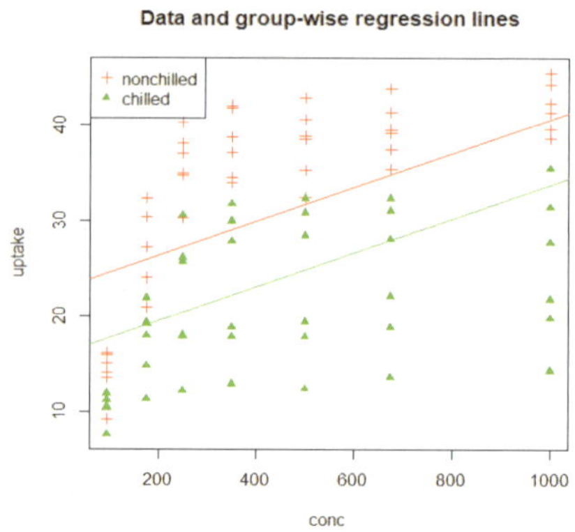

그림 3.16 처리수준별 추정 회귀선

예제 3.11 다음은 유전자형과 수확량 데이터이다. 식물의 키가 수확량에 영향을 미치는 것으로 여겨져 같이 측정되어 <표 3.15> 데이터를 얻었다. 분산분석 모형과 공분산분석 모형을 적합하고 분석하시오.

표 3.15 geno_ancova_data.csv

genotype	height	yield
A	10	20
A	11.5	22
A	12	24
A	12.9	24
A	13.4	26
A	14.2	27
A	15	27
A	15.9	27.2
A	16.6	27
A	16.4	27.5
B	14	32
B	15	33
B	15.2	33
B	15.5	34
B	16	36
B	17	36.5
B	17.5	37
B	18	36
B	19.36	37
B	20	40
C	7	15
C	7	15.4
C	8	16
C	9	16.5
C	9.8	17
C	10	18.4
C	10.2	19
C	11	19
C	12	20
C	12	21

프로그램 3.11 유전자형과 수확량 데이터에 대한 공분산분석

```
library(tidyverse)
df=read.csv("geno_ancova_data.csv")
df; attach(df)
boxplot(yield~ genotype)
```

```
library(gridExtra)
p1 <- ggplot(df, aes(height, yield, colour = genotype))+ geom_point(size = 3)+
      theme(legend.position="top")
p2 <- ggplot(df, aes(x = genotype, y = yield, col=genotype)) +
     geom_boxplot(outlier.shape = NA) +  theme(legend.position="top")
p3 <- ggplot(df, aes(x = genotype, y = height, fill = genotype)) +
     geom_boxplot(outlier.shape = NA) +  theme(legend.position="top")
grid.arrange(p1, p2, p3, ncol=3)

#perform one-way ANCOVA
Anova(aov(yield ~ genotype * height, data = df), type = 3)

#install.packages("rstatix")
library(rstatix)
anova_test(data = df, formula = yield ~ height + genotype, type = 3,
       detailed = TRUE)

#Assumptions of normality for residuals
shapiro.test(resid(aov(yield ~ genotype + height, data = df)))

#Assumptions of linearity
ggplot(df, aes(height, yield, colour = genotype)) + geom_point(size = 3) +
       geom_smooth(method = "lm") + theme(legend.position=" bottom ")

#Assumptions of homogeneity of variances
# H0: homogeneity of variances (equal variances)
# Levene's test : the data is not drawn from a normal distribution.
# Bartlett's test : the data is drawn from a normal distribution.

bartlett.test(yield ~ genotype, data = df)
```

결과 3.11 유전자형과 수확량 데이터에 대한 공분산분석 결과

```
> df
# A tibble: 30 × 3
   genotype height yield
   <chr>     <dbl> <dbl>
 1 A          10    20
 2 A          11.5  22
 3 A          12    24
> Anova(aov(yield ~ genotype * height, data = df), type = 3)
Anova Table (Type III tests)
Response: yield
```

```
                Sum Sq Df F value    Pr(>F)
(Intercept)     24.140  1 32.8418 6.629e-06 ***
genotype         6.756  2  4.5960   0.02042 *
height          52.014  1 70.7635 1.283e-08 ***
genotype:height  0.130  2  0.0887   0.91545
Residuals       17.641 24
```

유의수준 5% 그룹 genotype별 처리 효과와 공변량 height의 영향은 유의하다. 그러나 genotype과 height의 상호작용 효과는 유의하지 않다. 그러므로 그룹별 기울기의 차이가 유의하지 않다.

```
> anova_test(data = df, formula = yield ~ height + genotype, type = 3,
+         detailed = TRUE)
ANOVA Table (type III tests)
       Effect     SSn    SSd DFn DFd       F        p p<.05   ges
1 (Intercept)  78.071 17.771   1  26 114.220 5.22e-11     * 0.815
2      height 132.696 17.771   1  26 194.138 1.43e-13     * 0.882
3    genotype 193.232 17.771   2  26 141.353 1.07e-14     * 0.916

 > shapiro.test(resid(aov(yield ~ genotype + height, data = df)))
        Shapiro-Wilk normality test
data:  resid(aov(yield ~ genotype + height, data = df))
W = 0.96116, p-value = 0.3315
```

$$H_0\text{: 정규성을 만족한다. 대해 } H_1\text{: not } H_0$$

유의수준 5%에서 잔차에 대한 정규성 검정 결과 유의하지 않다. 즉, 잔차가 정규성을 만족한다고 할 수 있다.

```
> bartlett.test(yield ~ genotype, data = df)
        Bartlett test of homogeneity of variances
data:  yield by genotype
Bartlett's K-squared = 0.48952, df = 2, p-value = 0.7829
```

$$H_0\text{: 등분산성을 만족한다. 대해 } H_1\text{: not } H_0$$

유의수준 5%에서 잔차에 등분산성 검정 결과 유의하지 않다. 그러므로 등분산성을 만족한다고 할 수 있다.

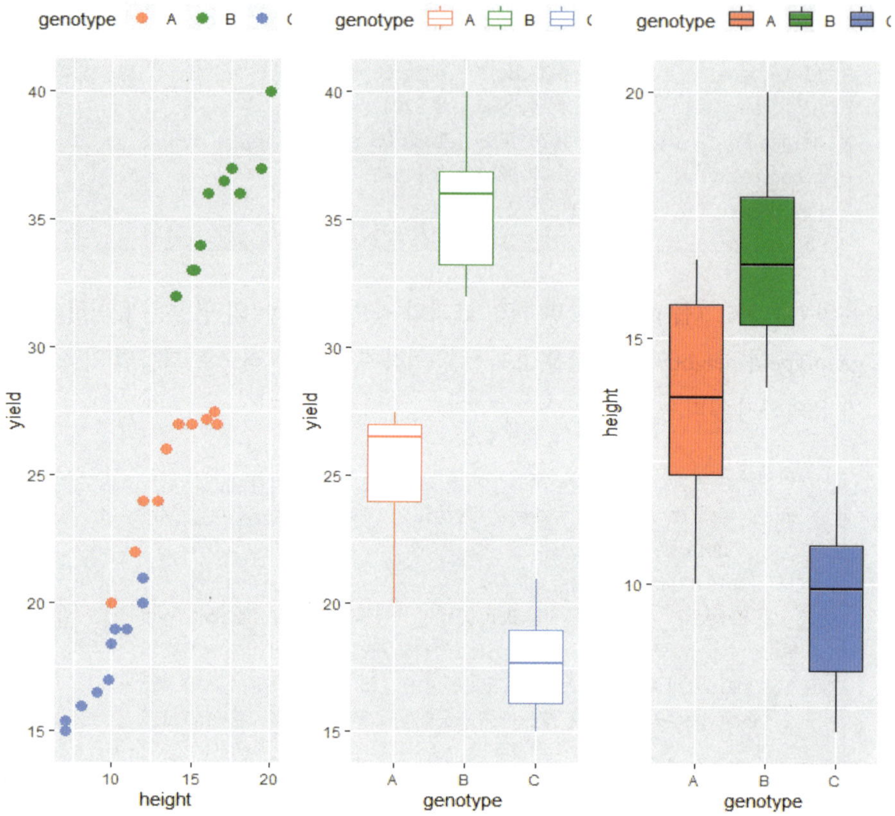

그림 3.17 (a) 공변량과 반응변수 산점도 (b) genotype 수준에 따른 반응값 상자그림
(c) genotype 수준에 따른 공변량값 상자그림

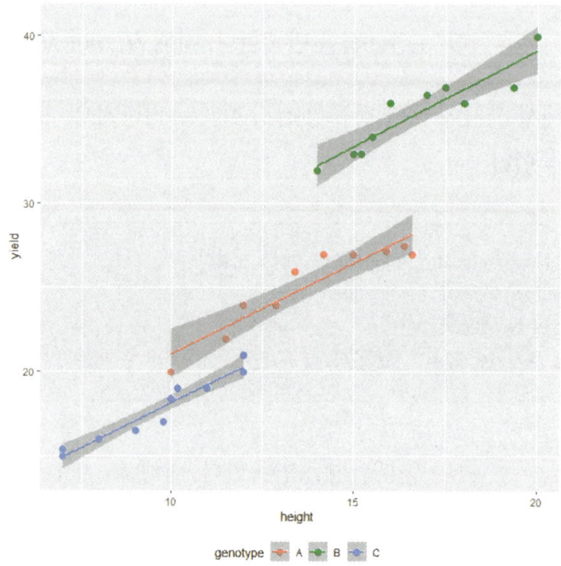

그림 3.18 처리수준별 회귀선과 산점도

연습문제

3.1 세 개의 회사(A, B, C)에서 생산된 건전지에 수명의 차이가 있는지 알아보고자 한다. 완전확률화설계에 의해 각 회사에서 6개씩 건전지를 선택하여 수명실험을 하여 다음의 데이터를 얻었고 이들은 정규분포를 따른다고 한다.

A	B	C
100	76	108
96	80	100
98	84	101
96	84	98
92	78	102
95	82	100

(1) 실험설계에 맞는 통계적 모형을 쓰시오.

(2) 각 회사에 따른 건전지 수명의 평균과 표준편차를 추정하시오.

(3) 회사별 상자그림을 그리시오.

(4) 적절한 통계적 가설을 세우시오.

(5) 분산분석표를 작성하시오.

(6) (4)의 가설에 대해 유의수준 $\alpha = 0.05$로 검정하시오.

(7) LSD 방법으로 유의수준 $\alpha = 0.05$에서 다중비교를 하시오.

(8) Tukey 방법으로 유의수준 $\alpha = 0.05$에서 다중비교를 하시오.

(9) 반응 추정값 $\widehat{Y_{ij}}$를 구하시오.

(10) $\widehat{\epsilon_{ij}} = Y_{ij} - \widehat{Y_{ij}}$를 이용하여 잔차를 구하시오.

(11) $\widehat{Y_{ij}}$를 x 축으로, 잔차 $\widehat{\epsilon_{ij}}$를 y축으로 하여 잔차그림을 그리고 설명하시오.

(12) 잔차에 대해 정규 Q-Q 그림을 그리고 설명하시오.

(13) $H_0 : \dfrac{\mu_A + \mu_B}{2} = \mu_C$ 대해 $H_1 : \dfrac{\mu_A + \mu_B}{2} \neq \mu_C$, 유의수준 $\alpha = 0.05$로 검정하시오.

3.2 세 종류의 비료를 각각 아홉 개의 플롯에 랜덤하게 배치한 후 복숭아 수확량을 측정했다. 각 비료별로 아홉 개 플롯에서의 수확량의 총합은 다음과 같다.

비료의 종류	A	B	C
$Y_{i}.$	240	320	180

그리고 다음의 분산분석표를 얻었다.

요인	자유도	제곱합	평균제곱합	F 통계량	EMS
비료	2	1096	MSt	F_t	$E(MS_t)$
오차	24	1440	MSe		σ^2
총합	26	2536			

(1) 분산분석표에서 MS_t, MSe를 구하고 검정통계량 F_t를 구하시오.

(2) $E(MS_t)$를 쓰시오.

(3) 농부 K는 비료 A와 B를 비교하고자 한다. 적절한 대비를 구하고 이러한 대비에 대한 검정을 유의수준 $\alpha = 0.05$로 하시오.

(4) 농부 K는 비료 A와 C에 대해 비료 B를 비교하고자 한다. 적절한 대비를 구하고 이러한 대비에 대한 검정을 유의수준 $\alpha = 0.05$로 하시오.

(5) $H_0 : \mu_A = \mu_B = \mu_C$ 대해 $H_1 : not\ H_0$, 유의수준 $\alpha = 0.05$로 검정하시오.

3.3 환경적인 요인으로 주변온도가 건전지 활성화에 영향을 미치는지 알아보고자 한다. 30개의 균일한 건전지에 대해 5가지 온도를 설정하고 완전확률화설계로 온도에 건전지를 랜덤하게 배정하여 건전지가 활성화되기까지의 시간(초)을 측정한 후 데이터를 얻었다.

온도 (처리)				
0 ℃	25℃	50℃	75℃	100℃
55	60	70	72	65
55	61	72	72	66
57	60	73	72	60
54	60	68	70	64
54	60	77	68	65
56	60	77	60	65

(1) 실험설계에 맞는 통계적 모형을 쓰시오.

(2) 각 온도에 따른 평균과 표준편차를 구하시오.

(3) 온도별 상자그림을 그리시오.

(4) 적절한 통계적 가설을 세우시오.

(5) 분산분석표를 작성하시오.

(6) (4)의 가설에 대해 유의수준 $\alpha = 0.05$로 검정하시오.

(7) LSD 방법으로 유의수준 $\alpha = 0.05$에서 다중비교를 하시오.

(8) Tukey 방법으로 유의수준 $\alpha = 0.05$에서 다중비교를 하시오.

(9) 반응 추정값 $\widehat{Y_{ij}}$를 구하시오.

(10) $\widehat{\epsilon_{ij}} = Y_{ij} - \widehat{Y_{ij}}$ 식을 이용하여 잔차를 구하시오.

(11) $\widehat{Y_{ij}}$를 x 축에, 잔차 $\widehat{\epsilon_{ij}}$를 y축으로 하여 잔차그림을 그리고 설명하시오.

(12) 잔차에 대해 정규 Q-Q 그림을 그리고 설명하시오.

3.4 세 종류의 붓꽃(setosa, versicolor, virginica)에 대해 4개 변수를 측정한 데이터가 R 시스템에 내장되어 있다. 내장된 iris 데이터를 활용하여 꽃받침 길이(sepal length)가 붓꽃 종류에 따라 평균의 차이가 있다고 할 수 있는지 검정하고자 한다. 완전확률화설계로 데이터를 수집했다고 한다.

```
> data(iris)
> attach(iris)
> head(iris)
```

(1) 실험설계에 맞는 통계적 모형을 쓰시오.

(2) 각 붓꽃 종류에 따른 꽃받침 길이의 평균과 표준편차를 추정하시오.

(3) 각 붓꽃 종류별 상자그림을 그리시오.

(4) 적절한 통계적 가설을 세우시오.

(5) 분산분석표를 작성하시오.

(6) (4)의 가설에 대해 유의수준 $\alpha = 0.05$로 검정하시오.

(7) LSD 방법으로 유의수준 $\alpha = 0.05$에서 다중비교를 하시오.

(8) Tukey 방법으로 유의수준 $\alpha = 0.05$에서 다중비교를 하시오.

(9) 반응 추정값 $\widehat{Y_{ij}}$를 구하시오.

(10) $\widehat{\epsilon_{ij}} = Y_{ij} - \widehat{Y_{ij}}$ 식을 이용하여 잔차를 구하시오.

(11) $\widehat{Y_{ij}}$를 x축에, 잔차 $\widehat{\epsilon_{ij}}$를 y축으로 하여 잔차그림을 그리고 설명하시오.

(12) 잔차에 대해 정규 Q-Q 그림을 그리고 설명하시오.

3.5 커피 자동판매기에 세 종류의 축전지(capacitor) A, B, C를 사용한다. 각 종류별로 6개씩의 자동판매기에 축전지를 랜덤하게 배치하여 전기누수량(leakage, in milliamperes)을 측정하여 다음의 데이터를 얻었다.

A	B	C
7.3	10.7	10.5
8	10.5	10.8
8.1	10.9	10.1
8.5	11	11.6
8.4	9.8	11.4
7.5	10.2	11.3

(1) 각 축전지에 대해 평균, 분산, 표준편차를 구하시오.

(2) 세 종류의 축전지에 대해 전기누수량 평균이 같다고 할 수 있는지 유의수준 $\alpha = 0.05$로 검정하시오. (가설, 검정통계량, p-값, 결론)

(3) 잔차를 이용하여 모형에 대한 진단을 하시오.

(4) LSD 방법으로 유의수준 $\alpha = 0.05$에서 다중비교를 하시오.

(5) Tukey 방법으로 유의수준 $\alpha = 0.05$에서 다중비교를 하시오.

3.6 용수철 다리의 각도에 따라 탄성력(torsion, 기계의 비트는 힘, pressure, psi)을 비교하고자 한다. 완전확률화설계에 의한 실험으로 측정하여 데이터를 얻었다.

Angle of legs of spring				
67	71	75	79	83
83	84	86	89	90
85	85	87	90	92
	85	87	90	93
	86	88	91	
	87	88		
		89		
		90		

(1) 실험설계에 맞는 통계적 모형을 쓰시오.

(2) 각도에 따른 평균 탄성력과 표준편차를 추정하시오.

(3) 각도별 상자그림을 그리시오.

(4) 적절한 통계적 가설을 세우시오.

(5) 분산분석표를 작성하시오.

(6) (4)의 가설에 대해 유의수준 $\alpha = 0.05$로 검정하시오.

(7) LSD 방법으로 유의수준 $\alpha = 0.05$에서 다중비교를 하시오.

(8) Tukey 방법으로 유의수준 $\alpha = 0.05$에서 다중비교를 하시오.

(9) Scheffe 방법으로 유의수준 $\alpha = 0.05$에서 다중비교를 하시오.

(10) 잔차 $\widehat{\epsilon_{ij}} = Y_{ij} - \widehat{Y_{ij}}$를 구하시오.

(11) 잔차그림을 그리고 정규성, 등분산성, 독립성에 대해 설명하시오,

3.7 A 교육학자는 5가지 교수법을 비교하고자 한다. 30명의 학생을 5개 처리에 6명씩 랜덤하게 배치한 후 수업을 한 후 성취도를 측정하여 데이터를 얻었다. 다음은 각 교수법에 대해 6명 학생의 성적의 합(total)이다.

	교수법				
	1	2	3	4	5
성적 합	120	600	720	240	420

여기서

교수법 1: 지난 학기에 사용하던 교재 C

교수법 2: 교재 A와 교수에 의한 교실 강의

교수법 3: 교재 A와 인터넷 강의

교수법 4: 교재 B와 교수에 의한 교실 강의

교수법 5: 교재 B와 인터넷 강의

그리고 다음의 분산분석표를 작성하고자 한다.

요인	자유도	제곱합	평균제곱합	F 통계량	$\alpha = 0.05$에서 기각값
교수법(처리)		340			
오차					
총합		465			

(1) 실험설계에 맞는 통계적 모형을 쓰시오.

(2) 분산분석표를 완성하시오.

(3) 관심 가설을 세우고 유의수준 $\alpha = 0.05$에서 검정하시오.

(4) 교수법 1 과 나머지 4개의 교수법과 성취도 평균에 차이가 있는지 대비 가설을 세우고 유의수준 $\alpha = 0.05$에서 검정하시오.

(5) 교수법에 의한 변동이 전체 변동에서 차지하는 비율은 몇 %인가?

3.8 TV 튜브를 코팅하는 방법에 대해 열전도 능력을 비교하고자 한다. 24개의 같은 종류의 TV에 대해 4가지 코팅방법을 설정하고 완전확률화설계로 TV를 랜덤하게 배정하여 열전도율을 측정한 후 데이터를 얻었다.

코팅방법			
I (기존)	II	III	IV
55	60	70	42
55	61	72	42
57	60	73	42
54	60	68	40
54	60	77	48
60	60	77	40

(1) 실험설계에 맞는 통계적 모형을 쓰시오.

(2) 각 코팅방법에 따른 평균과 표준편차를 구하시오.

(3) 코팅방법별 상자그림을 그리시오.

(4) 적절한 통계적 가설을 세우시오.

(5) 분산분석표를 작성하시오.

(6) (4)의 가설에 대해 유의수준 $\alpha = 0.05$로 검정하시오.

(7) LSD 방법으로 유의수준 $\alpha = 0.05$에서 다중비교를 하시오.

(8) Tukey 방법으로 유의수준 $\alpha = 0.05$에서 다중비교를 하시오.

(9) 반응 추정값 $\widehat{Y_{ij}}$를 구하시오.

(10) $\widehat{\epsilon_{ij}} = Y_{ij} - \widehat{Y_{ij}}$ 식을 이용하여 잔차를 구하시오.

(11) $\widehat{Y_{ij}}$를 x 축에, 잔차 $\widehat{\epsilon_{ij}}$를 y축으로 하여 잔차그림을 그리고 설명하시오.

(12) 잔차에 대해 정규 Q-Q 그림을 그리고 설명하시오.

(13) 기존 방법(I)과 새로운 방법 3개(II, III, IV) 간 평균차이가 있다고 할 수 있는지 대비가설을 세우고 유의수준 $\alpha = 0.05$로 검정하시오.

3.9 반도체(semiconductor) 생산자가 반도체 웨이퍼의 먼지를 줄이는 공정방법에 대해 비교하려고 한다. 완전확률화설계로 각 방법으로 처리하고, 반도체 웨이퍼를 랜덤하게 배정하여 particle count를 측정한 후 데이터를 얻었다.

Method	particle count				
1	31	30	23	12	3
2	62	40	24	30	35
3	53	27	60	90	70

(1) 실험설계에 맞는 통계적 모형을 쓰시오.

(2) 각 방법에 따른 평균과 표준편차를 구하시오.

(3) 방법별 상자그림을 그리시오.

(4) 적절한 통계적 가설을 세우시오.

(5) 분산분석표를 작성하시오.

(6) (4)의 가설에 대해 유의수준 $\alpha = 0.05$로 검정하시오.

3.10 다음의 완전확률화설계에 대한 통계적 모형에 대해 답하시오.

$$Y_{ij} = \mu + \tau_i + \epsilon_{ij}, \qquad i = 1,2,\cdots,k, \qquad j = 1,2,\cdots,n_i,$$

여기서

$N = \sum_{i=1}^{k} n_i$는 데이터 총수

μ : 모집단의 전체평균

τ_i : i번째 처리효과, $\sum_{i=1}^{k} n_i \tau_i = 0$ (고정효과)

ϵ_{ij} : i번째 처리의 j번째 측정치에 따르는 오차항

$E(\epsilon_{ij}) = 0$, $V(\epsilon_{ij}) = \sigma^2$, $\epsilon_{ij} \sim iid \ N(0, \sigma^2)$

(1) $E(Y_{ij})$

(2) $Var(Y_{ij})$

(3) $E(\epsilon_{ij})$

(4) $Var(\epsilon_{ij})$

(5) $E(\overline{\epsilon_{i.}})$

(6) $Var(\overline{\epsilon_{i.}})$

(7) $\hat{\tau_i}$

(8) $Var(\hat{\tau_i})$

(9) $\widehat{\epsilon_{ij}}$

(10) $\widehat{Y_{ij}}$

(11) for $j \neq j'$, $Cov(\epsilon_{ij}, \epsilon_{ij'})$

(12) for $j \neq j'$, $Cov(Y_{ij}, Y_{ij'})$

3.11 공분산분석 모형 (3.100)에서 다음을 구하시오.

(1) $E(Y_{ij})$

(2) $Var(Y_{ij})$

(3) $E[Y_{ij}-\beta(x_{ij}-\overline{x}\,.\,.\,)]$

(4) $Var[Y_{ij}-\beta(x_{ij}-\overline{x}\,.\,.\,)]$

(5) $\widehat{\mu_i}=\hat{\mu}+\hat{\tau_i}=\overline{Y}_i.-\hat{\beta}(\overline{x}_i.-\overline{x})$의 분산을 구하시오.

(5) 공변량으로 조절후 구한 처리 평균의 차에 대한 분산 $i \neq i',\ \ i,i'=1,...,k$

$Var[(\widehat{\mu+\tau_i})-(\widehat{\mu+\tau_{i'}})]$

3.12 다음의 데이터에 대해 분산분석 모형과 공분산분석 모형을 적합하고 평균잔차제곱합을 비교하시오.

> 사업자 D는 탄산음료수를 배달하는 방법의 효과를 연구하기 위해 세 가지 종류의 트럭을 고려하여 완전확률화설계로 관측값을 측정하였다. 관심 있는 반응변수는 배달에 소요되는 시간(Y)인데 이것은 배달량(x)와 관련되어 있으므로 매 실험 시 같이 측정하였다.

트럭 종류					
1		2		3	
Y	x	Y	x	Y	x
27	24	25	24	40	42
44	40	35	32	22	26
33	35	46	43	48	50
41	40	26	24	20	23
37	36	37	35	37	38

(1) 공변량을 고려하지 않은 분산분석 모형으로 적합하시오.

(2) 공변량을 고려한 공분산분석 모형으로 적합하시오.

3.13 다음의 데이터에 대해 공분산분석 모형을 적합하고 분석하시오.

> 산업용 접착제(industrial glue)를 만드는 네 가지 방법을 비교하고자 한다. 처리 방법에 대한 완전확률화설계로 접착강도(Y)를 측정하였다. 그런데 접착강도는 접착두께에 영향을 받는 것으로 여겨져 공변량으로 접착두께(x)를 같이 측정하여 다음의 데이터를 얻었다.

접착제 형성 방법							
1		2		3		4	
Y	x	Y	x	Y	x	Y	x
46.5	13	48.7	12	46.3	15	44.7	16
45.9	12	49.0	10	46.9	16	43.0	15
49.8	14	50.1	11	48.8	14	51.1	11
46.1	14	48.5	12	43.1	12	48.5	12
44.3	12	45.2	14	50.3	15	48.6	13

3.14 다음의 데이터에 대해 공분산분석 모형을 적합하고 분석하시오. 고등학생을 대상으로 성취도(achievement)를 교육방법(intruction type)과 동기부여점수(motivation)를 측정하여 교육방법과 공변량 동기부여점수에 따른 성취도에 대한 공분산분석을 하고자 한다. 교육방법에 대한 완전확률화설계로 성취도를 측정하고 공변량으로 동기부여점수를 같이 측정하여 다음의 데이터를 얻었다.

id	achievement	instruction_type	motivation
1	70	coop	3
2	74	coop	4
3	77	coop	6
4	80	coop	8
5	83	coop	8
6	85	coop	7
7	75	self	2
8	78	self	2
9	81	self	4
10	86	self	6
11	89	self	7
12	85	lecture	3
13	90	lecture	4
14	96	lecture	5
15	95	lecture	7
16	98	lecture	8
17	87	lecture	8

* 교육방법: 협업(coop), 자기주도(self), 강의(lecture)

** 성취도와 동기부여점수는 클수록 높은 점수이다.

(1) 교육방법에 따른 성취도 모형을 적합하고 해석하시오.

(2) 교육방법과 동기부여점수를 고려한 성취도 모형으로 공분산분석을 수행하시오.

3.15 다음은 처리수준이 3개 또는 2개인 경우 반응값과 반응 평균선을 그린 그림이다. (a)~(h) 중 공분산분석이 적절한 경우를 고르고 이유를 설명하시오.

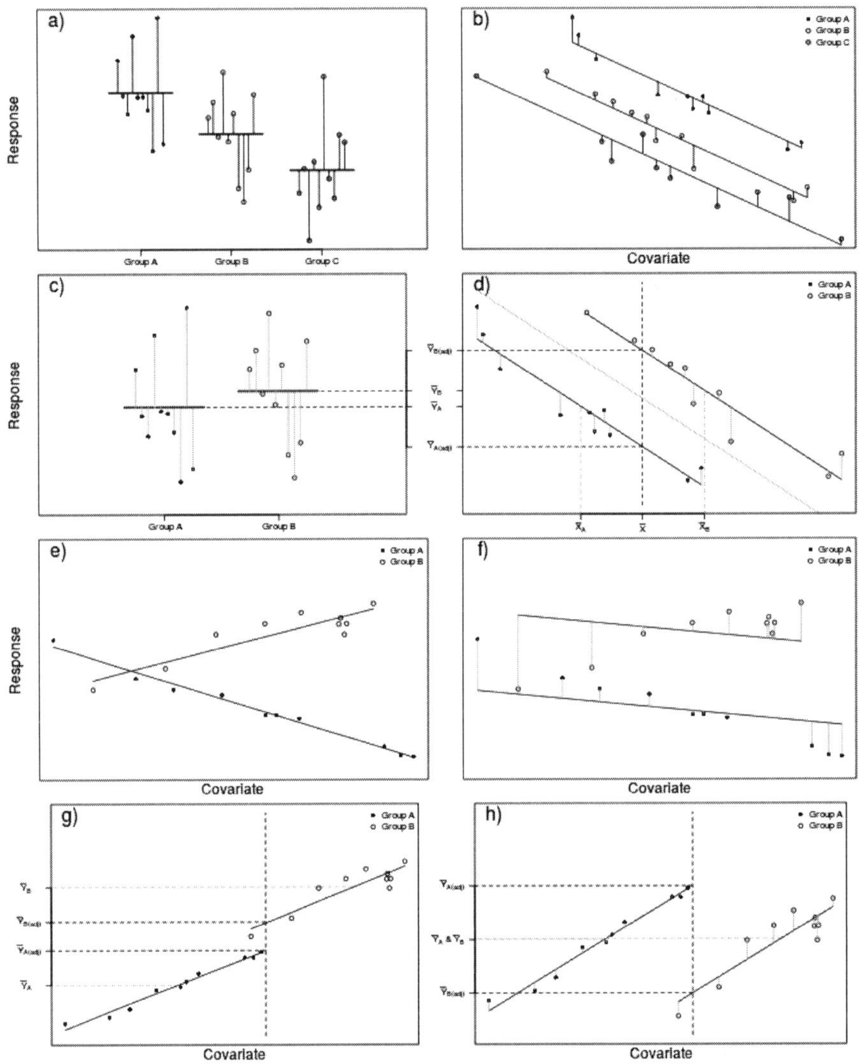

3.16 다음의 ANCOVA 모형 (3.99)에 대해 답하시오.

$$Y_{ij} = \mu + \tau_i + \beta(x_{ij} - \overline{x}) + \epsilon_{ij}, \qquad i = 1,2,\cdots,k, \quad j = 1,2,\cdots,n$$

(1) $E(Y_{ij})$ (2) $Var(Y_{ij})$

(3) $E(\epsilon_{ij})$ (4) $Var(\epsilon_{ij})$

(5) $E(\overline{\epsilon_{i.}})$ (6) $Var(\overline{\epsilon_{i.}})$

(7) $\hat{\tau_i}$ (8) $Var(\hat{\tau_i})$

(9) $\widehat{\epsilon_{ij}}$ (10) $\widehat{Y_{ij}}$

(11) $Var(\widehat{\mu + \tau_i})$ (11) for $i \neq i^*$, $Var\left[(\widehat{\mu+\tau_i}) - (\widehat{\mu+\tau_{i^*}})\right]$

(12) 대비식 $\sum_{i=1}^{k} a_i \cdot (\widehat{\mu+\tau_i})$ 에 대해 $Var\left[\sum_{i=1}^{k} a_i \cdot (\widehat{\mu+\tau_i})\right]$

4장

확률화블록설계

실험에서 방해적인 요인에 의한 변동이 결과에 영향을 미칠 수 있다. 실험설계 기술 중 랜덤화(randomization)는 이러한 방해요인들을 제어하고자 하는 의도를 포함한다. 그러나 방해요인을 알지만 조절할 수 있는 경우에는 블록화(blocking) 기법을 이용해 처리 간 비교에 계통적으로 영향을 주는 요인을 제거해 주어야 할 필요가 있다. 블록화는 실제 산업적 실험에서도 널리 활용되는 매우 중요한 실험설계 기법이다. 이 장에서는 완전블록을 이용한 확률화완전블록설계와 균형 있게 설계한 균형불완비블록설계에 대해 설명하고자 한다.

4.1 이원배치 확률화완전블록설계

블록(block)설계 중 가장 단순하면서 가장 많이 사용되는 설계 방식이 확률화완전블록설계(randomized complete block design: RCBD)이다. k개 처리가 있을 경우, 실험구의 모임으로 구성된 블록 내에 k개 실험구를 포함하여 어떤 실험구에 어느 처리를 배치하는 것을 랜덤하게 정하여 배치한다. 그러므로 각 블록 내에서 각 처리는 한 번씩만 나타난다. 블록 내 실험단위들은 동질적이고 블록 간은 이질적이다. 이러한 블록 특성을 반영하도록 원하는 반복수만큼의 블록을 만든다.

실험을 할 때 외부요인에 의해 계통적 변동(systematic variation)이 발생할 수 있고 계통적 변동 문제를 실험설계에서 해결하기 위해서는 블록화 기법을 사용해야 한다.

계통 변동의 예로는 다음과 같은 예가 있다:

- 수확량 실험에서 토양의 정도가 방향에 따라 다르다.
- 실험에 사용할 물질들이 서로 다른 공정에서 제조되었다.

예 1(a) 확률화완전블록설계 : 세 지역 A, B, C에서 사과품종 ① ② ③의 수확량에 차이가 있는지 알아보고자 한다. 지역 간의 차이를 무시할 수 없으므로 지역을 블록으로 놓고 블록 내에서 완전확률화설계, 즉 확률화완전블록설계를 할 수 있다. 각 지역에 있는 세 개의 실험구에 사과품종 ① ② ③을 랜덤하게 배치한다.

	지역	(블록)	
	A	B	C
품종(처리)	①	①	②
	③	②	③
	②	③	①

예 1(b) 완전확률화설계로 실험한다면 9개의 실험구에 세 가지 품종을 3번씩 랜덤하게 배치한다. 예를 들어, 다음과 같이 배치될 수 있다. 이러한 경우 사과품종 ①은 지역 A에서만 수확되어 품종효과가 지역효과와 교락(confounding)된다.

	지역		
	(A)	(B)	(C)
품종(처리)	①	②	③
	①	②	③
	①	②	③

4.2 자료구조와 가정

k개 실험구를 포함한 블록이 r개 있고 처리요인이 한 개이며 수준이 k개인 모집단에서 각각 독립적으로 크기 r인 확률표본 $\{Y_{11}, Y_{12}, \cdots, Y_{1r}, \cdots, Y_{k1}, Y_{k2}, \cdots, Y_{kr}\}$을 얻는다. <표 4.1>에서 데이터의 이원배치 구조를 보여 준다.

표 4.1 확률화완전블록설계 이원배치 자료구조

처리(treatment) \ 블록(block)	1	2	…	j	…	r	처리합	처리평균
1	Y_{11}	Y_{12}	…	Y_{1j}	…	Y_{1r}	$Y_{1.}$	$\overline{Y_{1.}}$
⋮	⋮	⋮		⋮	⋮	⋮	⋮	⋮
k	Y_{k1}	Y_{k2}	…	Y_{kj}	…	Y_{kr}	$Y_{k.}$	$\overline{Y_{k.}}$
블록 내 합	$Y_{.1}$	$Y_{.2}$	…	$Y_{.j}$	…	$Y_{.r}$	$Y_{..}$	
블록평균	$\overline{Y_{.1}}$	$\overline{Y_{.2}}$	…	$\overline{Y_{.j}}$	…	$\overline{Y_{.r}}$		$\overline{Y}$

여기서

$Y_{i.} = \sum_{j=1}^{r} Y_{ij}$은 i번째 처리합, $Y_{.j} = \sum_{i=1}^{k} Y_{ij}$은 j번째 블록 내 합,

$Y_{..} = \sum_{i=1}^{k}\sum_{j=1}^{r} Y_{ij}$은 데이터 총합,

$\overline{Y_{i\cdot}} = \frac{1}{r}\sum_{j=1}^{r} Y_{ij}$은 i번째 처리평균, $\overline{Y_{\cdot j}} = \frac{1}{k}\sum_{i=1}^{k} Y_{ij}$은 j번째 블록평균,

$\overline{Y} = \frac{1}{kr}\sum_{i=1}^{k}\sum_{j=1}^{r} Y_{ij}$은 전체평균

이다.

4.3 통계적 모형

반응값 Y_{ij}는 i번째 처리가 j번째 블록에서의 관측값으로 통계적 모형은

$$Y_{ij} = \mu + \tau_i + \beta_j + \epsilon_{ij} \qquad i = 1, 2, \cdots, k, \quad j = 1, 2, \cdots, r \tag{4.1}$$

이다. 여기서

$N = kr$는 데이터 총수
μ는 모집단의 전체평균
τ_i는 i번째 처리효과(treatment effect)로 고정효과, $\sum_{i=1}^{k}\tau_i = 0$
β_j는 j번째 블록효과(block effect)로 변량효과, $\beta_j \sim iid\ N(0, \sigma_\beta^2)$
ϵ_{ij}는 i번째 처리의 j번째 블록에서의 측정값에 따르는 오차항, $\epsilon_{ij} \sim iid\ N(0,\ \sigma^2)$
ϵ_{ij} 와 β_j는 서로 독립이다.

모형 (4.1)에서 μ는 상수(constant)이고 처리효과 τ_i는 처리가 행해졌을 때 상수항 μ로부터의 편차를 나타낸다. 모형 (4.1)은 이원배치 분산분석(two-way AONOVA) 모형으로 처리요인과 블록요인으로 두 개 요인이 있는 모형이다.

4.4 분산분석과 가설검정

편차를 다음과 같이 처리 내 편차와 처리 간 편차로 분리하여 표현할 수 있다.

$$Y_{ij} - \overline{Y} = (\overline{Y_{i}.} - \overline{Y}) + (\overline{Y._{j}} - \overline{Y}) + (Y_{ij} - \overline{Y_{i}.} - \overline{Y._{j}} + \overline{Y}) \tag{4.2}$$

편차 = 처리 간 편차 + 블록간 편차 + 오차

분산분석은 총변동을 요인에 의한 변동으로 분할하는 기법이다.

총제곱합

$$TSS = \sum_{i=1}^{k}\sum_{j=1}^{r}(Y_{ij} - \overline{Y})^2$$

은 데이터 전체에 대한 총제곱합이다. 총제곱합을 요인제곱합으로 다음과 같이 분할한다.

$$\sum_{i=1}^{k}\sum_{j=1}^{r}(Y_{ij} - \overline{Y})^2 = \sum_{i=1}^{k}\sum_{j=1}^{r}(\overline{Y_{i}.} - \overline{Y})^2 + \sum_{i=1}^{k}\sum_{j=1}^{r}(\overline{Y._{j}} - \overline{Y})^2 + \sum_{i=1}^{k}\sum_{j=1}^{r}(Y_{ij} - \overline{Y_{i}} - \overline{Y._{j}} + \overline{Y})^2 \tag{4.3}$$

$$TSS = SS_t + SS_b + SSe$$

총제곱합 = 처리제곱합 + 블록제곱합 + 오차제곱합

= 처리 간 제곱합 + 블록간 제곱합 + 오차제곱합

$$kr - 1 = (k-1) + (r-1) + (k-1)(r-1)$$

전체 자유도 = 처리 자유도 + 블록 자유도 + 오차 자유도

여기서 SS_t는 처리제곱합(sum of squares due to treatment, sum of squares between treatments)으로 처리평균과 전체평균과의 변동인 처리 간 변동을 나타낸다. SS_b는 블록제곱합(sum of squares due to block, sum of squares between blocks)으로 블록평균과 전체평균과의 변동인 블록 간 변동을 나타낸다. SSe는 오차제곱합(sum of squares due to error, sum of squares within treatments)으로 각 관측값에 대해 처리평균과 블록평균을 제거한 후의 변동으로 나타난다.

제곱합을 자유도로 나누어 평균제곱합을 다음과 같이 계산한다.

평균처리제곱합(mean squares due to treatment)

$$MS_t = \frac{SS_t}{k-1} \tag{4.4}$$

평균블록제곱합(mean squares due to block)

$$MS_b = \frac{SS_b}{r-1} \tag{4.5}$$

평균오차제곱합(mean squares due to error)

$$MSe = \frac{SSe}{N-k-r+1} \tag{4.6}$$

이다. 분산분석법을 적용한 검정과정은 <표 4.2>의 이원배치 분산분석표에서 정리되어 보여 준다.

표 4.2 이원배치 분산분석표(처리: 고정효과, 블록: 변량효과, $N = rk$)

요인	자유도	제곱합	평균제곱합	F 통계량	기각값	EMS
처리	$k-1$	SS_t	$MS_t = \dfrac{SS_t}{k-1}$	$F_t = \dfrac{MS_t}{MSe}$	$F_{k-1,(r-1)(k-1)}(\alpha)$	$\sigma^2 + r\left(\dfrac{\sum \tau_i^2}{k-1}\right)$
블록	$r-1$	SS_b	$MS_b = \dfrac{SS_b}{r-1}$	$F_b = \dfrac{MS_b}{MSe}$	$F_{r-1,(r-1)(k-1)}(\alpha)$	$\sigma^2 + k\sigma_\beta^2$
오차	$(k-1)(r-1)$	SSe	MSe			σ^2
총합	$N-1$	TSS				

분산분석표 <표 4.2>에서 제곱합 계산식은 다음과 같다:

$$\begin{aligned}
TSS &= \sum_{i=1}^{k}\sum_{j=1}^{r}(Y_{ij} - \overline{Y})^2 = \sum_{i=1}^{k}\sum_{j=1}^{r} Y_{ij}^2 - CF \\
SS_b &= \sum_{i=1}^{k}\sum_{j=1}^{r}(\overline{Y_{.j}} - \overline{Y})^2 = \frac{1}{k}\sum_{j=1}^{r} Y_{.j}^2 - CF \\
SS_t &= \sum_{i=1}^{k}\sum_{j=1}^{r}(\overline{Y_{i.}} - \overline{Y})^2 = \frac{1}{r}\sum_{i=1}^{k} Y_{i.}^2 - CF \\
SSe &= TSS - SS_b - SS_t \\
MSe &= \frac{SSe}{(r-1)(k-1)}
\end{aligned} \tag{4.7}$$

여기서

$$CF = \frac{(Y..)^2}{kr} = \frac{1}{N}\left(\sum_i \sum_j Y_{ij}\right)^2$$

는 계산편의를 위한 보정항(correction factor)이다.

완전확률화설계 이원배치 문제에서 관심문제는 처리 간의 차이 존재 여부와 블록 간 차이의 존재 여부이다. 관심 있는 가설들은 다음과 같다.

(1) 처리효과에 대한 가설검정

$$H_0 \ : \ \tau_1 = \tau_2 = \cdots = \tau_k = 0 \ \text{(처리효과가 없다)}$$

에 대해

$$H_1 \ : \text{적어도 한 개의 } \tau_i \text{는 0이 아니다. (처리효과가 있다)}$$

검정통계량

$$F_t = \frac{MS_t}{MSe} \tag{4.8}$$

는 귀무가설하에서 $F_{k-1,(k-1)(r-1)}$ 분포를 따른다.

유의수준 α에서 검정법은 만일 $F_t > F_{k-1,(k-1)(r-1)}(\alpha)$이면 H_0를 기각한다.

(2) 블록효과에 대한 가설검정

$$H_0 \ : \ \sigma_\beta = 0 \text{(블록효과 없다)에 대해 } H_1 \ : \ \sigma_\beta \neq 0$$

검정통계량

$$F_b = \frac{MS_b}{MSe} \tag{4.9}$$

는 귀무가설하에서 $F_{r-1,(k-1)(r-1)}$ 분포를 따른다.

유의수준 α에서 검정법은 만일 $F_b > F_{b-1,(k-1)(r-1)}(\alpha)$이면 H_0를 기각한다.

분산분석에서 F 통계량의 형태는 평균제곱합의 기댓값(EMS)을 구한 후 결정할 수 있다. 평균제곱합의 기댓값(EMS)을 구하고자 한다.

평균처리제곱합에 대한 기댓값을 구하면

$$E(MS_t) = E\left(\frac{SS_t}{k-1}\right) = \frac{1}{k-1}E\left[\sum_{i=1}^{k}\sum_{j=1}^{r}(\overline{Y_{i\cdot}} - \overline{Y})^2\right] \tag{4.10}$$

$$= \frac{r}{k-1}E\left[\sum_{i=1}^{k}(\overline{Y}_{i\cdot}^2 - 2\overline{Y_{i\cdot}}\,\overline{Y} + \overline{Y}^2)\right]$$

$$= \frac{r}{k-1}E\left[\sum_{i=1}^{k}\frac{Y_{i\cdot}^2}{r^2} - k\overline{Y}^2\right]$$

$$= \frac{1}{k-1}E\left[\sum_{i=1}^{k}\frac{Y_{i\cdot}^2}{r} - \frac{Y_{\cdot\cdot}^2}{N}\right]$$

$$= \frac{1}{k-1}E\left[\sum_{i=1}^{k}\frac{1}{r}(\sum_{j=1}^{r}\mu + \tau_i + \beta_j + \epsilon_{ij})^2 - \frac{1}{N}(\sum_{i=1}^{k}\sum_{j=1}^{r}\mu + \tau_i + \beta_j + \epsilon_{ij})^2\right]$$

$$= \frac{1}{k-1}\left[N\mu^2 + r\sum_i \tau_i^2 + k\sigma_\beta^2 + k\sigma^2 - N\mu^2 - k\sigma_\beta^2 - \sigma^2\right]$$

$$= \sigma^2 + \frac{r}{k-1}\sum_{i=1}^{k}\tau_i^2$$

이다.

평균블록제곱합에 대한 기댓값을 구하면

$$E(MS_b) = E\left(\frac{SS_b}{r-1}\right) = \frac{1}{r-1}E\left[\sum_{i=1}^{k}\sum_{j=1}^{r}(\overline{Y}_{\cdot j} - \overline{Y})^2\right] \tag{4.11}$$

$$= \frac{k}{r-1}E\left[\sum_{j=1}^{r}(\overline{Y}_{\cdot j}^2 - 2\overline{Y}_{\cdot j}\overline{Y} + \overline{Y}^2)\right]$$

$$= \frac{1}{r-1}E\left[\sum_{j=1}^{r}\frac{Y_{\cdot j}^2}{k} - \frac{Y_{\cdot\cdot}^2}{N}\right]$$

$$= \frac{1}{r-1}E\left[\sum_{j=1}^{r}\frac{1}{k}(\sum_{i=1}^{k}\mu + \tau_i + \beta_j + \epsilon_{ij})^2 - \frac{1}{N}(\sum_{i=1}^{k}\sum_{j=1}^{r}\mu + \tau_i + \beta_j + \epsilon_{ij})^2\right]$$

$$= \frac{1}{r-1}\left[N\mu^2 + \frac{r}{k}\sum_i \tau_i^2 + kr\sigma_\beta^2 + r\sigma^2 - N\mu^2 - \frac{r}{k}\sum_i \tau_i^2 - k\sigma_\beta^2 - \sigma^2\right]$$

$$= \sigma^2 + k\sigma_\beta^2$$

이다.

평균오차제곱합의 기댓값을 구하면

$$E(MSe) = E\left(\frac{SSe}{(r-1)(k-1)}\right) \tag{4.12}$$

$$= \frac{1}{(r-1)(k-1)}E\left[\sum_{i=1}^{k}\sum_{j=1}^{r}(Y_{ij} - \overline{Y}_{i\cdot} - \overline{Y}_{\cdot j} + \overline{Y})^2\right] = \sigma^2$$

이다. 따라서 MSe는 분산 σ^2에 대한 불편추정량(unbiased estimator)이 된다.

<표 4.2>의 EMS로부터 각 분산에 대한 불편추정량을 계산할 수 있다.

$$E(MSe) = \sigma^2 \text{이므로 } \widehat{\sigma^2} = MSe.$$

$E(MS_b) = \sigma^2 + k\sigma_\beta^2$이므로 $E(MS_b) = E(MSe) + k\sigma_\beta^2$을 σ_β^2에 대해 풀면 된다. 그러므로 σ_β^2에 대한 불편추정량은

$$\widehat{\sigma_\beta^2} = \frac{MS_b - MSe}{k} \tag{4.13}$$

으로 구할 수 있다.

4.5 확률화완전블록설계 모형에서 모수추정

4.5.1 점추정

모수추정방법으로 3.6절에서의 방법과 마찬가지로 최소제곱법을 이용하여 오차항의 제곱합 Q를 최소화하도록 모수를 추정한다. 오차제곱합

$$Q = \sum_{i=1}^{k}\sum_{j=1}^{r} \epsilon_{ij}^2 = \sum_{i=1}^{k}\sum_{j=1}^{r} (Y_{ij} - \mu - \tau_i - \beta_j)^2 \tag{4.14}$$

을 구한 후

$$\underset{\mu, \tau_1, \cdots, \tau_k,\ \beta_1, \cdots, \beta_r}{Minimize}\ Q \tag{4.15}$$

모수에 따라 오차제곱합 Q를 최소화하는 μ, τ_i, β_j들을 구하기 위해 다음의 연립방정식을 풀어야 한다.

$$\frac{\partial Q}{\partial \mu} = 0 \tag{4.16}$$

$$\frac{\partial Q}{\partial \tau_i} = 0, \qquad i = 1, 2, \ldots, k$$

$$\frac{\partial Q}{\partial \beta_j} = 0, \qquad j = 1, 2, \ldots, r$$

$\sum_{i=1}^{k} \tau_i = 0$ 조건을 이용하여 다음의 연립방정식을 풀면 모수추정식을 얻는다.

$$\frac{\partial Q}{\partial \mu} = -2 \sum_i \sum_j (Y_{ij} - \mu - \tau_i - \beta_j) = 0 \tag{4.17}$$

$$\frac{\partial Q}{\partial \tau_1} = -2 \sum_{j=1}^{r} (Y_{1j} - \mu - \tau_1 - \beta_j) = 0$$

$$\vdots$$

$$\frac{\partial Q}{\partial \tau_k} = -2 \sum_{j=1}^{r} (Y_{kj} - \mu - \tau_k - \beta_j) = 0$$

$$\frac{\partial Q}{\partial \beta_1} = -2 \sum_{i=1}^{k} (Y_{i1} - \mu - \tau_i - \beta_1) = 0$$

$$\vdots$$

$$\frac{\partial Q}{\partial \beta_r} = -2 \sum_{i=1}^{k} (Y_{ir} - \mu - \tau_i - \beta_r) = 0$$

모수추정 결과는 다음과 같다:

$$\hat{\mu} = \overline{Y} = \frac{1}{N} \sum_{i=1}^{k} \sum_{j=1}^{r} Y_{ij} \tag{4.18}$$

$$\hat{\mu_i} = \overline{Y_{i\cdot}} = \frac{1}{r} \sum_{j=1}^{r} Y_{ij}$$

$$\hat{\tau_i} = \hat{\mu_i} - \hat{\mu} = \overline{Y_{i\cdot}} - \overline{Y}$$

$$\hat{\beta_j} = \overline{Y_{\cdot j}} - \overline{Y} = \frac{1}{k} \sum_{i=1}^{k} Y_{ij} - \overline{Y}$$

잔차는

$$\widehat{\epsilon_{ij}} = Y_{ij} - \hat{\mu} - \hat{\tau_i} - \hat{\beta_j} = Y_{ij} - \overline{Y_{i\cdot}} - \overline{Y_{\cdot j}} + \overline{Y} \tag{4.19}$$

이다.

4.5.2 구간추정

오차항이 정규분포를 따르는 경우 각 처리평균에 대한 신뢰구간을 구하고자 한다. 처리 수준에서의 모평균을 추정하면

$$\overline{Y_{i}.} = \mu + \tau_i + \overline{\beta} + \overline{\epsilon_{i}.}$$

이고

$$E(\overline{Y_{i}.}) = \mu + \tau_i$$

$$Var(\overline{Y_{i}.}) = Var(\mu + \alpha_i + \overline{\beta} + \overline{\epsilon_{i}.}) = Var(\overline{\beta} + \overline{\epsilon_{i}.}) = \frac{\sigma_\beta^2}{r} + \frac{\sigma^2}{r} = \frac{\sigma_\beta^2 + \sigma^2}{r}$$

이므로

$$\overline{Y_{i}.} \sim N\left(\mu_i, \frac{\sigma_\beta^2 + \sigma^2}{r}\right), \text{ 여기서 } \mu_i = \mu + \tau_i \tag{4.20}$$

이다.

분산에 대한 추정량은

$$Ve = \widehat{Var}(\overline{Y_{i}.}) = \frac{(MS_b - MSe)/k}{r} + \frac{MSe}{r} = \frac{MSb + (k-1)MSe}{kr} \tag{4.21}$$

을 얻는다.

분산추정량 Ve를 이용하면 다음의 통계량

$$\frac{\overline{Y_{i}.} - \mu_i}{\sqrt{Ve}} \sim t_{df_{Ve}} \tag{4.22}$$

는 $t_{df_{Ve}}$ 분포를 따른다. 여기서 df_{MSb}는 MSb의 자유도, df_{mse}는 MSe의 자유도이고

$$t_{df_{Ve}} = \frac{[MSb + (k-1)MSe]^2}{\frac{MSb^2}{df_{msb}} + \frac{[(k-1)MSe]^2}{df_{mse}}} \tag{4.23}$$

으로 Satterthwaite에 의해 제안된 자유도이다.

(1) μ_i에 대한 $100(1-\alpha)\%$ 신뢰구간

$$\overline{Y_{i}.} \quad \pm \quad t_{df_{Ve}}(\alpha/2)\sqrt{Ve} \tag{4.24}$$

이번에는 두 개 처리수준에서의 모평균을 추정하고자 한다.

$$\overline{Y_{i}.} = \mu + \tau_i + \overline{\beta} + \overline{\epsilon_{i}.}, \ \overline{Y_{l}.} = \mu + \tau_l + \overline{\beta} + \overline{\epsilon_{l}.}$$

이고 기댓값은

$$E(\overline{Y_{i}.} - \overline{Y_{l}.}) = \tau_i - \tau_l + \overline{\epsilon_{i}.} - \overline{\epsilon_{l}.}$$

이다. 분산은

$$Var(\overline{Y_{i}.} - \overline{Y_{l}.}) = Var(\overline{\epsilon_{i}.}) + Var(\overline{\epsilon_{l}.}) = \frac{\sigma^2}{r} + \frac{\sigma^2}{r} = \frac{2\sigma^2}{r}$$

으로 분산에 대한 추정량은

$$\widehat{Var}(\overline{Y_{i}.} - \overline{Y_{l}.}) = \frac{2\widehat{\sigma^2}}{r} = \frac{2MSe}{r}$$

을 얻는다.

$$\frac{\overline{Y_{i}.} - \overline{Y_{l}.}}{\sqrt{\frac{2MSe}{r}}} \sim t_{(k-1)(r-1)} \tag{4.25}$$

는 $t_{df_{MSe}}$ 분포를 따른다.

(2) 처리평균차 $\mu_i - \mu_l$에 대한 $100(1-\alpha)\%$ 신뢰구간

$$\overline{Y_{i}.} - \overline{Y_{l}.} \quad \pm \quad t_{(k-1)(r-1)}(\alpha/2)\sqrt{\frac{2MSe}{r}} \tag{4.26}$$

블록효과는 변량이므로 분산추정량 $\widehat{\sigma_\beta^2}$ 만 필요하다고 볼 수 있다.

4.6 여러 처리평균에 대한 다중비교

확률화완전블록설계에서 각 처리에 대한 반복수는 블록 개수와 일치한다.

$$r = \text{반복수} = \text{블록수}$$

그러므로 처리에 대한 반복수를 고려하여 3.7절에서 다루었던 처리에 대한 다중비교를 적용하면 된다.

최소유의차 검정을 하고자 하는 경우 적절한 LSD 값을 사용하면 된다.

만일 $|\overline{Y_{i}.} - \overline{Y_{l}.}\ | > LSD$이면 i번째 처리와 l번째 처리평균차이가 유의하다.

여기서 유의수준 α에서

$$LSD = t_{(k-1)(r-1)}(\alpha/2)\sqrt{\frac{2MSe}{r}} \tag{4.27}$$

이다.

4.7 모형의 타당성에 대한 검토

처리효과와 블록효과에 대한 F-검정을 하기 위해서는 모형에 대한 가정이 만족되어야 한다.

확률화완전블록설계에서 모형

$$Y_{ij} = \mu + \tau_i + \beta_j + \epsilon_{ij}\,,\quad \epsilon_{ij} \sim iid\ N(0, \sigma^2),\ \beta_j \sim iid\ N(0, \sigma_\beta^2)\ \text{서로 독립}$$

을 세우고 분산분석을 실시한다. 만약 오차항에 대한 가정이 맞는다면 분산분석에서 F-검정이 정확한 검정방법이다. 그러나 만일 오차항에 대한 정규성 가정이 맞지 않는다면 F-검정은 유효하지 않다.

가정에 대한 검토 및 모형에 대한 검토로서 잔차들에 대한 점검이 필요하다. 즉,

$$\text{잔차}\quad \widehat{\epsilon_{ij}} = Y_{ij} - \hat{\mu} - \widehat{\tau_i} - \widehat{\beta_j} = Y_{ij} - \overline{Y}_{i\,.} - \overline{Y}_{.\,j} + \overline{Y} \qquad (4.28)$$

에 대해 모형의 적합도에 대한 검토를 한다. 잔차를 이용한 모형에 대한 검토에 관해서는 3.10절에서의 설명을 참조하기 바란다. 만약 모형이 타당하다면 잔차들은 어떤 경향이나 구조를 나타내지 말아야 하므로 (i) 정규성 검정 (ii) 잔차그림 (iii) 등분산성에 대한 검정을 수행해 본다.

4.8 완전확률화설계와 확률화완전블록설계 비교

확률화완전블록설계는 모든 실험구가 동등하지 않을 경우 블록으로 설정하고 블록 내 확률화를 적용한 실험설계방법이다. <표 4.3>에서 두 설계방법에 대해 간단히 비교한다. 실험상황을 파악하여 적절한 설계를 선택해야 한다.

표 4.3 완전확률화설계와 확률화완전블록설계 비교

	완전확률화설계	확률화완전블록설계
확률화	확률화 원리	블록 내 확률화 (층화 원리)
반복수	처리수와 반복수에 구애받지 않는다. (반복수가 동일하지 않아도 된다)	처리별 반복수가 동일하다. 한 블록 내에 모든 처리가 행해져야 한다.
반복수 r	오차 자유도 = $k(r-1)$	오차 자유도 = $(k-1)(r-1)$

4.9 R을 이용한 확률화완전블록설계 분석

예제 4.1 3가지 세제에 대해 박테리아의 성장을 지연시키는 효과를 비교하고자 한다. 실험실에서 하루에 3번의 실험이 가능하므로 실험일을 블록으로 하여 확률화완전블록설계를 하여 다음의 데이터를 얻었다. 통계적 분석을 이용하여 유의수준 0.05에서 세제 효과 여부에 대해 알아보고자 한다.

표 4.4 세제 데이터

처리(세제) \ 블록(실험일)	1	2	3	4
1	20	22	18	25
2	16	18	17	19
3	30	34	29	27

<프로그램 4.1>을 이용하여 얻은 결과를 다음과 같이 정리할 수 있다.

(1) 활용한 실험설계이름: 확률화완전블록설계

(2) 통계적 모형과 가정:

$$Y_{ij} = \mu + \tau_i + \beta_j + \epsilon_{ij} \qquad i = 1,2,3 \qquad j = 1,2,3,4$$

여기서 μ : 모집단의 전체평균

τ_i : i^{th} 세제 효과

β_j : j^{th} 블록인 실험일 효과

$\beta_j \sim iid\ N(0, \sigma_\beta^2)$

ϵ_{ij} : 오차항 $\sim iid\ N(0, \sigma^2)$

ϵ_{ij} 와 β_j는 서로 독립

$\sum_{i=1}^{3} \tau_i = 0$ 고정효과모형

(3) 처리별 평균과 블록별 평균

처리별 평균: $\overline{Y_1.} = 21.25$ $\overline{Y_2.} = 17.50$ $\overline{Y_3.} = 30.00$

블록별 평균: $\overline{Y._1} = 22.00$ $\overline{Y._2} = 24.67$ $\overline{Y._3} = 21.33$ $\overline{Y._4} = 23.67$

(4) 통계적 가설과 검정 및 결론

(a) H_0 : $\tau_1 = \tau_2 = \tau_3 = 0$ (세제효과 없다)에 대해 H_1 : $not\ H_0$

검정통계량 $F_t = \dfrac{MS_t}{MSe} = 26.810$

p-값 $= 0.00102 < \alpha = 0.05$ 이므로 H_0를 기각한다. 즉, 세제 간 박테리아 성장 지연효과에 통계적으로 유의한 차이가 있다.

(b) H_0 : $\sigma_\beta = 0$ (블록효과 없다)에 대해 H_1 : $\sigma_\beta \neq 0$

검정통계량 $F_b = \dfrac{MS_b}{MSe} = 1.136$

p-값 $= 0.40722 > 0.05 = \alpha$ 이므로 H_0를 기각하지 못한다. 즉, 실험일 간 박테리아 성장 지연효과에 통계적으로 유의한 차이가 있다고 할 수 없다.

(5) 모수추정

$\hat{\mu} = 22.91667$

$\hat{\tau}_1 = -1.666667$ $\hat{\tau}_2 = -5.416667$ $\hat{\tau}_3 = 7.083333$

$\hat{\beta}_1 = -0.9166667$ $\hat{\beta}_2 = 1.7500000$ $\hat{\beta}_3 = -1.5833333$ $\hat{\beta}_4 = 0.7500000$

$\hat{\sigma}^2 = 6.14$

(6) 분산분석표

표 4.5 세제 데이터 분산분석표

요인	자유도	제곱합	평균제곱합	F 통계량	p-값	EMS
세제 (처리)	2	329.2	164.58	26.810	0.00102	$\sigma^2 + 3\left(\dfrac{\sum\tau_i^2}{2}\right)$
실험일 (블록)	3	20.9	6.97	1.136	0.40722	$\sigma^2 + 3\sigma_\beta^2$
오차	6	36.8	6.14			σ^2
총합	11	386.9				

(7) 세제 간 LSD 다중비교

유의수준 $\alpha = 0.05$에서 LSD 다중비교에 의해 (1,2)와 (3)으로 그룹화할 수 있다.

(8) 모형에 대한 검토 – 잔차분석

<그림 4.2> 잔차에 대한 그림을 보면 뚜렷한 경향이 있어 보이지는 않는다.

프로그램 4.1 세제 데이터에 대한 확률화완전블록설계

```
trt<-c(1,1,1,1, 2,2,2,2, 3,3,3,3)
block<-c(1,2,3,4, 1,2,3,4, 1,2,3,4)
y<-c(20,     22,     18,     25,
     16,     18,     17,     19,
     30,     34,     29,     27)
trt<-as.factor(trt)
block<-as.factor(block)
mean(y)                              # overall mean
tapply(y, trt, mean)                 # trt-wise mean
tapply(y, trt, var)                  # trt-wise var
tapply(y, block, mean)               # block-wise mean
tapply(y, block, var)                # block-wise var
tapply(y, trt, mean)-mean(y)         # hat tau
tapply(y, block, mean)-mean(y)       # hat beta

aov.out<-aov( y~ trt +block)
  summary(aov.out)                          # ANOVA table
par(mfrow=c(1,2))
plot(y~trt)  ;  plot(y~block)               # 그림 4.1
 pairwise.t.test(y, trt, p.adjust="none")  # treatment에 대한 LSD
 aov.out$fitted                             # hat y
 aov.out$residuals                          # residuals
 shapiro.test(aov.out$residuals)
par(mfrow=c(2,2))
 plot(aov.out) # 그림 4.2                   # 4 diagnostic plots with residuals
```

```
> mean(y)                              # overall mean
[1] 22.91667                    μ̂
> tapply(y, trt, mean)                 # trt-wise mean
    1     2     3
21.25 17.50 30.00               처리(세제종류)별 평균을 보여 준다.
> tapply(y, trt, var)                  # trt-wise var
       1        2        3
8.916667 1.666667 8.666667      처리(세제종류)별 분산을 보여 준다.
> tapply(y, block, mean)               # block-wise mean
       1        2        3        4
22.00000 24.66667 21.33333 23.66667     블록(실험일)별 평균을 보여 준다.
> tapply(y, block, var)                # block-wise var
       1        2        3        4
52.00000 69.33333 44.33333 17.33333     블록(실험일)별 분산을 보여 준다.
> tapply(y, trt, mean)-mean(y)         # hat tau
        1         2        3
-1.666667 -5.416667 7.083333
```

$\hat{\tau}_1$ $\hat{\tau}_2$ $\hat{\tau}_3$: 처리효과 추정값

```
> tapply(y, block, mean)-mean(y)    # hat beta
         1          2          3          4
-0.9166667  1.7500000 -1.5833333  0.7500000
```

$\widehat{\beta_1}$ $\widehat{\beta_2}$ $\widehat{\beta_3}$ $\widehat{\beta_4}$: 블록효과 추정값

```
> aov.out<-aov( y~ trt +block)
> summary(aov.out)                  # ANOVA table
            Df Sum Sq Mean Sq F value  Pr(>F)
trt          2  329.2  164.58  26.810 0.00102 **
block        3   20.9    6.97   1.136 0.40722
Residuals    6   36.8    6.14
```

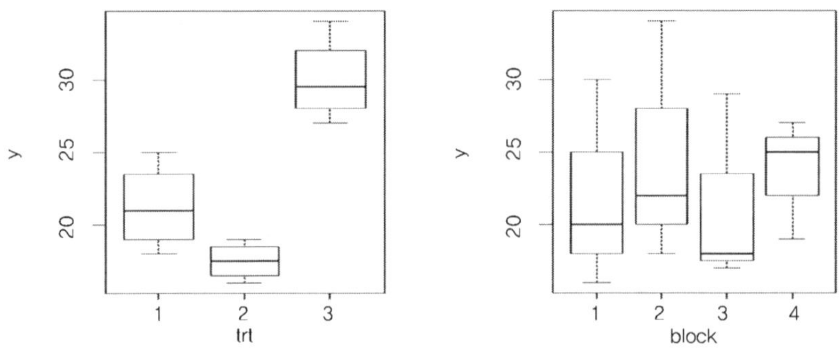

그림 4.1 (a) 처리별 상자그림 (b) 블록별 상자그림

```
> pairwise.t.test(y, trt, p.adjust="none")  # treatment에 대한 LSD
        Pairwise comparisons using t tests with pooled SD
data:  y and trt
  1       2
2 0.06580 -
3 0.00087 6.5e-05
```

유의수준 $\alpha = 0.05$에서 LSD 다중비교에 의해 (1,2)와 (3)의 두 그룹으로 나눌 수 있다.

```
> aov.out$fitted       # hat y
       1        2        3        4        5        6        7        8
20.33333 23.00000 19.66667 22.00000 16.58333 19.25000 15.91667 18.25000
       9       10       11       12
29.08333 31.75000 28.41667 30.75000

> aov.out$residuals   # residuals
         1          2          3          4          5          6          7
-0.3333333 -1.0000000 -1.6666667  3.0000000 -0.5833333 -1.2500000  1.0833333
         8          9         10         11         12
 0.7500000  0.9166667  2.2500000  0.5833333 -3.7500000
> shapiro.test(aov.out$residuals)
        Shapiro-Wilk normality test
```

```
data:  aov.out$residuals
W = 0.9776, p-value = 0.972
```

'H_0 : 정규분포를 따른다.'에 대해 'H_1 : 정규분포를 따르지 않는다.'

정규성 가설에 대한 검정으로 검정통계량은 $W = 0.9776$이고 p-값 $= 0.972 > 0.05 = \alpha$이므로 유의수준 5%에서 H_0를 기각하지 못한다. 그러므로 잔차는 정규분포를 따른다고 할 수 있으므로 모형에 대한 가정을 만족한다.

```
> plot(aov.out)
```

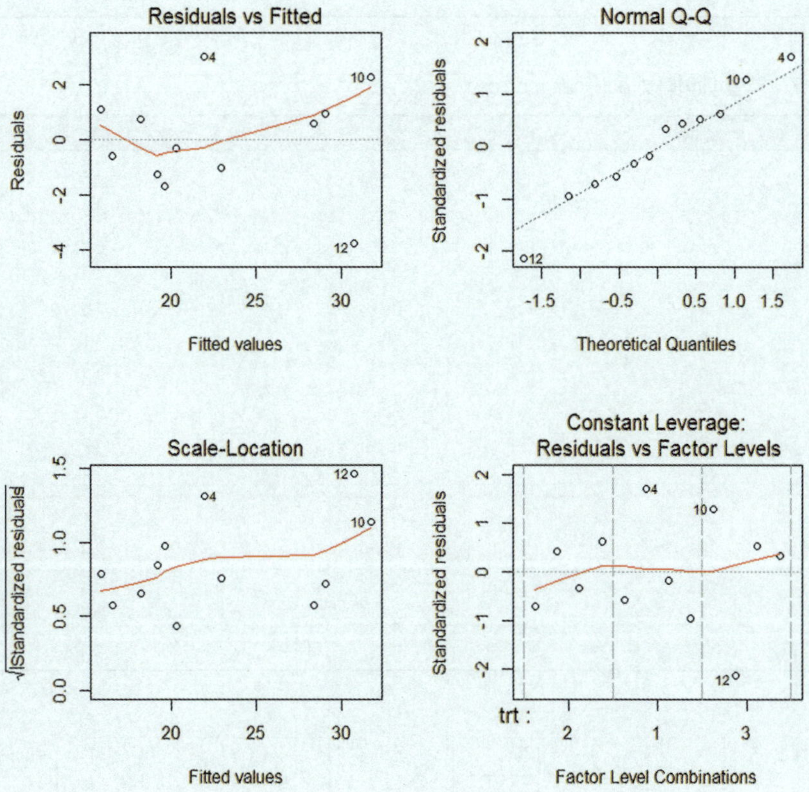

그림 4.2 잔차에 대한 그림

예제 4.2 3가지 첨가제가 자동차의 연비 향상에 미치는 영향을 조사하고자 한다. 주행실험에서 5종류의 자동차를 각각 블록으로 하고 확률화완전블록설계를 하여 다음의 데이터를 얻었다. 유의수준 0.05에서 통계적 분석을 이용하여 결론을 얻고자 한다.

표 4.6 자동차 첨가제 데이터

첨가제 \ 자동차종류	1	2	3	4	5	처리합
1	13	17	13	14	16	
2	11	12	11	12	14	
3	17	19	18	20	20	
블록합						

표 4.7 엑셀 데이터셋 add_car_rcbd.csv

additive	car	y
1	1	13
1	2	17
1	3	13
1	4	14
1	5	16
2	1	11
2	2	12
2	3	11
2	4	12
2	5	14
3	1	17
3	2	19
3	3	18
3	4	20
3	5	20

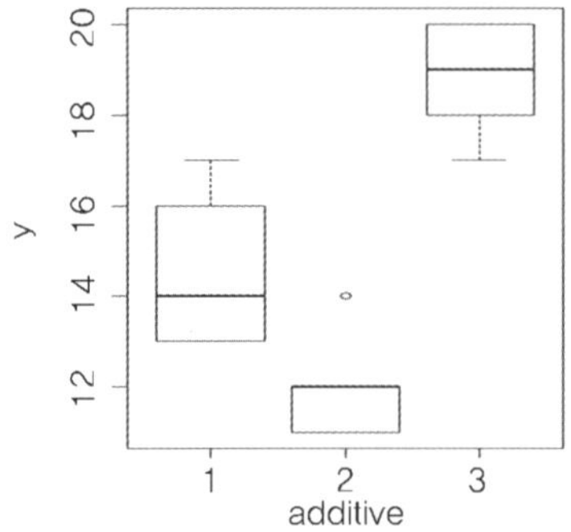

(a) 첨가제에 따른 상자그림

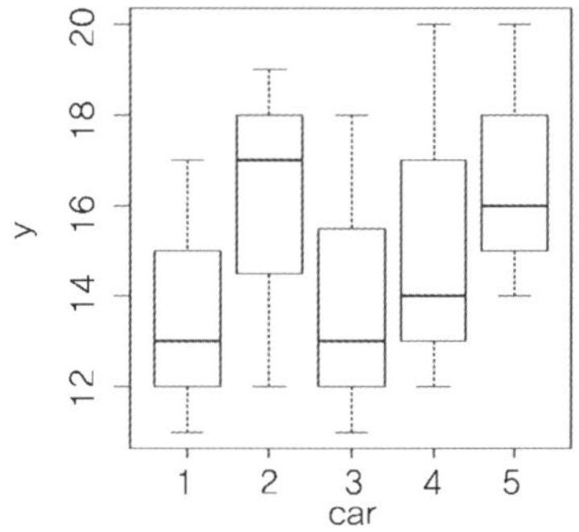

(b) 자동차종류에 따른 상자그림

그림 4.3 자동차 첨가제 데이터 그림

이와 같은 엑셀 데이터셋(*.csv)를 만든 후 읽어 들인다. 각 변수는 각 열에 위치하도록 해야 한다. <프로그램 4.2>를 이용한다.

프로그램 4.2 첨가제 데이터에 대한 확률화완전블록설계 분석

```
# RCBD
b=read.csv(file="D:\\13expd\\add_car_rcbd.csv", header=TRUE)
attach(b) ; b
additive<-as.factor(additive)  # treatment
car<-as.factor(car)            # block
par(mfrow=c(1,2))
   plot(y~additive) ;   plot(y~car) # 그림 4.3
tapply(y,additive, mean);   tapply(y,car, mean)
fit<-lm(y~ car+additive)
anova(fit)                     # ANOVA table

pairwise.t.test(y, additive, p.adjust="none")  # treatment에 대한 LSD
detach(b)
```

```
> tapply(y, additive, mean)
   1    2    3
14.6 12.0 18.8
```

첨가제별 처리평균을 보여 준다.

```
> tapply(y, car, mean)
       1        2        3        4        5
13.66667 16.00000 14.00000 15.33333 16.66667
```

자동차별 블록평균을 보여 준다.

```
> anova(fit)
Analysis of Variance Table
Response: y
          Df  Sum Sq Mean Sq F value    Pr(>F)
car        4  19.733   4.933  6.2979   0.01362 *
additive   2 117.733  58.867 75.1489 6.523e-06 ***
Residuals  8   6.267   0.783
```

분산분석 결과를 정리해 분산분석표 <표 4.8>을 작성할 수 있다.

표 4.8 자동차 첨가제 데이터에 대한 분산분석표

요인	자유도	제곱합	평균제곱합	F 통계량	$p-$값	EMS
처리(첨가제)	2	117.733	58.867	75.1489	6.523×10^{-6}	$\sigma^2+\frac{5}{2}\sum\tau_i^2$
블록(자동차)	4	19.733	4.933	6.2979	0.01362	$\sigma^2+3\sigma_\beta^2$
오차	8	6.267	0.783			σ^2
총합	14	143.733				

분산분석표로 정리된 결과를 살펴보자. 첨가제(처리)에 대한 검정통계량 $F_t=75.149$이고 p-값$=6.523\times10^{-6}<0.05=\alpha$이므로 H_0를 기각한다. 그러므로 첨가제 종류에 따른 연비 차이는 유의하다. 자동차 종류(블록)에 대한 검정통계량 $F_b=6.2979$이고 p-값$=0.01362<0.05=\alpha$이므로 H_0를 기각한다. 즉, 자동차 종류에 따른 연비 차이는 유의하다.

```
> pairwise.t.test(y, additive, p.adjust="none")
        Pairwise comparisons using t tests with pooled SD
data:  y and additive
  1       2
2 0.01626 -
3 0.00071 9.4e-06
```

유의수준 $\alpha=0.05$에서 LSD 다중비교 결과 처리평균의 크기순으로 늘어놓으면, 2 1 3으로 세 개 평균이 서로 다르다고 할 수 있다.

4.10 균형불완비블록설계

확률화블록설계에서 각 블록의 모든 처리조합을 실험하지 못하는 경우가 있다. 즉, 하나의 블록에 포함된 실험단위 수가 처리조합의 수보다 적은 경우 한 블록 내에서 모든 처리를 한 번씩 실험할 수 없다. 이런 상황은 주로 실험 장비의 부족, 재료의 부족, 블록 내 가능한 실험구 수 부족 등으로 발생할 수 있다. 이러한 경우 블록 내에서 모든 처리조합을 실험할 수는 없는 불완비블록을 이용한 확률화 불완비블록설계를 해야 한다.

모든 처리에 대한 비교는 동등하게 중요하므로 불완비블록설계에서는 각 블록 내 처리조합의 선택은 균형 있게 다루어져야 한다. 이러한 설계를 균형불완비블록설계(balanced incomplete block design: BIBD)로 할 수 있다. 균형불완비블록설계에서는 같은 개수의 블록에 처리조합이 나타나도록 만든다. 블록 내에서 처리조합들을 기하학적으로 균형 있게 배치해야 각 처리들 간의 차이를 동일한 정밀도로 추정할 수 있게 된다.

예제 4.3 운동화 상표 A, B, C를 비교하고자 한다. 실험에 참가할 수 있는 사람은 3명이 있으며 각 참여자는 발이 두 개이므로 두 종류의 운동화만 신을 수 있다. 여기서 처리는 운동화종류이고 처리수준은 3이며 블록은 사람이고 블록 내 실험구수는 2가 된다. 균형불완비블록설계를 해보도록 하자.

균형불완비블록설계		
	왼발	오른발
사람 1	(A ,	B)
사람 2	(A ,	C)
사람 3	(B ,	C)

이와 같이 배치하면 각 운동화 종류는 두 개의 블록에서 나타나며 같은 블록에서 두 종류의 운동화가 만나는 경우는 한 번이다. 즉, A와 B, A와 C, B와 C가 같은 블록에서 만나는 횟수는 1회로 동일하다.

만일 균형있게 배치하지 않고 다음과 같이 배치했다면 운동화 A의 효과는 사람 1의 효과와 교락되어 운동화 A의 효과를 구별해내기 어렵다.

불균형 설계		
	왼발	오른발
사람 1	(A,	A)
사람 2	(B,	C)
사람 3	(C,	B)

예제 4.4 A 화공학자(chemical engineer)는 B 화학공정(chemical process)에 대한 반응시간(reaction time)이 촉매제(catalyst) 종류의 함수로 주어진다고 생각한다. 관심 있는 촉매제는 4종류이며 이들에 대한 실험을 하고자 하는데, 각 배치(batch)는 세 개의 촉매제만 포함할 수 있다. 실험을 하기 위해서는 균형불완비블록설계를 해야 하며 실험결과 <표 4.9>의 데이터를 얻었다.

표 4.9 촉매제 데이터

	블록				
촉매제	1	2	3	4	처리합 $Y_{i.}$
1	73	74	–	71	218
2	–	75	67	72	214
3	73	75	68	–	216
4	75	–	72	77	224
블록합 $Y_{.j}$	221	224	207	30	872

4.10.1 균형불완비블록설계의 자료구조와 가정

a개 처리가 있고 b개 블록이 있다고 가정한다. 각 블록은 k개의 실험구를 포함한다. 각 처리는 r번 반복된 측정을 얻을 수 있다. 총관측수는 $N = ar = bk$ 이다. 합리적, 효율적인 균형불완비블록설계를 하는 방법을 설명하고자 한다. 처리쌍이 같은 블록에서 나타나는 횟수를 λ라고 하자.

(1) 각 블록의 크기는 k로 동일하다. 즉, k개 실험구를 포함한다.

(2) 각 처리는 같은 블록에 많아야 한 번 포함된다.

(3) 각 처리는 다같이 r회 반복을 갖는다. 즉, 각 처리는 r개 블록에 한 번씩 포함된다.

(4) 어느 처리를 기준으로 하여도 나머지 어떤 처리와도 같은 블록에서 λ회씩 만난다. 즉, 각 처리쌍이 같은 블록에서 만나는 횟수는 $\lambda = \dfrac{r(k-1)}{a-1}$이며 정수여야 한다.

λ를 유도하는 방법을 생각해보자. 처리 1이 r개 블록에서 나타나므로 처리 1이 나타난 블록에서는 처리 1을 제외하면 $(k-1)$개 처리가 나타난다. 이러한 블록이 r개 있으므로 처리 1이 다른 처리와 같은 블록에서 얻은 관측값 개수는 $r(k-1)$개이다. 또한 처리 1이 다른 처리와 같은 블록에서 만나는 횟수는 λ이고 다른 처리는 $(a-1)$개 있으므로 처리 1이 다른 처리와 같은 블록에서 만나서 얻게되는 관측값 개수는 $\lambda(a-1)$이므로 다음의 등식이 성립한다.

$$\lambda(a-1) = r(k-1)$$

만약 $b = a$이면 대칭적(symmetric)인 설계라고 한다.

b개 블록에서 각각 k개 실험구에 균형 있는 처리배치를 해야 한다.

표 4.10 균형불완비블록설계 자료구조

	실험구 1 … k
1	
블록 :	처리배치
b	

배치 구조를 편하게 보기 위해서는 처리와 블록을 요인으로 표시한 이원배치표 <표 4.11>과 같이 정리할 수 있다.

표 4.11 균형불완비블록 이원배치표

처리번호 \ 블록번호	1	2	…	b
1	*	□	…	*
2	*	*	…	□
⋮	⋮	⋮	…	⋮
a	□	*	…	*

<표 4.11>에서 *는 데이터값이 있는 경우를 나타내고 □는 데이터값이 없는 경우를 나타낸다.

예제 4.5(a) 4개 처리와 3개 실험구를 포함한 4개 블록이 있는 경우 균형불완비블록설계로 실험을 한 후 이원배치표에 정리한 결과이다. $a,\ b,\ \lambda,\ k,\ r$을 구하시오. *는 실험 후 데이터를 얻은 경우이며 □는 데이터값이 없는 경우이다.

표 4.12 처리 4개, 블록 4개인 균형불완비블록설계

처리 \ 블록	1	2	3	4
A	*	□	*	*
B	*	*	□	*
C	*	*	*	□
D	□	*	*	*

$$a = 4,\ \ b = 4,\ \ k = 3,\ \ r = 3$$

$\lambda = \dfrac{3(3-1)}{(4-1)} = 2$이므로 처리쌍이 같은 블록에서 만나는 횟수는 2회이다. 가능한 각 처리쌍이 만나는 경우를 정리해 보면 λ회가 된다.

(처리A, 처리B)는 블록 1과 블록 4에서 2회($\lambda = 2$) 만난다.

(처리A, 처리C)는 블록 1과 블록 3에서 2회 만난다.

(처리A, 처리D)는 블록 3과 블록 4에서 2회 만난다.

(처리B, 처리C)는 블록 1과 블록 2에서 2회 만난다.

(처리B, 처리D)는 블록 2와 블록 4에서 2회 만난다.

(처리C, 처리D)는 블록 2와 블록 3에서 2회 만난다.

예제 4.5(b) 7개 처리와 3개 실험구를 포함한 7개 블록이 있는 경우 균형불완비블록설계로 실험을 한 후 이원배치표에 정리한 표이다. *는 실험 후 데이터를 얻은 경우이다. $a,\ b,\ \lambda,\ k,\ r$을 구하고자 한다.

표 4.13 처리 7개, 블록 7개인 균형불완비블록설계

	블록						
처리	1	2	3	4	5	6	7
1	*				*		*
2	*	*				*	
3		*	*				*
4	*		*	*			
5		*		*	*		
6			*		*	*	
7				*		*	*

$$a = 7,\ \ b = 7,\ \ k = 3,\ \ r = 3$$

$\lambda = \dfrac{3(3-1)}{(7-1)} = 1$ 이므로 처리쌍이 같은 블록에서 만나는 횟수는 1회이다.

모든 처리쌍 (1,2), (1,3), (1,4), (1,5), (1,6), (1,7), (2,3), (2,4), (2,5), (2,6), (2,7), (3,4), (3,5), (3,6), (3,7), (4,5), (4,6), (4,7), (5,6), (5,7), (6,7)은 같은 블록에서 1회씩 만난다.

4.10.2 통계적 모형

균형불완비블록설계에 대한 통계적 모형은 완전블록설계와 같으나 다른 점은 모든 첨자에 대한 값이 존재하지는 않는 것이다. a개 처리가 있고 k개의 실험구를 포함한 b개의 블록에 대한 균형불완비블록설계를 고려한다.

반응값 Y_{ij}는 i번째 처리가 j번째 블록에서의 관측값으로 통계적 모형은

$$Y_{ij} = \mu + \tau_i + \beta_j + \epsilon_{ij} \qquad i = 1,2,\cdots,a, \quad j = 1,2,\cdots,b \tag{4.28}$$

이다. 모든 $i,\ j$에 대해 Y_{ij} 값이 있는 것은 아니다. 여기서

$N = ar = bk$는 데이터 총수

μ는 모집단의 전체평균

τ_i는 i번째 처리효과(treatment effect)로 고정효과, $\sum_{i=1}^{a} \tau_i = 0$

β_j는 j번째 블록효과(block effect)로 변량효과

$E(\beta_j) = 0,\ \ V(\beta_j) = \sigma_\beta^2, \quad \beta_j \sim iid\ N(0, \sigma_\beta^2)$

ϵ_{ij}는 i번째 처리의 j번째 블록에서의 측정값에 따르는 오차항으로

평균 $E(\epsilon_{ij}) = 0$, 분산 $V(\epsilon_{ij}) = \sigma^2$ 인 정규분포를 따른다.

즉, $\epsilon_{ij} \sim iid\ N(0,\ \sigma^2)$

ϵ_{ij}와 β_j는 서로 독립이다.

모형 자체는 완전블록설계의 경우와 동일하지만 블록마다 모든 처리가 행해지지 않아 제곱합 계산이 복잡해진다.

4.10.3 분산분석과 가설검정

총변동을 요인에 의한 변동으로 분해할 수 있으나 처리제곱합과 블록제곱합을 구분하기 위해서는 수정된 제곱합을 계산해야 한다.

처리효과에 대한 제곱합을 구하기 위해

$$TSS = SS_{처리(수정)} + SS_{블록} + SSe \tag{4.29}$$

로 분할한 후 처리효과에 대한 검정을 한다. 이러한 수정이 필요한 이유는 각 처리마다 서로 다른 조합으로 구성된 r개의 블록에서 실험되어 측정값을 얻으므로 처리합에 대해 블록간 차이로 인한 보정이 필요하기 때문이다.

블록효과에 대한 제곱합을 구하기 위해

$$TSS = SS_{처리} + SS_{블록(수정)} + SSe \tag{4.30}$$

로 분할한 후 블록효과에 대한 검정을 한다.

표 4.14 균형불완비블록설계에서 분산분석표(수정된 처리제곱합 포함)

요인	자유도	제곱합	평균제곱합	F 통계량	기각값
처리	$a-1$	$SS_{처리(수정)}$	$MS_t = \dfrac{SS_{처리(수정)}}{a-1}$	$F_t = \dfrac{MS_t}{MSe}$	$F_{a-1, N-a-b+1}(\alpha)$
블록	$b-1$	$SS_{블록}$	$MS_b = \dfrac{SS_{블록}}{b-1}$		
오차	$N-a-b+1$	SSe	$MSe = \dfrac{SSe}{N-a-b+1}$		
총합	$N-1$	TSS			

여기서

$$TSS = \sum_{i=1}^{a}\sum_{j=1}^{b}(Y_{ij} - \overline{Y})^2 = \sum_i\sum_j Y_{ij}^2 - CF,\ CF = \frac{Y_{..}^2}{N}$$

$$\text{수정된 처리제곱합 } SS_{처리(수정)} = \frac{k\sum_{i=1}^{a}Q_i^2}{\lambda a} \tag{4.31}$$

이다. i번째 처리에 대한 수정합(adjusted total)

$$Q_i = Y_{i.} - \frac{1}{k}\sum_{j=1}^{b} n_{ij} Y_{.j} \qquad i = 1, \cdots, a \tag{4.32}$$

$$\begin{cases} n_{ij} = 1 & i\text{번째 처리가 } j\text{번째 블록에 나타날 때} \\ \quad\ = 0 & \text{그 외} \end{cases}$$

$$\text{블록제곱합 } SS_{블록} = \sum_{j=1}^{b}\frac{Y_{.j}^2}{k} - CF$$

$$\text{오차제곱합 } SSe = TSS - SS_{처리(수정)} - SS_{블록}$$

이고, 처리효과에 대한 통계적 가설은

$$H_0: \ \tau_1 = \tau_2 = \cdots = \tau_a = 0 \text{ (처리효과 없다)에 대해 } H_1: \ \text{Not } H_0$$

이다. 유의수준 α에서 검정법은 만일 $F_t > F_{a-1, N-a-b+1}(\alpha)$이면 H_0를 기각한다.

표 4.15 균형불완비블록설계에서 분산분석표(수정된 블록제곱합 포함)

요인	자유도	제곱합	평균제곱합	F 통계량	기각값
처리	$a-1$	$SS_{처리}$	$MS_t = \dfrac{SS_{처리}}{a-1}$		
블록	$b-1$	$SS_{블록(수정)}$	$MS_b = \dfrac{SS_{블록(수정)}}{b-1}$	$F_b = \dfrac{MS_b}{MS_e}$	$F_{b-1, N-a-b+1}(\alpha)$
오차	$N-a-b+1$	SSe	$MSe = \dfrac{SSe}{N-a-b+1}$		
총합	$N-1$	TSS			

여기서

$$TSS = \sum_{i=1}^{a}\sum_{j=1}^{b}(Y_{ij} - \overline{Y})^2 = \sum_i \sum_j Y_{ij}^2 - CF, \ CF = Y_{..}^2 / N$$

$$\text{수정된 블록제곱합} \quad SS_{블록(수정)} = \frac{r\sum_{j=1}^{b} Q_j^{*2}}{\lambda b} \tag{4.33}$$

j번째 블록에 대한 수정합(adjusted total)

$$Q_j^* = Y_{.j} - \frac{1}{r}\sum_{i=1}^{a} n_{ij} Y_{i.} \qquad j = 1, \cdots, b \tag{4.34}$$

$$n_{ij} = \begin{cases} 1 & i\text{번째 처리가 } j\text{번째 블록에 나타날 때} \\ 0 & \text{그 외} \end{cases}$$

$$TSS = SS_{처리} + SS_{블록(수정)} + SSe$$

$$\text{처리제곱합 } SS_{처리} = \sum_{i=1}^{a} \frac{Y_{i.}^2}{r} - CF$$

$$\text{오차제곱합 } SSe = TSS - SS_{처리} - SS_{블록(수정)}$$

이다. 블록효과에 대한 통계적 가설은

$$H_0: \ \sigma_\beta^2 = 0 \text{ (블록효과 없다)에 대해 } H_1: \ \text{Not } H_0$$

유의수준 α에서 검정법은 만일 $F_b > F_{b-1,N-a-b+1}(\alpha)$이면 유의수준 α에서 H_0를 기각한다.

4.11 R을 이용한 균형불완비블록설계 분석

예제 4.6 4가지 첨가제가 자동차의 연비 향상에 미치는 영향을 조사하고자 한다. 주행실험에서 4종류의 자동차를 각각 블록으로 하여 실험하고자 한다. 그러나 시간 제약 때문에 다음과 같은 형태의 균형불완비블록설계를 하여 다음의 데이터를 얻었다. 유의수준 0.05에서 통계적 분석을 이용하여 결론을 얻고자 한다.

표 4.16 자동차 첨가제에 대한 균형불완비블록설계

첨가제(처리) \ 자동차종류(블록)	1	2	3	4	처리 합
1	□	17	13	16	
2	11	□	11	12	
3	10	11	□	12	
4	12	14	13	□	
블록 합					

프로그램 4.3 자동차 첨가제 균형불완비블록설계 분석

```
# BIBD
b=read.csv(file="D:\\13expd\\add_car.csv", header=TRUE)
attach(b) ; b

additive<-as.factor(b$additive)   # treatment
car<-as.factor(b$car)             # block
```

```
par(mfrow=c(1,2))
plot(y~additive) ;    plot(y~car)          # 그림 4.4

fit<-lm(y~ car+additive) # 모형에서 factor 순서 중요:adjusted additive(trt)
anova(fit)
fit.b<-lm(y~ additive+car) # 모형에서 factor 순서 중요:adjusted car(block)
anova(fit.b)
tapply(y,additive, mean)
pairwise.t.test(y, additive, p.adjust="none")  # treatment에 대한 LSD
detach(b)
```

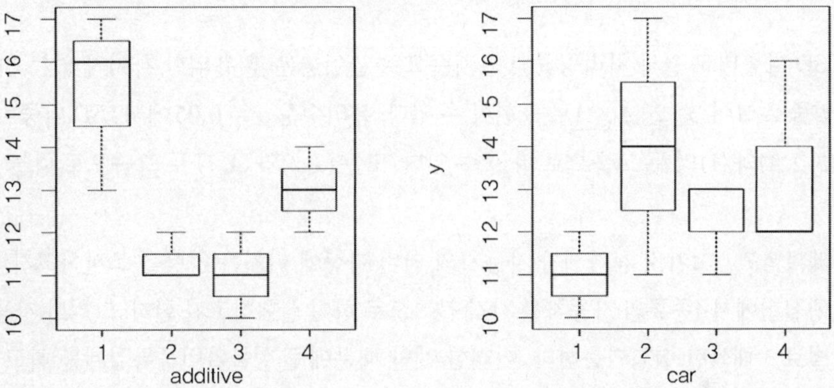

그림 4.4 (a) 첨가제(처리)에 따른 상자그림 (b) 자동차 종류(블록)에 따른 상자그림

```
> anova(fit)
Analysis of Variance Table
Response: y
          Df  Sum Sq  Mean Sq   F value    Pr(>F)
car        3 15.3333   5.1111    6.5248    0.035157 *
additive   3 29.4167   9.8056   12.5177    0.009227 **
Residuals  5  3.9167   0.7833
```

첨가제(처리)에 대한 검정통계량 $F_t = 12.5177$이고 p-값 $= 0.009227 < 0.05 = \alpha$ 이므로 H_0를 기각한다. 그러므로 첨가제 종류에 따른 연비 차이는 유의하다.

```
> anova(fit.b)
Analysis of Variance Table
Response: y
          Df Sum Sq Mean Sq F value   Pr(>F)
additive   3 35.333 11.7778 15.0355 0.006175 **
car        3  9.417  3.1389  4.0071 0.084626 .
Residuals  5  3.917  0.7833
```

자동차 종류(블록)에 대한 검정통계량 $F_b = 4.0071$이고 p-값 $= 0.084626 > 0.05 = \alpha$이므로 H_0를 기각하지 못한다. 즉, 자동차 종류에 따른 연비 차이는 유의하지 않다.

```
> tapply(y,additive, mean)
       1        2        3        4
15.33333 11.33333 11.00000 13.00000
> pairwise.t.test(b$y, b$additive, p.adjust="none")
        Pairwise comparisons using t tests with pooled SD
data:  b$y and b$additive
  1      2      3
2 0.0053 -      -
3 0.0034 0.7599 -
4 0.0578 0.1525 0.0943
```

LSD 다중비교 결과 처리평균의 크기순으로 늘어놓은 후 유의한 차이가 없는 처리에 대해 밑줄로 그어 3 2 4 1로 표현할 수 있다. 유의수준 $\alpha = 0.05$에서 LSD 다중비교에 의해 (3, 2, 4)와 (1)의 두 그룹으로 나눌 수 있다. 또는 (3, 2)와 (4, 1) 두 그룹으로 나눌 수 있다.

예제 4.7 4가지 첨가제가 자동차의 연비 향상에 미치는 영향을 조사하고자 한다. 주행실험에서 4종류의 자동차를 각각 블록으로 하여 실험하고자 한다. 그러나 자동차종류별로 3 대씩만 실험가능하다. 이러한 제약 때문에 균형불완비블록설계를 하고자 한다. 어떻게 블록에 처리배치를 해야하는지 결정하시오.

프로그램 4.4 균형불완비블록설계

```
# BIBD
install.packages("ibd")
  library(ibd)
# v: no. of treatments     b: no. of blocks
# k : block size           r: no. of replication
# lambda : no. of concurrences
# ntrial :  number of trials
v=4; k=3; r=3; b=4
lambda0=r*(k-1)/(v-1)
bibd(v=v,k=k,r=r, b=b, lambda=lambda0)
> bibd(v=v,k=k,r=r, b=b, ntrial=1, lambda=lambda0)
$design
        [,1] [,2] [,3]
Block-1    1    3    4
Block-2    2    3    4
Block-3    1    2    4
Block-4    1    2    3
```

bibd( ) 함수의 수행결과를 기반으로 다음의 표에 배치했다. 여기서 *는 실험하는 곳을 나타낸다.

자동차종류(블록) / 첨가제(처리)	1	2	3	4
1	*	□	*	*
2	□	*	*	*
3	*	*	□	*
4	*	*	*	□

예제 4.8 처리 15개 수준, 블록 15개, 블록 내 실험구수는 7개 일 때 균형불완비블록설계를 하시오.

```
> v=15; k=7; r=7; b=15
> lambda0=r*(k-1)/(v-1)
> bibd(v=v,k=k,r=r, b=b, lambda=lambda0)
$design
         [,1] [,2] [,3] [,4] [,5] [,6] [,7]
Block-1     2    4    5    9   12   13   15
Block-2     5    6    7    8   11   12   13
Block-3     1    4    6   10   11   12   15
Block-4     5    6    7    9   10   14   15
Block-5     4    8    9   10   11   13   14
Block-6     1    3    4    5    6    8    9
Block-7     3    4    7    8   12   14   15
Block-8     2    3    4    5    7   10   11
Block-9     1    3    7    9   11   13   15
Block-10    1    3    5   10   12   13   14
Block-11    2    3    6    9   11   12   14
Block-12    2    3    6    8   10   13   15
Block-13    1    2    7    8    9   10   12
Block-14    1    2    5    8   11   14   15
Block-15    1    2    4    6    7   13   14
```

각 블록에 배치되는 처리번호를 보여 준다.

```
> lambda0
[1] 3
```

$\lambda = 3$ 으로 두 개 처리가 같은 블록에서 만나는 회수는 3이 된다.

연습문제

4.1 재료의 배합비율을 달리하여 4가지 방법(1, 2, 3, 4)을 정한 후 각 방법으로 4개씩의 과자를 만들어 구운 후 비교실험을 하여 과자의 맛 점수에 대한 데이터를 얻었다. 각 오븐에서는 4개의 과자를 구울 수 있으며 4개의 오븐을 사용했다. 여기서 오븐은 블록으로 고려하여 실험설계를 하여 다음의 데이터를 얻었다.

오븐(블록) \ 배합비율(처리)	1	2	3	4
1	15	20	13	16
2	11	20	15	18
3	10	22	17	15
4	12	19	13	17

(1) 실험설계에 맞는 통계적 모형을 적으시오.
(2) 각 배합비율에 따른 평균 맛 점수와 표준편차를 추정하시오.
(3) 배합비율에 따른 상자그림을 그리시오.
(4) 분산분석표를 작성하시오.
(5) 배합비율에 따라 과자 맛에 차이가 있는지 유의수준 $\alpha = 0.05$로 가설검정하시오.
(6) 오븐에 따라 과자 맛에 차이가 있는지 유의수준 $\alpha = 0.05$로 가설검정하시오.
(7) 배합비율에 대해 LSD 방법으로 유의수준 $\alpha = 0.05$에서 다중비교를 하시오.

4.2 5가지 기계(1, 2, 3, 4, 5)로부터 만든 알루미늄 두께에 차이가 있는지 알고자 한다. 3일 동안 표본에 대해 측정을 한 결과 두께에 대한 반응값 데이터를 얻었다. 여기서 반복(실험일)을 블록으로 고려하여 실험설계를 하여 다음의 데이터를 얻었다.

	기계				
반복(실험일)	1	2	3	4	5
1	175	95	180	170	155
2	190	185	180	200	190
3	185	165	175	195	200

(1) 실험설계에 맞는 통계적 모형을 적으시오.
(2) 기계에 따른 알루미늄 두께의 평균과 표준편차를 추정하시오.
(3) 기계에 따른 상자그림과 반복에 따른 상자그림을 그리시오.
(4) 분산분석표를 작성하시오.
(5) 기계에 따라 알루미늄 두께에 차이가 있는지 유의수준 $\alpha = 0.05$로 가설검정하시오.
(6) 반복에 따라 알루미늄 두께에 차이가 있는지 유의수준 $\alpha = 0.05$로 가설검정하시오.
(7) 기계에 대해 LSD 방법으로 유의수준 $\alpha = 0.05$에서 다중비교를 하시오

4.3 호두, 아몬드, 불루베리, 크랜베리를 넣어 재료 구성을 달리하여 4가지 방법(1,2,3,4)을 정한 후 각 방법으로 4개씩의 과자를 만들어 구운 후 비교실험을 하여 과자맛 점수에 대한 데이터를 얻었다. 각 오븐에서는 3개의 과자만을 구울 수 있으며 4개의 오븐을 사용했다. 여기서 오븐은 블록으로 고려하여 실험설계를 하여 다음의 데이터를 얻었다. 여기서 □는 데이터가 없음을 나타낸다.

오븐 \ 과자재료	1	2	3	4
1	15	20	13	□
2	11	20	□	12
3	10	□	17	12
4	□	21	13	17

(1) 실험설계에 맞는 통계적 모형을 적으시오.

(2) 각 과자 재료에 따른 평균 맛점수와 표준편차를 추정하시오.

(3) 과자 재료에 따른 상자그림을 그리시오.

(4) 분산분석표를 작성하시오.

(5) 과자 재료에 따라 과자 맛에 차이가 있는지 유의수준 $\alpha = 0.05$로 가설검정하시오.

(6) 오븐에 따라 과자 맛에 차이가 있는지 유의수준 $\alpha = 0.05$로 가설검정하시오.

(7) 과자 재료에 대해 LSD 방법으로 유의수준 $\alpha = 0.05$에서 다중비교를 하시오.

4.4 K 산업공학자(industrial engineer)는 눈(eye)으로부터 대상 개체까지의 거리에 따른 시선촛점 시간(eye focus time)에 대한 비교를 하고자 한다. 여기서 관심 있는 거리(distance)를 4가지로 정한 후 서로 다른 5종류의 주체(subject)을 완전블록으로 설정한 후 실험을 하여 초점을 맞추는 데까지 걸리는 시간 데이터를 얻었다.

	주체(블록)				
거리 (m)	1	2	3	4	5
1	10	6	6	6	7
1.5	7	6	6	1	6
2	5	3	4	2	5
2.5	6	4	3	2	5

(1) 실험설계에 맞는 통계적 모형을 적으시오.

(2) 거리에 따른 초점을 맞추는 데 걸리는 시간의 평균과 표준편차를 추정하시오.

(3) 거리에 따른 상자그림과 주체에 따른 상자그림을 그리시오.

(4) 분산분석표를 작성하시오.

(5) 거리에 따라 시간에 차이가 있는지 유의수준 $\alpha = 0.05$로 가설검정하시오.

(6) 주체에 따라 시간에 차이가 있는지 유의수준 $\alpha = 0.05$로 가설검정하시오.

(7) 거리에 대해 LSD 방법으로 유의수준 $\alpha = 0.05$에서 다중비교를 하시오

4.5 〈표 4.9〉 촉매제 데이터에 대해 적절한 통계분석을 하시오.

4.6 실험실에 따른 차이가 있는지 알아보고자 10개의 석탄(coal) 시료를 준비한 후 이등분하여 반은 실험실 1에서, 나머지 반은 실험실 2에서 분석하여 결과로 특정성분 양에 대한 데이터를 얻었다.

시료(sample)	실험실 1	실험실 2
1	5.47	5.13
2	5.31	5.46
3	5.46	5.54
4	5.55	5.54
5	5.93	6.00
6	5.97	5.99
7	6.32	6.43
8	6.02	6.13
9	5.87	5.87
10	5.58	5.60

(1) 실험설계에 맞는 통계적 모형을 적으시오.

(2) 실험실에 따른 측정량의 평균과 표준편차를 추정하시오.

(3) 실험실에 따른 상자그림과 시료에 따른 상자그림을 그리시오.

(4) 분산분석표를 작성하시오.

(5) 실험실에 따라 측정량에 차이가 있는지 유의수준 $\alpha = 0.05$로 가설검정하시오.

(6) 표본시료에 따라 측정량에 차이가 있는지 유의수준 $\alpha = 0.05$로 가설검정하시오.

4.7 생산되는 종이(paper)의 강도(strength)에 단단한 나무(hardwood)의 농도가 영향을 미치는지 실험을 통해 확인해 보고자 한다. 관심 있는 농도의 종류는 7가지이다. 그러나 시험 공장은 하루에 3개의 공정만 수행할 수 있다. 그러므로 실험일을 달리하여 하루에 세 종류의 종이 강도 측정량을 얻을 수 있으므로 균형불완비블록설계로 실험하여 데이터를 얻었다.

	실험일						
농도(처리)	1 일	2 일	3 일	4 일	5 일	6 일	7 일
2	114				120		117
4	126	120				119	
6		137	117				134
8	141		129	149			
10		145		148	145		
12			120		118	124	
14				140		130	140

(1) 실험설계에 맞는 통계적 모형을 적으시오.

(2) 각 농도에 따른 종이의 강도 평균과 표준편차를 추정하시오.

(3) 농도에 따른 상자그림을 그리시오.

(4) 분산분석표를 작성하시오.

(5) 농도에 따라 종이의 강도에 차이가 있는지 유의수준 $\alpha = 0.05$로 가설검정하시오.

(6) 실험일에 따라 종이의 강도에 차이가 있는지 유의수준 $\alpha = 0.05$로 가설검정하시오.

4.8 다음과 같은 경우 처리 A B C D E F G 가 있고 한 블록당 실험구는 3개일 경우 균형불완비블록설계가 되도록 처리배치를 하시오.

블록1	블록2	블록3	블록4	블록5	블록6	블록7

4.9 다음과 같은 경우 처리 7개 A B C D E F G가 있고 한 블록당 실험구는 6개일 경우 균형불완비블록설계가 되도록 각 블록에 처리배치를 하여 다음 표에 '*'로 표시하시오.

	블록						
처리	1	2	3	4	5	6	7
A							
B							
C							
D							
E							
F							
G							

4.10 다음의 확률화완전블록설계에 대한 통계적 모형 (4.1)에 대해 답하시오.

$$Y_{ij} = \mu + \tau_i + \beta_j + \epsilon_{ij} \qquad i = 1,2,\cdots,k, \quad j = 1,2,\cdots,r$$

이다. 여기서 $N = kr$는 데이터 총수

μ는 모집단의 전체평균(overall mean),

τ_i는 i번째 처리효과(treatment effect)로 고정효과, $\sum_{i=1}^{k} \tau_i = 0$

β_j는 j번째 블록효과(block effect)로 변량효과

$E(\beta_j) = 0, \qquad V(\beta_j) = \sigma_\beta^2, \qquad \beta_j \sim iid\ N(0, \sigma_\beta^2)$

$\epsilon_{ij} \sim iid\ N(0,\ \sigma^2)$, ϵ_{ij} 와 β_j는 서로 독립이다.

(1) $E(Y_{ij})$

(2) $Var(Y_{ij})$

(3) $E(\epsilon_{ij})$

(4) $Var(\epsilon_{ij})$

(5) $E(\overline{\epsilon_{i.}})$

(6) $Var(\overline{\epsilon_{i.}})$

(7) $\hat{\tau}_i$

(8) $Var(\hat{\tau}_i)$

(9) $\hat{\beta}_j$

(10) $Var(\hat{\beta}_j)$

(11) $\hat{\epsilon}_{ij}$

(12) $\hat{Y}_{ij}$

(13) for $j \neq j'$, $Cov(Y_{ij}, Y_{ij'})$

(14) for $i \neq i'$, $Cov(Y_{ij}, Y_{i'j})$

5장

라틴정방설계

블록 원칙을 활용하는 다른 종류의 실험설계도 있다. 블록요인이 둘 이상 존재하면 어떻게 해야 하는가? 라틴정방설계(Latin square design)는 블록요인의 개수가 둘 이상인 경우에 활용하는 실험설계이다. 라틴정방설계는 두 개의 변동성에 대한 제거를 하고자 하며 체계적인 두 방향 블로킹(blocking)을 고려한다. 두 방향 블록을 행(rwo) 블록과 열(column) 블록이라고 하자. 이러한 블록은 랜덤화 적용에 두 방향의 제한성을 나타낸다.

5.1 라틴정방설계

처리의 수준이 p개인 처리요인이 있는 라틴정방(Latin square)은 p개 행과 p개 열을 포함한 $p \times p$개의 셀로 구성되는 정사각형이다. p개의 글자는 처리를 나타내며 각 처리는 각 행과 각 열에서 한 번씩만 나타난다. 처리와 행과 열의 개수가 동일해야 한다는 제한이 있으며 행과 열의 두 방향으로 블록화한다. 예를 들어 3×3, 4×4, 5×5 라틴정방은 다음과 같다.

3×3

A	B	C
C	A	B
B	C	A

4×4

A	B	C	D
D	A	B	C
C	D	A	B
B	C	D	A

5×5

A	B	C	D	E
E	A	B	C	D
D	E	A	B	C
C	D	E	A	B
B	C	D	E	A

라틴정방설계에서 랜덤화 처리 배열 방법은 다음과 같다:

(1) p개 처리에 관한 라틴정방이 선정되었으면 행간의 순서 혹은 열간의 순서를 바꾼다.
(2) 어떤 처리를 어느 문자에 대응시키는 것은 랜덤하게 정한다.

예제 5.1 여러 가지 배열의 3×3 라틴정방을 구해보고자 한다.

▸ 3×3 기본 라틴정방

A	B	C
C	A	B
B	C	A

▸ 2행과 3행을 서로 바꾼 형태

A	B	C
B	C	A
C	A	B

▸ 1열과 3열을 서로 바꾼 형태

C	B	A
B	A	C
A	C	B

예제 5.2 4종류 브랜드 A, B, C, D의 타이어 성능에 대해 비교실험을 하고자 한다. 4대의 자동차가 준비되었고 각 자동차마다 4종류의 타이어를 달고 주행실험을 한다. 그런데 각 자동차에 4군데에 타이어를 장착하는데 타이어의 마모 정도는 앞바퀴와 뒷바퀴가 약간 다른 편이다. 그러므로 각 자동차에서 타이어의 위치에 대해서도 블록으로 고려해야 하며 4종류의 타이어가 골고루 배치되어야 한다. 이러한 상황에서 타이어종류는 처리요인, 자동차와 바퀴위치는 블록이 되므로 두 개의 블록요인이 있다. 교차된 두 방향 블록을 동시에 고려하기 위해서는 다음과 같은 4×4 라틴정방설계를 해야 한다.

표 5.1 타이어 실험을 위한 4×4 라틴정방설계

4×4	자동차			
바퀴위치	1	2	3	4
1	A	B	C	D
2	D	A	B	C
3	C	D	A	B
4	B	C	D	A

5.2 통계적 모형

반응값 Y_{ijk}는 i번째 처리가 j번째 행과 k번째 열에서의 관측값으로 통계적 모형은

$$Y_{ijk} = \mu + \tau_i + \delta_j + \gamma_k + \epsilon_{ijk} \tag{5.1}$$

$i = 1, \cdots, p$ 처리

$j = 1, \cdots, p$ 행

$k = 1, \cdots, p$ 열

이다. 여기서

$N = p^2$ 은 데이터 총수

μ는 모집단의 전체평균

τ_i는 i번째 처리효과(treatment effect)로 고정효과, $\sum_{i=1}^{p} \tau_i = 0$

δ_j는 j번째 행효과(row effect)로 랜덤효과, $\delta_j \sim iid\ N(0, \sigma_\delta^2)$

γ_k는 k번째 열효과(column effect)로 랜덤효과, $\gamma_k \sim iid\ N(0, \sigma_\gamma^2)$

ϵ_{ij}는 i번째 처리의 j번째 행과 k번째 열의 측정값에 따르는 오차항, $\epsilon_{ij} \sim iid\ N(0,\ \sigma^2)$. $\delta_j, \gamma_k, \epsilon_{ijk}$ 서로 상호 독립이다.

모형 (5.1)은 한 개의 처리요인과 두 개의 블록요인을 포함하므로 세 개 요인(처리, 행, 열)이 있는 모형이다. 이러한 경우 처리요인에 대한 검정만 할 수 있다.

표 5.2 타이어 실험을 위한 4×4 라틴정방설계 모형에서 모수

4×4	열			
행	1	2	3	4
1	$\tau_1 + \delta_1 + \gamma_1$	$\tau_2 + \delta_1 + \gamma_2$	$\tau_3 + \delta_1 + \gamma_3$	$\tau_4 + \delta_1 + \gamma_4$
2	$\tau_4 + \delta_2 + \gamma_1$	$\tau_1 + \delta_2 + \gamma_2$	$\tau_2 + \delta_2 + \gamma_3$	$\tau_3 + \delta_2 + \gamma_4$
3	$\tau_3 + \delta_3 + \gamma_1$	$\tau_4 + \delta_3 + \gamma_2$	$\tau_1 + \delta_3 + \gamma_3$	$\tau_2 + \delta_3 + \gamma_4$
4	$\tau_2 + \delta_4 + \gamma_1$	$\tau_3 + \delta_4 + \gamma_2$	$\tau_4 + \delta_4 + \gamma_3$	$\tau_1 + \delta_4 + \gamma_4$

라틴정방설계는 균형적이라고 볼 수 있다. 각 처리는 정확히 한 개의 행과 한 개의 열에서 나타나며 행효과와 열효과가 균형적으로 배치되어 있기 때문이다. <표 5.2>를 보면 각 τ_i에 대해 모든 δ와 γ 값들이 균형있게 같이 배치됨을 알 수 있다.

i번째 처리수준의 평균을 구해보면

$$\overline{Y_{i..}} = \frac{1}{p} \sum_{(j,k) \in I_i} Y_{ijk} = \mu + \tau_i + \bar{\delta} + \bar{\gamma} + \bar{\epsilon}_{i..}$$

$$\bar{Y} = \frac{1}{p^2} \sum_i \sum_{(j,k) \in I_i} Y_{ijk} = \mu + \bar{\tau} + \bar{\delta} + \bar{\gamma} + \bar{\epsilon}$$

여기서 $I_i = \{(j,k):\ Y_{ijk}$는 i번째 처리에 속할 경우 $\}$, $\bar{\epsilon}_{i..} = \frac{1}{p} \sum_{(j,k) \in I_i} \epsilon_{j,k}$ 이다.

그러므로 다음의 통계량

$$\overline{Y_{i..}} - \bar{Y} = \tau_i - \bar{\tau} + \bar{\epsilon}_{i..} - \bar{\epsilon}$$

에 대해

$$E(\overline{Y_{i..}} - \overline{Y}) = \tau_i$$

$$\begin{aligned} Var(\overline{Y_{i..}} - \overline{Y}) &= Var(\tau_i - \overline{\tau} + \overline{\epsilon}_{i..} - \overline{\epsilon}) \\ &= Var(\overline{\epsilon}_{i..}) + Var(\overline{\epsilon}) - 2Cov(\overline{\epsilon_{i..}}, \overline{\epsilon}) \\ &= \frac{1}{p}\sigma^2 + \frac{1}{p^2}\sigma^2 - 2\frac{1}{p^2}\sigma^2 = \frac{\sigma^2}{p}\left(1 - \frac{1}{p}\right) \end{aligned}$$

이다. 그러므로 $\hat{\tau} = \overline{Y_{i..}} - \overline{Y}$은 τ_i에 대한 불편추정량이고 $Var(\hat{\tau_i}) = \frac{\sigma^2}{p}\left(1 - \frac{1}{p}\right)$ 이므로 블록효과에 구애받지 않는다.

이번에는 행과 열 요인을 고정효과로 볼 수 있는 경우를 생각해보자. 즉, 다음과 같이 처리, 행, 열 요인이 모두 고정효과인 라틴정방설계모형을 고려할 수 있다.

반응값 Y_{ijk}는 i번째 처리가 j번째 행과 k번째 열에서의 관측값으로 통계적 모형은

$$Y_{ijk} = \mu + \tau_i + \delta_j + \gamma_k + \epsilon_{ijk} \qquad (5.2)$$

$$\begin{aligned} &i = 1, \cdots, p \quad \text{처리} \\ &j = 1, \cdots, p \quad \text{행요인} \\ &k = 1, \cdots, p \quad \text{열요인} \end{aligned}$$

이다. 여기서

$N = p^2$은 데이터 총수

μ는 모집단의 전체평균

τ_i는 i번째 처리효과(treatment effect)로 고정효과, $\sum_{i=1}^{p} \tau_i = 0$

δ_j는 j번째 행효과(row effect)로 고정효과, $\sum_{j=1}^{p} \delta_j = 0$

γ_k는 k번째 열효과(column effect)로 고정효과, $\sum_{k=1}^{p} \gamma_k = 0$

ϵ_{ij}는 i번째 처리의 j번째 행과 k번째 열의 측정값에 따르는 오차항,

$\epsilon_{ij} \sim iid\ N(0,\ \sigma^2)$.

모형 (5.2)는 한 개의 처리요인과 두 개의 고정효과요인을 포함하는 세 개 요인(처리, 행, 열)이 있는 모형이다. 라틴정방설계는 제한된 랜덤화로 볼 수 있으며 열과 행 방향을 고정효과로 간주할 수 있는 경우에는 각 고정효과 요인에 대한 검정을 할 수 있다.

5.3 분산분석과 가설검정

편차를 다음과 같이 처리 내 편차, 행간 편차, 열간 편차와 오차로 분리해서 다음과 같이

$$Y_{ijk}-\overline{Y}=(\overline{Y}_{i\,.\,.}-\overline{Y})+(\overline{Y}_{.\,j\,.}-\overline{Y})+(\overline{Y}_{.\,.\,k}-\overline{Y}) \\ +(Y_{ijk}-\overline{Y}_{i\,.\,.}-\overline{Y}_{.\,j\,.}-\overline{Y}_{.\,.\,k}+2\overline{Y}) \tag{5.3}$$

으로 표현할 수 있다.

총제곱합은 다음의 등식을 만족한다. 여기서 $\sum_{i,j,k}$는 $\sum_{i=1}^{p}\sum_{j=1}^{p}\sum_{k=1}^{p}$에 대한 간략 표기이다.

$$\sum_{i,j,k}(Y_{ijk}-\overline{Y})^2=\sum_{i,j,k}(\overline{Y}_{i\,.\,.}-\overline{Y})^2+\sum_{i,j,k}(\overline{Y}_{.\,j\,.}-\overline{Y})^2+\sum_{i,j,k}(\overline{Y}_{.\,.\,k}-\overline{Y})^2 \\ +\sum_{i,j,k}(Y_{ijk}-\overline{Y}_{i\,.\,.}-\overline{Y}_{.\,j\,.}-\overline{Y}_{.\,.\,k}+2\overline{Y})^2 \tag{5.4}$$

$$TSS=SS_{trt}+SS_{row}+SS_{col}+SSe$$

총제곱합 = 처리제곱합 + 행요인제곱합 + 열요인제곱합 + 오차제곱합

표 5.3 $p\times p$ 라틴정방설계 분산분석표: 모형 (5.1) 처리 고정효과, 행과 열은 랜덤효과인 경우

요인	자유도	제곱합	평균제곱합	F 통계량	기각값
행	$p-1$	SS_{row}	$MS_{row}=\dfrac{SS_{row}}{(p-1)}$		
열	$p-1$	SS_{col}	$MS_{col}=\dfrac{SS_{col}}{(p-1)}$		
처리	$p-1$	SS_{trt}	$MS_{trt}=\dfrac{SS_{trt}}{(p-1)}$	$F_{trt}=\dfrac{MS_{trt}}{MSe}$	$F_{p-1,(p-2)(p-1)}(\alpha)$
오차	$(p-2)(p-1)$	SSe	$MSe=\dfrac{SSe}{(p-1)(p-2)}$		
계	p^2-1	TSS			

<표 5.3>에서의 EMS를 계산해보면 다음과 같다:

$$E(MS_{trt})=\sigma^2+\frac{p}{p-1}\sum_{i=1}^{p}\tau_i^2,\ E(MSe)=\sigma^2$$

따라서 분산분석표의 F 통계량을 이용하여 처리 요인효과에 대한 가설검정을 다음과 같이 할 수 있다.

H_0 : $\tau_1 = \cdots = \tau_p = 0$ (처리효과가 없다)에 대해 H_1 : 적어도 한 개 $\tau_i \neq 0$

검정통계량

$$F_{trt} = \frac{MS_{trt}}{MSe} \tag{5.5}$$

는 귀무가설하에서 $F_{p-1,(p-2)(p-1)}$ 분포를 따른다.

유의수준 α에서 검정법은 만일 $F_{trt} > F_{p-1,(p-2)(p-1)}(\alpha)$이면 H_0를 기각한다.

모형 (5.1)인 경우에는 검정통계량 (5.5)을 이용하여 처리효과에 대한 검정만 사용가능하다. 행과 열에 대해서는 제한된 랜덤화이므로 검정통계량에 대한 적절한 계산이 필요하다.

표 5.4 $p \times p$ 라틴정방설계 분산분석표: 모형 (5.2) 처리, 행과 열 고정효과인 경우

요인	자유도	제곱합	평균 제곱합	F 통계량	기각값	EMS
행	$p-1$	SS_{row}	MS_{row}	$F_{row} = \frac{MS_{row}}{MSe}$	$F_{p-1,(p-2)(p-1)}(\alpha)$	$\sigma^2 + \frac{p}{p-1}\sum_i \tau_i^2$
열	$p-1$	SS_{col}	MS_{col}	$F_{col} = \frac{MS_{col}}{MSe}$	$F_{p-1,(p-2)(p-1)}(\alpha)$	$\sigma^2 + \frac{p}{p-1}\sum_j \delta_j^2$
처리	$p-1$	SS_{trt}	MS_{trt}	$F_{trt} = \frac{MS_{trt}}{MSe}$	$F_{p-1,(p-2)(p-1)}(\alpha)$	$\sigma^2 + \frac{p}{p-1}\sum_k \gamma_k^2$
오차	$(p-2)(p-1)$	SSe	MSe			σ^2
계	p^2-1	TSS				

분산분석표 <표 5.4>에서의 제곱합 계산식은 다음과 같다:

여기서 $CF = \frac{Y_{\cdots}^2}{p^2}$, $\quad Y_{\cdots} = \sum_{i,j,k:\text{ 첨자 있는 곳}} Y_{ijk}$, $\overline{Y} = \frac{Y_{\cdots}}{p^2}$

총제곱합 $$TSS = \sum_{i,j,k}(Y_{ijk} - \overline{Y})^2 = \sum_{i=1}^{p}\sum_{j=1}^{p}\sum_{k=1}^{p} Y_{ijk}^2 - CF \tag{5.6}$$

행제곱합 $SS_{row} = \sum_{i,j,k}(\overline{Y}_{.j.} - \overline{Y})^2 = \sum_{j=1}^{p}\frac{Y_{.j.}^2}{p} - CF$

열제곱합 $SS_{col} = \sum_{i,j,k}(\overline{Y}_{..k} - \overline{Y})^2 = \sum_{k=1}^{p}\frac{Y_{..k}^2}{p} - CF$

처리제곱합 $SS_{trt} = \sum_{i,j,k}(\overline{Y}_{i..} - \overline{Y})^2 = \sum_{i=1}^{p}\frac{Y_{i..}^2}{p} - CF$

오차제곱합 $SSe = TSS - SS_{row} - SS_{col} - SS_{trt}$.

모형 (5.2)를 고려한 경우 분산분석표의 F 통계량을 이용하여 요인효과에 대한 가설검정을 다음과 같이 할 수 있다.

(1) 처리효과에 대한 가설검정

H_0 : $\tau_1 = \cdots = \tau_p = 0$(처리효과가 없다)에 대해 H_1 : 적어도 한 개 $\tau_i \neq 0$

검정통계량

$$F_{trt} = \frac{MS_{trt}}{MSe} \tag{5.7}$$

는 귀무가설하에서 $F_{p-1,(p-2)(p-1)}$ 분포를 따른다.

유의수준 α에서 검정법은 만일 $F_{trt} > F_{p-1,(p-2)(p-1)}(\alpha)$이면 H_0를 기각한다.

(2) 행효과에 대한 가설검정

H_0 : $\delta_1 = \cdots = \delta_p = 0$ (행효과 없다)에 대해 H_1 : 적어도 한 개 $\delta_i \neq 0$

검정통계량

$$F_{row} = \frac{MS_{row}}{MSe} \tag{5.8}$$

는 귀무가설하에서 $F_{p-1,(p-2)(p-1)}$ 분포를 따른다.

유의수준 α에서 검정법은 만일 $F_{row} > F_{p-1,(p-2)(p-1)}(\alpha)$이면 H_0를 기각한다.

(3) 열효과에 대한 가설검정

$$H_0 \ : \ \gamma_1 = \cdots = \gamma_p = 0 \text{ (열효과 없다)에 대해 } H_1 : \text{적어도 한 개 } \gamma_i \neq 0$$

검정통계량

$$F_{col} = \frac{MS_{col}}{MSe} \tag{5.9}$$

는 귀무가설하에서 $F_{p-1,(p-2)(p-1)}$ 분포를 따른다.

유의수준 α에서 검정법은 만일 $F_{col} > F_{p-1,(p-2)(p-1)}(\alpha)$이면 H_0를 기각한다.

5.4 처리에 대한 다중비교

처리평균에 대해 최소유의차 검정을 하고자 하는 경우 적절한 LSD 값을 사용하면 된다. i번째 처리와 l번째 처리평균 차에 대한 추정량은

$$\begin{aligned}\overline{Y_{i}..} - \overline{Y_{l}..} &= (\tau_i - \overline{\tau} + \overline{\epsilon}_{i}.. - \overline{\epsilon}) - (\tau_l - \overline{\tau} + \overline{\epsilon}_{l}.. - \overline{\epsilon}) \\ &= \tau_i - \tau_l + \overline{\epsilon}_{i}.. - \overline{\epsilon}_{l}..\end{aligned}$$

이고

$$\begin{aligned}E(\overline{Y_{i}..} - \overline{Y_{l}..}) &= \tau_i - \tau_l \\ Var(\overline{Y_{i}..} - \overline{Y_{l}..}) &= Var(\overline{\epsilon}_{i}.. - \overline{\epsilon}_{l}..) \\ &= Var(\overline{\epsilon}_{i}..) + Var(\overline{\epsilon}_{l}..) = \frac{\sigma^2}{p} + \frac{\sigma^2}{p} = \frac{2\sigma^2}{p}\end{aligned}$$

이다.

만일 $|\overline{Y}_{i}.. - \overline{Y}_{l}..| > LSD$이면 i번째 처리와 l번째 처리평균 차이가 유의하다. 유의수준 α에서 최소유의차는

$$LSD = t_{(p-2)(p-1)}(\alpha/2)\sqrt{\frac{2MSe}{p}} \tag{5.10}$$

이다.

5.5 라틴정방설계 모형에서 모수추정

모수추정방법으로 최소제곱법을 이용하여 오차항의 제곱합 Q

$$Q = \sum_{i,j,k} \epsilon_{ij}^2 = \sum_{i,j,k} (Y_{ijk} - \mu - \tau_i - \delta_j - \gamma_k)^2 \tag{5.11}$$

를 최소화하도록 모수를 추정한다. 모수에 따라 오차제곱합 Q를 최소화하도록, 즉

$$\underset{\mu,\ \tau_1,\dots,\tau_p,\ \delta_1,\dots,\delta_p,\ \gamma_1,\dots,\gamma_p}{Minimize} Q$$

μ와 τ_i, δ_j, γ_k을 구하기 위해 다음의 연립방정식을 풀어야 한다.

$$\frac{\partial Q}{\partial \mu} = -2\sum_{i,j,k} (Y_{ijk} - \mu - \tau_i - \delta_j - \gamma_k) = 0 \tag{5.12}$$

$$\frac{\partial Q}{\partial \tau_i} = -2\sum_{j,k} (Y_{ijk} - \mu - \tau_i - \delta_j - \gamma_k) = 0, \qquad i = 1,2,\dots,p$$

$$\frac{\partial Q}{\partial \delta_j} = -2\sum_{i,k} (Y_{ijk} - \mu - \tau_i - \delta_j - \gamma_k) = 0, \qquad j = 1,2,\dots,p$$

$$\frac{\partial Q}{\partial \gamma_k} = -2\sum_{i,j} (Y_{ijk} - \mu - \tau_i - \delta_j - \gamma_k) = 0, \qquad k = 1,2,\dots,p.$$

모수추정 결과는 다음과 같다.

$$\begin{aligned} \hat{\mu} &= \overline{Y} \\ \hat{\tau_i} &= \overline{Y}_{i..} - \overline{Y} \\ \hat{\delta_j} &= \overline{Y}_{.j.} - \overline{Y} \\ \hat{\gamma_k} &= \overline{Y}_{..k} - \overline{Y} \\ \widehat{\sigma^2} &= MSe \end{aligned} \tag{5.13}$$

잔차는

$$\widehat{\epsilon_{ijk}} = Y_{ijk} - \overline{Y}_{i..} - \overline{Y}_{.j.} - \overline{Y}_{..k} + 2\overline{Y} \tag{5.14}$$

이다.

5.6 반복된 라틴정방설계

차수가 낮은 라틴정방에서는 오차의 자유도가 너무 적어 검정력이 떨어지므로 반복된 라틴정방설계로 표본의 크기를 증가시킬 수 있다. 반복할 때마다 라틴정방의 배열 형태를 랜덤하게 정해야 한다. 3×3 라틴정방을 반복할 경우를 예로 든다면 다음과 같다.

A	B	C
C	A	B
B	C	A

(반복 1)

A	B	C
B	C	A
C	A	B

(반복 2)

…

C	B	A
B	A	C
A	C	B

(반복 n)

이때 반복 자체가 블록요인이 되므로 분산분석시 행, 열, 반복의 블록요인이 있고 주관심인 처리요인이 있게 된다. 반복시 다음의 경우에 따라 분석할 때 다르게 고려해야 한다.

① 행과 열이 반복과 교차(crossed)된 경우

② 행이 반복에 지분(nested)되고 열이 교차된 경우

③ 행과 열이 반복에 지분된 경우

예를 들어, 행요인을 실험도구, 열요인을 실험자로 볼 때

(1) 라틴정방을 반복할 때마다 같은 실험기구, 같은 실험자가 실험을 한다.

(2) 반복할 때마다 같은 실험도구를 사용하지만, 서로 다른 실험자가 실험을 한다.
(마찬가지 경우로, 같은 실험자가 서로 다른 실험도구를 사용한다.)

(3) 반복할 때마다 서로 다른 실험도구, 서로 다른 실험자가 실험을 한다.

이 책에서는 편의상 ① 경우만 다루기로 한다. 처리는 고정효과, 행과 열 요인과 반복은 랜덤효과인 경우 반복된 라틴정방설계에 대한 통계적 모형을 고려할 수도 있다. 여기서는 EMS 계산의 편리함이 있으며 각 효과에 대한 검정이 가능한 경우로 모형 (5.2)의 반복인 경우만 다루기로 한다. 모형 (5.1)의 반복인 경우에는 <표 5.5>에서 처리효과에 대한 검정만 사용가능하다. 행과 열 효과에 대해서는 제한된 랜덤화이므로 검정통계량에 대한 적절한 계산이 필요하기 때문이다. 또한 각 효과간의 상호작용이 존재한다면 이러한 면을 고려한 통계적 모형을 세워야하며 EMS 계산을 더욱 복잡해진다.

처리, 행과 열 요인은 고정효과로 놓고 반복은 랜덤효과인 경우 반복된 라틴정방설계에 대한 통계적 모형은

$$Y_{ijkl} = \mu + \tau_i + \delta_j + \gamma_k + \rho_l + \epsilon_{ijkl} \tag{5.15}$$

$$i = 1,\cdots,p \ : \text{처리}, \quad j = 1,\cdots,p \ : \text{행}, \quad k = 1,\cdots,p \ : \text{열}, \quad l = 1,\cdots,n\,(\text{반복})$$

이다. 여기서

$N = np^2$ 은 데이터 총수
μ는 모집단의 전체평균(overall mean)
τ_i는 i번째 처리효과(treatment effect)로 고정효과, $\sum_{i=1}^{p}\tau_i = 0$
δ_j는 j번째 행효과(row effect)로 고정효과, $\sum_{j=1}^{p}\delta_j = 0$
γ_k는 k번째 열효과(column effect)로 고정효과, $\sum_{k=1}^{p}\gamma_k = 0$
ρ_l는 l번째 반복효과(replication effect)로 변량효과, $\rho_l \sim iid\ \ N(0, \sigma_\rho^2)$
ϵ_{ijkl}는 i번째 처리의 j번째 행과 k번째 열에서 l번째 반복 측정값에 따르는 오차항, $\epsilon_{ijkl} \sim iid\ \ N(0,\ \sigma^2)$

표 5.5 n 반복 $p\times p$ 라틴정방설계 분산분석표

요인	자유도	제곱합	평균제곱합	F 통계량	기각값
처리	$p-1$	SS_{trt}	$MS_{trt} = \dfrac{SS_{trt}}{(p-1)}$	$F_{trt} = \dfrac{MS_{trt}}{MSe}$	$F_{p-1,(p-1)[n(p+1)-3]}(\alpha)$
행	$p-1$	SS_{row}	$MS_{row} = \dfrac{SS_{row}}{(p-1)}$	$F_{row} = \dfrac{MS_{row}}{MSe}$	$F_{p-1,(p-1)[n(p+1)-3]}(\alpha)$
열	$p-1$	SS_{col}	$MS_{col} = \dfrac{SS_{col}}{(p-1)}$	$F_{col} = \dfrac{MS_{col}}{MSe}$	$F_{p-1,(p-1)[n(p+1)-3]}(\alpha)$
반복	$n-1$	SS_{rep}	$MS_{rep} = \dfrac{SS_{rep}}{(n-1)}$	$F_{rep} = \dfrac{MS_{rep}}{MSe}$	$F_{n-1,(p-1)[n(p+1)-3]}(\alpha)$
오차	$(p-1)[n(p+1)-3]$	SSe	$MSe = \dfrac{SSe}{(p-1)[n(p+1)-3]}$		
계	np^2-1	TSS			

분산분석표 <표 5.5>에서 제곱합 계산식은 다음과 같다:

여기서 $CF = \frac{Y^2_{....}}{N}$, $Y_{....} = \sum_{i,j,k,l \text{ 첨자 있는 곳}} Y_{ijkl}$, $\overline{Y} = \frac{Y_{....}}{N}$

총제곱합 $TSS = \sum_{i,j,k,l} (Y_{ijkl} - \overline{Y})^2 = \sum_{i,j,k,l \text{ 첨자 있는 곳}} Y^2_{ijkl} - CF$

처리제곱합 $SS_{trt} = \sum_{i,j,k,l} (\overline{Y}_{i...} - \overline{Y})^2 = \sum_{i=1}^{p} \frac{Y^2_{i...}}{np} - CF$

행제곱합 $SS_{row} = \sum_{i,j,k,l} (\overline{Y}_{.j..} - \overline{Y})^2 = \sum_{j=1}^{p} \frac{Y^2_{.j..}}{np} - CF$

열제곱합 $SS_{col} = \sum_{i,j,k,l} (\overline{Y}_{..k.} - \overline{Y})^2 = \sum_{k=1}^{p} \frac{Y^2_{..k.}}{np} - CF$

반복제곱합 $SS_{rep} = \sum_{i,j,k,l} (\overline{Y}_{...l} - \overline{Y})^2 = \sum_{l=1}^{n} \frac{Y^2_{...l}}{p^2} - CF$

오차제곱합 $SSe = TSS - SS_{trt} - SS_{row} - SS_{col} - SS_{rep}$

(1) 처리효과에 대한 가설검정

H_0 : $\tau_1 = \cdots = \tau_p = 0$ (처리효과 없다)에 대해 H_1 : 적어도 한 개 $\tau_i \neq 0$

검정통계량

$$F_{trt} = \frac{MS_{trt}}{MSe} \tag{5.16}$$

는 귀무가설하에서 $F_{p-1,(p-1)[n(p+1)-3]}$ 분포를 따른다.

유의수준 α에서 검정법은 만일 $F_{trt} > F_{p-1,(p-1)[n(p+1)-3]}(\alpha)$이면 H_0를 기각한다.

(2) 행효과에 대한 가설검정

H_0 : $\delta_1 = \cdots = \delta_p = 0$ (행효과 없다)에 대해 H_1 : 적어도 한 개 $\delta_i \neq 0$

검정통계량

$$F_{row} = \frac{MS_{row}}{MSe} \tag{5.17}$$

는 귀무가설하에서 $F_{p-1,(p-1)[n(p+1)-3]}$ 분포를 따른다.

유의수준 α에서 검정법은 만일 $F_{row} > F_{p-1,(p-1)[n(p+1)-3]}(\alpha)$이면 H_0를 기각한다.

(3) 열효과에 대한 가설검정

H_0 : $\gamma_1 = \cdots = \gamma_p = 0$ (열효과 없다)에 대해 H_1 : 적어도 한 개 $\gamma_i \neq 0$

검정통계량

$$F_{col} = \frac{MS_{col}}{MSe} \tag{5.18}$$

는 귀무가설하에서 $F_{p-1,(p-1)[n(p+1)-3]}$ 분포를 따른다.

유의수준 α에서 검정법은 만일 $F_{col} > F_{p-1,(p-1)[n(p+1)-3]}(\alpha)$이면 H_0를 기각한다.

(4) 반복효과에 대한 가설검정

H_0 : $\sigma_\rho = 0$ (반복효과 없다)에 대해 H_1 : $\sigma_\rho \neq 0$

검정통계량

$$F_{rep} = \frac{MS_{rep}}{MSe} \tag{5.19}$$

는 귀무가설하에서 $F_{n-1,(p-1)[n(p+1)-3]}$ 분포를 따른다.

유의수준 α에서 검정법은 만일 $F_{rep} > F_{n-1,(p-1)[n(p+1)-3]}(\alpha)$이면 H_0를 기각한다.

처리에 대한 다중비교로 처리평균에 대해 최소유의차 검정을 하고자 하는 경우 적절한 LSD 값을 사용하면 된다.

만일 $|\overline{Y}_{i}... - \overline{Y}_{l}....| > LSD$이면 i번째 처리와 l번째 처리평균 차이가 유의하다.

유의수준 α에서

$$LSD = t_{(p-1)[n(p+1)-3]}(\alpha/2)\sqrt{\frac{2MSe}{np}} \tag{5.20}$$

이다.

5.7 그라코 - 라틴정방설계

$p \times p$ 라틴정방 위에 또 하나의 $p \times p$ 라틴정방을 겹쳐 놓은 형태의 설계이다. 이때 두 개의 라틴정방은 서로 직교(orthogonal)라고 하며 그라코–라틴정방이라고 한다. 그라코–라틴정방설계(Graco-Latin square design)는 3개 방향의 변동요인을 동시에 조절하고자 할 때 쓰이는 실험설계로 블록요인이 3개 있을 경우 활용한다(3방향의 블록설계). 블록요인들과 처리요인의 수준수는 모두 같아야 한다.

4×4 그라코–라틴정방 예는 다음과 같다. 라틴 문자 A, B, C, D는 각 행과 각 열에서 한 번씩만 나타나도록 배열한다(라틴정방1). 그리스 문자 $\alpha, \beta, \gamma, \delta$는 각 행과 각 열에서 한 번씩만 나타나도록 배열한다(라틴정방2). 즉 그라코–라틴정방은 2개의 라틴정방을 직교배열한 형태이다.

〈라틴정방1〉

A	B	C	D
B	A	D	C
C	D	A	B
D	C	B	A

〈라틴정방2〉

α	β	γ	δ
δ	γ	β	α
β	α	δ	γ
γ	δ	α	β

〈4×4 그라코–라틴정방〉

Aα	Bβ	Cγ	Dδ
Bδ	Aγ	Dβ	Cα
Cβ	Dα	Aδ	Bγ
Dγ	Cδ	Bα	Aβ

그라코-라틴정방설계에서의 반응값 Y_{ijkl}에 대한 통계적 모형은

$$Y_{ijkl} = \mu + \tau_i + \delta_j + \gamma_k + w_l + \epsilon_{ijkl}\,, \tag{5.21}$$
$$i = 1, \dots, p,\ j = 1, \dots, p,\ k = 1, \dots, p,\ l = 1, \dots, p$$

여기서

$N = p^2$ 은 데이터 총수
μ는 모집단의 전체평균
τ_i는 i번째 처리효과(treatment effect)
δ_j는 j번째 행효과(row effect)
γ_k는 k번째 열효과(column effect)
w_l는 l번째 그리스 문자 처리효과
ϵ_{ijkl}는 Y_{ijlk} 측정값에 따르는 오차항, $\epsilon_{ijkl} \sim iid\ N(0,\ \sigma^2)$.

분산분석방법은 라틴정방설계와 비슷하나 그리스 문자로 표현된 처리효과가 추가되어 있다. 각 효과를 고정효과로 놓는 경우와 랜덤효과로 놓는 경우에 따라 EMS 결과가 달라진다. 표 5.6은 그라코-라틴정방설계에서 각 효과를 고정효과로 한 경우의 분산분석표를 보여준다.

표 5.6 그라코-라틴정방설계 분산분석표

요인	자유도	제곱합	평균제곱합	F 통계량	기각값
처리(라틴 문자)	$p-1$	SS_{trt}	$MS_{trt} = \frac{SS_{trt}}{(p-1)}$	$F_{trt} = \frac{MS_{trt}}{MSe}$	$F_{p-1,(p-1)(p-3)}(\alpha)$
처리(그리스 문자)	$p-1$	SS_G	$MS_G = \frac{SS_G}{(p-1)}$	$F_G = \frac{MS_G}{MSe}$	$F_{p-1,(p-1)(p-3)}(\alpha)$
행	$p-1$	SS_{row}	$MS_{row} = \frac{SS_{row}}{(p-1)}$	$F_{row} = \frac{MS_{row}}{MSe}$	$F_{p-1,(p-1)(p-3)}(\alpha)$
열	$p-1$	SS_{col}	$MS_{col} = \frac{SS_{col}}{(p-1)}$	$F_{col} = \frac{MS_{col}}{MSe}$	$F_{p-1,(p-1)(p-3)}(\alpha)$
오차	$(p-3)(p-1)$	SSe	$MSe = \frac{SSe}{(p-3)(p-1)}$		
계	p^2-1	TSS			

분산분석표 <표 5.6>에서 제곱합 계산식은 다음과 같다:

여기서 $CF = \dfrac{Y^2_{\cdot\cdot\cdot\cdot}}{N}, \qquad Y_{\cdot\cdot\cdot\cdot} = \sum_{i,j,k,l \text{ 첨자 있는 곳}} Y_{ijkl},\ \overline{Y} = \dfrac{Y_{\cdot\cdot\cdot\cdot}}{N}$

$$\text{총제곱합} \quad TSS = \sum_{i,j,k,l} (Y_{ijkl} - \overline{Y})^2 = \sum_{i,j,k,l \text{ 첨자 있는 곳}} Y^2_{ijkl} - CF \tag{5.22}$$

$$\text{처리제곱합 } SS_{trt} = \sum_{i,j,k,l} (\overline{Y}_{i\cdot\cdot\cdot} - \overline{Y})^2 = \sum_{i=1}^{p} \frac{Y^2_{i\cdot\cdot\cdot}}{p} - CF$$

$$\text{행제곱합} \quad SS_{row} = \sum_{i,j,k,l} (\overline{Y}_{\cdot j\cdot\cdot} - \overline{Y})^2 = \sum_{j=1}^{p} \frac{Y^2_{\cdot j\cdot\cdot}}{p} - CF$$

$$\text{열제곱합} \quad SS_{col} = \sum_{i,j,k,l} (\overline{Y}_{\cdot\cdot k\cdot} - \overline{Y})^2 = \sum_{k=1}^{p} \frac{Y^2_{\cdot\cdot k\cdot}}{p} - CF$$

$$\text{그리스문자 처리제곱합} \quad SS_G = \sum_{i,j,k,l} (\overline{Y}_{\cdot\cdot\cdot l} - \overline{Y})^2 = \sum_{l=1}^{p} \frac{Y^2_{\cdot\cdot\cdot l}}{p} - CF$$

$$\text{오차제곱합} \quad SSe = TSS - SS_{trt} - SS_{row} - SS_{col} - SS_G\,.$$

5.8 유덴정방설계

유덴정방(Youden square)은 라틴정방에서 적어도 한 열이 없는 불완전한 라틴정방이다. 행과 처리수는 동일하지만 열의 수가 처리수 p보다 작은 경우이다. 완전블록설계가 불가능할 때 불완전한 블록설계로서 사용할 수 있다.

다음의 유덴정방은 5×5 라틴정방에서 5번째 열이 제거된 형태로 균형불완전블록설계의 예가 된다.

A	B	C	D
E	A	B	C
D	E	A	B
C	D	E	A
B	C	D	E

이러한 설계에서의 통계적 모형은 다음과 같이 표현할 수 있다:

$$Y_{ijh} = \mu + \alpha_i + \tau_j + \beta_h + \epsilon_{ijh} \tag{5.23}$$

여기서

μ는 모집단의 전체평균

τ_i는 i번째 처리효과, $i = 1, \ldots, p$

α_j는 j번째 행블록 효과, $j = 1, \ldots, p$

β_h는 h번째 열위치 효과, $h = 1, \ldots, c$

오차항 $\epsilon_{ijh} \sim iid\ \ N(0, \sigma^2)$

5.9 R을 이용한 라틴정방설계 분석

예제 5.3 4종류의 케이크(cake) a, b, c, d의 맛점수를 비교하고자 한다. 4명의 실험자가 반죽을 준비하고 한 개의 오븐에는 4개의 케이크를 구울 수 있다. 실험자와 오븐의 위치를 블록요인으로 고려하여 4×4 라틴정방설계로 실험을 하여 데이터를 얻었다. 통계적 분석으로 케이크 종류에 따라 맛이 다르다고 할 수 있는지 알아보고자 하며 블록효과에 대해서도 알아보고자 한다.

표 5.7 라틴정방 케이크 데이터

	실험자			
오븐	1	2	3	4
1	c 21	b 47	a 31	d 49
2	a 35	d 49	c 29	b 44
3	b 42	a 38	d 51	c 27
4	d 53	c 25	b 40	a 32

프로그램 5.1 케이크 데이터에 대한 라틴정방설계 분석

```
# Latin square design
a<-read.csv("d:\\13expd\\5.1cake.csv", header=TRUE)
a ; attach(a)
cake<-as.factor(a$cake)
mixer<-as.factor(a$mixer)
oven <-as.factor(a$oven)

by(y, cake, FUN=function(x){ c(mean(x), sd(x)) } )
by(y, mixer, FUN=function(x){ c(mean(x), sd(x)) } )
by(y, oven, FUN=function(x){ c(mean(x), sd(x)) } )
```

```
a1<-lm(y ~  oven + mixer + cake)    #순서: row+ col + trt
anova(a1)
pairwise.t.test(y, cake, p.adjust="none")

par(mfrow=c(1,3))
   plot(y~ oven + mixer + cake)    # 그림 5.1

par(mfrow=c(2,2))
   plot(a1)             # 그림 5.2 model diagnostic plots
detach(a)
```

```
> by(y, cake, FUN=function(x){ c(mean(x), sd(x)) } )
cake: a
[1] 34.000000  3.162278
------------------------------------------------------------
cake: b
[1] 43.250000  2.986079
------------------------------------------------------------
cake: c
[1] 25.50000  3.41565
------------------------------------------------------------
cake: d
[1] 50.500000  1.914854
```

케이크 종류(처리)별 평균과 표준편차를 보여 준다.

```
> by(y, oven, FUN=function(x){ c(mean(x), sd(x)) } )
oven: 1
[1] 37.00000 13.36663
------------------------------------------------------------
oven: 2
[1] 39.250000  8.958236
------------------------------------------------------------
oven: 3
[1] 39.500000  9.949874
------------------------------------------------------------
oven: 4
[1] 37.50000 12.01388
```

오븐(행)별 평균과 표준편차를 보여 준다.

```
> by(y, mixer, FUN=function(x){ c(mean(x), sd(x)) } )
mixer: 1
[1] 37.75000 13.40087
------------------------------------------------------------
mixer: 2
[1] 39.75000 10.93542
```

```
-----------------------------------------------------------
mixer: 3
[1] 37.00000 12.16553
-----------------------------------------------------------
mixer: 4
[1] 38.400000  8.905055
```

실험자(열)별 평균과 표준편차를 보여 준다.

```
> a1<-lm(y ~  oven + mixer + cake)     #순서: row+ col + trt
> anova(a1)
Analysis of Variance Table
Response: y
          Df  Sum Sq Mean Sq F value   Pr(>F)
oven       3   18.69    6.23  0.5227  0.682359
mixe       3   18.06    6.02  0.5053  0.692710
cake       3 1417.19  472.40  39.6415  0.000238 ***
Residuals  6   71.50   11.92
```

분산분석표 결과를 보여 주며 케이크(처리)효과에 대한 다음의 가설

$$H_0 : \tau_1 = \tau_2 = \tau_3 = \tau_4 = 0 \text{에 대해 } H_1 : not\ \ H_0$$

에 대한 검정으로 검정통계량 $F_t = 39.6415$이고 p-값$= 0.000238 < 0.05 = \alpha$이므로 유의수준 0.05에서 H_0를 기각한다. 즉, 4개 케이크 맛 평균이 모두 동일하다고 할 수 없다. <그림 5.1>의 상자그림을 보면 각 요인의 수준별 퍼짐성과 수준 간의 차이를 볼 수 있다. 모형에 대한 검토로 잔차에 대한 그림은 <그림 5.2>에서 보여 준다.

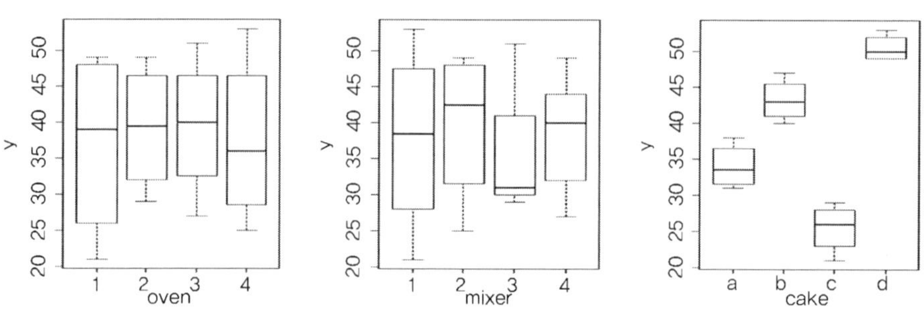

(a) 오븐별 상자그림 (b) 실험자별 상자그림 (c) 케이크별 상자그림

그림 5.1 케이크 데이터에 대한 상자그림

```
> pairwise.t.test(y, cake, p.adjust="none")
        Pairwise comparisons using t tests with pooled SD
data:  y and cake
  a       b       c
b 0.00076 -       -
c 0.00145 1.8e-06 -
d 3.9e-06 0.00435 4.5e-08
```

유의수준 0.05에서 LSD 다중비교 결과를 보면 a, b, c, d 모두 서로 다른 그룹으로 나뉜다.

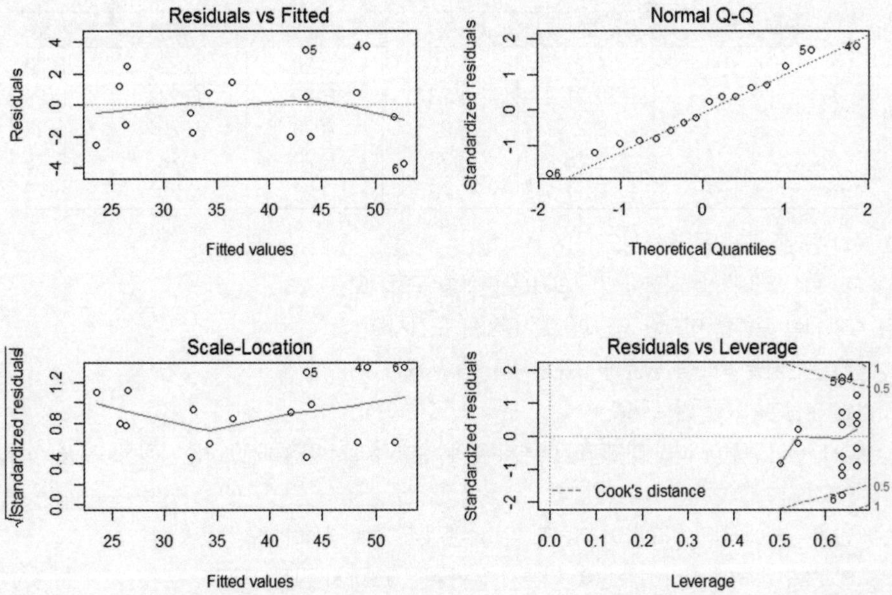

그림 5.2 케이크 데이터에 대한 모형진단그림: 위 왼쪽부터 (a) 잔차그림 (b) 잔차에 대한 정규 Q–Q 그림, 아래 왼쪽부터 (c) 적합값에 대한 제곱근 표준화 잔차그림 (d) 그룹별 표준화 잔차그림

연습문제

5.1 일정한 규격의 타이어를 5개 회사(처리: A, B, C, D, E)에서 만들고 있다. 이들 회사에서 만들어지는 타이어의 성능을 비교하기 위해 5종류 차량(행)을 5명의 운전자(열)가 일정거리를 주행해서 부착한 타이어의 마모 정도(mm)를 측정했다. 이 실험은 5×5 라틴정방설계로 시행했다.

운전자번호	차량 종류				
	1	2	3	4	5
1	A 26	B 19	C 28	D 29	E 20
2	E 21	A 23	B 20	C 24	D 29
3	D 29	E 22	A 23	B 20	C 24
4	C 28	D 28	E 20	A 28	B 15
5	B 17	C 28	D 23	E 20	A 25

(1) 통계적 모형을 적으시오.

(2) 회사 타이어별 마모량 평균과 표준편차를 구하시오.

(3) 차량 종류별 마모량 평균과 표준편차를 구하시오.

(4) 운전자별 마모량 평균과 표준편차를 구하시오.

(5) 분산분석표를 만드시오.

(6) 타이어 종류에 따라 마모량이 다른지 유의수준 5%에서 검정하시오(가설, 검정통계량, p-값, 결론).

(7) 운전자에 따라 마모량이 다른지 유의수준 5%에서 검정하시오.

(8) 차량 종류에 따라 마모량이 다른지 유의수준 5%에서 검정하시오.

(9) 타이어 종류에 대해 유의수준 5%에서 최소유의차 다중비교를 하시오.

5.2 5종류의 내용물(ingredients)(A, B, C, D, E)에 따라 화학공정(chemical process)의 반응시간(reaction time)이 다른지에 대한 연구를 하고자 실험설계를 하고자 한다. 한 번 실험은 90분이 걸리며 하루에 5개 실험만을 할 수 있으므로 5일에 걸쳐 실험을 해야 한다. 실험자(experimenter)는 배치반복과 실험일 효과를 체계적으로 조절하기 위해 라틴정방설계를 하여 다음과 같은 반응시간 측정값을 얻었다.

배치(batch)	실험일(day)				
	1	2	3	4	5
1	A=8	B=7	D=1	C=7	E=3
2	C=11	E=2	A=7	D=3	B=8
3	B=4	A=9	C=10	E=1	D=5
4	D=6	C=8	E=6	B=6	A=10
5	E=4	D=2	B=3	A=8	C=8

(1) 통계적 모형을 적으시오.

(2) 내용물(처리)별 반응시간의 평균과 표준편차를 구하시오.

(3) 실험일(열블록)별 반응시간의 평균과 표준편차를 구하시오.

(4) 배치(행블록)별 반응시간의 평균과 표준편차를 구하시오.

(5) 내용물별 상자그림, 실험일별 상자그림, 배치별 상자그림을 그리시오.

(6) 분산분석표를 만드시오.

(7) 내용물별 반응시간이 다른지 유의수준 5%에서 검정하시오.

(8) 실험일에 따라 반응시간이 다른지 유의수준 5%에서 검정하시오.

(9) 배치에 따라 반응시간이 다른지 유의수준 5%에서 검정하시오.

(10) 내용물에 대해 유의수준 5%에서 최소유의차 다중비교를 하시오.

5.3 한 원예가는 A라는 기존 땅콩 종자와 3개의 다른 땅콩 종자(B, C, D)의 수확량 비교를 위해 실험을 했다. 땅의 기울기와 토양의 질소 함유량을 고려한 라틴 방격법을 사용한 실험계획을 하여 다음의 측정치를 얻었다.

질소함유정도	기울기				계(행)	행 제곱합
	1	2	3	4		
1	C 26	A 19	B 28	D 29	102	2662
2	A 23	B 20	D 24	C 29	96	2346
3	B 28	D 20	C 29	A 27	104	2754
4	D 25	C 17	A 28	B 30	100	2598
계(열)	102	76	109	115	402	
열 제곱합	2614	1450	2985	3311		

(1) 통계적 모형을 적으시오.

(2) 땅콩 종자별 수확량의 평균과 표준편차를 구하시오.

(3) 기울기별 수확량의 평균과 표준편차를 구하시오.

(4) 질소함유정도별 수확량의 평균과 표준편차를 구하시오.

(5) 땅콩 종자별 상자그림, 기울기별 상자그림, 질소함유정도별 상자그림을 그리시오.

(6) 분산분석표를 만드시오.

(7) 땅콩 종자별 수확량이 다른지 유의수준 5%에서 검정하시오

(8) 기울기에 따라 수확량이 다른지 유의수준 5%에서 검정하시오.

(9) 질소함유정도에 따라 수확량이 다른지 유의수준 5%에서 검정하시오.

(10) 땅콩 종자에 대해 유의수준 5%에서 최소유의차 다중비교를 하시오.

5.4 Purdue University의 A 연구자는 5가지의 전극 모양(electrode shape)(A, B, C, D, E)의 금속 제거비율(metal removal rate)에 대한 연구를 한다. 금속제거실험은 전극과 물질 사이를 차단하는 전기량에 의존한다. 만든 시제품과 시제품 위에 놓인 위치에 따라 영향을 받을 수 있으므로 시제품 5개와 5개의 위치를 블록으로 하여 라틴정방설계를 하여 금속의 견고함에 대한 측정값을 데이터로 얻었다.

	위치				
시제품	1	2	3	4	5
1	A (64)	B (61)	C (62)	D (62)	E (62)
2	B (62)	C (62)	D (63)	E (62)	A (63)
3	C (61)	D (62)	E (63)	A (63)	B (63)
4	D (63)	E (64)	A (63)	B (63)	C (63)
5	E (62)	A (61)	B (63)	C (63)	D (62)

(1) 통계적 모형을 적으시오.
(2) 전극 모양별 반응값의 평균과 표준편차를 구하시오.
(3) 시제품별 반응값의 평균과 표준편차를 구하시오.
(4) 위치별 반응값의 평균과 표준편차를 구하시오.
(5) 전극 모양별 상자그림, 시제품별 상자그림, 위치별 상자그림을 그리시오.
(6) 분산분석표를 만드시오.
(7) 전극 모양별 반응값이 다른지 유의수준 5%에서 검정하시오.
(8) 시제품에 따라 반응평균이 다른지 유의수준 5%에서 검정하시오.
(9) 위치에 따라 반응평균이 다른지 유의수준 5%에서 검정하시오.
(10) 전극 모양에 대해 유의수준 5%에서 최소유의차 다중비교를 하시오.
(11) 잔차그림, 잔차에 대한 정규 Q-Q 그림을 그리고 설명하시오.

5.5 다음의 라틴정방설계에 대한 다음의 통계적 모형에 대해 답하시오.

$$Y_{ijk} = \mu + \tau_i + \delta_j + \gamma_k + \epsilon_{ijk}$$

$i = 1, \cdots, p$ 처리
$j = 1, \cdots, p$ 행
$k = 1, \cdots, p$ 열

이다. 여기서

$N = p^2$ 은 데이터 총수

μ는 모집단의 전체평균

τ_i는 i번째 처리효과(treatment effect)로 고정효과, $\sum_{i=1}^{p} \tau_i = 0$

δ_j는 j번째 행효과(row effect)로 고정효과, $\sum_{j=1}^{p} \delta_j = 0$

γ_k는 k번째 열효과(column effect)로 고정효과, $\sum_{k=1}^{p} \gamma_k = 0$

ϵ_{ijk}는 i번째 처리의 j번째 행과 k번째 열의 측정값에 따르는 오차항,

$\epsilon_{ijk} \sim iid\ N(0,\ \sigma^2)$

(1) $E(Y_{ijk})$
(2) $Var(Y_{ijk})$
(3) $E(\epsilon_{ijk})$
(4) $Var(\epsilon_{ijk})$
(5) $E(\overline{\epsilon}_{i..})$
(6) $Var(\overline{\epsilon}_{i..})$
(7) $\hat{\tau_i}$
(8) $Var(\hat{\tau_i})$
(9) $\hat{\delta_j}$
(10) $Var(\hat{\delta_j})$
(11) $\hat{\gamma_k}$
(12) $Var(\hat{\gamma_k})$
(13) $\widehat{\epsilon_{ijk}}$
(14) $\widehat{Y_{ijk}}$
(15) for $j \neq j'$, $Cov(Y_{ijk}, Y_{ij'k})$
(16) for $i \neq i'$, $Cov(Y_{ijk}, Y_{i'jk})$
(17) for $k \neq k'$, $Cov(Y_{ijk}, Y_{ijk'})$

5.6 다음의 라틴정방설계에 대한 다음의 통계적 모형에 대해 답하시오.

$$Y_{ijk} = \mu + \tau_i + \delta_j + \gamma_k + \epsilon_{ijk}$$
$$\begin{array}{ll} i = 1,\cdots,p & \text{처리} \\ j = 1,\cdots,p & \text{행} \\ k = 1,\cdots,p & \text{열} \end{array}$$

이다. 여기서

$N = p^2$은 데이터 총수

μ는 모집단의 전체평균

τ_i는 i번째 처리효과(treatment effect)로 고정효과, $\sum_{i=1}^{p} \tau_i = 0$

δ_j는 j번째 행효과(row effect)로 랜덤효과, $\delta_j \sim iid\ N(0, \sigma_\delta^2)$

γ_k는 k번째 열효과(column effect)로 랜덤효과, $\gamma_k \sim iid\ N(0, \sigma_\gamma^2)$

ϵ_{ij}는 i번째 처리의 j번째 행과 k번째 열의 측정값에 따르는 오차항,

$\epsilon_{ijk} \sim iid\ N(0,\ \sigma^2)$. $\delta_j, \gamma_k, \epsilon_{ijk}$ 서로 상호 독립이다.

(1) $E(Y_{ijk})$

(2) $Var(Y_{ijk})$

(3) $E(\epsilon_{ijk})$

(4) $Var(\epsilon_{ijk})$

(5) $E(\bar{\epsilon}_{i..})$

(6) $Var(\bar{\epsilon}_{i..})$

(7) $\hat{\tau_i}$

(8) $Var(\hat{\tau_i})$

(9) $\hat{\delta_j}$

(10) $Var(\hat{\delta_j})$

(11) $\hat{\gamma_k}$

(12) $Var(\hat{\gamma_k})$

(13) $\widehat{\epsilon_{ijk}}$

(14) $\widehat{Y_{ijk}}$

(15) for $j \neq j'$, $Cov(Y_{ijk}, Y_{ij'k})$

(16) for $i \neq i'$, $Cov(Y_{ijk}, Y_{i'jk})$

(17) for $k \neq k'$, $Cov(Y_{ijk}, Y_{ijk'})$

6장

요인설계

6.1 요인실험

여러 실험을 살펴보면 두 개 이상의 요인이 복합적으로 반응에 작용하는 경우가 많이 있다. 동시에 반응값에 영향을 주는 두 개 이상의 관심요인(factor)이 존재할 때 요인설계(factorial design)는 가장 효율적인 실험설계이다. 요인설계를 통해 요인의 수준조합(level combination)의 효과도 조사될 수 있는 장점이 있다.

요인설계는 실험설계라기보다는 처리설계를 의미한다. 요인설계에 의한 요인실험을 완전확률화설계로 할 수 있으며 제한 조건이 있다면 확률화완전블록설계에서 요인설계를 이용한 실험을 할 수도 있다.

예제 6.1 전기흐름에 기온(temperature)과 고도(altitude)가 영향을 미친다고 한다. 한 번에 한 요인실험(one factor at a time experiment)을 하는 경우를 생각해보자. 고도를 300 m로 고정한 상태에서 기온 25 ℃와 55 ℃에서 실험을 하여 기온효과를 조사한다. 또한 기온을 고정한 상태에서 고도 300 m와 600 m에서 각각 실험을 하여 고도효과를 조사한다. 이러한 실험에서는 기온과 고도 각각의 효과에 대해서는 조사할 수 있으나 기온과 고도가 동시에 변하며 영향을 미치는 것에 대한 효과는 측정할 수 없다. 여러 요인을 동시에 고려할 수 있는 통계적 실험설계가 필요하다.

요인설계에서 특징과 장점에 대해 알아보고자 한다.

(1) 요인 A가 a개 수준을 갖고, 요인 B가 b개 수준을 가질 때 ab개의 처리조합이 생긴다. 즉, 두 개 요인이 있고 각 수준이 a, b라면 $a \times b$ 요인설계라고 부른다.

(2) 요인효과(주효과, main effect)는 요인의 수준이 변할 때 나타나는 반응값의 변화로 정의한다.

(3) 관심요인이 2개 이상이면 요인간 상호작용(interaction effect between factors)에 대한 고려가 필수적이다. 상호작용효과에 대한 추론을 위해 요인설계가 필수적이다.

(4) 다른 요인의 몇 개의 수준에서 어느 한 요인의 효과를 추정할 수 있다.

(5) 상호작용이 통계적으로 유의하다면 그 상호작용을 낳은 주효과들도 유의하다. 그러므로 분산분석표에서 만약 주효과들은 유의하지 않고 상호작용효과만 유의하게 나오더라도, 해석할 때 반드시 주효과에 대한 논의도 포함해야 한다. 이때의 유의한 상호작용이 실제로 존재하는 주효과의 유의성을 가릴 수 있는데, 이를 가면효과(masking effect)라고 한다.

(6) 이요인 분산분석모형을 ab개의 처리 $(A_1, B_1), \cdots, (A_a, B_b)$를 보유한 단일요인 분산분석으로 파악할 수도 있다. 그러나 등반복의 균형 자료에서만 총제곱합의 펼치기(unfolding), 즉 $SS_{trt} = SS_A + SS_B + SS_{AB}$가 가능하며 불균형 자료에서는 $SS_{trt} \neq SS_A + SS_B + SS_{AB}$이 되어 원하는 검정을 할 수 없게 된다.

(7) 요인설계를 통해 한 번에 한 요인실험보다 효율적인 실험을 할 수 있다. 즉 요인설계를 하면 실험횟수를 줄일 수 있다. 예를 들어, 요인 A가 2 수준, 요인 B가 2 수준일 경우를 생각해보자. 한 번에 한 요인실험을 하면 A의 각 수준에서 한 번씩, B의 각 수준에서 한 번씩, 그리고 A와 B의 처리조합 4개에서 한 번씩 실험한다면 $2+2+4=8$회 실험이 필요하다. 그러나 요인설계를 하면 $2\times2=4$회 실험으로 A 요인효과, B 요인효과, A와 B 상호작용효과를 구할 수 있다.

예제 6.2 2×3 요인실험설계에서 처리조합은 (요인 A: 수준 A_1, A_2)×(요인 B: 수준 B_1, B_2, B_3)일 경우 $2\times3=6$개의 처리조합 A_1B_1, A_1B_2, A_1B_3, A_2B_1, A_2B_2, A_2B_3 이 생긴다. <표 6.1>에서와 같이 처리수준이 교차하는 위치에 처리조합을 표현할 수 있다.

표 6.1 2×3 이요인설계

요인 A \ 요인 B	B_1	B_2	B_3	A 수준합
A_1	A_1B_1	A_1B_2	A_1B_3	A_1
A_2	A_2B_1	A_2B_2	A_2B_3	A_2
B 수준합	B_1	B_2	B_3	G

* G는 총합(grand total)

예제 6.3 요인 A와 요인 B가 있는 2×2 요인설계로 완전확률화설계에 의한 실험에 의해 다음의 데이터를 얻었다. <그림 6.1>(a)를 보면 A_1 수준과 A_2 수준에서 요인 B의 수준 변화가 동일하다. 즉, A_1 수준과 A_2 수준에서 모두 B_1 수준보다 B_2 수준에서의 반응값이 크며 평행선으로 나타난다. 마찬가지로 <그림 6.1>(b)를 보면 요인 B_1 수준과 A_2 수준에서 요인 A의 수준 변화가 동일하다. 요인 A와 요인 B의 상호작용효과가 없어 보인다(no interaction effect).

표 6.2 2×2 요인설계 1

요인 A \ 요인 B	B_1	B_2
A_1	$A_1\ B_1$ 20	$A_1 B_2$ 30
A_2	$A_2\ B_1$ 40	$A_2 B_2$ 52

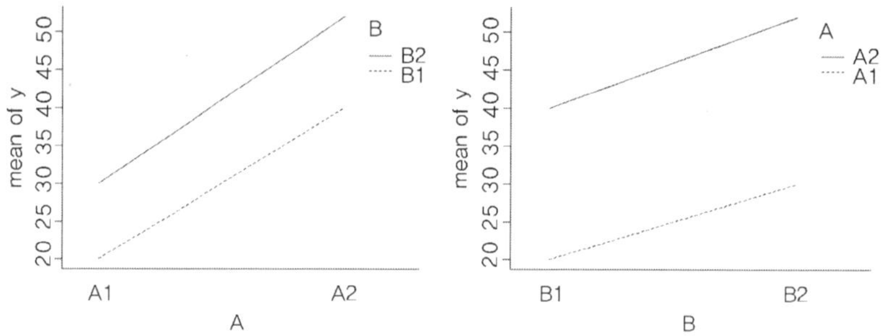

(a) 요인 A에 대한 요인 B의 상호작용그림 (b) 요인 B에 대한 요인 A의 상호작용그림

그림 6.1 상호작용이 없는 경우 상호작용그림

요인의 수준에 따른 변화로 주효과 A, B와 상호작용효과 AB를 계산해보자.

$$A = A\text{의 2 수준평균} - A\text{의 1 수준평균}$$

$$= \frac{A_2B_1 + A_2B_2}{2} - \frac{A_1B_1 + A_1B_2}{2} = \frac{40+52}{2} - \frac{20+30}{2} = 21$$

$$B = B\text{의 2 수준평균} - B\text{의 1 수준평균}$$

$$= \frac{A_1B_2 + A_2B_2}{2} - \frac{A_1B_1 + A_2B_1}{2} = \frac{30+52}{2} - \frac{20+40}{2} = 11$$

$$AB = A_2(B\text{의 2 수준평균} - B\text{의 1 수준평균}) - A_1(B\text{의 2 수준평균} - B\text{의 1 수준평균})$$

$$= \frac{A_2B_2 - A_2B_1}{2} - \frac{A_1B_2 - A_1B_1}{2}$$

$$= \frac{A_1B_1 + A_2B_2}{2} - \frac{A_2B_1 + A_1B_2}{2} = \frac{20+52}{2} - \frac{40+30}{2} = 1$$

예제 6.4 요인 A와 요인 B가 있는 2×2 요인설계로 완전확률화설계에 의한 실험에 의해 다음의 데이터를 얻었다. <그림 6.2>(a)를 보면 A_1 수준에서는 B_1 수준보다 B_2 수준의 반응값이 크고 A_2 수준에서는 B_2 수준보다 B_1 수준의 반응값이 크다. A의

수준에 따라 B의 반응경향이 다르며 반응선이 교차한다. 마찬가지로 <그림 6.1>(b)를 보면 B의 수준에 따라 A의 반응경향이 다르므로 반응선이 교차한다. 요인 A와 요인 B의 상호작용효과가 있어 보인다(interaction effect).

표 6.3 2×2 요인설계 2

요인 A \ 요인 B	B_1	B_2
A_1	A_1B_1 20	A_1B_2 40
A_2	A_2B_1 50	A_2B_2 12

주효과 A, B 와 상호작용효과 AB를 계산해보자.

$$\begin{aligned}
A &= A\text{의 2 수준평균} - A\text{의 1 수준평균} \\
&= \frac{A_2B_1 + A_2B_2}{2} - \frac{A_1B_1 + A_1B_2}{2} = \frac{50+12}{2} - \frac{20+40}{2} = 1 \\
B &= B\text{의 2 수준평균} - B\text{의 1 수준평균} \\
&= \frac{A_1B_2 + A_2B_2}{2} - \frac{A_1B_1 + A_2B_1}{2} = \frac{40+12}{2} - \frac{20+50}{2} = -9 \\
AB &= A_2(B\text{의 2 수준평균} - B\text{의 1 수준평균}) \\
&\quad - A_1(B\text{의 2 수준평균} - B\text{의 1 수준평균}) \\
&= \frac{A_2B_2 - A_2B_1}{2} - \frac{A_1B_2 - A_1B_1}{2} \\
&= \frac{A_1B_1 + A_2B_2}{2} - \frac{A_2B_1 + A_1B_2}{2} = \frac{20+12}{2} - \frac{50+40}{2} = -29
\end{aligned}$$

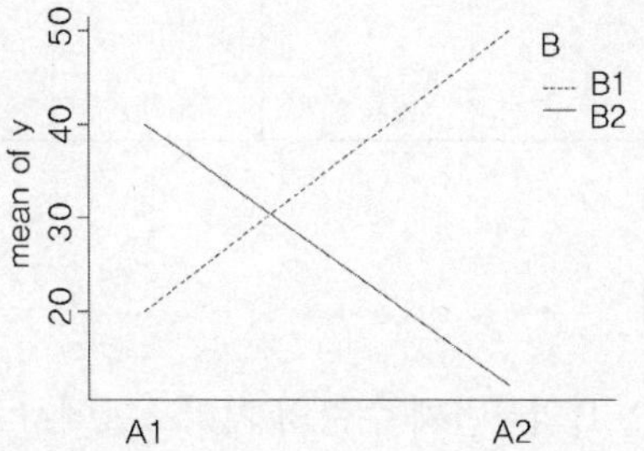

(a) 요인 A에 대한 요인 B의 상호작용그림

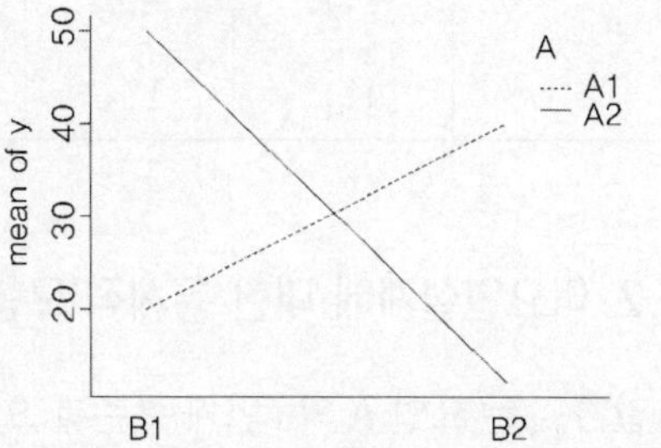

(b) 요인 B에 대한 요인 A의 상호작용그림

그림 6.2 상호작용이 있는 경우 상호작용그림

6.2 이요인 요인설계

6.2.1 이요인 요인설계 자료구조

처리요인이 A와 B 두 개이고 요인 A (factor A)는 수준수 a를 갖고 요인 B(factor B)는 수준수 b를 갖는다. 각 처리조합에서 n번 반복하여 측정된 반응값 $\{Y_{ijk}\}$를 얻는다. 수준수 a를 갖는 요인 A와 수준수 b를 갖는 요인 B에 대한 이요인 요인설계(two-factor factorial design)에 대한 자료구조는 <표 6.4>에서 보여 준다. $a\times b$개의 처리조합이 생기며 각 처리조합에 대해서는 완전확률화설계로 실험했다고 하자.

표 6.4 n 반복 $a\times b$ 이요인 요인설계 자료구조

요인 A \ 요인 B	1	2	$\cdots$	j	$\cdots$	b
1	Y_{111} Y_{112} $\vdots$ Y_{11n}	Y_{121} Y_{122} $\vdots$ Y_{12n}		$\vdots$		Y_{1b1} Y_{1b2} $\vdots$ Y_{1bn}
$\vdots$	$\vdots$	$\vdots$				$\vdots$
i	Y_{i11} Y_{i12} $\vdots$ Y_{i1n}	Y_{i21} Y_{i22} $\vdots$ Y_{i2n}	$\cdots$	Y_{ij1} Y_{ij2} $\vdots$ Y_{ijn}	$\cdots$	Y_{ib1} Y_{ib2} $\vdots$ Y_{ibn}
$\vdots$	$\vdots$	$\vdots$				
a	Y_{a11} Y_{a12} $\vdots$ Y_{a1n}	Y_{a21} Y_{a22} $\vdots$ Y_{a2n}		$\vdots$		Y_{ab1} Y_{ab2} $\vdots$ Y_{abn}

6.2.2 이요인설계에 대한 통계적 모형

반응값 Y_{ijk}는 요인 A의 i번째 수준과 요인 B의 j번째 수준의 처리조합에서 k번째 관측값으로 통계적 모형은

$$Y_{ijk} = \mu + \alpha_i + \beta_j + \alpha\beta_{ij} + \epsilon_{ijk} \tag{6.1}$$
$$i = 1, \cdots, a,\ j = 1, \cdots, b,\ k = 1, \cdots, n(\text{반복})$$

이다. 여기서

$N = abn$은 데이터 총수
μ는 모집단의 전체평균
α_i는 요인 A의 i번째 수준효과
β_j는 요인 B의 j번째 수준효과
$\alpha\beta_{ij}$는 요인 A의 i번째 수준과 요인 B의 j번째 수준의 상호작용효과,
ϵ_{ijk}는 오차항 $\sim iid\ N(0,\ \sigma^2)$

모형 (6.1)에서 요인효과에 따라 상황에 맞는 가정을 해야 한다. 요인의 특성에 따라 고정효과와 변량효과 중 선택하게 된다. 3.3절에서의 설명과 <그림 3.1>을 상기하기 바란다. 효과의 특성에 따라 선택할 수 있는 모형은 고정효과모형, 변량효과모형 그리고 혼합모형(고정효과와 변량효과가 혼합된 모형)이다.

(1) 고정효과 모형: 요인 A와 요인 B가 모두 고정효과인 경우

$$\sum_i \alpha_i = 0, \quad \sum \beta_j = 0, \quad \sum_i \alpha\beta_{ij} = \sum_j \alpha\beta_{ij} = 0,\ \epsilon_{ijk} \sim iid\ N(0,\ \sigma^2) \tag{6.2}$$

(2) 변량효과모형: 요인 A와 요인 B가 모두 변량효과인 경우

$$\left.\begin{array}{l} \alpha_i \sim iid\ N(0,\ \sigma_\alpha^2) \\ \beta_j \sim iid\ N(0,\ \sigma_\beta^2) \\ \alpha\beta_{ij} \sim iid\ N(0,\ \sigma_{\alpha\beta}^2) \\ \epsilon_{ijk} \sim iid\ N(0,\ \sigma^2) \end{array}\right\} \text{ 서로 상호독립(mutually independent)이다.} \tag{6.3}$$

(3) 혼합모형: 요인 A는 고정효과이고 요인 B는 변량효과인 경우

$$\sum_i \alpha_i = 0, \quad \left.\begin{array}{l} \beta_j \sim iid\ N(0,\ \sigma_\beta^2) \\ \alpha\beta_{ij} \sim iid\ N(0,\ \sigma_{\alpha\beta}^2) \\ \epsilon_{ijk} \sim iid\ N(0,\ \sigma^2) \end{array}\right\} \text{ 서로 상호독립이다.} \tag{6.4}$$

6.2.3 분산분석과 가설검정

편차를 다음과 같이 요인에 따른 편차로 분리하여 표현할 수 있다.

$$Y_{ijk}-\overline{Y}=(\overline{Y}_{i..}-\overline{Y})+(\overline{Y}_{.j.}-\overline{Y})+(\overline{Y}_{ij.}-\overline{Y}_{i..}-\overline{Y}_{.j.}+\overline{Y})+(Y_{ijk}-\overline{Y}_{ij.})$$

총제곱합은 요인에 의한 제곱합으로 다음과 같이 분해된다:

$$\begin{aligned}\sum_{i=1}^{a}\sum_{j=1}^{b}\sum_{k=1}^{n}(Y_{ijk}-\overline{Y})^2 &= \sum_{i=1}^{a}\sum_{j=1}^{b}\sum_{k=1}^{n}(\overline{Y}_{i..}-\overline{Y})^2+\sum_{i=1}^{a}\sum_{j=1}^{b}\sum_{k=1}^{n}(\overline{Y}_{.j.}-\overline{Y})^2 \\ &+\sum_{i=1}^{a}\sum_{j=1}^{b}\sum_{k=1}^{n}(\overline{Y}_{ij.}-\overline{Y}_{i..}-\overline{Y}_{.j.}+\overline{Y})^2 \\ &+\sum_{i=1}^{a}\sum_{j=1}^{b}\sum_{k=1}^{n}(Y_{ijk}-\overline{Y}_{ij.})^2\end{aligned} \tag{6.5}$$

즉,

$$TSS = SS_A + SS_B + SS_{AB} + SSe \tag{6.6}$$

총제곱합 = 요인 A 제곱합 + 요인 B 제곱합 + 요인 AB 제곱합 + 요인 AB 제곱합

$$abn-1 = (a-1) + (b-1) + (a-1)(b-1) + ab(n-1)$$

전체 자유도 = 요인 A 자유도 + 요인 B 자유도 + 요인 AB 자유도 + 오차 자유도

여기서 SS_A는 요인 A 제곱합(sum of squares due to factor A)으로 요인 A 수준평균과 전체평균과의 편차제곱합이며 요인 A에 의한 변동을 나타낸다. SS_B는 요인 B 제곱합, SS_{AB}는 요인 A와 요인 B의 이요인 상호작용 제곱합 그리고 SSe는 오차제곱합이다. 마찬가지로 전체 자유도는 요인에 의한 자유도로 분해된다.

표 6.5 n 반복 이요인 요인설계 분산분석표(고정효과모형)

요인	자유도	제곱합	평균제곱합	F 통계량	기각값
A	$a-1$	SS_A	$MS_A=\dfrac{SS_A}{(a-1)}$	$F_A=\dfrac{MS_A}{MSe}$	$F_{a-1,\ ab(n-1)}(\alpha)$
B	$b-1$	SS_B	$MS_B=\dfrac{SS_B}{(b-1)}$	$F_B=\dfrac{MS_B}{MSe}$	$F_{b-1,\ ab(n-1)}(\alpha)$
AB	$(a-1)(b-1)$	SS_{AB}	$MS_{AB}=\dfrac{SS_{AB}}{(a-1)(b-1)}$	$F_{AB}=\dfrac{MS_{AB}}{MSe}$	$F_{(a-1)(b-1),\ ab(n-1)}(\alpha)$
오차	$ab(n-1)$	SSe	$MSe=\dfrac{SSe}{ab(n-1)}$		
계	$abn-1$	TSS			

분산분석표 <표 6.5>에서 제곱합 계산식은 다음과 같다:

$$CF=\frac{Y_{\cdots}^2}{abn},\quad Y_{\cdots}=\sum_{i=1}^{a}\sum_{j=1}^{b}\sum_{k=1}^{n}Y_{ijk},\quad \overline{Y}=\frac{Y_{\cdots}}{abn} \tag{6.7}$$

$$TSS=SS_{total}=\sum_i\sum_j\sum_k(Y_{ijk}-\overline{Y})^2=\sum_i\sum_j\sum_k Y_{ijk}^2-CF$$

$$SS_A=\sum_{i=1}^{a}\sum_j\sum_k(\overline{Y}_{i\cdot\cdot}-\overline{Y})^2=\sum_{i=1}^{a}\frac{Y_{i\cdot\cdot}^2}{bn}-CF$$

$$SS_B=\sum_i\sum_{j=1}^{b}\sum_k(\overline{Y}_{\cdot j\cdot}-\overline{Y})^2=\sum_{j=1}^{b}\frac{Y_{\cdot j\cdot}^2}{an}-CF$$

$$SS_{subtotal}=\sum_{i=1}^{a}\sum_{j=1}^{b}\sum_k(\overline{Y}_{ij\cdot}-\overline{Y})^2=\sum_i\sum_j\frac{Y_{ij\cdot}^2}{n}-CF$$

$$SS_{AB}=\sum_i\sum_j\sum_k(\overline{Y}_{ij\cdot}-\overline{Y}_{i\cdot\cdot}-\overline{Y}_{\cdot j\cdot}+\overline{Y})^2=SS$$

$$SSe=\sum_i\sum_j\sum_k(Y_{ijk}-\overline{Y_{ij\cdot}})^2=TSS-SS$$

분산분석표의 F 통계량을 이용하여 요인효과에 대한 가설검정을 다음과 같이 할 수 있다.

(1) 요인 A 효과에 대한 가설검정

H_0 : $\alpha_1=\cdots=\alpha_a=0$ (요인 A 효과 없다)에 대해 H_1 : not $\mathrm{H_0}$

검정통계량

$$F_A = \frac{MS_A}{MSe} \tag{6.8}$$

는 귀무가설하에서 $F_{a-1,\ ab(n-1)}$ 분포를 따른다.

유의수준 α에서 검정법은 만일 $F_A > F_{(a-1),\ ab(n-1)}(\alpha)$이면 H_0를 기각한다.

(2) 요인 B 효과에 대한 가설검정

$$H_0 \ :\ \beta_1 = \cdots = \beta_b = 0(\text{요인 B 효과 없다})\text{에 대해 } H_1 :\ \ not\ \ \mathrm{H_0}$$

검정통계량

$$F_B = \frac{MS_B}{MSe} \tag{6.9}$$

는 귀무가설하에서 $F_{b-1,\ ab(n-1)}$ 분포를 따른다.

유의수준 α에서 검정법은 만일 $F_B > F_{(b-1),\ ab(n-1)}(\alpha)$이면 H_0를 기각한다.

(3) 요인 A와 요인 B의 상호작용효과에 대한 가설검정

$$H_0 \ :\ \alpha\beta_{11} = \cdots = \alpha\beta_{ab} = 0(\text{상호작용효과 없다})\text{에 대해 } H_1 :\ \ not\ \ \mathrm{H_0}$$

검정통계량

$$F_{AB} = \frac{MS_{AB}}{MSe} \tag{6.10}$$

는 귀무가설하에서 $F_{(a-1)(b-1),\ ab(n-1)}$ 분포를 따른다.

유의수준 α에서 검정법은 만일 $F_{AB} > F_{(a-1)(b-1),\ ab(n-1)}(\alpha)$이면 H_0를 기각한다.

이요인설계에서 반복이 없는 경우에는 상호작용효과에 대한 제곱합이 오차제곱합으로 활용되어야 주효과에 대한 검정이 가능하다. 그러므로 상호작용효과에 대한 검정을 할 수 없게 되어 <표 6.6>의 분산분석표를 만들 수 있다. 이요인설계에서 상호작용효과에 대한 검정을 하고자 한다면 반복을 포함한 실험설계가 필수적이다.

표 6.6 이요인설계 분산분석표(고정효과모형, 반복 없는 경우)

요인	자유도	제곱합	평균제곱합	F 통계량	기각값
A	$a-1$	SS_A	$MS_A = \dfrac{SS_A}{(a-1)}$	$F_A = \dfrac{MS_A}{MSe}$	$F_{a-1,\,(a-1)(b-1)}(\alpha)$
B	$b-1$	SS_B	$MS_B = \dfrac{SS_B}{(b-1)}$	$F_B = \dfrac{MS_B}{MSe}$	$F_{b-1,\,(a-1)(b-1)}(\alpha)$
오차	$(a-1)(b-1)$	SSe	$MSe = \dfrac{SSe}{(a-1)(b-1)}$		
계	$ab-1$	TSS			

예제 6.5 2×3 요인설계

자동차의 진공관(vacuum tube)의 압력에 펌프가열전압과 배기량 지수가 영향을 미치는지 알기 위해 이요인 요인설계로 실험 후 데이터를 얻었다. R 프로그램을 이용하여 요인효과를 구하려면 tapply( ) 함수를 이용한다. <프로그램 6.1>을 참조하기 바란다.

표 6.7 2×3 요인설계 진공관 데이터

B(배기량 지수) / A(펌프가열전압)	B_1 60	B_2 90	B_3 150	A 수준합	A 수준평균
A_1 = 127	A_1B_1 48 58	A_1B_2 28 33	A_1B_3 7 15	189	31.5
A_2 = 230	A_2B_1 62 54	A_2B_2 14 10	A_2B_3 9 10	159	26.5
B 수준합	222	85	41	348	
B 수준평균	55.5	21.25	10.25		29

(1) 전체평균을 구하고자 한다.

$$\hat{\mu} = \overline{Y} = \frac{(48+58+\cdots+9+10)}{12} = \frac{348}{12} = 29$$

(2) 요인 A의 각 수준평균을 구하고자 한다.

A_1 수준이 포함된 처리조합에서 얻은 데이터 평균:

$$\widehat{\mu_{A_1}} = \frac{A_1B_1 + A_1B_2 + A_1B_3}{6} = \frac{(48+58 \quad +28+33 \quad +7+15)}{6} = 31.5$$

A_2 수준이 포함된 처리조합에서 얻은 데이터 평균:

$$\widehat{\mu_{A_2}} = \frac{A_2B_1 + A_2B_2 + A_2B_3}{6} = \frac{(62+54 \quad +14+10 \quad +9+10)}{6} = 26.5$$

(3) 요인 A의 각 수준효과를 구하고자 한다.

$$\widehat{\alpha_1} = \widehat{\mu_{A_1}} - \hat{\mu} = 31.5 - 29 = 2.5$$
$$\widehat{\alpha_2} = \widehat{\mu_{A_2}} - \hat{\mu} = 26.5 - 29 = -2.5$$

(4) 요인 B의 각 수준평균을 구하고자 한다.

B_1 수준이 포함된 처리조합에서 얻은 데이터 평균:

$$\widehat{\mu_{B_1}} = \frac{A_1B_1 + A_2B_1}{4} = \frac{(48+58 \quad +62+54)}{4} = 55.5$$

B_2 수준이 포함된 처리조합에서 얻은 데이터 평균:

$$\widehat{\mu_{B_2}} = \frac{A_1B_2 + A_2B_2}{4} = \frac{(28+33 \quad +14+10)}{4} = 21.25$$

B_3 수준이 포함된 처리조합에서 얻은 데이터 평균:

$$\widehat{\mu_{B_3}} = \frac{A_1B_3 + A_2B_3}{4} = \frac{(7+15 \quad +9+10)}{4} = 10.25$$

(5) 요인 B의 각 수준효과를 구하고자 한다.

$$\widehat{\beta_1} = \widehat{\mu_{B_1}} - \hat{\mu} = 55.5 - 29 = 26.5$$
$$\widehat{\beta_2} = \widehat{\mu_{B_2}} - \hat{\mu} = 21.25 - 29 = -7.75$$
$$\widehat{\beta_3} = \widehat{\mu_{B_2}} - \hat{\mu} = 10.25 - 29 = -18.75$$

(6) 요인 A와 요인 B의 각 처리조합 수준평균을 구하고자 한다.

$$\hat{\mu}_{A_1B_1} = A_1B_1 \text{ 처리조합에서 얻은 평균} = \frac{(48+58)}{2} = 53$$

$$\hat{\mu}_{A_1B_2} = A_1B_2 \text{ 처리조합에서 얻은 평균} = \frac{(28+33)}{2} = 30.5$$

$$\hat{\mu}_{A_1B_3} = A_1B_3 \text{ 처리조합에서 얻은 평균} = \frac{(7+15)}{2} = 11$$

$$\hat{\mu}_{A_2B_1} = A_2B_1 \text{ 처리조합에서 얻은 평균} = \frac{(62+54)}{2} = 58$$

$$\hat{\mu}_{A_2B_2} = A_2B_2 \text{ 처리조합에서 얻은 평균} = \frac{(14+10)}{2} = 12$$

$$\hat{\mu}_{A_2B_3} = A_2B_3 \text{ 처리조합에서 얻은 평균} = \frac{(9+10)}{2} = 9.5$$

(7) 요인 A와 요인 B의 각 처리조합 수준효과를 구하고자 한다.

$$\widehat{\alpha\beta}_{A_1B_1} = (\overline{Y}_{11.} - \overline{Y}_{1..} - \overline{Y}_{.1.} + \overline{Y}) = 53 - 31.5 - 55.5 + 29 = -5$$

$$\widehat{\alpha\beta}_{A_1B_2} = (\overline{Y}_{12.} - \overline{Y}_{1..} - \overline{Y}_{.2.} + \overline{Y}) = 30.5 - 31.5 - 21.25 + 29 = 6.75$$

$$\widehat{\alpha\beta}_{A_1B_3} = (\overline{Y}_{13.} - \overline{Y}_{1..} - \overline{Y}_{.3.} + \overline{Y}) = 11 - 31.5 - 10.25 + 29 = -1.75$$

$$\widehat{\alpha\beta}_{A_2B_1} = (\overline{Y}_{21.} - \overline{Y}_{2..} - \overline{Y}_{.1.} + \overline{Y}) = 58 - 26.5 - 55.5 + 29 = 5$$

$$\widehat{\alpha\beta}_{A_2B_2} = (\overline{Y}_{22.} - \overline{Y}_{2..} - \overline{Y}_{.2.} + \overline{Y}) = 12 - 26.5 - 21.25 + 29 = -6.75$$

$$\widehat{\alpha\beta}_{A_2B_3} = (\overline{Y}_{23.} - \overline{Y}_{2..} - \overline{Y}_{.3.} + \overline{Y}) = 9.5 - 26.5 - 10.25 + 29 = 1.75$$

(8) 상호작용그림을 그려보고자 한다.

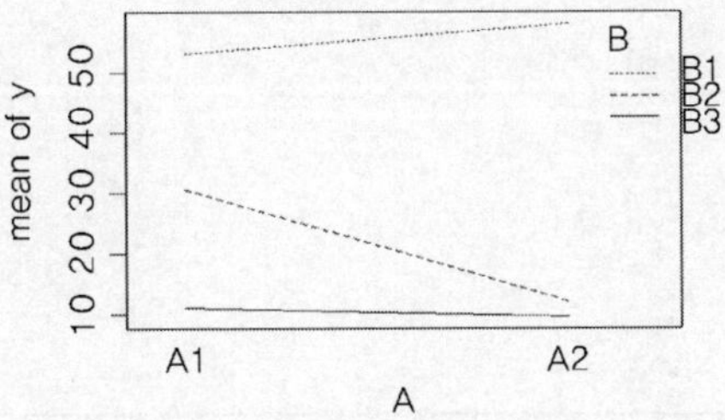

(a) 요인 A에 대한 요인 B의 평균

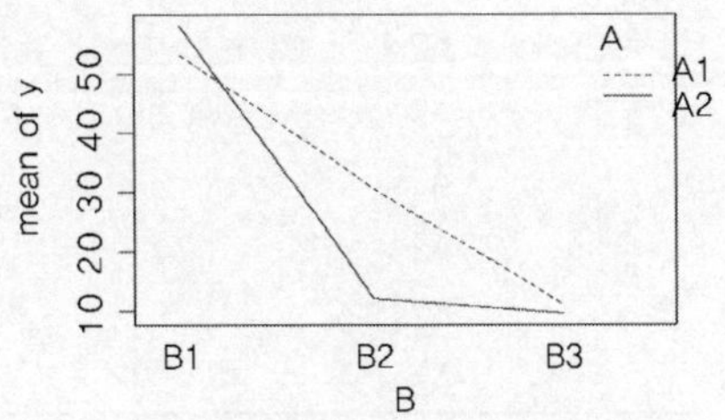

(b) 요인 B에 대한 요인 A의 평균

그림 6.3 진공관 데이터에 대한 상호작용그림

(9) 분산분석표를 작성하고자 한다.

표 6.8 진공관 데이터 분산분석표

요인	자유도	제곱합	평균제곱합	F 통계량	p-값
A(펌프가열전압)	1	$SS_A = 75.0$	$MS_A = 75.00$	$F_A = 3.3333$	0.11768
B(배기량지수)	2	$SS_B = 4455.5$	$MS_B = 2227.75$	$F_B = 99.0111$	2.543×10^{-5}
AB(상호작용)	2	$SS_{AB} = 294.5$	$MS_{AB} = 147.25$	$F_{AB} = 6.5444$	0.03105
오차	6	$SSe = 135.0$	$MSe = 22.50$		
계	11	$TSS = 4960$			

작성된 분산분석표 <표 6.8>을 보면 유의수준 $\alpha = 0.05$에서 B 효과와 상호작용효과가 유의하고 A 효과는 유의하지 않다. 자동차의 진공관의 압력은 펌프가열전압과 배기량지수의 상호작용에 유의한 영향을 받는다.

<표 6.7>의 데이터를 엑셀 데이터 셋으로 만들어 읽어들이고자 할 경우 <표 6.9>와 같이 각각 열에 각 변수값을 써야 한다. 요인변수 2개와 반응변수 1개로 구성한다. read.csv( )를 활용하기 위해 *.csv 파일로 저장한다.

표 6.9 엑셀 데이터셋 vaccum.csv 파일

A	B	y
A1	B1	48
A1	B1	58
A1	B2	28
A1	B2	33
A1	B3	7
A1	B3	15
A2	B1	62
A2	B1	54
A2	B2	14
A2	B2	10
A2	B3	9
A2	B3	10

프로그램 6.1 진공관 데이터에 대한 분석

```
 vac<- read.csv("D:\\13expd\\vaccum.csv", header=T)   # 표 6.9
attach(vac)
A<-as.factor(A) ;  B<-as.factor(B)
tapply(y, A, mean)                          # A 수준평균
tapply(y, B, mean)                          # B 수준평균
```

```
tapply(y, A:B, mean)                    # AB 수준평균

L<-aov(y~ A+B+ A:B)                     # 분산분석 모형적합
  anova(L)                              # 분산분석표
model.tables(L, type="effects")         # 모든 요인효과 추정, 모수 추정값
model.tables(L, type="means")           # 모든 요인수준평균
interaction.plot(A, B, response=y)      # 그림 6.3 (a)
interaction.plot(B, A, response=y)      # 그림 6.3 (b)
```

```
> tapply(y, A, mean)
  A1   A2
31.5 26.5
> tapply(y, B, mean)
   B1    B2    B3
55.50 21.25 10.25
> tapply(y, A:B, mean)
A1:B1 A1:B2 A1:B3 A2:B1 A2:B2 A2:B3
 53.0  30.5  11.0  58.0  12.0   9.5
> model.tables(L, type="means")
Tables of means
Grand mean
29
A
  A1   A2
31.5 26.5
B
   B1    B2    B3
55.50 21.25 10.25
 A:B
    B
A    B1   B2   B3
  A1 53.0 30.5 11.0
  A2 58.0 12.0  9.5
> L<-aov(y~ A+B+ A:B)
> anova(L)
Analysis of Variance Table
Response: y
          Df Sum Sq Mean Sq F value    Pr(>F)
A          1   75.0   75.00  3.3333   0.11768
B          2 4455.5 2227.75 99.0111 2.543e-05 ***
A:B        2  294.5  147.25  6.5444   0.03105 *
Residuals  6  135.0   22.50
```

분산분석 결과는 분산분석표 <표 6.8>로 정리할 수 있다. 유의수준 $\alpha = 0.05$ 에서 B 효과와 상호작용효과가 유의하고 A 효과는 유의하지 않다. 요인 A 에 대한 검정통계량

$F_A = 3.3333$이고 p-값 $= 0.11768 > 0.05 = \alpha$이므로 유의수준 0.05에서 H_0를 기각하지 못한다. 그러므로 요인 A 수준 간 평균이 모두 동일하다고 할 수 있다. 요인 B에 대한 검정통계량 $F_B = 99.0111$이고 p-값 $= 2.543 \times 10^{-5} < 0.05 = \alpha$이므로 유의수준 0.05에서 H_0를 기각한다. 그러므로 요인 B 수준 간 평균이 모두 동일하다고 할 수 없다. 요인 A와 요인 B의 상호작용효과에 대한 검정통계량 $F_{AB} = 6.5444$이고 p-값 $= 0.03105 < 0.05 = \alpha$이므로 유의수준 0.05에서 H_0를 기각한다. 그러므로 요인 A와 요인 B의 상호작용효과는 유의하다. 즉, 요인 A와 요인 B의 수준조합에 따른 영향이 있다고 할 수 있으므로 자동차 진공관의 압력은 펌프가열전압과 배기량 지수의 상호작용에 유의한 영향을 받는다.

참고 이요인 요인설계 통계적 모형에서 고정효과모형인 경우 제곱합을 정리하는 과정과 평균제곱합에 대한 기댓값을 계산해보자.

다음의 이요인 요인설계에서 고정효과모형을 고려한다.

$$Y_{ijk} = \mu + \alpha_i + \beta_j + \alpha\beta_{ij} + \epsilon_{ijk}$$

$$i = 1, \cdots, a, \;\; j = 1, \cdots, b, \;\; k = 1, \cdots, n \;\; (\text{반복})$$

$$\sum_i \alpha_i = 0, \;\; \sum \beta_j = 0, \;\; \sum_i \alpha\beta_{ij} = \sum_j \alpha\beta_{ij} = 0, \epsilon_{ijk} \sim iid \;\; N(0, \sigma^2).$$

(1) 총제곱합 TSS 식에 대해 정리해보자.

$$\begin{aligned} TSS &= \sum_{i=1}^{a}\sum_{j=1}^{b}\sum_{k=1}^{n} (Y_{ijk} - \overline{Y})^2 \\ &= \sum_i\sum_j\sum_k Y_{ijk}^2 - 2\overline{Y} \times \sum_i\sum_j\sum_k Y_{ijk} + abn\overline{Y}^2 \\ &= \sum_i\sum_j\sum_k Y_{ijk}^2 - abn\overline{Y}^2 \\ &= \sum_i\sum_j\sum_k Y_{ijk}^2 - CF \end{aligned} \tag{6.11}$$

여기서

$$\sum_i\sum_j\sum_k Y_{ijk} = abn\overline{Y}$$

$$\overline{Y}^2 = \left(\frac{\sum_i\sum_j\sum_k Y_{ijk}}{abn}\right)^2 = \frac{\left(\sum_i\sum_j\sum_k Y_{ijk}\right)^2}{(abn)^2}$$ 이므로

$$CF = abn \times \overline{Y}^2 = \frac{Y_{\cdots}^2}{(abn)}$$

(2) $E(MS_A) = \sigma^2 + nbk_A^2\ ,\ \ k_A^2 = \dfrac{\sum_{i=1}^{a}\alpha_i^2}{a-1}$ 을 보이고자 한다.

요인 A의 i번째 수준평균 $\overline{Y}_{i\,.\,.}$ 와 전체평균 $\overline{Y}$를 정리하면

$$\overline{Y}_{i\,.\,.} = \frac{1}{bn}\sum_j\sum_k Y_{ijk} \tag{6.12}$$

$$\begin{aligned}\overline{Y} &= \frac{1}{abn}\sum_i\sum_j\sum_k Y_{ijk}\\ &= \frac{1}{abn}\sum_i\sum_j\sum_k(\mu+\alpha_i+\beta_j+\alpha\beta_{ij}+\epsilon_{ijk})\\ &= \frac{1}{abn}\left\{\sum_i\sum_j\sum_k\mu+\sum_i\sum_j\sum_k\alpha_i+\sum_i\sum_j\sum_k\beta_j+\sum_i\sum_j\sum_k\alpha\beta_{ij}+\sum_i\sum_j\sum_k\epsilon_{ijk}\right\}\\ &= \mu+\overline{\epsilon}\end{aligned}$$

로 표현할 수 있다. 그러므로

$$SS_A = \sum_{i=1}^{a}\sum_{j=1}^{b}\sum_{k=1}^{n}(\overline{Y}_{i\,.\,.} - \overline{Y})^2 = bn\sum_i(\overline{Y}_{i\,.\,.} - \overline{Y}\,)^2, \tag{6.13}$$

$$\begin{aligned}E(SS_A) &= bn\cdot E\left[\sum_i\alpha_i^2+\sum_i(\overline{\epsilon}_{i\,.\,.}-\overline{\epsilon}\,)^2\right] \qquad (6.14)\\ &= bn\sum_i\alpha_i^2+bn\sum_i\left[E(\overline{\epsilon}^{\,2}_{i\,.\,.})+E(\overline{\epsilon}^{\,2}_{.\,.\,.})-2E(\overline{\epsilon}_{i\,.\,.}\times\overline{\epsilon}\,)\right]\\ &= bn\sum_i\alpha_i^2+bn\left[\frac{a}{bn}+\frac{a}{abn}-\frac{2a}{anb}\right]\sigma^2\\ &= bn\sum_i\alpha_i^2+(a-1)\sigma^2\end{aligned}$$

왜냐하면

$$E(\overline{\epsilon}^{\,2}_{i\,.\,.}) = E\left[\left(\frac{1}{bn}\sum_{j,k}\epsilon_{ijk}\right)^2\right] = \frac{1}{b^2n^2}\sum_{j,k}E(\epsilon_{ijk}^2) = \frac{\sigma^2}{bn} \tag{6.15}$$

$$E(\overline{\epsilon}^{\,2}_{.\,.\,.}) = E\left[\left(\frac{1}{abn}\sum_{i,j,k}\epsilon_{ijk}\right)^2\right] = \frac{1}{a^2b^2n^2}\sum_{i,j,k}E(\epsilon_{ijk}^2) = \frac{\sigma^2}{abn}$$

$$E(\overline{\epsilon}_{i\,.\,.}\times\overline{\epsilon}\,) = \frac{1}{bn}\frac{1}{abn}\sum_{j,k}E(\epsilon_{ijk}^2) = \frac{\sigma^2}{abn}$$

그러므로

$$E(MS_A) = E\left(\frac{SS_A}{a-1}\right) = \sigma^2 + nbk_A^2, \quad k_A^2 = \frac{\sum_{i=1}^{a}\alpha_i^2}{a-1} \tag{6.16}$$

마찬가지 방법으로 구하면

$$E(MS_B) = E\left(\frac{SS_B}{b-1}\right) = \sigma^2 + nak_B^2, \quad k_B^2 = \frac{\sum_{j=1}^{b}\beta_j^2}{b-1}, \tag{6.17}$$

$$E(MS_{AB}) = E\left(\frac{SS_{AB}}{(a-1)(b-1)}\right) = \sigma^2 + nk_{AB}^2, \quad k_{AB}^2 = \frac{\sum_{i=1}^{a}\sum_{j=1}^{b}\alpha\beta_{ij}^2}{(a-1)(b-1)} \tag{6.18}$$

(3) $E(MSe) = \sigma^2$임을 보이고자 한다.

$$\begin{aligned} SSe &= \sum_i\sum_j\sum_k(Y_{ijk} - \overline{Y_{ij}.})^2 \\ &= \sum_{i,j,k}\{\mu + \alpha_i + \beta_j + \alpha\beta_{ij} + \epsilon_{ijk} - (\mu + \alpha_i + \beta_j + \alpha\beta_{ij} + \overline{\epsilon_{ij}.})\}^2 \\ &= \sum_{i,j,k}(\epsilon_{ijk} - \overline{\epsilon_{ij}.})^2 \end{aligned} \tag{6.19}$$

$E(\epsilon_{ijk}\overline{\epsilon_{ij}.}) = \frac{1}{n}E(\epsilon_{ijk}^2) = \frac{\sigma^2}{n}$, $\quad \sum_{i,j}E(\overline{\epsilon_{ij}^2.}) = \frac{ab}{n^2}n\sigma^2$이므로

$$\begin{aligned} E(SSe) &= \sum_{i,j,k}E(\epsilon_{ijk}^2) - 2\sum_{i,j,k}E(\epsilon_{ijk}\overline{\epsilon}_{ij}.) + n\sum_{i,j}E(\overline{\epsilon}_{ij}.)^2 \\ &= abn\sigma^2 - 2ab\sigma^2 + n\frac{ab}{n}\sigma^2 \\ &= ab(n-1)\sigma^2 \end{aligned} \tag{6.20}$$

그러므로

$$E(MSe) = E\left(\frac{SSe}{ab(n-1)}\right) = \sigma^2 \tag{6.21}$$

6.3 요인설계에 대한 글자 표기 EMS 규칙

EMS(expected mean square: 기대평균제곱)는 평균제곱(MS)에 대한 통계적 기댓값으로 EMS값들을 기초로 $F-$검정통계량을 만들어 요인효과에 대한 검정을 할 수 있게 된다. 모형에서 직접 기댓값을 계산하지 않고 EMS를 빠르고 간단하게 구할 수 있는 EMS 규칙을 설명하고자 한다. 요인효과에 대해서는 다음과 같은 관계를 보인다.

(1) 오차 E는 언제나 랜덤효과이다.

(2) 주효과는 각 요인의 수준이 어떻게 결정되었는가에 따라 고정효과와 랜덤효과로 구분된다.

(3) 상호작용효과에 포함된 어느 한 요인이라도 랜덤효과이면, 그 상호작용효과는 랜덤효과이다. 상수와 확률변수를 곱하면 확률변수가 되기 때문이다.

(4) 상호작용효과는 포함된 요인 모두가 고정효과이면 그 상호작용효과는 고정효과이다.

예를 들어, 요인 A는 고정효과, 요인 B는 랜덤효과, 요인 C는 고정효과인 경우를 고려하자.

상호작용효과 AB는 랜덤효과, AC는 고정효과, BC는 랜덤효과, ABC는 랜덤효과가 된다.

• EMS 규칙

(1) 요인설계모형을 쓴다.

(2) 행(row)에는 요인, 열(column)에는 효과종류(고정/랜덤), 수준수와 첨자를 쓴 이원배치표를 만든다.

(3) 오차항의 경우 첨자가 있는 곳에 1을 쓴다.

(4) 주효과의 경우 첨자가 없는 곳에 해당되는 수준수를 쓴다.

(5) 상호작용효과의 경우 첨자가 없는 곳에 해당되는 수준수를 쓰고,
첨자가 있는 곳에는 고정효과인 경우는 0, 랜덤효과의 경우에는 1을 쓴다.

(6) 평균제곱 기댓값에서 분산요소에 대한 표기는 다음과 같다.

(a) 고정효과 A의 경우에는 $\frac{1}{a-1}\sum_{i=1}^{a}\alpha_i^2$ 와 같이 쓴다. 랜덤효과 B의 경우에는 σ_β^2로 쓴다.

(b) 고정효과 AB의 경우에는 $\frac{1}{(a-1)(b-1)}\sum_{i,j}\alpha\beta_{ij}^2$과 같이 쓴다.

(c) 랜덤효과인 경우 AB에 대한 것이면 $\sigma_{\alpha\beta}^2$과 같이 쓴다.

(7) i번째 행에 있는 효과에 대한 EMS를 구하기 위해 다음과 같은 작업을 한다.

i번째 행에서 첨자가 i라면, 첨자 i가 포함된 열을 제외하고 곱한 값이 그 행의 효과에 대한 계수가 된다. 모두 숫자 1이 있는 행(오차항)의 분산요소는 기댓값 계산시 포함된다. 해당 첨자가 있는 행의 분산요소는 계수와 곱해져 기댓값에 포함된다.

(8) 반복은 랜덤효과로 간주한다.

예제 6.6 이요인 요인설계에서 요인 A는 고정효과, 요인 B는 랜덤효과인 경우 EMS를 구해보자. 이때 요인 A와 요인 B의 상호작용효과는 랜덤효과가 된다. 반복이 없는 경우이므로 AB 상호작용효과를 오차항으로 다루어야만 검정을 할 수 있게 된다.

통계적 모형:

$$Y_{ij} = \mu + \alpha_i + \beta_j + \epsilon_{ij} \qquad i = 1, \cdots, a,\ j = 1, \cdots, b\ \sum_{i=1}^{a}\alpha_i = 0,$$

$\beta_j \sim iid\ N(0, \sigma_\beta^2)$, 오차항 $\epsilon_{ijk} \sim iid\ \ N(0,\ \sigma^2)$, β_j와 ϵ_{ij}는 서로 독립

표 6.10 이요인설계에서 EMS: 요인 A는 고정효과, 요인 B는 랜덤효과

		요인	A	B		
		효과종류	고정	랜덤		
		수준수	a	b		
요인	분산요소	첨자	i	j	MS	EMS
A	$\frac{1}{a-1}\sum_{i=1}^{a}\alpha_i^2$	α_i	0	b	MS_A	$E(MS_A) = \sigma^2 + b \cdot \frac{1}{a-1}\sum_{i=1}^{a}\alpha_i^2$
B	σ_β^2	β_j	a	1	MS_B	$E(MS_B) = \sigma^2 + a \cdot \sigma_\beta^2$
E (오차: AB)	σ^2	ϵ_{ij}	1	1	MSe	$E(MSe) = \sigma^2$

각 요인효과에 대한 $F-$검정통계량을 <표 6.10>의 EMS로부터 찾을 수 있다.

$E(MS_A) = \sigma^2 + b \cdot \frac{1}{a-1}\sum_i \alpha_i^2$이고 $E(MSe) = \sigma^2$이므로

$$\frac{MS_A}{MSe} \approx \frac{E(MS_A)}{E(MSe)} = \frac{\sigma^2 + b \cdot \frac{1}{a-1}\sum_i \alpha_i^2}{\sigma^2} = 1 + \frac{b}{(a-1)\sigma^2}\sum_i \alpha_i^2 \text{이므로}$$

요인 A 효과에 대한 검정통계량으로 활용할 수 있다. 또한 $F_A = \dfrac{MS_A}{MSe}$ 는 H_0 하에서 F 분포를 따르므로 F-검정을 할 수 있다.

요인 A 효과에 대한 검정통계량은 $F_A = \dfrac{MS_A}{MSe}$

요인 B 효과에 대한 검정통계량은 $F_B = \dfrac{MS_B}{MSe}$ 이 됨을 알 수 있다.

예제 6.7 이요인 요인설계에서 요인 A는 고정효과, 요인 B는 고정효과이며 n 반복 요인실험인 경우 EMS를 구해보자. 이때 AB 상호작용효과는 고정효과가 된다. EMS 규칙을 적용하는 과정을 보이고자 한다.

(1) 통계적 모형:

$$Y_{ijk} = \mu + \alpha_i + \beta_j + \alpha\beta_{ij} + \epsilon_{ijk}$$
$$i = 1, \cdots, a,\ j = 1, \cdots, b,\ k = 1, \cdots, n \text{ (반복)}$$

여기서 $\sum_{i=1}^{a} \alpha_i = 0$, $\sum_{j=1}^{b} \beta_j = 0$, 오차항 $\epsilon_{ijk} \sim iid\ N(0, \sigma^2)$

(2) 행에는 요인, 열에는 효과종류(고정/랜덤), 수준수와 첨자를 쓴 이원배치표를 만든다.

		요인 효과종류 수준수	A 고정 a	B 고정 b	반복 랜덤 n		
요인	분산요소	첨자	i	j	k	MS	EMS
A		α_i				MS_A	
B		β_j				MS_B	
AB		$\alpha\beta_{ij}$				MS_{AB}	
E(오차)		ϵ_{ijk}				MSe	

(3) 오차항의 경우 첨자가 있는 곳에 1을 쓴다.

요인	분산요소	요인 효과종류 수준수 첨자	A 고정 a i	B 고정 b j	반복 랜덤 n k	MS	EMS
A		α_i				MS_A	
B		β_j				MS_B	
AB		$\alpha\beta_{ij}$				MS_{AB}	
E(오차)		ϵ_{ijk}	1	1	1	MSe	

(4) 주효과의 경우 첨자가 없는 곳에 해당되는 수준수를 쓴다:

요인 A 효과는 α_i로 표현되고 첫 행(α_i 있는 행)에서 i가 없는 곳에 요인 B 수준수 b, 반복수 n을 쓴다. 마찬가지로 요인 B 효과는 β_j로 표현되고 두 번째 행(β_j 있는 행)에서 j가 없는 곳에 요인 A 수준수 a, 반복수 n을 쓴다.

요인	분산요소	요인 효과종류 수준수 첨자	A 고정 a i	B 고정 b j	반복 랜덤 n k	MS	EMS
A		α_i		b	n	MS_A	
B		β_j	a		n	MS_B	
AB		$\alpha\beta_{ij}$				MS_{AB}	
E(오차)		ϵ_{ijk}	1	1	1	MSe	

(5) 상호작용효과의 경우 첨자가 없는 곳에 해당되는 수준수를 쓰고, 첨자가 있는 곳에는 고정효과인 경우는 0, 랜덤효과의 경우에는 1을 쓴다:

첫 행(α_i 있는 행)에서 i가 있는 열에는 요인 A가 고정효과이므로 0을 쓴다. 두 번째 행(β_j 있는 행)에서 j가 있는 열에 요인 B가 고정효과이므로 0을 쓴다. 세 번째 행($\alpha\beta_{ij}$ 있는 행)에서는 요인 AB가 고정효과이므로 첨자 i가 있는 열과 j가 있는 열에 각각 0을 쓴다.

요인	분산요소	요인 효과종류 수준수 첨자	A 고정 a i	B 고정 b j	반복 랜덤 n k	MS	EMS
A		α_i	0	b	n	MS_A	
B		β_j	a	0	n	MS_B	
AB		$\alpha\beta_{ij}$	0	0	n	MS_{AB}	
E(오차)		ϵ_{ijk}	1	1	1	MSe	

(6) 각 효과의 분산요소에 대한 표기를 한다(고정/랜덤효과에 따라 표기 형식이 다르다).

요인	분산요소	요인 효과종류 수준수 첨자	A 고정 a i	B 고정 b j	반복 랜덤 n k	MS	EMS
A	$\frac{1}{a-1}\sum_{i=1}^{a}\alpha_i^2$	α_i	0	b	n	MS_A	
B	$\frac{1}{b-1}\sum_{j=1}^{b}\beta_j^2$	β_j	a	0	n	MS_B	
AB	$\frac{\sum_{i=1}^{a}\sum_{j=1}^{b}\alpha\beta_{ij}^2}{(a-1)(b-1)}$	$\alpha\beta_{ij}$	0	0	n	MS_{AB}	
E(오차)	σ^2	ϵ_{ijk}	1	1	1	MSe	

(7) i번째 행에 있는 효과에 대한 EMS를 구하기 위해 다음과 같은 작업을 한다.

i번째 행에서 첨자가 i라면, 첨자 i가 포함된 열을 제외하고 곱한 값이 그 행의 효과에 대한 계수가 된다. 모두 숫자 1인 있는 행(오차항)의 분산요소는 기댓값 계산 시 포함된다. 해당 첨자가 있는 행의 분산요소는 계수와 곱해져 기댓값에 포함된다. $E(MS_A)$를 구하기 위해 첫 행(α_i 있는 행)을 보면 첨자 i가 있는 열을 제외하고 곱하면 계수 bn을 얻고 요인 A의 분산요소의 계수가 된다. 모든 숫자가 1인 행은 오차항으로 $E(MSe)=\sigma^2$는 $E(MS_A)$에 포함된다. 그러므로

$E(MS_A)=\sigma^2+bn\cdot\frac{1}{a-1}\sum_{i=1}^{a}\alpha_i^2$이다.

$E(MS_B)$를 구하기 위해 두 번째 행(β_j 있는 행)을 보면 첨자 j가 있는 열을 제외하고 곱하면 계수 an을 얻고 요인 B의 분산요소의 계수가 된다. 모든 숫자가 1인 행

은 오차항으로 $E(MSe)=\sigma^2$는 $E(MS_B)$에 포함된다. 그러므로

$E(MS_B)=\sigma^2+an\cdot\frac{1}{b-1}\sum_{j=1}^{b}\beta_j^2$이다.

$E(MS_{AB})$를 구하기 위해 세 번째 행($\alpha\beta_{ij}$ 있는 행)을 보면 첨자 i와 j가 있는 열을 제외하여 곱하면 계수 n을 얻고 요인 AB의 분산요소의 계수가 된다. 모든 숫자가 1이 행은 오차항으로 $E(MSe)=\sigma^2$는 $E(MS_{AB})$에 포함된다. 그러므로 $E(MS_{AB})=\sigma^2+\frac{n}{(a-1)(b-1)}\sum_{i=1}^{a}\sum_{j=1}^{b}\alpha\beta_{ij}^2$이다. 결과적으로 <표 6.11>의 EMS를 얻는다.

표 6.11 이요인설계에서 EMS: 요인 A는 고정효과, 요인 B는 고정효과, n 반복

		요인 효과종류 수준수 첨자	A 고정 a i	B 고정 b j	반복 랜덤 n k		
요인	분산요소					MS	EMS
A	$\frac{1}{a-1}\sum_{i=1}^{a}\alpha_i^2$	α_i	0	b	n	MS_A	$\sigma^2+bn\cdot\frac{1}{a-1}\sum_{i=1}^{a}\alpha_i^2$
B	$\frac{1}{b-1}\sum_{j=1}^{b}\beta_j^2$	β_j	a	0	n	MS_B	$\sigma^2+an\cdot\frac{1}{b-1}\sum_{j=1}^{b}\beta_j^2$
AB	$\frac{\sum_{i=1}^{a}\sum_{j=1}^{b}\alpha\beta_{ij}^2}{(a-1)(b-1)}$	$\alpha\beta_{ij}$	0	0	n	MS_{AB}	$\sigma^2+\frac{n}{(a-1)(b-1)}\sum_{i=1}^{a}\sum_{j=1}^{b}\alpha\beta_{ij}^2$
E(오차)	σ^2	ϵ_{ijk}	1	1	1	MSe	σ^2

EMS로부터 요인효과에 대한 적절한 $F-$검정통계량을 찾을 수 있다.

요인 A 효과에 대한 검정통계량은 $F_A=\frac{MS_A}{MSe}$

요인 B 효과에 대한 검정통계량은 $F_B=\frac{MS_B}{MSe}$

AB 상호작용효과에 대한 검정통계량은 $F_{AB}=\frac{MS_{AB}}{MSe}$이다.

예제 6.8 이요인 요인설계에서 요인 A는 고정효과, 요인 B는 랜덤효과이며 n 반복 요인실험인 경우 EMS를 구해보자. 이때 AB 상호작용효과는 랜덤효과가 된다.

통계적 모형:

$$Y_{ijk} = \mu + \alpha_i + \beta_j + \alpha\beta_{ij} + \epsilon_{ijk} \quad i=1,\cdots,a,\ j=1,\cdots,b,\ k=1,\cdots,n \text{ (반복)}$$

여기서 $\sum_{i=1}^{a}\alpha_i = 0,\ \beta_j \sim iid\ N(0,\sigma_\beta^2),\ \alpha\beta_{ij} \sim iid\ N(0,\sigma_{\alpha\beta}^2)$,
오차항 $\epsilon_{ijk} \sim iid\ \ N(0,\ \sigma^2)$, β_j, $\alpha\beta_{ij}$와 ϵ_{ij}는 서로 상호독립이다.

표 6.12 이요인 요인설계에서 EMS: 요인 A는 고정효과, 요인 B는 랜덤효과, n 반복

요인	분산요소	효과종류 수준수 첨자	A 고정 a i	B 랜덤 b j	반복 랜덤 n k	MS	EMS
A	$\frac{1}{a-1}\sum_{i=1}^{a}\alpha_i^2$	α_i	0	b	n	MS_A	$\sigma^2 + n\sigma_{\alpha\beta}^2 + bn \cdot \frac{1}{a-1}\sum_{i=1}^{a}\alpha_i^2$
B	σ_β^2	β_j	a	1	n	MS_B	$\sigma^2 + an \cdot \sigma_\beta^2$
AB	$\sigma_{\alpha\beta}^2$	$\alpha\beta_{ij}$	0	1	n	MS_{AB}	$\sigma^2 + n\sigma_{\alpha\beta}^2$
E(오차)	σ^2	ϵ_{ijk}	1	1	1	MSe	σ^2

EMS로부터 요인효과에 대한 적절한 $F-$검정통계량을 찾을 수 있다.

요인 A 효과에 대한 검정통계량은 $F_A = \frac{MS_A}{MS_{AB}}$

요인 B 효과에 대한 검정통계량은 $F_B = \frac{MS_B}{MSe}$

AB 상호작용효과에 대한 검정통계량은 $F_{AB} = \frac{MS_{AB}}{MSe}$ 이다.

예제 6.9 이요인 요인설계에서 요인 A는 랜덤효과, 요인 B는 랜덤효과인 경우 EMS를 구해보자. 이때 AB 상호작용효과는 랜덤효과가 된다.

통계적 모형:

$$Y_{ijk} = \mu + \alpha_i + \beta_j + \alpha\beta_{ij} + \epsilon_{ijk} \quad i=1,\cdots,a,\ j=1,\cdots,b,\ k=1,\cdots,n \text{ (반복)}$$

여기서 $\alpha_i \sim iid\,N(0,\sigma_\alpha^2)$, $\beta_j \sim iid\,N(0,\sigma_\beta^2)$, $\alpha\beta_{ij} \sim iid\,N(0,\sigma_{\alpha\beta}^2)$,

오차항 $\epsilon_{ijk} \sim iid\;\; N(0,\,\sigma^2)$, $\alpha_i, \beta_j, \alpha\beta_{ij}$와 ϵ_{ijk}는 서로 상호독립이다.

표 6.13 이요인 요인설계에서 EMS: 요인 A는 랜덤효과, 요인 B는 랜덤효과, n 반복

요인	분산요소	효과종류 수준수 첨자	A 랜덤 a i	B 랜덤 b j	반복 랜덤 n k	MS	EMS
A	σ_α^2	α_i	1	b	n	MS_A	$\sigma^2 + n\sigma_{\alpha\beta}^2 + bn \cdot \sigma_\alpha^2$
B	σ_β^2	β_j	a	1	n	MS_B	$\sigma^2 + n\sigma_{\alpha\beta}^2 + an \cdot \sigma_\beta^2$
AB	$\sigma_{\alpha\beta}^2$	$\alpha\beta_{ij}$	1	1	n	MS_{AB}	$\sigma^2 + n\sigma_{\alpha\beta}^2$
오차	σ^2	ϵ_{ijk}	1	1	1	MSe	σ^2

EMS로부터 요인효과에 대한 적절한 $F-$검정통계량을 찾을 수 있다.

요인 A 효과에 대한 검정통계량은 $F_A = \dfrac{MS_A}{MS_{AB}}$

요인 B 효과에 대한 검정통계량은 $F_B = \dfrac{MS_B}{MS_{AB}}$

AB 상호작용효과에 대한 검정통계량은 $F_B = \dfrac{MS_{AB}}{MSe}$ 이다.

예제 6.10 삼요인 요인설계에서 세 요인 A, B, C는 모두 고정효과인 경우 EMS를 구해보자. 이때 상호작용효과는 모두 고정효과가 된다.

통계적 모형:

$$Y_{ijk} = \mu + \alpha_i + \beta_j + \gamma_k + \alpha\beta_{ij} + \alpha\gamma_{ik} + \beta\gamma_{jk} + \epsilon_{ijk}$$
$$i = 1,\cdots,a,\;\; j = 1,\cdots,b,\;\; k = 1,\cdots,c$$

여기서 오차항 $\epsilon_{ijk} \sim iid\;\; N(0,\,\sigma^2)$,

$$\sum_i \alpha_i = 0\,,\;\; \sum_j \beta_j = 0\,,\;\; \sum_k \gamma_k = 0\,,$$
$$\sum_i \alpha\beta_{ij} = \sum_j \alpha\beta_{ij} = 0\,,\;\; \sum_i \alpha\gamma_{ik} = \sum_k \alpha\gamma_{ik} = 0\,,\;\; \sum_j \beta\gamma_{jk} = \sum_k \beta\gamma_{jk} = 0$$

표 6.14 삼요인 요인설계에서 EMS: 요인 A, 요인 B, 요인 C는 모두 고정효과

요인	분산요소	효과종류 수준수 첨자	A 고정 a i	B 고정 b j	C 고정 c k	MS	EMS
A	$\frac{1}{a-1}\sum_{i=1}^{a}\alpha_i^2$	α_i	0	b	c	MS_A	$\sigma^2+bc\cdot\frac{1}{a-1}\sum_{i=1}^{a}\alpha_i^2$
B	$\frac{1}{b-1}\sum_{j=1}^{b}\beta_j^2$	β_j	a	0	c	MS_B	$\sigma^2+ac\cdot\frac{1}{b-1}\sum_{j=1}^{b}\beta_j^2$
C	$\frac{1}{c-1}\sum_{k=1}^{c}\gamma_k^2$	γ_k	a	b	0	MS_C	$\sigma^2+ab\cdot\frac{1}{c-1}\sum_{k=1}^{c}\gamma_k^2$
AB	$\frac{1}{(a-1)(b-1)}\sum_{i,j}\alpha\beta_{ij}^2$	$\alpha\beta_{ij}$	0	0	c	MS_{AB}	$\sigma^2+c\cdot\frac{1}{(a-1)(b-1)}\sum_{i,j}\alpha\beta_{ij}^2$
AC	$\frac{1}{(a-1)(c-1)}\sum_{i,k}\alpha\gamma_{ik}^2$	$\alpha\gamma_{ik}$	0	b	0	MS_{AC}	$\sigma^2+b\cdot\frac{1}{(a-1)(c-1)}\sum_{i,k}\alpha\gamma_{ik}^2$
BC	$\frac{1}{(b-1)(c-1)}\sum_{j,k}\beta\gamma_{jk}^2$	$\beta\gamma_{jk}$	a	0	0	MS_{BC}	$\sigma^2+a\cdot\frac{1}{(b-1)(c-1)}\sum_{j,k}\beta\gamma_{jk}^2$
E (오차)	σ^2	ϵ_{ijk}	1	1	1	MSe	σ^2

요인 A 효과에 대한 검정통계량은 $F_A = \frac{MS_A}{MSe}$

요인 B 효과에 대한 검정통계량은 $F_B = \frac{MS_B}{MSe}$

요인 C 효과에 대한 검정통계량은 $F_C = \frac{MS_C}{MSe}$

AB 상호작용효과에 대한 검정통계량은 $F_{AB} = \frac{MS_{AB}}{MSe}$

AC 상호작용효과에 대한 검정통계량은 $F_{AC} = \frac{MS_{AC}}{MSe}$

BC 상호작용효과에 대한 검정통계량은 $F_{BC} = \frac{MS_{BC}}{MSe}$ 이다.

예제 6.11 삼요인 요인설계에서 세 요인 A, B, C는 모두 랜덤효과이며 n 반복인 경우 EMS를 구해보자. 이때 상호작용효과는 모두 랜덤효과가 된다.

$$Y_{ijkl} = \mu + \alpha_i + \beta_j + \gamma_k + \alpha\beta_{ij} + \alpha\gamma_{ik} + \beta\gamma_{jk} + \alpha\beta\gamma_{ijk} + \epsilon_{ijkl}$$
$$i = 1, \cdots, a,\ j = 1, \cdots, b,\ k = 1, \cdots, c,\ l = 1, \cdots, n$$

여기서 오차항 $\epsilon_{ijk} \sim iid\ N(0, \sigma^2)$,

$\alpha_i \sim iid\ N(0, \sigma^2_\alpha)$, $\beta_j \sim iid\ N(0, \sigma^2_\beta)$, $\gamma_k \sim iid\ N(0, \sigma^2_\gamma)$,

$\alpha\beta_{ij} \sim iid\ N(0, \sigma^2_{\alpha\beta})$, $\alpha\gamma_{ik} \sim iid\ N(0, \sigma^2_{\alpha\gamma})$, $\beta\gamma_{jk} \sim iid\ N(0, \sigma^2_{\beta\gamma})$,

$\alpha\beta\gamma_{ijk} \sim iid\ N(0, \sigma^2_{\alpha\beta\gamma})$, $\alpha_i, \beta_j, \gamma_k, \alpha\beta_{ij}, \alpha\gamma_{ik}, \beta\gamma_{jk}, \alpha\beta\gamma_{ijk}$와 ϵ_{ijkl}은 서로 상호독립이다.

표 6.15 삼요인 요인설계에서 EMS: 요인 A, 요인 B, 요인 C 모두 랜덤효과, n 반복

		요인	A	B	C	반복		
		효과종류	랜덤	랜덤	랜덤	랜덤		
		수준수	a	b	c	n		
	분산요소	첨자	i	j	k	l	MS	EMS
A	σ^2_α	α_i	1	b	c	n	MS_A	$\sigma^2 + n\sigma^2_{\alpha\beta\gamma} + cn\sigma^2_{\alpha\beta} + bn\sigma^2_{\alpha\gamma} + bcn \cdot \sigma^2_\alpha$
B	σ^2_β	β_j	a	1	c	n	MS_B	$\sigma^2 + n\sigma^2_{\alpha\beta\gamma} + cn\sigma^2_{\alpha\beta} + an\sigma^2_{\beta\gamma} + acn \cdot \sigma^2_\beta$
C	σ^2_γ	γ_k	a	b	1	n	MS_C	$\sigma^2 + n\sigma^2_{\alpha\beta\gamma} + bn\sigma^2_{\alpha\gamma} + an\sigma^2_{\beta\gamma} + abn \cdot \sigma^2_\gamma$
AB	$\sigma^2_{\alpha\beta}$	$\alpha\beta_{ij}$	1	1	c	n	MS_{AB}	$\sigma^2 + n\sigma^2_{\alpha\beta\gamma} + cn\sigma^2_{\alpha\beta}$
AC	$\sigma^2_{\alpha\gamma}$	$\alpha\gamma_{ik}$	1	b	1	n	MS_{AC}	$\sigma^2 + n\sigma^2_{\alpha\beta\gamma} + bn\sigma^2_{\alpha\gamma}$
BC	$\sigma^2_{\beta\gamma}$	$\beta\gamma_{jk}$	a	1	1	n	MS_{BC}	$\sigma^2 + n\sigma^2_{\alpha\beta\gamma} + an\sigma^2_{\beta\gamma}$
ABC	$\sigma^2_{\alpha\beta\gamma}$	$\alpha\beta\gamma_{ijk}$	1	1	1	n	MS_{ABC}	$\sigma^2 + n\sigma^2_{\alpha\beta\gamma}$
E	σ^2	ϵ_{ijkl}	1	1	1	1	MSe	σ^2

EMS 표<표 6.9>로부터 구해 보면

$$\begin{aligned} E(MS_{AB} + MS_{AC} - MS_{ABC}) &= E(MS_{AB}) + E(MS_{AC}) - E(MS_{ABC}) \\ &= \sigma^2 + n\sigma^2_{\alpha\beta\gamma} + cn\sigma^2_{\alpha\beta} + bn\sigma^2_{\alpha\gamma} \end{aligned}$$

이므로 요인 A 효과에 대한 검정통계량은

$$F_A = \frac{MS_A}{MS_{AB} + MS_{AC} - MS_{ABC}} \qquad (6.22)$$

이렇게 합성 평균을 이용한 F 통계량은 더 이상 정확한 F 분포를 따르지 않는다. 귀무가설하에서 $F-$통계량에서 Satterwaite's approximation에 의해 자유도를 계산한다.
분모항의 자유도는

$$v = \frac{(MS_{AB} + MS_{AC} - MS_{ABC})^2}{\frac{MS_{AB}^2}{df_{AB}} + \frac{MS_{AC}^2}{df_{AC}} + \frac{MS_{ABC}^2}{df_{ABC}}}\ . \tag{6.23}$$

일반적으로 다음 형식의 합성 평균제곱을 고려해보자.

$$MS^* = c_1 MS_1 + \cdots + c_p MS_p$$

여기서 c_i는 상수이고, df_i는 평균제곱, MS_i의 자유도이다.

MS^*의 자유도 공식은 다음과 같다.

$$v^* = \frac{(MS^*)^2}{\sum_{i=1}^{p} \frac{(c_i MS_i)^2}{df_i}}\ .$$

B 요인효과에 대한 검정통계량은 $F_B = \dfrac{MS_B}{MS_{AB} + MS_{BC} - MS_{ABC}}$

C 요인효과에 대한 검정통계량은 $F_C = \dfrac{MS_C}{MS_{AC} + MS_{BC} - MS_{ABC}}$

AB 상호작용효과에 대한 검정통계량은 $F_{AB} = \dfrac{MS_{AB}}{MS_{ABC}}$

AC 상호작용효과에 대한 검정통계량은 $F_{AC} = \dfrac{MS_{AC}}{MS_{ABC}}$

BC 상호작용효과에 대한 검정통계량은 $F_{BC} = \dfrac{MS_{BC}}{MS_{ABC}}$

ABC 상호작용효과에 대한 검정통계량은 $F_{BC} = \dfrac{MS_{ABC}}{MSe}$

예제 6.12 삼요인 요인설계에서 요인 A는 고정효과, 요인 B는 고정효과, 요인 C는 랜덤효과이고 n 반복인 경우 EMS를 구해보자. 이때 AB 상호작용효과만 고정효과가 된다.

통계적 모형 :

$$Y_{ijkl} = \mu + \alpha_i + \beta_j + \gamma_k + \alpha\beta_{ij} + \alpha\gamma_{ik} + \beta\gamma_{jk} + \alpha\beta\gamma_{ijk} + \epsilon_{ijkl}$$
$$i = 1, \cdots, a,\ j = 1, \cdots, b,\ k = 1, \cdots, c,\ l = 1, \cdots, n$$

여기서 오차항 $\epsilon_{ijkl} \sim iid\ N(0, \sigma^2)$,

$$\sum_i \alpha_i = 0\ ,\ \sum_j \beta_j = 0\ ,\ \sum_i \alpha\beta_{ij} = \sum_j \alpha\beta_{ij} = 0\ ,$$

$\gamma_k \sim iid\ N(0, \sigma_\gamma^2)$,

$\alpha\gamma_{ik} \sim iid\ N(0, \sigma_{\alpha\gamma}^2)$, $\beta\gamma_{jk} \sim iid\ N(0, \sigma_{\beta\gamma}^2)$, $\alpha\beta\gamma_{ijk} \sim iid\ N(0, \sigma_{\alpha\beta\gamma}^2)$,

γ_k, $\alpha\gamma_{ik}$, $\beta\gamma_{jk}$, $\alpha\beta\gamma_{ijk}$와 ϵ_{ijlkl}는 서로 상호독립이다.

표 6.16 삼요인 요인설계에서 EMS: 요인 A, 요인 B는 고정효과, 요인 C는 랜덤효과, n 반복

	요인 효과종류 수준수 첨자	A 고정 a i	B 고정 b j	C 랜덤 c k	반복 랜덤 n l	MS	EMS
A	α_i	0	b	c	n	MS_A	$\sigma^2 + bn \cdot \sigma_{\alpha\gamma}^2 + bcn \cdot \frac{1}{a-1}\sum_{i=1}^{a} \alpha_i^2$
B	β_j	a	0	c	n	MS_B	$\sigma^2 + an \cdot \sigma_{\beta\gamma}^2 + acn \cdot \frac{1}{b-1}\sum_{j=1}^{b} \beta_j^2$
C	γ_k	a	b	1	n	MS_C	$\sigma^2 + abn \cdot \sigma_\gamma^2$
AB	$\alpha\beta_{ij}$	0	0	c	n	MS_{AB}	$\sigma^2 + n\sigma_{\alpha\beta\gamma}^2 + cn \cdot \frac{1}{(a-1)(b-1)}\sum_{i,j} \alpha\beta_{ij}^2$
AC	$\alpha\gamma_{ik}$	0	b	1	n	MS_{AC}	$\sigma^2 + bn \cdot \sigma_{\alpha\gamma}^2$
BC	$\beta\gamma_{jk}$	a	0	1	n	MS_{BC}	$\sigma^2 + an \cdot \sigma_{\beta\gamma}^2$
ABC	$\alpha\beta\gamma_{ijk}$	0	0	1	n	MS_{ABC}	$\sigma^2 + n\sigma_{\alpha\beta\gamma}^2$
오차	ϵ_{ijkl}	1	1	1	1	MSe	σ^2

요인 A 효과에 대한 검정 통계량은 $F_A = \dfrac{MS_A}{MS_{AC}}$

요인 B 효과에 대한 검정통계량은 $F_B = \dfrac{MS_B}{MS_{BC}}$

요인 C 효과에 대한 검정통계량은 $F_C = \dfrac{MS_C}{MSe}$

AB 상호작용효과에 대한 검정통계량은 $F_{AB} = \dfrac{MS_{AB}}{MS_{ABC}}$

AC 상호작용효과에 대한 검정통계량은 $F_{AC} = \dfrac{MS_{AC}}{MSe}$

BC 상호작용효과에 대한 검정통계량은 $F_{BC} = \dfrac{MS_{BC}}{MSe}$

ABC 3차 상호작용효과에 대한 검정통계량은 $F_{BC} = \dfrac{MS_{ABC}}{MSe}$

예제 6.13 삼요인 요인설계에서 세 요인 A, B, C는 모두 고정효과이며 n 반복인 경우 EMS를 구해보자. 이때 상호작용효과는 모두 고정효과가 된다.

통계적 모형:

$$Y_{ijkl} = \mu + \alpha_i + \beta_j + \gamma_k + \alpha\beta_{ij} + \alpha\gamma_{ik} + \beta\gamma_{jk} + \alpha\beta\gamma_{ijk} + \epsilon_{ijkl}$$
$$i = 1, \cdots, a,\ j = 1, \cdots, b,\ k = 1, \cdots, c,\ l = 1, \cdots, n$$

여기서 오차항 $\epsilon_{ijkl} \sim iid\ \ N(0,\, \sigma^2)$,

$$\sum_i \alpha_i = 0\,,\ \sum_j \beta_j = 0\,,\ \sum_k \gamma_k = 0\,,$$
$$\sum_i \alpha\beta_{ij} = \sum_j \alpha\beta_{ij} = 0\,,\ \sum_i \alpha\gamma_{ik} = \sum_k \alpha\gamma_{ik} = 0\,,\ \sum_j \beta\gamma_{jk} = \sum_k \beta\gamma_{jk} = 0\,,$$
$$\sum_i \alpha\beta\gamma_{ijk} = \sum_j \alpha\beta\gamma_{ijk} = \sum_k \alpha\beta\gamma_{ijk} = 0$$

표 6.17 삼요인 요인설계에서 EMS: 요인 A, 요인 B, 요인 C 모두 고정효과, n 반복

	요인 효과종류 수준수 첨자	A 고정 a i	B 고정 b j	C 고정 c k	반복 랜덤 n l		
요인						MS	EMS
A	α_i	0	b	c	n	MS_A	$\sigma^2 + bcn \cdot \dfrac{1}{a-1}\sum_{i=1}^{a}\alpha_i^2$
B	β_j	a	0	c	n	MS_B	$\sigma^2 + acn \cdot \dfrac{1}{b-1}\sum_{j=1}^{b}\beta_j^2$
C	γ_k	a	b	0	n	MS_C	$\sigma^2 + abn \cdot \dfrac{1}{c-1}\sum_{k=1}^{c}\gamma_k^2$
AB	$\alpha\beta_{ij}$	0	0	c	n	MS_{AB}	$\sigma^2 + cn \cdot \dfrac{1}{(a-1)(b-1)}\sum_{i,j}\alpha\beta_{ij}^2$
AC	$\alpha\gamma_{ik}$	0	b	0	n	MS_{AC}	$\sigma^2 + bn \cdot \dfrac{1}{(a-1)(c-1)}\sum_{i,k}\alpha\gamma_{ik}^2$
BC	$\beta\gamma_{jk}$	a	0	0	n	MS_{BC}	$\sigma^2 + an \cdot \dfrac{1}{(b-1)(c-1)}\sum_{j,k}\beta\gamma_{jk}^2$
ABC	$\alpha\beta\gamma_{ijk}$	0	0	0	n	MS_{ABC}	$\sigma^2 + n \cdot \dfrac{1}{(a-1)(b-1)(c-1)}\sum_{i,j,k}\alpha\beta\gamma_{ijk}^2$
오차	ϵ_{ijkl}	1	1	1	1	MSe	σ^2

요인 A 효과에 대한 검정통계량은 $F_A = \dfrac{MS_A}{MSe}$

요인 B 효과에 대한 검정통계량은 $F_B = \dfrac{MS_B}{MSe}$

요인 C 효과에 대한 검정통계량은 $F_C = \dfrac{MS_C}{MSe}$

AB 상호작용효과에 대한 검정통계량은 $F_{AB} = \dfrac{MS_{AB}}{MSe}$

AC 상호작용효과에 대한 검정통계량은 $F_{AC} = \dfrac{MS_{AC}}{MSe}$

BC 상호작용효과에 대한 검정통계량은 $F_{BC} = \dfrac{MS_{BC}}{MSe}$

ABC 상호작용효과에 대한 검정통계량은 $F_{BC} = \dfrac{MS_{ABC}}{MSe}$.

6.4 삼요인 요인설계

6.4.1 삼요인 요인설계의 통계적 모형

반응값 Y_{ijkl}는 요인 A의 i번째 수준, 요인 B의 j번째 수준, 요인 C의 k번째 처리조합에서 l번째 관측값으로 통계적 모형은

$$Y_{ijkl} = \mu + \alpha_i + \beta_j + \gamma_k + \alpha\beta_{ij} + \alpha\gamma_{ik} + \beta\gamma_{jk} + \alpha\beta\gamma_{ijk} + \epsilon_{ijkl} \quad (6.24)$$
$$i = 1, \cdots, a,\ j = 1, \cdots, b,\ k = 1, \cdots, c,\ l = 1, \cdots, n \ (\text{반복})$$

이다. 여기서

$N = abcn$는 데이터 총수
μ는 모집단의 전체평균
α_i는 요인 A의 i번째 수준효과
β_j는 요인 B의 j번째 수준효과
γ_k는 요인 C의 k번째 수준효과
$\alpha\beta_{ij}$는 요인 A의 i번째 수준과 요인 B의 j번째 수준의 상호작용효과
$\alpha\gamma_{ik}$는 요인 A의 i번째 수준과 요인 C의 k번째 수준의 상호작용효과
$\beta\gamma_{jk}$는 요인 B의 j번째 수준과 요인 C의 k번째 수준의 상호작용효과
$\alpha\beta\gamma_{ijk}$는 요인 A의 i번째 수준, 요인 B의 j번째 수준, 요인 C의 k번째 수준의 상호작용효과 ϵ_{ijkl}는 오차항 $\sim iid\ N(0, \sigma^2)$

모형 (6.24)에서 요인효과에 대해 모두 고정효과로 가정하고 고정효과모형을 다루기로 한다.

요인 A, 요인 B, 요인 C가 모두 고정효과인 경우

$$\sum_i \alpha_i = 0\,,\ \sum_j \beta_j = 0\,,\ \sum_k \gamma_k = 0\,,$$
$$\sum_i \alpha\beta_{ij} = \sum_j \alpha\beta_{ij} = 0\,,\ \sum_i \alpha\gamma_{ik} = \sum_k \alpha\gamma_{ik} = 0\,,\ \sum_j \beta\gamma_{jk} = \sum_k \beta\gamma_{jk} = 0\,,$$
$$\sum_i \alpha\beta\gamma_{ijk} = \sum_j \alpha\beta\gamma_{ijk} = \sum_k \alpha\beta\gamma_{ijk} = 0$$

6.4.2 삼요인설계의 분산분석과 가설검정

편차를 다음과 같이 요인에 따른 편차로 분리하여 표현할 수 있다.

$$
\begin{aligned}
Y_{ijkl} - \overline{Y} = & (\overline{Y}_{i...} - \overline{Y}) + (\overline{Y}_{.j..} - \overline{Y}) + (\overline{Y}_{..k.} - \overline{Y}) \\
& + (\overline{Y}_{ij..} - \overline{Y}_{i...} - \overline{Y}_{.j..} + \overline{Y}) \\
& + (\overline{Y}_{i.k.} - \overline{Y}_{i...} - \overline{Y}_{..k.} + \overline{Y}) \\
& + (\overline{Y}_{.jk.} - \overline{Y}_{.j..} - \overline{Y}_{..k.} + \overline{Y}) \\
& + (\overline{Y}_{ijk.} - \overline{Y}_{ij..} - \overline{Y}_{i.k.} - \overline{Y}_{.jk.} + \overline{Y}_{i...} + \overline{Y}_{.j..} + \overline{Y}_{..k.} - \overline{Y}) \\
& + (Y_{ijkl} - \overline{Y}_{ijk.})
\end{aligned} \tag{6.25}
$$

총제곱합은 요인에 의한 제곱합으로 분해된다:

$$
\begin{aligned}
\sum_{i,j,k,l} (Y_{ijkl} - \overline{Y})^2 = & \sum_{i,j,k,l} (\overline{Y}_{i...} - \overline{Y})^2 + \sum_{i,j,k,l} (\overline{Y}_{.j..} - \overline{Y})^2 + \sum_{i,j,k,l} (\overline{Y}_{..k.} - \overline{Y})^2 \\
& + \sum_{i,j,k,l} (\overline{Y}_{ij..} - \overline{Y}_{i...} - \overline{Y}_{.j..} + \overline{Y})^2 \\
& + \sum_{i,j,k,l} (\overline{Y}_{i.k.} - \overline{Y}_{i...} - \overline{Y}_{..k.} + \overline{Y})^2 \\
& + \sum_{i,j,k,l} (\overline{Y}_{.jk.} - \overline{Y}_{.j..} - \overline{Y}_{..k.} + \overline{Y})^2 \\
& + \sum_{i,j,k,l} (\overline{Y}_{ijk.} - \overline{Y}_{ij..} - \overline{Y}_{i.k.} - \overline{Y}_{.jk.} + \overline{Y}_{i...} + \overline{Y}_{.j..} + \overline{Y}_{..k.} - \overline{Y})^2 \\
& + \sum_{i,j,k,l} (Y_{ijkl} - \overline{Y}_{ijk.})^2
\end{aligned} \tag{6.26}
$$

즉,

$$
\begin{aligned}
TSS = & SS_A + SS_B + SS_C \\
& + SS_{AB} + SS_{AC} + SS_{BC} + SS_{ABC} + SSe
\end{aligned} \tag{6.27}
$$

여기서 SS_A는 요인 A 제곱합(sum of squares due to factor A)으로 요인 A 수준평균과 전체평균과의 변동으로 요인 A에 의한 변동을 나타낸다. SS_B는 요인 B 제곱합, SS_C는 요인 C 제곱합, SS_{AB}는 요인 A와 요인 B의 상호작용 제곱합, SS_{AC}는 요인 A와 요인 C의 상호작용 제곱합, SS_{BC}는 요인 B와 요인 C의 상호작용 제곱합, SS_{ABC}는 요인 A, 요인 B와 요인 C의 상호작용 제곱합 그리고 SSe는 오차제곱합이다.

분산분석표 <표 6.18>의 제곱합 계산식은 다음과 같다:

$$TSS = \sum_i \sum_j \sum_k \sum_l Y_{ijkl}^2 - CF, \quad CF = \frac{Y_{\cdot\cdot\cdot\cdot}^2}{abcn} \tag{6.28}$$

$$SS_A = \frac{1}{bcn}\sum_i Y_{i\cdot\cdot\cdot}^2 - CF$$

$$SS_B = \frac{1}{acn}\sum_j Y_{\cdot j\cdot\cdot}^2 - CF$$

$$SS_C = \frac{1}{abn}\sum_k Y_{\cdot\cdot k\cdot}^2 - CF$$

$$SS_{subtotal(AB)} = \frac{1}{cn}\sum_i \sum_j Y_{ij\cdot\cdot}^2 - CF$$

$$SS_{subtotal(AC)} = \frac{1}{bn}\sum_i \sum_k Y_{i\cdot k\cdot}^2 - CF$$

$$SS_{subtotal(BC)} = \frac{1}{an}\sum_j \sum_k Y_{\cdot jk\cdot}^2 - CF$$

$$SS_{subtotal(ABC)} = \frac{1}{n}\sum_i \sum_j \sum_k Y_{ijk\cdot}^2 - CF$$

$$SS_{AB} = SS_{subtotal(AB)} - SS_A - SS_B$$

$$SS_{AC} = SS_{subtotal(AC)} - SS_A - SS_C$$

$$SS_{BC} = SS_{subtotal(BC)} - SS_B - SS_C$$

$$SS_{ABC} = SS_{subtotal(ABC)} - SS_A - SS_B - SS_C - SS_{AB} - SS_{AC} - SS_{BC}$$

$$SSe = TSS - SS_{subtotal(ABC)}$$

표 6.18 삼요인 요인설계 분산분석표(고정효과모형)

요인	자유도	제곱합	평균제곱합	F 통계량	기각값
A	$a-1$	SS_A	MS_A	$F_A = \frac{MS_A}{MSe}$	$F_{a-1,\, abc(n-1)}(\alpha)$
B	$b-1$	SS_B	MS_B	$F_B = \frac{MS_B}{MSe}$	$F_{b-1,\, abc(n-1)}(\alpha)$
C	$c-1$	SS_C	MS_C	$F_C = \frac{MS_C}{MSe}$	$F_{c-1,\, abc(n-1)}(\alpha)$
AB	$(a-1)(b-1)$	SS_{AB}	MS_{AB}	$F_{AB} = \frac{MS_{AB}}{MSe}$	$F_{(a-1)(b-1),\, abc(n-1)}(\alpha)$
AC	$(a-1)(c-1)$	SS_{AC}	MS_{AC}	$F_{AC} = \frac{MS_{AC}}{MSe}$	$F_{(a-1)(c-1),\, abc(n-1)}(\alpha)$

BC	$(b-1)(c-1)$	SS_{BC}	MS_{BC}	$F_{BC} = \frac{MS_{BC}}{MSe}$	$F_{(b-1)(c-1),\ abc(n-1)}(\alpha)$
ABC	$(a-1)(b-1)(c-1)$	SS_{ABC}	MS_{ABC}	$F_{ABC} = \frac{MS_{ABC}}{MSe}$	$F_{(a-1)(b-1)(c-1),\ abc(n-1)}(\alpha)$
오차	$abc(n-1)$	SSe	MSe		
계	$abcn-1$	TSS			

분산분석표의 F 통계량을 이용하여 요인효과에 대한 가설검정을 다음과 같이 할 수 있다.

(1) 요인 A 효과에 대한 가설검정

H_0 : $\alpha_1 = \cdots = \alpha_a = 0$(요인 A 효과 없다)에 대해 H_1 : not $\mathrm{H_0}$

검정통계량

$$F_A = \frac{MS_A}{MSe}$$

는 귀무가설하에서 $F_{a-1,\ abc(n-1)}$ 분포를 따른다.

유의수준 α에서 검정법은 만일 $F_A > F_{a-1,\ abc(n-1)}(\alpha)$이면 H_0를 기각한다.

(2) 요인 B 효과에 대한 가설검정

H_0 : $\beta_1 = \cdots = \beta_b = 0$(요인 B 효과 없다)에 대해 H_1 : not $\mathrm{H_0}$

검정통계량

$$F_B = \frac{MS_B}{MSe}$$

는 귀무가설하에서 $F_{b-1,\ abc(n-1)}$ 분포를 따른다.

유의수준 α에서 검정법은 만일 $F_B > F_{b-1,\ abc(n-1)}(\alpha)$이면 H_0를 기각한다.

(3) 요인 C 효과에 대한 가설검정

H_0 : $\gamma_1 = \cdots = \gamma_c = 0$(요인 C 효과 없다)에 대해 H_1 : not $\mathrm{H_0}$

검정통계량

$$F_C = \frac{MS_C}{MSe}$$

는 귀무가설하에서 $F_{c-1,\ abc(n-1)}$분포를 따른다.

유의수준 α에서 검정법은 만일 $F_C > F_{c-1,\ abc(n-1)}(\alpha)$이면 H_0를 기각한다.

(4) AB 상호작용효과에 대한 가설검정

H_0 : $\alpha\beta_{11} = \cdots = \alpha\beta_{ab} = 0$(요인 A와 요인 B의 상호작용효과 없다)에 대해

$$H_1 : not \quad \mathrm{H_0}$$

검정통계량

$$F_{AB} = \frac{MS_{AB}}{MSe}$$

는 귀무가설하에서 $F_{(a-1)(b-1),\ abc(n-1)}$ 분포를 따른다.

유의수준 α에서 검정법은 만일 $F_{AB} > F_{(a-1)(b-1),\ abc(n-1)}(\alpha)$이면 H_0를 기각한다.

(5) AC 상호작용효과에 대한 가설검정

H_0 : $\alpha\gamma_{11} = \cdots = \alpha\gamma_{ac} = 0$(요인 A와 요인 C의 상호작용효과 없다)에 대해

$$H_1 : not \quad \mathrm{H_0}$$

검정통계량

$$F_{AC} = \frac{MS_{AC}}{MSe}$$

는 귀무가설하에서 $F_{(a-1)(c-1),\ abc(n-1)}$ 분포를 따른다.

유의수준 α에서 검정법은 만일 $F_{AC} > F_{(a-1)(c-1),\ abc(n-1)}(\alpha)$이면 H_0를 기각한다.

(6) BC 상호작용효과에 대한 가설검정

$$H_0 \;:\; \beta\gamma_{11} = \cdots = \beta\gamma_{bc} = 0 \text{(요인 B와 요인 C의 상호작용효과 없다)에 대해}$$

$$H_1 : not \quad \mathrm{H_0}$$

검정통계량

$$F_{BC} = \frac{MS_{BC}}{MSe}$$

는 귀무가설하에서 $F_{(b-1)(c-1),\ abc(n-1)}$ 분포를 따른다.

유의수준 α에서 검정법은 만일 $F_{BC} > F_{(b-1)(c-1),\ abc(n-1)}(\alpha)$이면 H_0를 기각한다.

(7) ABC 3차 상호작용효과에 대한 가설검정

$$H_0 \;:\; \alpha\beta\gamma_{111} = \cdots = \alpha\beta\gamma_{abc} = 0 \text{(ABC의 3차 상호작용효과 없다)에 대해}$$

$$H_1 : not \quad \mathrm{H_0}$$

검정통계량

$$F_{ABC} = \frac{MS_{ABC}}{MSe}$$

는 귀무가설하에서 $F_{(a-1)(b-1)(c-1),\ abc(n-1)}$ 분포를 따른다.

유의수준 α에서 검정법은 만일 $F_{ABC} > F_{(a-1)(b-1)(c-1),\ abc(n-1)}(\alpha)$이면 H_0를 기각한다.

6.5 R을 이용한 요인설계 분석

예제 6.14 (이요인설계) 화학공정에서 중요한 요인 2개는 온도와 압력이다. 두 가지 요인에 대한 2반복실험으로 다음의 반응값을 얻었다. 요인효과에 대한 통계적 분석을 하고자 한다. <프로그램 6.2>를 활용한다.

표 6.19 2×3 요인설계 화학공정 데이터

A(온도) \ B(압력)	$B_1=200$	$B_2=220$	$B_3=240$
A_1 = 저온	A_1 B_1 90.4 90.2	A_1B_2 90.7 90.1	A_1B_3 90.2 90.4
A_2 = 고온	A_2 B_1 92.2 93.7	A_2B_2 91.6 91.8	A_2B_3 90.5 92.8

(1) 실험설계방법 이름: 이요인설계

(2) 통계적 모형: 고정효과모형

$$Y_{ijk} = \mu + \alpha_i + \beta_j + \alpha\beta_{ij} + \epsilon_{ijk}$$

$$i = 1,2 \text{ (온도)} \quad j = 1,2,3 \text{ (압력)} \; k = 1,2 \text{ (반복)}$$

여기서 $N = 12$

μ는 모집단의 전체 평균

α_i는 요인 A의 i번째 수준 온도효과

β_j는 요인 B의 j번째 수준 압력효과

$\alpha\beta_{ij}$는 A의 i번째 수준과 B의 j번째 수준의 온도와 압력의 상호작용효과

ϵ_{ijk}는 오차항 $\sim iid\ N(0, \sigma^2)$

$\alpha_1 + \alpha_2 = 0$, $\beta_1 + \beta_2 + \beta_3 = 0$, $\sum_i \alpha\beta_{ij} = \sum_j \alpha\beta_{ij} = 0$

프로그램 6.2 화학공정 데이터 이요인설계 분석

```
pressure=c(200,220,240, 200,220,240, 200,220,240, 200,220,240 )
temp=c("low","low","low","low","low","low",
      "high","high","high","high","high","high")
y=c(90.4, 90.7, 90.2, 90.2, 90.1, 90.4, 92.2, 91.6, 90.5, 93.7, 91.8, 92.8)
temp=as.factor(temp)

pressure=as.factor(pressure)
par(mfrow=c(2,2))        # 그림 6.4 요인별 그림
plot(y~ temp)
```

```
plot(y ~ pressure)
stripchart(y~temp, vertical=T, xlab="temperature");
stripchart(y~pressure,vertical=T, xlab="pressure" )

par(mfrow=c(1,2))        # 그림 6.5 상호작용그림
interaction.plot(temp, pressure, y, bty="l", main="interaction plot")
interaction.plot(pressure, temp, y, bty="l")
aov_pt= aov(y ~ temp + pressure + temp:pressure)
aov_pt
summary(aov_pt)          # ANOVA table
par(mfrow=c(2,2)) ;  plot(aov_pt)   # diagnostic plot with residuals
```

(3) 분산분석표와 가설검정

```
> aov_pt
Call:
   aov(formula = y ~ temp + pressure + temp:pressure)
Terms:
                    temp pressure temp:pressure Residuals
Sum of Squares  9.363333 1.011667      1.171667  4.010000
Deg. of Freedom        1        2             2         6
Residual standard error: 0.8175166
Estimated effects may be unbalanced

> summary(aov_pt)       # ANOVA table
              Df Sum Sq Mean Sq F value   Pr(>F)
temp           1 9.3633  9.3633 14.0100 0.009589 **
pressure       2 1.0117  0.5058  0.7569 0.509201
temp:pressure  2 1.1717  0.5858  0.8766 0.463473
Residuals      6 4.0100  0.6683
```

(a) 요인 A 효과에 대한 가설검정

H_0 : $\alpha_1 = \alpha_2 = 0$(요인 A 온도효과 없다)에 대해 H_1 : not $\mathrm{H_0}$

검정통계량 $F_A = 14.01$, p-값 $= 0.009589 < 0.05$으로 유의수준 5%에서 H_0를 기각한다. 온도 수준 간 차이가 있다고 할 수 있다.

(b) 요인 B 효과에 대한 가설검정

H_0 : $\beta_1 = \beta_2 = \beta_3 = 0$(요인 B 압력효과 없다)에 대해 H_1 : not $\mathrm{H_0}$

검정통계량 $F_B = 0.7569$, p-값 $= 0.5092 > 0.05$으로 유의수준 5%에서 H_0

를 기각하지 못한다. 즉, 압력효과는 유의하지 않으므로 압력 수준 간 차이가 있다고 할 수 없다.

(c) 요인 A와 요인 B 상호작용 효과에 대한 가설검정

H_0 : $\alpha\beta_{11} = \cdots = \alpha\beta_{23} = 0$(상호작용효과 없다)에 대해 H_1 : not H_0

검정통계량 $F_{AB} = 0.8766$, p-값 $= 0.463 > 0.05$으로 유의수준 5%에서 H_0를 기각하지 못한다. 즉, 온도와 압력의 상호작용효과는 있다고 할 수 없다. 각 요인에 따른 수준별 분포는 <그림 6.3>에서 볼 수 있으며 <그림 6.4>에서는 interaction.plot( )을 이용하여 상호작용을 볼 수 있다.

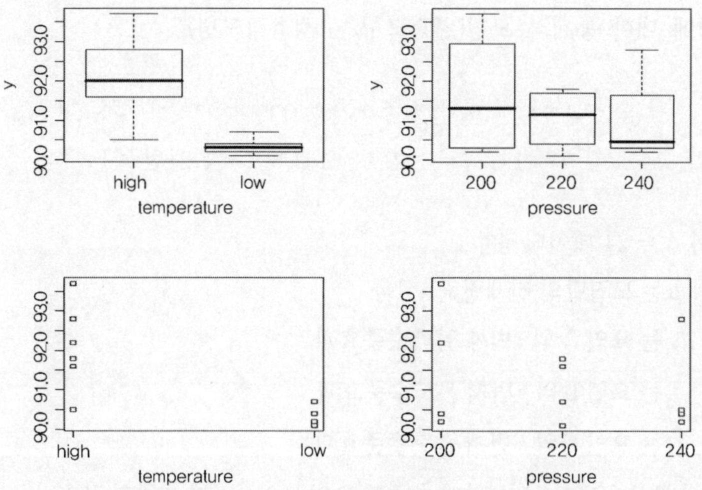

그림 6.4 화학공정 데이터의 요인별 boxplot과 stripchart

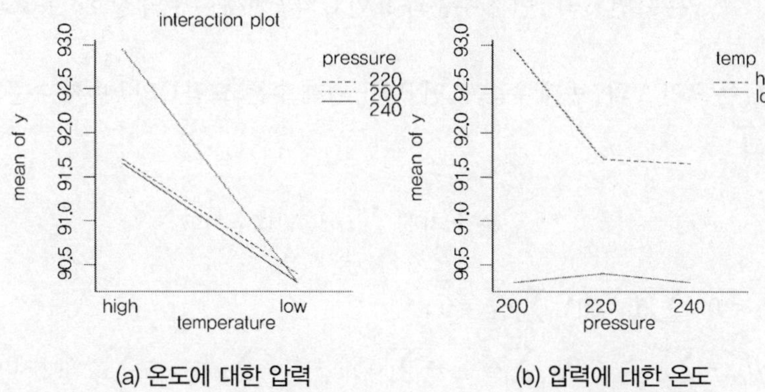

(a) 온도에 대한 압력

(b) 압력에 대한 온도

그림 6.5 화학공정 데이터의 온도와 압력의 상호작용그림

예제 6.15 (삼요인설계) 접착제의 강도가 접착제 사용시 압력(요인 A), 온도(요인 B), 습도(요인 C)에 영향을 받는다고 생각되어 삼요인설계로 실험을 하여 주어진 처리조합에서 2개씩의 강도 데이터를 얻었다. 요인효과에 대한 통계적 분석을 하고자 한다. <프로그램 6.3>을 활용한다.

표 6.20 삼요인설계 접착제 데이터

	온도 (℃) [B]					
	15			25		
	습도 [C]			습도		
압력[A]	20%	40%	50%	20%	40%	50%
100	7 9	2 3	2 1	10 12	5 7	3 2
150	14 16	3 7	3 4	12 10	3 6	4 5

(1) 실험에 대한 통계적 모형(완전모형, 고정효과모형)

$$Y_{ijkl} = \mu + \alpha_i + \beta_j + \gamma_k + \alpha\beta_{ij} + \alpha\gamma_{ik} + \beta\gamma_{jk} + \alpha\beta\gamma_{ijk} + \epsilon_{ijkl}$$
$$i = 1,2,\ j = 1,2,\ k = 1,2,3,\ l = 1,2(\text{반복})$$

여기서 $N = 24$ 데이터 총수

μ는 모집단의 전체평균

α_i는 요인 A 의 i번째 압력수준효과

β_j는 요인 B의 j번째 온도수준효과

γ_k는 요인 C의 k번째 습도수준효과

$\alpha\beta_{ij}$는 요인 A 의 i번째 수준과 요인 B의 j번째 수준의 상호작용효과

$\alpha\gamma_{ik}$는 요인 A 의 i번째 수준과 요인 C의 k번째 수준의 상호작용효과

$\beta\gamma_{jk}$는 요인 B의 j번째 수준과 요인 C의 k번째 수준의 상호작용효과

$\alpha\beta\gamma_{ijk}$는 요인 A 의 i번째 수준, 요인 B의 j번째 수준, 요인 C의 k번째 수준의 상호작용효과

$$\epsilon_{ijk}\text{는 오차항} \sim iid\ \ N(0,\ \sigma^2)$$

$$\sum_i \alpha_i = 0\ ,\ \sum_j \beta_j = 0\ ,\ \sum_k \gamma_k = 0\ ,$$
$$\sum_i \alpha\beta_{ij} = \sum_j \alpha\beta_{ij} = 0\ ,\ \sum_i \alpha\gamma_{ik} = \sum_k \alpha\gamma_{ik} = 0\ ,\ \sum_j \beta\gamma_{jk} = \sum_k \beta\gamma_{jk} = 0\ ,$$
$$\sum_i \alpha\beta\gamma_{ijk} = \sum_j \alpha\beta\gamma_{ijk} = \sum_k \alpha\beta\gamma_{ijk} = 0\ .$$

(2) 각 처리수준에서의 평균을 구하고자 한다.

```
> head(add)
  press temp humid rep y
1   100   15    20   1 7
2   100   15    20   2 9
3   100   15    40   1 2
4   100   15    40   2 3
5   100   15    50   1 2
6   100   15    50   2 1
> tapply(y, press, mean)                 # 압력수준평균
 100  150
5.25 7.50
> tapply(y, temp, mean)                  # 온도수준평균
      15       25
5.916667 6.583333
> tapply(y, humid, mean)                 # 습도수준평균
   20    40    50
11.25  4.50  3.00
> tapply(y, press:temp:humid, mean)  # 압력,온도,습도 처리조합 평균
100:15:20 100:15:40 100:15:50 100:25:20 100:25:40 100:25:50 150:15:20
      8.0       2.5       1.5      11.0       6.0       2.5      15.0
150:15:40 150:15:50 150:25:20 150:25:40 150:25:50
      5.0       3.5      11.0       4.5       4.5
```

(3) 요인 간 상호작용그림을 그리고자 한다.

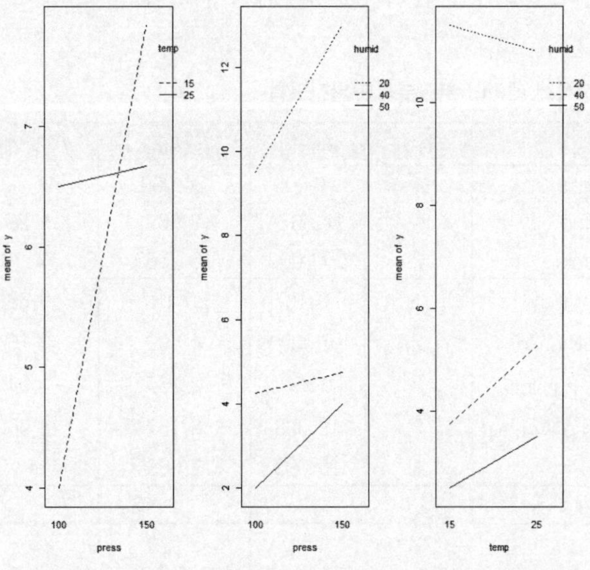

(a) 압력에 대한 온도 (b) 압력에 대한 습도 (c) 온도에 대한 습도

그림 6.6 접착제 데이터의 압력, 온도, 습도 데이터에 대한 상호작용그림

(4) 가능한 효과를 모두 포함한 완전모형에 대한 분산분석표를 만들고자 한다.

```
>L<-aov(y~ press*temp*humid)          # 완전모형
> anova(L)                            # 분산분석표
```

```
Analysis of Variance Table
Response: y
                 Df  Sum Sq Mean Sq F value    Pr(>F)
press             1  24.000  24.000   11.52  0.005327 **
temp              1   2.667   2.667    1.28  0.280003
humid             2 309.000 154.500   74.16  1.759e-07 ***
press:temp        1  20.167  20.167    9.68  0.009000 **
press:humid       2   9.000   4.500    2.16  0.158040
temp:humid        2   4.333   2.167    1.04  0.383241
press:temp:humid  2  12.333   6.167    2.96  0.090169 .
Residuals        12  25.000   2.083
```

(5) 압력 요인효과에 대한 가설검정

$$H_0 \ : \ \alpha_1 = \alpha_2 = 0(\text{압력효과 없다})\text{에 대해 } H_1 : \ not \ \ \mathrm{H}_0$$

검정통계량 $F_{press} = 11.52$, p-값$= 0.006951 < 0.05$로 유의수준 5%에서 H_0를 기각한다. 압력 수준 간 차이가 있다고 할 수 있다.

표 6.21 접착제 데이터 분산분석표(완전모형)

요인	자유도	제곱합	평균제곱합	F 통계량	p-값
press	1	24.000	24.000	11.52	0.005327
temp	1	2.667	2.667	1.28	0.280003
humid	2	309.000	154.500	74.16	0.000000176
press×temp	1	20.167	20.167	9.68	0.009000
press×humid	2	9.000	4.500	2.16	0.158040
temp×humid	2	4.333	2.167	1.04	0.383241
press×temp×humid	2	12.333	6.167	2.96	0.090169
오차	12	25.000	2.083		
계	23				

(a) 압력 요인효과에 대한 가설검정

$$H_0 \ : \ \alpha_1 = \alpha_2 = 0 \text{ (압력효과 없다)에 대해 } H_1 : \ not \ \ \mathrm{H}_0$$

검정통계량 $F_{press} = 11.52$, p-값 $= 0.0053 < 0.05$로 유의수준 5%에서 H_0를 기각한다. 압력 수준 간 차이가 있다고 할 수 있다.

(b) 온도 요인효과에 대한 가설검정

$$H_0 \ : \ \beta_1 = \beta_2 = 0 \text{ (온도효과 없다)에 대해 } H_1 : \ not \ \ \mathrm{H}_0$$

검정통계량 $F_{temp} = 1.28$, p-값 $= 0.2800 > 0.05$로 유의수준 5%에서 H_0를 기각하지 못한다. 즉, 온도효과는 유의하지 않으므로 온도 수준 간 차이가 있다고 할 수 없다.

(c) 습도 요인효과에 대한 가설검정

$$H_0 \ : \ \gamma_1 = \gamma_2 = \gamma_3 = 0 \text{(습도효과 없다)에 대해 } H_1 : \ not \ \ \mathrm{H}_0$$

검정통계량 $F_{humid} = 74.16$, p-값 $= 1.76 \times 10^{-7} < 0.05$로 유의수준 5%에서 H_0를 기각한다. 습도 수준 간 차이가 있다고 할 수 있다.

(d) 압력과 온도의 상호작용효과에 대한 가설검정

$$H_0 : \alpha\beta_{11} = \cdots = \alpha\beta_{22} = 0 \text{ (압력과 온도의 상호작용효과 없다)에 대해}$$
$$H_1 : not \ H_0$$

검정통계량 $F_{press \times temp} = 9.68$, p-값 $= 0.0090 < 0.05$이므로 유의수준 5%에서 H_0를 기각한다. 즉, 압력과 온도의 상호작용효과가 있다고 할 수 있다.

(e) 유의하지 않은 상호작용효과를 오차항으로 합하여 다시 분산분석을 할 수 있다. 유의하지 않은 상호작용을 제거한 축소모형을 제안하고자 한다. 이때 유의하지 않더라도 주효과는 모형에 포함해야 한다.
유의수준 $\alpha = 0.05$에서 유의하지 않은 상호작용항을 합하여 SSe^*를 구한다. SSe^*의 자유도는 더해진 제곱합의 자유도들의 합이 된다.

$$SSe^* = 9 + 4.333 + 12.333 + 25 = 50.67$$

$$df_e^* = SSe^* \text{자유도} = 2 + 2 + 2 + 12 = 18$$

$$MSe^* = \frac{SSe^*}{df_e^*}$$

```
> M<-aov(y~ press+temp+humid+press:temp)   # 축소모형에 대한 분산분석표
>  anova(M)
Analysis of Variance Table
Response: y
           Df  Sum Sq Mean Sq F value    Pr(>F)
press       1  24.000  24.000  8.5263  0.009142 **
temp        1   2.667   2.667  0.9474  0.343290
humid       2   2.667 154.500 54.8882  2.185e-08 ***
press:temp  1  20.167  20.167  7.1645  0.015396 *
Residuals  18  50.667   2.815
```

표 6.22 접착제 데이터 분산분석표(축소모형)

요인	자유도	제곱합	평균제곱합	F 통계량	$p-$값
압력(press)	1	24.000	24.000	8.5263	0.0091
온도(temp)	1	2.667	2.667	0.9474	0.3432
습도(humid)	2	2.667	154.500	54.888	2.185×10^{-8}
압력×온도 (press×temp)	1	20.167	20.167	7.1645	0.0153
오차	18	$SSe^* = 50.67$	$MSe^* = 2.815$		
계	23	TSS			

유의한 효과들을 포함한 축소모형은 다음과 같다:

$$Y_{ijkl} = \mu + \alpha_i + \beta_j + \gamma_k + \alpha\beta_{ij} + \epsilon_{ijkl}$$

$$i = 1,2,\ j = 1,2,\ k = 1,2,3,\ l = 1,2 \text{ (반복)}$$

여기서 $N = 24$ 데이터 총수

μ는 모집단의 전체평균

α_i는 요인 A의 i번째 압력수준효과

β_j는 요인 B의 j번째 온도수준효과

γ_k는 요인 C의 k번째 습도수준효과

mjnh$\alpha\beta_{ij}$는 요인 A의 i번째 수준과 요인 B의 j번째 수준의 상호작용효과

ϵ_{ijk}는 오차항 $\sim iid\ N(0, \sigma^2)$

(f) 만약 반복1과 반복2가 완전블록(예, 실험기구1, 2)이라서 삼요인설계를 확률화완전블록설계로 하여 실험했다면 완전모형에는 반복을 블록효과로 추가해서 분산분석을 해야 한다.

```
> M1<-aov(y~ rep+press*temp*humid)  # 블록(반복) 포함 모형
> anova(M1)
Analysis of Variance Table
Response: y
                  Df  Sum Sq Mean Sq  F value    Pr(>F)
rep                1   8.167   8.167   5.3366  0.041290 *
press              1  24.000  24.000  15.6832  0.002233 **
temp               1   2.667   2.667   1.7426  0.213623
humid              2 309.000 154.500 100.9604 8.365e-08 ***
press:temp         1  20.167  20.167  13.1782  0.003955 **
press:humid        2   9.000   4.500   2.9406  0.094829 .
temp:humid         2   4.333   2.167   1.4158  0.283692
press:temp:humid   2  12.333   6.167   4.0297  0.048647 *
Residuals         11  16.833   1.530
```

블록(반복)효과에 대한 검정통계량 $F_{rep} = 5.3366$이고 p-값 $= 0.0412 < 0.05$이므로 유의수준 5%에서 H_0를 기각한다. 즉, 블록효과가 유의하다.

프로그램 6.3 접착제 데이터 삼요인설계 분석

```
add<- read.csv("D:\\13expd\\additive3.csv", header=T)   # 표 6.20 데이터
 add ;  head(add)  ;  attach(add)
press<-as.factor(press)                # 압력
temp<-as.factor(temp)                  # 온도
humid<-as.factor(humid)                # 습도
rep<-as.factor(rep)

tapply(y, press, mean)                 # 압력 수준평균
tapply(y, temp, mean)                  # 온도 수준평균
tapply(y, humid, mean)                 # 습도 수준평균
tapply(y, press:temp:humid, mean)      # 압력, 온도, 습도 처리조합평균
L<-aov(y~ press*temp*humid)            # 완전모형
model.tables(L, type="effects")        # 모든 요인 효과추정
model.tables(L, type="means")          # 모든 요인 수준평균
      # 분산분석 모형적합
  anova(L)                             # 완전모형에 대한 분산분석표

M<-aov(y~ press+temp+humid+press:temp)  # 축소모형에 대한 분산분석표
  anova(M)
```

```
win.graph()
par(mfrow=c(1,3))
  interaction.plot(press, temp, response=y)         # 그림 6.6 (a)
  interaction.plot(press, humid, response=y)        # 그림 6.6 (b)
  interaction.plot(temp, humid, response=y)         # 그림 6.6 (c)
M1<-aov(y~ rep+press*temp*humid) #   블록(반복) 포함 모형
anova(M1)
```

```
> model.tables(L, type="effects")   # 모든 요인 효과추정
Tables of effects
 press
press : [αi 추정값]
100 150
 -1   1
 temp
temp   :[βj 추정값]
     15       25
-0.3333  0.3333
 humid
humid  : [γk 추정값]
  20    40    50
 5.00 -1.75 -3.25
 press:temp   : [ αβij 추정값]
     temp
press 15       25
  100 -0.9167  0.9167
  150  0.9167 -0.9167
 press:humid  : [ αγik 추정값]
     humid
press 20    40    50
  100 -0.75  0.75  0.00
  150  0.75 -0.75  0.00
 temp:humid    : [βγjk 추정값]
    humid
temp 20       40       50
  15  0.5833 -0.4167 -0.1667
  25 -0.5833  0.4167  0.1667
press:temp:humid  : [αβγijk 추정값]
, , humid = 20
     temp
press 15       25
  100 -0.8333  0.8333
  150  0.8333 -0.8333
```

```
, , humid = 40
     temp
press 15      25
  100 -0.0833  0.0833
  150  0.0833 -0.0833

, , humid = 50
     temp
press 15      25
  100  0.9167 -0.9167
  150 -0.9167  0.9167
```

6.6 이요인 요인설계에서 공분산분석

6.6.1 이요인 요인설계에서 공분산분석을 위한 자료구조

처리요인이 A와 B 두 개이고 요인 A (factor A)는 수준 수 a를 갖고 요인 B(factor B)는 수준 수 b를 갖는다. 각 처리조합에서 n번 반복하여 측정된 반응값 $\{Y_{ijk}\}$과 공변량 $\{x_{ijk}\}$를 얻는다. 수준 수 a를 갖는 요인 A와 수준 수 b를 갖는 요인 B에 대한 이요인 요인설계(two-factor factorial design)에 대한 공변량을 포함한 자료구조는 <표 6.23>에서 보여 준다. $a \times b$개 처리조합이 생기며 각 처리조합에 대해서 완전확률화설계로 실험했다고 하자.

표 6.23 n 반복 $a \times b$ 이요인 요인설계 자료구조(반응변수 Y와 공변량 x)

요인 A \ 요인 B	1		2		⋯	j		⋯	b	
1	Y_{111} Y_{112} ⋮ Y_{11n}	x_{111} x_{112} ⋮ x_{11n}	Y_{121} Y_{122} ⋮ Y_{12n}	x_{121} x_{122} ⋮ x_{12n}	⋯	⋮		⋯	Y_{1b1} Y_{1b2} ⋮ Y_{1bn}	x_{1b1} x_{1b2} ⋮ x_{1bn}
⋮	⋮		⋮			⋯			⋮	
i	Y_{i11} Y_{i12} ⋮ Y_{i1n}	x_{i11} x_{i12} ⋮ x_{i1n}	Y_{i21} Y_{i22} ⋮ Y_{i2n}	x_{i21} x_{i22} ⋮ x_{i2n}	⋯	Y_{ij1} Y_{ij2} ⋮ Y_{ijn}	x_{ij1} x_{ij2} ⋮ x_{ijn}	⋯	Y_{ib1} Y_{ib2} ⋮ Y_{ibn}	x_{ib1} x_{ib2} ⋮ x_{ibn}
⋮	⋮		⋮			⋯				
a	Y_{a11} Y_{a12} ⋮ Y_{a1n}	x_{a11} x_{a12} ⋮ x_{a1n}	Y_{a21} Y_{a22} ⋮ Y_{a2n}	x_{a21} x_{a22} ⋮ x_{a2n}	⋯	⋮		⋯	Y_{ab1} Y_{ab2} ⋮ Y_{abn}	x_{ab1} x_{ab2} ⋮ x_{abn}

6.6.2 이원배치 이요인 공분산분석 설계에 대한 통계적 모형

우선 각 처리조합에서 한 번의 실험으로 관측값을 얻은 경우로 자료구조가 <표 6.24>와 같은 경우 공분산분석을 고려한다.

(반응값 Y_{ij}, 공변량 x_{ij})는 요인 A의 i번째 수준과 요인 B의 j번째 수준의 처리조합에서 관측값으로 통계적 모형은 다음과 같다:

$$Y_{ij} = \mu + \alpha_i + \beta_j + \gamma x_{ij} + \epsilon_{ij} \tag{6.36}$$
$$i = 1, \cdots, a, \ j = 1, \cdots, b$$

여기서 $(Y_{ij},\ x_{ij})$는 $(i, j)^{th}$ 셀에서의 관측값과 공변량값

$N = ab$은 데이터 총수

μ는 모집단의 전체평균

α_i는 요인 A의 i번째 수준효과, $\sum_i \alpha_i = 0$

β_j는 요인 B의 j번째 수준효과, $\sum_j \beta_j = 0$

γ는 공변량 x에 대한 회귀계수

ϵ_{ij}는 오차항 $\sim iid\ N(0, \sigma^2)$.

반응변수에 대한 기댓값과 분산을 구하면 다음과 같다:

$$E(Y_{ij}) = \mu + \alpha_i + \beta_j + \gamma x_{ij} \tag{6.37}$$
$$Var(Y_{ij}) = \sigma^2.$$

표 6.24 $a \times b$ 이요인 요인설계 자료구조(반응변수 Y와 공변량 x)

요인 A \ 요인 B	1		2		$\cdots$	j		$\cdots$	b	
1	Y_{11}	x_{11}	Y_{12}	x_{12}	$\cdots$	$\vdots$		$\cdots$	Y_{1b}	x_{1b}
$\vdots$	$\vdots$		$\vdots$						$\vdots$	
i	Y_{i1}	x_{i1}	Y_{i2}	x_{i2}	$\cdots$	Y_{ij}	x_{ij}	$\cdots$	Y_{ib}	x_{ib}
$\vdots$	$\vdots$		$\vdots$							
a	Y_{a1}	x_{a1}	Y_{a2}	x_{a2}	$\cdots$	$\vdots$		$\cdots$	Y_{ab}	x_{ab}

공분산분석을 위한 제곱합을 다음과 같이 표기하고 계산한다:

$$S_{YY} = \sum_{i=1}^{a}\sum_{j=1}^{b}(Y_{ij} - \overline{Y}..)^2 \tag{6.38}$$

$$S_{XX} = \sum_{i=1}^{a}\sum_{j=1}^{b}(x_{ij} - \overline{x}..)^2$$

$$S_{AXX} = \sum_{i=1}^{a}\sum_{j=1}^{b}(x_{ij} - \overline{x}._j)^2 = E_{XX} + A_{XX}$$

$$S_{BXX} = \sum_{i=1}^{a}\sum_{j=1}^{b}(x_{ij} - \overline{x}_i.)^2 = E_{XX} + B_{XX}$$

$$S_{AXY} = \sum_{i=1}^{a}\sum_{j=1}^{b}(x_{ij} - \overline{x}._j)(Y_{ij} - \overline{Y}._j) = E_{XY} + A_{XY}$$

$$S_{BXY} = \sum_{i=1}^{a}\sum_{j=1}^{b}(x_{ij} - \overline{x}_i.)(Y_{ij} - \overline{Y}_i.) = E_{XY} + B_{XY}$$

$$S_{XY} = \sum_{i=1}^{a}\sum_{j=1}^{b}(x_{ij} - \overline{x}..)(Y_{ij} - \overline{Y}..)$$

$$A_{YY} = \sum_{i=1}^{a}\sum_{j=1}^{b}(\overline{Y}_i. - \overline{Y}..)^2 = b\sum_{i=1}^{a}(\overline{Y}_i. - \overline{Y}..)^2$$

$$A_{XX} = \sum_{i=1}^{a}\sum_{j=1}^{b}(\overline{x}_i. - \overline{x}..)^2 = b\sum_{i=1}^{a}(\overline{x}_i. - \overline{x}..)^2$$

$$A_{XY} = \sum_{i=1}^{a}\sum_{j=1}^{b}(\overline{x}_i. - \overline{x}..)(\overline{Y}_i. - \overline{Y}..) = b\sum_{i=1}^{a}(\overline{x}_i. - \overline{x}..)(\overline{Y}_i. - \overline{Y}..)$$

$$B_{YY} = \sum_{i=1}^{a}\sum_{j=1}^{b}(\overline{Y}._j - \overline{Y}..)^2 = a\sum_{j=1}^{b}(\overline{Y}._j - \overline{Y}..)^2$$

$$B_{XX} = \sum_{i=1}^{a}\sum_{j=1}^{b}(\overline{x}._j - \overline{x}..)^2 = a\sum_{j=1}^{b}(\overline{x}._j - \overline{x}..)^2$$

$$B_{XY} = \sum_{i=1}^{a}\sum_{j=1}^{b}(\overline{x}._j - \overline{x}..)(\overline{Y}._j - \overline{Y}..) = a\sum_{j=1}^{b}(\overline{x}._j - \overline{x}..)(\overline{Y}._j - \overline{Y}..)$$

$$E_{YY} = \sum_{i=1}^{a}\sum_{j=1}^{b}(Y_{ij} - \overline{Y}_i. - \overline{Y}._j + \overline{Y}..)^2$$

$$E_{XX} = \sum_{i=1}^{a}\sum_{j=1}^{b}(x_{ij} - \overline{x}_i. - \overline{x}._j + \overline{x}..)^2$$

$$E_{XY} = \sum_{i=1}^{a}\sum_{j=1}^{b}(x_{ij} - \overline{x}_i. - \overline{x}._j + \overline{x}..)(Y_{ij} - \overline{Y}_i. - \overline{Y}._j + \overline{Y}..)$$

$$E_{XX}+A_{XX}=\sum_{i=1}^{a}\sum_{j=1}^{b}(x_{ij}-\overline{x}_{i.}-\overline{x}_{.j}+\overline{x}_{..})^2+\sum_{i=1}^{a}\sum_{j=1}^{b}(\overline{x}_{i.}-\overline{x}_{..})^2 \tag{6.39}$$
$$=\sum_{i=1}^{a}\sum_{j=1}^{b}(x_{ij}-\overline{x}_{.j})^2$$

$$E_{XY}+A_{XY}=\sum_{i=1}^{a}\sum_{j=1}^{b}(x_{ij}-\overline{x}_{i.}-\overline{x}_{.j}+\overline{x}_{..})(Y_{ij}-\overline{Y}_{i.}-\overline{Y}_{.j}+\overline{Y}_{..})$$
$$+\sum_{i=1}^{a}\sum_{j=1}^{b}(\overline{x}_{i.}-\overline{x}_{..})(\overline{Y}_{i.}-\overline{Y}_{..})$$
$$=\sum_{i=1}^{a}\sum_{j=1}^{b}(x_{ij}-\overline{x}_{.j})(Y_{ij}-\overline{Y}_{.j})$$

$$E_{XX}+B_{XX}=\sum_{i=1}^{a}\sum_{j=1}^{b}(x_{ij}-\overline{x}_{i.}-\overline{x}_{.j}+\overline{x}_{..})^2+\sum_{i=1}^{a}\sum_{j=1}^{b}(\overline{x}_{.j}-\overline{x}_{..})^2$$
$$=\sum_{i=1}^{a}\sum_{j=1}^{b}(x_{ij}-\overline{x}_{i.})^2$$

$$E_{XY}+B_{XY}=\sum_{i=1}^{a}\sum_{j=1}^{b}(x_{ij}-\overline{x}_{i.}-\overline{x}_{.j}+\overline{x}_{..})(Y_{ij}-\overline{Y}_{i.}-\overline{Y}_{.j}+\overline{Y}_{..})$$
$$+\sum_{i=1}^{a}\sum_{j=1}^{b}(\overline{x}_{.j}-\overline{x}_{..})(\overline{Y}_{.j}-\overline{Y}_{..})$$
$$=\sum_{i=1}^{a}\sum_{j=1}^{b}(x_{ij}-\overline{x}_{i.})(Y_{ij}-\overline{Y}_{i.})$$

여기서 S는 전체에 대한 제곱합과 교차제곱합, A는 요인 A에 대한 제곱합과 교차제곱합, B는 요인 B에 대한 제곱합과 교차제곱합, E는 오차에 대한 제곱합과 교차제곱합을 나타낸다.

6.6.3 이원배치 이요인 공분산분석 설계에 대한 통계적 모형에서 모수 추정

고정된 회귀계수 γ에 대해 최소제곱법을 이용하기 위해 오차제곱합

$$Q=\sum_{i}\sum_{j}(Y_{ij}-\mu-\alpha_i-\beta_j-\gamma x_{ij})^2 \tag{6.40}$$

를 최소화하도록 모수를 구하면 다음을 얻는다.

전체 평균 μ 에 대한 추정량은 $\hat{\mu}=\overline{Y}_{..}-\hat{\gamma}\overline{x}_{..}$ (6.41)

A요인 효과 α_i 에 대한 추정량은 $\hat{\alpha}_i=\overline{Y}_{i.}-\overline{Y}_{..}-\hat{\gamma}(\overline{x}_{i.}-\overline{x}_{..})$ (6.42)

B요인 효과 β_j 에 대한 추정량은 $\hat{\beta}_j=\overline{Y}_{.j}-\overline{Y}_{..}-\hat{\gamma}(\overline{x}_{.j}-\overline{x}_{..})$ (6.43)

처리조합 평균 $\mu_{ij} = \mu + \alpha_i + \beta_j + \gamma x_{ij}$ 에 대한 추정량은

$$\widehat{\mu_{ij}} = \hat{\mu} + \widehat{\alpha_i} + \widehat{\beta_j} + \hat{\gamma} x_{ij} \tag{6.44}$$

이다.

$\hat{\mu}$, $\widehat{\alpha_i}$, $\widehat{\beta_j}$가 주어진 상황에서 오차제곱합 Q는 다음과 같이 표현되고

$$Q = \sum_i \sum_j [(Y_{ij} - \overline{Y}_{i.} - \overline{Y}_{.i} + \overline{Y}_{..} - \gamma(x_{ij} - \overline{x}_{i.} - \overline{x}_{.i} + \overline{x}_{..})]^2 \tag{6.45}$$

회귀계수 γ에 대해 Q를 최소화하도록 계산한다. 회귀계수 γ에 대한 최소제곱법 추정량은 다음과 같다.

$$\hat{\gamma} = \frac{E_{XY}}{E_{XX}} = \frac{\sum_{i=1}^{a}\sum_{j=1}^{b}(x_{ij} - \overline{x}_{i.} - \overline{x}_{.j} + \overline{x}_{..})(Y_{ij} - \overline{Y}_{i.} - \overline{Y}_{.j} + \overline{Y}_{..})}{\sum_{i=1}^{a}\sum_{j=1}^{b}(x_{ij} - \overline{x}_{i.} - \overline{x}_{.j} + \overline{x}_{..})^2} \tag{6.45}$$

(i) $H_{0A} : \alpha_1 = \cdots = \alpha_a = 0$에 대해 $H_{1A} : not\ H_{0A}$

귀무가설이 참인 경우

$$Q = \sum_i \sum_j (Y_{ij} - \mu - \beta_j - \gamma x_{ij})^2 \tag{6.46}$$

를 최소화하도록 모수를 구하면 되므로 다음을 얻는다.

$$\hat{\hat{\mu}} = \overline{Y}_{..} - \hat{\hat{\gamma}}\overline{x}_{..} \tag{6.47}$$

B 요인 효과 β_j에 대한 추정량은

$$\hat{\hat{\beta}}_j = \overline{Y}_{.j} - \overline{Y}_{..} - \hat{\hat{\gamma}}(\overline{x}_{.j} - \overline{x}_{..}) \tag{6.48}$$

회귀계수 γ 에 대한 최소제곱법 추정량은

$$\hat{\hat{\gamma}} = \frac{\sum_{i=1}^{a}\sum_{j=1}^{b}(x_{ij} - \overline{x}_{.j})(Y_{ij} - \overline{Y}_{.j})}{\sum_{i=1}^{a}\sum_{j=1}^{b}(x_{ij} - \overline{x}_{.j})^2} \tag{6.49}$$

$$\widehat{\widehat{\mu_{ij}}} = \hat{\hat{\mu}} + \hat{\hat{\beta}}_j + \hat{\hat{\gamma}} x_{ij} \tag{6.50}$$

이다. 총제곱합을 정리해 보면 다음과 같다:

$$\begin{aligned}\sum_{i=1}^{a}\sum_{j=1}^{b}(Y_{ij}-\widehat{\widehat{\mu_{ij}}})^2 &= \sum_{i=1}^{a}\sum_{j=1}^{b}(Y_{ij}-\overline{Y}_{.j})^2 - \frac{[\sum_{i=1}^{a}\sum_{j=1}^{b}(x_{ij}-\overline{x}_{.j})(Y_{ij}-\overline{Y}_{.j})]^2}{\sum_{i=1}^{a}\sum_{j=1}^{b}(x_{ij}-\overline{x}_{.j})^2} \\ &= E_{YY}+A_{YY}-\frac{[E_{XY}+A_{XY}]^2}{E_{XX}+A_{XX}}.\end{aligned} \tag{6.51}$$

우도비 검정통계량을 구하면

$$\lambda_1 = \frac{\sum_{i=1}^{a}\sum_{j=1}^{b}(Y_{ij}-\widehat{\widehat{\mu_{ij}}})^2 - \sum_{i=1}^{a}\sum_{j=1}^{b}(Y_{ij}-\widehat{\mu_{ij}})^2}{\sum_{i=1}^{a}\sum_{j=1}^{b}(Y_{ij}-\widehat{\mu_{ij}})^2} \tag{6.52}$$

그리고

$$F_1 = \frac{(ab-a-b)}{a-1}\left[\frac{\sum_{i=1}^{a}\sum_{j=1}^{b}(Y_{ij}-\widehat{\widehat{\mu_{ij}}})^2 - \sum_{i=1}^{a}\sum_{j=1}^{b}(Y_{ij}-\widehat{\mu_{ij}})^2}{\sum_{i=1}^{a}\sum_{j=1}^{b}(Y_{ij}-\widehat{\mu_{ij}})^2}\right] \tag{6.53}$$

는 귀무가설하에서 $F_{a-1,\,ab-a-b}$ 분포를 따른다.

유의수준 α에서 검정법은 $F_1 \geq F_{a-1,\,ab-a-b}(\alpha)$이면 귀무가설을 기각한다.

(ii) $H_{0B}: \beta_1 = \cdots = \beta_b = 0$ 에 대해 $H_{1B}: not\ H_{0B}$

귀무가설이 참인 경우

$$Q = \sum_i \sum_j (Y_{ij} - \mu - \alpha_i - \gamma x_{ij})^2 \tag{6.54}$$

를 최소화하도록 모수를 구하면 다음을 얻는다.

$$\tilde{\mu} = \overline{Y}_{..} - \tilde{\gamma}\overline{x}_{..} \tag{6.55}$$

A 요인 효과 α_i에 대한 추정량은

$$\widetilde{\alpha_i} = \overline{Y}_{i\,.} - \overline{Y}_{.\,.} - \tilde{\gamma}(\overline{x}_{i\,.} - \overline{x}_{.\,.}) \tag{6.56}$$

회귀계수 γ 에 대한 최소제곱법 추정량은

$$\tilde{\gamma} = \frac{\sum_{i=1}^{a}\sum_{j=1}^{b}(x_{ij} - \overline{x}_{i\,.})(Y_{ij} - \overline{Y}_{i\,.})}{\sum_{i=1}^{a}\sum_{j=1}^{b}(x_{ij} - \overline{x}_{i\,.})^2} \tag{6.57}$$

$$\widetilde{\mu_{ij}} = \tilde{\mu} + \widetilde{\alpha_i} + \tilde{\gamma}x_{ij} \tag{6.58}$$

이다. 총제곱합을 정리해 보면 다음과 같다:

$$\sum_{i=1}^{a}\sum_{j=1}^{b}(Y_{ij} - \widetilde{\mu_{ij}})^2 = \sum_{i=1}^{a}\sum_{j=1}^{b}(Y_{ij} - \overline{Y_{i\,.}})^2 - \frac{[\sum_{i=1}^{a}\sum_{j=1}^{b}(x_{ij} - \overline{x_{i\,.}})(Y_{ij} - \overline{Y_{i\,.}})]^2}{\sum_{i=1}^{a}\sum_{j=1}^{b}(x_{ij} - \overline{x}_{i\,.})^2}$$

$$= E_{YY} + B_{YY} - \frac{[E_{XY} + B_{XY}]^2}{E_{XX} + B_{XX}}. \tag{6.59}$$

우도비 검정통계량을 구하면

$$\lambda_2 = \frac{\sum_{i=1}^{a}\sum_{j=1}^{b}(Y_{ij} - \widetilde{\mu_{ij}})^2 - \sum_{i=1}^{a}\sum_{j=1}^{b}(Y_{ij} - \widehat{\mu_{ij}})^2}{\sum_{i=1}^{a}\sum_{j=1}^{b}(Y_{ij} - \widehat{\mu_{ij}})^2} \tag{6.60}$$

그리고

$$F_2 = \frac{(ab - a - b)}{b - 1}\left[\frac{\sum_{i=1}^{a}\sum_{j=1}^{b}(Y_{ij} - \widetilde{\mu_{ij}})^2 - \sum_{i=1}^{a}\sum_{j=1}^{b}(Y_{ij} - \widehat{\mu_{ij}})^2}{\sum_{i=1}^{a}\sum_{j=1}^{b}(Y_{ij} - \widehat{\mu_{ij}})^2}\right] \tag{6.61}$$

는 귀무가설하에서 $F_{b-1,\,ab-a-b}$ 분포를 따른다.

유의수준 α에서 검정법은 $F_2 \geq F_{b-1,\,ab-a-b}(\alpha)$이면 귀무가설을 기각한다.

표 6.25 이원배치 공분산분석표

요인 (source)	자유도 (df)	제곱합 (SS)	조절된 제곱합 (adjusted SS)	F-통계량
요인 A	$a-1$	A_{YY}	$q_A = q_3 - q_2$	$F_A = \frac{ab-a-b}{a-1}\frac{q_A}{q_2}$
요인 B	$b-1$	B_{YY}	$q_B = q_4 - q_2$	$F_B = \frac{ab-a-b}{b-1}\frac{q_B}{q_2}$
A 수준 오차	$ab-b$		$q_3 = (A_{YY}+E_{YY}) - \frac{(A_{XY}+E_{XY})^2}{A_{XX}+E_{XX}}$	
B 수준 오차	$ab-a$		$q_4 = (B_{YY}+E_{YY}) - \frac{(B_{XY}+E_{XY})^2}{B_{XX}+E_{XX}}$	
오차	$(a-1)(b-1)$	E_{YY}	$q_2 = E_{YY} - \frac{E_{XY}^2}{E_{XX}}$	
총합	$ab-2$	S_{YY}		
회귀 :covariate after treatment	1	$SS_{reg} = \hat{\gamma}^2 \cdot S_{XX}$	$MS_{reg} = SS_{reg}$	$F_{reg} = \frac{MS_{reg}}{MS_{e,c}}$
회귀조절 오차 (adjusted for regression)	$df_e = ab-2$	$SS_{e,c}$	$MS_{e,c} = \frac{SS_{e,c}}{df_e}$	
총합(total)				

여기서 잔차제곱합은

$$SS_{e,c} = \sum_{i=1}^{a}\sum_{j=1}^{b}\left[(Y_{ij} - \overline{Y}_{i.} - \overline{Y}_{.j} + \overline{Y}_{..}) - \hat{\gamma}(x_{ij} - \overline{x}_{i.} - \overline{x}_{.j} - \overline{x}_{..})\right]^2. \quad (6.62)$$

6.6.4 이원배치 이요인 공분산분석 모형에 대한 가정과 검토

이원배치 공분산분석에 대한 다음의 가정을 만족한다면 공분산분석 모형은 유효하며 결과에 대한 해석이 의미가 있게 된다.

모형에 대한 기본 가정은 다음과 같다:

(1) 반응변수(종속변수)는 연속형이다.
(2) 두 개 범주형 독립변수를 갖는다.
(3) 공분산분석 모형을 위해서는 한 개 이상 공변량을 갖는다. 여기서 공변량은 분산분석 모형에 추가된 연속형 독립변수이다. 이원 배치 공분산분석 모형에서는 범주형 그룹 간 차이를 더 잘 설명하기 위해 공변량을 포함하고자 한다.
(4) 독립변수 간 관련이 없고 독립성을 갖는다.
(5) 공변량과 반응변수는 선형관계를 갖는다.
(6) 그룹별 회귀계수에 대한 동질성을 갖는다.

공분산분석 모형에 대한 검토 사항은 다음과 같다:

(1) 이차 상호작용(two-way interaction)에 대한 유의성 검토
  (i) 두 개 요인의 상호작용이 유의한 경우: 연속형 공변량 효과를 고려한 후 반응변수의 효과가 처리조합의 수준에 의존하므로 단순 주효과를 계산한다.
  (ii) 두 개 요인의 상호작용이 유의하지 않은 경우: 연속형 공변량 효과를 고려한 후 반응변수의 효과가 각 요인의 수준에서 일관성이 있으므로 주효과를 검토한다.

(2) 공변량은 반응변수에 선형관계 또는 알려진 관계를 갖는다.
선형관계인 경우, 반응변수 평균은 선형회귀 기반으로 조절된다. 공변량과 각 처리그룹의 반응값과의 산점도를 그려보아 검토할 수 있다.

(3) 공변량 계수 동질성(처리 간 평행선 모형)
공변량 계수(단순선형회귀에서는 기울기)는 각 처리그룹에서 동일하다. 공변량 계수 동질성에 대한 통계적 검정으로 검토할 수 있다.

(4) 오차 독립성 및 정규성
오차항은 공변량과 처리변수와 서로 독립이다. 잔차에 대한 정규성 검정을 수행하여 검토할 수 있다.

(5) 반응값은 전체평균, 처리효과, 공변량 효과와 오차항의 가법모형(additive model)이다. 이러한 조건이 맞지 않고 곱의 형태로 관계를 만족한다면 log 변환을 사용하여 가법모형으로 만든 후 공분산분석을 할 수 있다.

(6) 복합 구형성(compound sphericity)

서로 다른 두 개 처리그룹의 평균차에 대한 분산은 동일하다. 구형성에 대한 통계적 검정을 할 수 있다.

6.6.5 이원배치 이요인 공분산분석 설계에 대한 통계적 모형-상호작용 있는 경우

각 처리조합에서 반복측정이 있는 경우 이차 상호작용을 포함한 모형을 고려한다.

(반응값 Y_{ijk}, 공변량 x_{ijk})는 요인 A 의 i 번째 수준과 요인 B 의 j 번째 수준의 처리조합에서 k 번째 관측값으로 통계적 모형은 다음과 같이 상호작용효과를 포함할 수 있다.

$$Y_{ijk} = \mu + \alpha_i + \beta_j + \alpha\beta_{ij} + \gamma x_{ijk} + \epsilon_{ijk} \tag{6.63}$$
$$i = 1, \cdots, a,\ j = 1, \cdots, b,\ k = 1, \cdots, n\ \ (\text{반복})$$

여기서

$N = abn$은 데이터 총수

μ는 모집단의 전체평균

α_i는 요인 A 의 i번째 수준효과, $\sum_i \alpha_i = 0$

β_j는 요인 B의 j번째 수준효과, $\sum_j \beta_j = 0$

γ는 공변량 x 에 대한 회귀계수

$\alpha\beta_{ij}$는 요인 A 의 i번째 수준과 요인 B의 j번째 수준의 상호작용효과,

$$\sum_i \alpha\beta_{ij} = \sum_j \alpha\beta_{ij} = 0$$

ϵ_{ijk}는 오차항 $\sim iid\ N(0, \sigma^2)$.

이와 같이 여러 개 요인이 있는 경우도 확장된 공분산분석 모형을 설계할 수 있다.

6.7 R을 이용한 이요인 요인설계에서 공분산분석

예제 6.17 처리여부(treatment: yes/no)와 운동여부(exercise: low/moderate/high)에 따른 스트레스 점수(score) 감소효과를 알아보기 위해 60명에 대해 실험 후 점수를 측정하였다. 여기서 나이(age)가 공변량으로 판단되어 공분산분석 모형으로 분석하고자 한다. (이요인 공분산분석)

프로그램 6.4 처리와 운동여부에 따른 스트레스 데이터에 대한 공분산분석

```
library(dplyr)
library(caret)
library(ggpubr)
library(rstatix)
#install.packages("datarium") #for data
data("stress", package = "datarium")
attach(stress)
head(stress)

stress %>% sample_n_by(treatment, exercise) # pkg rstatix

# data scatterplot 1
ggplot(stress, aes(x = age, y = score, pch= treatment, color=treatment)) +
  geom_point()

# data scatterplot 2
ggplot(stress, aes(x = age, y = score, pch= exercise, color=exercise)) +
  geom_point()  #  Figure 6.7

# Create scatter plots : pkg ggpubr
ggscatter(
  stress, x = "age", y = "score",
  facet.by = c("exercise", "treatment"),
  short.panel.labs = FALSE
) +
stat_smooth(method = "loess", span = 0.8, color="red") #Figure 6.8

# Perform anova_test for homogeneity of regression slopes: pkg rstatix
stress %>%
  anova_test(
    score ~ age + treatment + exercise +
    treatment*exercise + age*treatment +
    age*exercise + age*exercise*treatment
  )
```

```
# Fit the model and assess normality of residuals
model <- lm(score ~ age + treatment*exercise, data = stress)
anova(model)
summary(model)
shapiro_test(model$resid)

plot(model, add.smooth = FALSE, which = 1) #residual plot
plot(model, which = 2)    # normal Q-Q plot

# Check for outliers
#calculate the standardized residuals
standard_res <- rstandard(model)

stress3<- stress%>%
 filter(abs(standard_res) > 3)
stress3

# Compute Two-way ANCOVA
res.aov <- stress %>%
  anova_test(score ~ age + treatment*exercise)

# Two-way ANCOVA with significant terms
model1<-lm(score ~ age + treatment+exercise)
summary(model1)
res.aov <- stress %>%
  anova_test(score ~ age + treatment+exercise)
res.aov
anova(model1)
summary(model1)

adj.means.tr <- effect("treatment", model1) # pkg effects
plot(adj.means.tr)
adj.means.ex <- effect("exercise", model1) # pkg effects
plot(adj.means.ex)
adj.means.trex <- effect("treatment:exercise", model1) # pkg effects
plot(adj.means.trex)


#Visualize ANCOVA coefficients
sumRes <- summary(model1)
coeffs <- coef(sumRes)
icep <- coeffs[1,1]
icep.trt1.ex1 <- coeffs[3, 1] + coeffs[4, 1] + icep
icep.trt1.ex2 <- coeffs[3, 1] + coeffs[5, 1] + icep
```

```
icep.trt1.ex3 <- coeffs[3, 1] + icep
icep.trt2.ex1 <- coeffs[4, 1] + icep
icep.trt2.ex2 <- coeffs[5, 1] + icep
icep.trt2.ex3 <- icep
slopeAll  <- coeffs[2, 1]


tt<-table(treatment,exercise)

plot(score ~ age , data=stress, #xlim=xLim, ylim=yLims,
  pch=c(rep(1, 10),rep(2,10),rep(3,10),rep(4,10),rep(5,10),rep(6,10)),
  col=c(1,2,3,4,5,6),
     main="Data and group-wise regression lines")
legend(x="topleft", legend=levels(treatment:exercise), pch=c(1,2,3,4,5,6),
       col=c(1,2,3,4,5,6) )
abline(icep.trt1.ex1, slopeAll, col=1)
abline(icep.trt1.ex2, slopeAll, col=2)
abline(icep.trt1.ex3, slopeAll, col=3)
abline(icep.trt2.ex1, slopeAll, col=4)
abline(icep.trt2.ex2, slopeAll, col=5)
abline(icep.trt2.ex3, slopeAll, col=6)
```

결과 6.4 처리와 운동여부에 따른 스트레스 데이터에 대한 공분산분석 결과

```
> stress %>% sample_n_by(treatment, exercise) # pkg rstatix
# A tibble: 6 × 5
     id score treatment exercise   age
  <int> <dbl> <fct>     <fct>    <dbl>
1     3  97.2 yes       low         70
2    16  84.1 yes       moderate    57
3    26  75.1 yes       high        60

> anova(model)
Analysis of Variance Table

Response: score
                   Df  Sum Sq Mean Sq F value    Pr(>F)
age                 1 1093.78 1093.78 44.0188 1.746e-08 ***
treatment           1  221.97  221.97  8.9331  0.004238 **
exercise            2 1034.65  517.32 20.8196 2.125e-07 ***
treatment:exercise  2  220.94  110.47  4.4458  0.016409 *
Residuals          53 1316.94   24.85
```

유의수준 5%에서 각 효과가 모두 유의하다.

```
> summary(model)

Call:
lm(formula = score ~ age + treatment * exercise, data = stress)

Residuals:
    Min      1Q  Median      3Q     Max 
-9.3250 -3.0192  0.2745  2.4650 10.6667 

Coefficients:
                     Estimate Std. Error t value Pr(>|t|)    
(Intercept)           54.3888    10.0226   5.427 1.45e-06 ***
age                    0.5036     0.1668   3.018 0.003903 ** 
treatment1            -2.1598     0.6493  -3.327 0.001603 ** 
exercise1              3.1664     0.9665   3.276 0.001859 ** 
exercise2              3.2614     0.9147   3.566 0.000779 ***
treatment1:exercise1   1.3955     0.9116   1.531 0.131758    
treatment1:exercise2   1.3180     0.9123   1.445 0.154435    
---
Signif. codes:  0 '***' 0.001 '**' 0.01 '*' 0.05 '.' 0.1 ' ' 1

Residual standard error: 4.985 on 53 degrees of freedom
Multiple R-squared:  0.6613,	Adjusted R-squared:  0.623 
F-statistic: 17.25 on 6 and 53 DF,  p-value: 6.167e-11
```

유의수준 5%에서 treatment와 exercise 상호작용 효과는 유의하지 않다.

```
> model <- lm(score ~ age + treatment*exercise, data = stress)
> shapiro_test(model$resid)
# A tibble: 1 × 3
  variable     statistic p.value
  <chr>            <dbl>   <dbl>
1 model$resid      0.982   0.531

> res.aov
ANOVA Table (type II tests)

              Effect DFn DFd      F        p p<.05   ges
1                age   1  53  9.110 4.00e-03     * 0.147
2          treatment   1  53 11.096 2.00e-03     * 0.173
3           exercise   2  53 20.820 2.13e-07     * 0.440
4 treatment:exercise   2  53  4.446 1.60e-02     * 0.144
```

결과에서 ges(generalized eta-squared size)는 해당 항에 의해 설명되는 분산의 비중을 나타낸다. exercise 변수의 비중이 가장 큼을 알 수 있다.

수행 결과(model)를 보면 각 처리조합별 회귀직선식은 다음과 같다:

treatment=1 exercise=1 : (54.3888 - 2.1598 +3.1664 +1.3955) + 0.5036x
treatment=1 exercise=2 : (54.3888 - 2.1598 +3.2614 +1.3180) + 0.5036x
treatment=1 exercise=3 : (54.3888 - 2.1598) + 0.5036x
treatment=2 exercise=1 : (54.3888 +3.1664) + 0.5036x
treatment=2 exercise=2 : (54.3888 +3.2614) + 0.5036x
treatment=2 exercise=3 : (54.3888) + 0.5036x

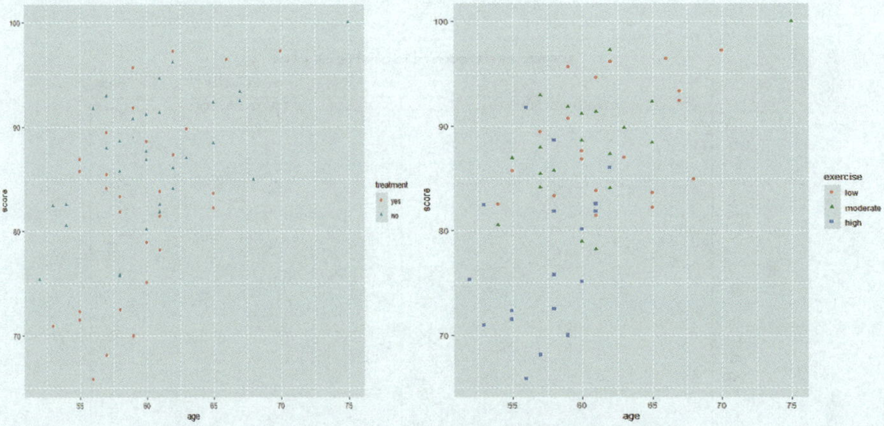

그림 6.7 treatment와 exercise 요인에 따른 데이터 산점도

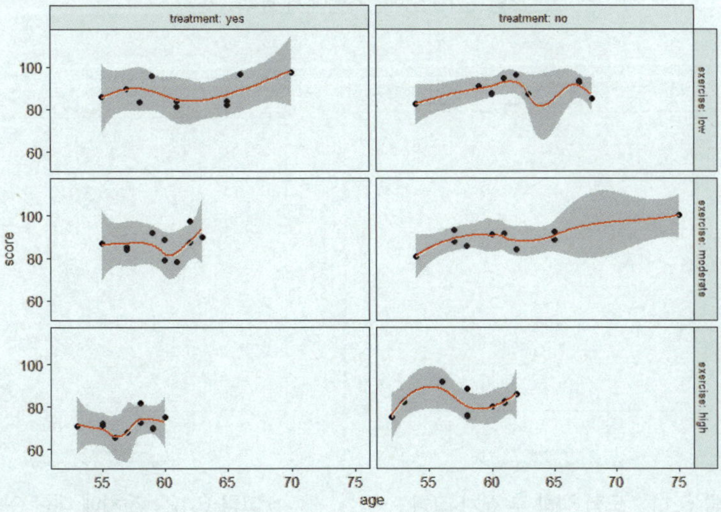

그림 6.8 처리조합별 공변량 age에 따른 반응값 산점도와 추정선

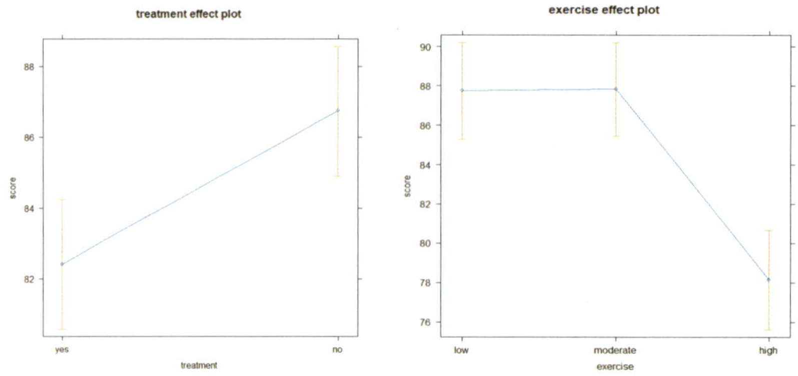

그림 6.9 처리요인 주효과 그림 (a) treatment (b) exercise

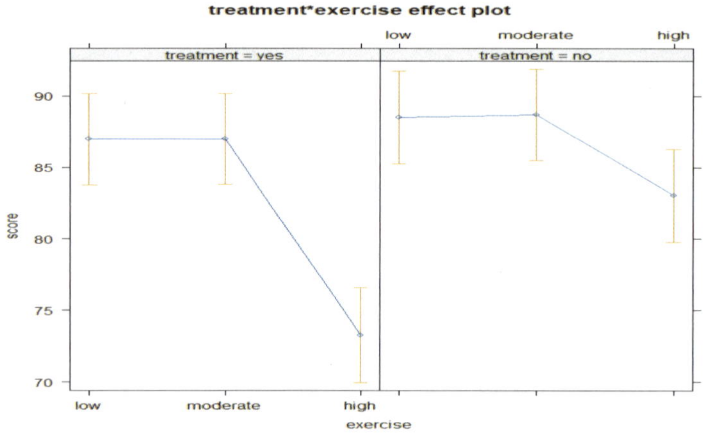

그림 6.10 처리조합에서 효과 그림

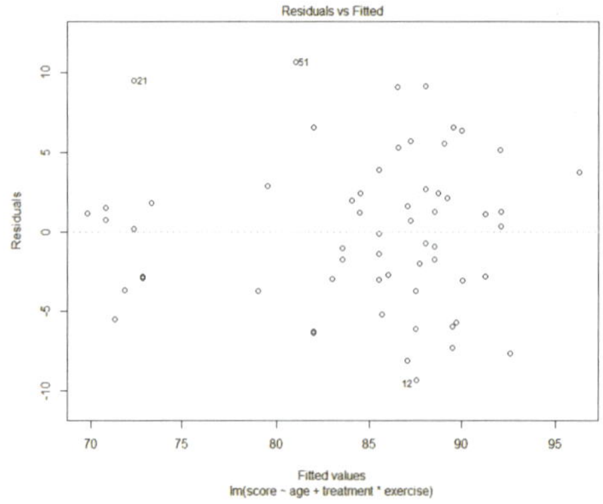

그림 6.11 모형 적합 후 잔차 그림

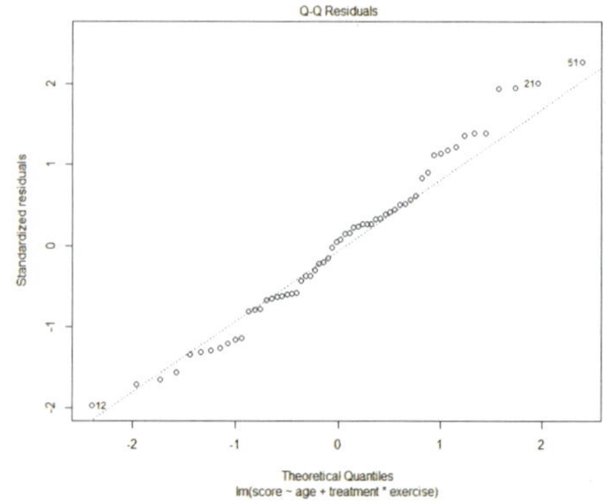

그림 6.12 잔차에 대한 Q–Q 그림

공변량 age와 반응변수 score의 산점도 <그림 6.7>에서 처리별로 점 모양과 색깔이 다르다. 잔차 그림 <그림 6.11>에서 특별한 경향이 보이지는 않으며 Shapiro 검정 결과 잔차가 정규성을 벗어나지 않는다. 잔차에 대한 Q-Q 그림은 <그림 6.12>에서 보여준다.

프로그램 6.5 stress 데이터에 대해 유의한 효과만 선택 후 공분산분석

```
# Two-way ANCOVA with significant terms
model1<-lm(score ~ age + treatment+exercise)
summary(model1)
res.aov <- stress %>%
  anova_test(score ~ age + treatment+exercise)
res.aov
anova(model1)
summary(model1)
```

결과 6.5 stress 데이터에 대해 유의한 효과만 선택 후 공분산분석 결과

```
> summary(model1)
Call:
lm(formula = score ~ age + treatment + exercise)
Residuals:
    Min      1Q  Median      3Q     Max
-9.0261 -3.7497 -0.4285  3.0943 13.3696

Coefficients:
            Estimate Std. Error t value Pr(>|t|)
(Intercept)  54.7150    10.6022   5.161 3.48e-06 ***
age           0.4981     0.1765   2.822  0.00662 **
treatment1   -2.1626     0.6887  -3.140  0.00272 **
exercise1     3.1770     1.0249   3.100  0.00305 **
exercise2     3.2644     0.9703   3.364  0.00140 **
---
Signif. codes:  0 '***' 0.001 '**' 0.01 '*' 0.05 '.' 0.1 ' ' 1

Residual standard error: 5.288 on 55 degrees of freedom
Multiple R-squared:  0.6045,    Adjusted R-squared:  0.5757
F-statistic: 21.01 on 4 and 55 DF,  p-value: 1.473e-10
```

수행 결과(model1)를 보면 각 처리조합별 회귀직선식은 다음과 같다:

treatment=1 exercise=1 : (54.7150 -2.1626 +3.1770) + 0.4981x

treatment=1 exercise=2 : (54.7150 -2.1626 +3.2644) + 0.4981x treatment=1 exercise=3 : (54.7150 -2.1626) + 0.4981x

treatment=2 exercise=1 : (54.7150 +3.1770) + 0.4981x

treatment=2 exercise=2 : (54.7150 +3.2644) + 0.4981x

treatment=2 exercise=3 : 54.7150 + 0.4981x

<그림 6.13>에서 처리조합별 추정된 회귀직선을 보여준다.

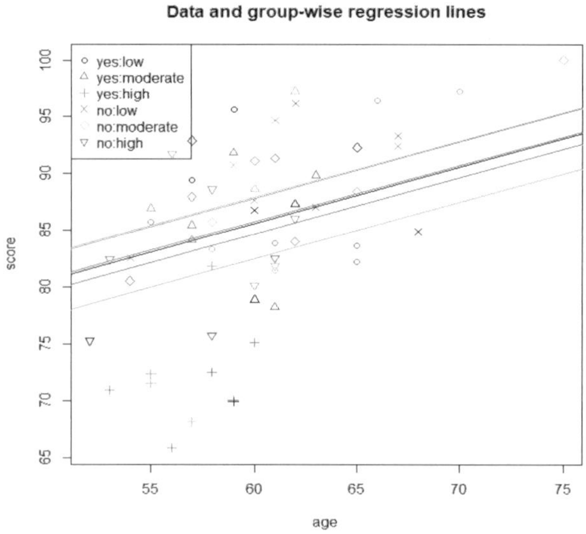

그림 6.13 모형 model1 적합후 처리조합별 회귀직선과 데이터 산점도

연습문제

6.1 접착제의 강도가 접착제를 사용할 때의 압력과 온도에 영향을 받는다고 생각되어 이요인설계로 실험을 하여 주어진 압력과 온도하에서 2개씩 데이터를 다음과 같이 얻었다.

압력	온도(℃) 50		100		계
100	9	11	11	13	
120	12	14	14	18	
150	14	16	14	20	
계					

(1) 이요인설계에 대한 통계적 모형을 설계하시오(고정효과모형).

(2) 압력(x축)에 따른 온도별 접착제 강도에 대한 그래프를 그리시오.

(3) 온도의 주효과를 추정하시오.

(4) 분산분석표를 작성하시오.

(5) 온도에 따른 차이가 있는지 유의수준 0.05로 검정하시오.

(6) 압력에 따른 차이가 있는지 유의수준 0.05로 검정하시오.

(7) 온도와 압력에 따른 상호작용효과가 있는지 유의수준 0.05로 검정하시오.

6.2 여성 생물학자가 바이러스성장에 관한 연구에서, 바이러스가 성장하는 데 바이러스의 종류와 배양시간, 배양액종류가 영향을 미친다고 한다. 완전확률화설계 하에 3 반복 삼요인설계로 실험을 하여 바이러스 개체수를 반응값으로 해서 다음의 데이터를 얻어 덕성여대 통계학과 학생에게 통계상담을 의뢰했다.

	바이러스 (C0) 배양액 종류						바이러스 (C1) 배양액 종류					
배양시간(B)	A0			A1			A0			A1		
12시간(B0)	3	8	9	10	14	16	4	7	9	15	19	20
18시간(B1)	10	12	16	20	21	22	10	13	16	26	27	25

(1) 위 실험에 대한 통계적 모형을 설계하시오(완전모형, 고정효과모형).

(2) 전체 변동이 요인 변동으로 어떻게 분해되는지 쓰시오.

(3) 배양액 종류에 따른 평균과 표준편차를 구하시오.

(4) 배양시간 종류에 따른 평균과 표준편차를 구하시오.

(5) 바이러스 종류에 따른 평균과 표준편차를 구하시오.

(6) 바이러스 C0와 배양시간 B1의 처리조합에서의 평균을 추정하시오.
(7) 세 개의 요인의 수준으로 만들어지는 처리조합에서의 평균을 각각 구하시오.
(8) 완전모형에 대한 분산분석표를 작성하시오.
(9) 배양액 종류에 따른 차이가 있는지 유의수준 $\alpha = 0.05$에서 가설검정하시오(가설, 검정통계량, p-값, 검정결과, 결론).
(10) 배양시간 종류에 따른 차이가 있는지 유의수준 $\alpha = 0.05$에서 가설검정하시오.
(11) 바이러스 종류에 따른 차이가 있는지 유의수준 $\alpha = 0.05$에서 가설검정하시오.
(12) 배양시간과 바이러스 종류에 따른 상호작용효과가 있는지 유의수준 $\alpha = 0.05$에서 가설검정하시오.
(13) 배양액과 바이러스 종류에 따른 상호작용효과가 있는지 유의수준 $\alpha = 0.05$에서 가설검정하시오.
(14) 세 요인의 3차 상호작용효과가 있는지 유의수준 $\alpha = 0.05$에서 가설검정하시오.
(15) 오차항 분산 추정값을 구하시오.
(16) 유의하지 않은 상호작용효과를 오차항으로 합하고 다시 분산분석하여 제안하는 (축소)모형과 해당하는 분산분석표를 작성하시오.

6.3 케이크를 만드는 한 회사에서 케이크의 질을 높일 수 있는 요인들의 효과를 알기 위해 실험을 하고자 한다. 신 맛을 내는 산(요인 A), 글리세롤(요인 B), 달걀분말(요인 C)에 따라 케이크의 질이 차이가 있다고 간주되어 각 요인의 함유량의 많은 수준 1, 함유량이 적은 수준 0으로 구분하여 완전확률화설계로 2 반복의 삼요인설계로 실험을 하여 다음의 데이터를 얻었다.

	산 (A_0)				(A_1)			
	달걀분말(C)				달걀분말(C)			
글리세롤(B)	C_0		C_1		C_0		C_1	
B_0	84	90	78	80	75	77	75	81
B_1	80	82	70	74	80	82	74	76

(1) 삼요인설계에 대한 통계적 모형을 쓰시오(고정효과모형, 3차 상호작용까지 포함).
(2) 각 요인의 수준별 평균을 구하시오.
(3) 각 두 개 요인의 수준조합별 평균을 구하시오.
(4) 각 요인에 대한 주효과를 계산하시오.
(5) 각 요인에 대한 제곱합을 계산하시오.
(6) AB, AC, BC 2차 상호작용효과를 각각 구하시오.
(7) AB, AC, BC 2차 상호작용효과에 대한 제곱합을 각각 구하시오.
(8) ABC 3차 상호작용효과를 구하시오.
(9) ABC 3차 상호작용효과에 대한 제곱합을 각각 구하시오.

(10) 완전모형에 대한 분산분석표를 작성하고 각 처리효과에 대한 가설검정을 하시오. $(\alpha = 0.05)$

(11) 유의하지 않은 상호작용효과를 오차항으로 합하고 다시 분산분석하여 제안하는 모형과 해당하는 분산분석표를 작성하시오.

6.4 작업온도와 전구에 사용되는 세 종류의 유리가 전구의 밝기에 미치는 영향을 알아보고자 이요인설계로 실험을 하여 데이터를 얻었다.

	온도		
유리 종류	100	125	150
1	580 568 570	1090 1087 1085	1392 1380 1386
2	550 538 570	1070 1037 1025	1386 1328 1312
3	540 570 599	1045 1053 1066	900 904 880

(1) 이요인설계 실험에 대한 통계적 모형을 설계하시오(고정효과모형).

(2) 유리 종류(x축)에 따른 온도별 전구의 밝기에 대한 그래프를 그리시오.

(3) 온도(x축)에 따른 유리 종류별 전구의 밝기에 대한 그래프를 그리시오.

(4) 유리 종류별 전구의 밝기에 대한 그래프를 그리시오.

(5) 온도별 전구의 밝기에 대한 그래프를 그리시오.

(6) 유리 종류별 전구의 밝기에 대한 평균을 구하시오.

(7) 온도별 전구의 밝기에 대한 평균을 구하시오.

(8) 유리 종류와 온도의 처리조합별 전구의 밝기에 대한 평균을 구하시오.

(9) 분산분석표를 작성하시오.

(10) 유리 종류에 따라 밝기 차이가 있는지 유의수준 0.05로 검정하시오.

(11) 온도에 따라 밝기 차이가 있는지 유의수준 0.05로 검정하시오.

(12) 유리 종류와 온도에 따른 상호작용효과가 있는지 유의수준 0.05로 검정하시오.

(13) 잔차그림을 그리고 모형에 대한 검토를 하시오.

6.5 K 시멘트 생산 공장에서 고강도 시멘트를 개발할 목적으로 시멘트 강도에 영향을 주는 인자로 석고종류(a)와 석고첨가량(b)를 택하고 반복 2회 3×6 요인설계와 완전확률화설계를 하여 실험한 후 데이터를 얻었다. 분산분석표를 만들고 적절한 통계분석을 하시오.

[a] 석고 종류
1: 화학석고 2: 분말석고 3: 혼합석고
[b] 석고첨가량(SO3 %)
1: 1.6% 2: 2.0% 3: 2.4% 4: 2.8% 5: 3.2% 6: 3.6%

a	b	y	a	b	y	a	b	y
1	1	305	2	1	322	3	1	320
1	1	302	2	1	325	3	1	322
1	2	335	2	2	350	3	2	342
1	2	337	2	2	348	3	2	344
1	3	366	2	3	326	3	3	338
1	3	364	2	3	324	3	3	336
1	4	372	2	4	330	3	4	348
1	4	374	2	4	330	3	4	348
1	5	376	2	5	327	3	5	350
1	5	373	2	5	330	3	5	350
1	6	348	2	6	310	3	6	330
1	6	350	2	6	308	3	6	325

6.6 이요인설계에서 A는 랜덤효과, B는 고정효과, n 반복 요인실험인 경우

(1) 통계적 모형을 적으시오.

(2) 다음의 표를 채워 EMS를 구하고 각 요인효과에 대한 F-검정통계량을 MS로 표현하시오.

		요인	A	B	반복		
		효과종류	랜덤	고정	랜덤		
		수준수	a	b	n		
요인	분산요소	첨자	i	j	k	MS	EMS
A		α_i				MS_A	
B		β_j				MS_B	
AB		$\alpha\beta_{ij}$				MS_{AB}	
오차		ϵ_{ijk}				MSe	

6.7 삼요인설계에서 A는 고정효과, B는 랜덤효과, C는 랜덤효과인 경우

(1) 통계적 모형을 적으시오.

(2) 다음의 표를 채워 EMS를 구하시오.

		요인	A	B	C		
		효과종류	고정	랜덤	랜덤		
		수준수	a	b	c		
요인	분산요소	첨자	i	j	k	MS	EMS
A		α_i				MS_A	
B		β_j				MS_B	
C		γ_k				MS_C	
AB		$\alpha\beta_{ij}$				MS_{AB}	
AC		$\alpha\gamma_{ik}$				MS_{AC}	
BC		$\beta\gamma_{jk}$				MS_{BC}	
오차		ϵ_{ijk}				MSe	

(3) 요인 A 효과에 대한 검정통계량을 구하시오.

(4) 요인 B 효과에 대한 검정통계량을 구하시오.

(5) 요인 C 효과에 대한 검정통계량을 구하시오.

(6) AB 상호작용효과에 대한 검정통계량을 구하시오.

(7) AC 상호작용효과에 대한 검정통계량을 구하시오.

(8) BC 상호작용효과에 대한 검정통계량을 구하시오.

6.8 삼요인설계에서 A는 랜덤효과, B는 랜덤효과, C는 랜덤효과인 경우

(1) 통계적 모형을 적으시오.

(2) 다음의 표를 채워 EMS를 구하고 각 요인 효과에 대한 F-검정통계량을 MS로 표현하시오.

요인	분산요소	요인 효과종류 수준수 첨자	A 랜덤 a i	B 랜덤 b j	C 랜덤 c k	MS	EMS
A		α_i				MS_A	
B		β_j				MS_B	
C		γ_k				MS_C	
AB		$\alpha\beta_{ij}$				MS_{AB}	
AC		$\alpha\gamma_{ik}$				MS_{AC}	
BC		$\beta\gamma_{jk}$				MS_{BC}	
오차		ϵ_{ijk}				MSe	

6.9 삼요인설계에서 A는 고정효과, B는 랜덤효과, C는 랜덤효과인 경우 다음의 표를 채워 EMS를 구하고 각 요인효과에 대한 F-검정통계량 식을 MS로 표현하시오.

	분산요소	요인 효과종류 수준수 첨자	A 고정 a i	B 랜덤 b j	C 랜덤 c k	반복 랜덤 n l	MS	EMS
A		α_i					MS_A	
B		β_j					MS_B	
C		γ_k					MS_C	
AB		$\alpha\beta_{ij}$					MS_{AB}	
AC		$\alpha\gamma_{ik}$					MS_{AC}	
BC		$\beta\gamma_{jk}$					MS_{BC}	
ABC		$\alpha\beta\gamma_{ijk}$					MS_{ABC}	
E		ϵ_{ijkl}					MSe	

6.10 4개 요인 A, B, C, D를 포함한 사요인 요인설계를 완전확률화설계에서 하고자 한다. 요인 A는 a개 수준, 요인 B는 b개 수준, 요인 C는 c개 수준, 요인 D는 d개 수준을 가지며 모두 고정효과이다. 오차항은 정규분포를 따른다고 한다.

(1) A, B, C, D 요인효과에 대한 표기로 $\alpha_i, \beta_j, \gamma_k, \delta_l$를 사용하여 통계적 모형을 적으시오 (완전모형, 고정효과모형).

(2) EMS 규칙을 이용하여 EMS 표를 작성하시오.

(3) 분산분석표를 작성하시오.

		요인	A	B	C	D		
		효과종류	고정	고정	고정	고정		
		수준수	a	b	c	d		
	분산요소	첨자	i	j	k	l	MS	EMS
A		α_i					MS_A	
B		β_j					MS_B	
C		γ_k					MS_C	
D		δ_l					MS_D	
AB		$\alpha\beta_{ij}$					MS_{AB}	
AC		$\alpha\gamma_{ik}$					MS_{AC}	
AD		$\alpha\delta_{il}$					MS_{AD}	
BC		$\beta\gamma_{jk}$					MS_{BC}	
BD		$\beta\delta_{jl}$					MS_{BD}	
CD		$\gamma\delta_{kl}$					MS_{CD}	
ABC		$\alpha\beta\gamma_{ijk}$					MS_{ABC}	
ABD		$\alpha\beta\delta_{ijl}$					MS_{ABD}	
ACD		$\alpha\gamma\delta_{ikl}$					MS_{ACD}	
BCD		$\beta\gamma\delta_{jkl}$					MS_{BCD}	
E		ϵ_{ijkl}					MSe	

6.11 4개 요인 A, B, C, D를 포함한 n 반복 사요인 요인설계를 완전확률화설계에서 하고자 한다. 요인 A는 a개 수준, 요인 B는 b개 수준, 요인 C는 c개 수준, 요인 D는 d개 수준을 갖는다. A, B, C와 D는 모두 고정효과이다. 오차항은 정규분포를 따른다고 한다.

(1) A, B, C, D 요인효과와 반복에 대한 표기로 $\alpha_i, \beta_j, \gamma_k, \delta_l$를 사용하여 통계적 모형을 적으시오(완전모형, 고정효과모형).

(2) EMS 규칙을 이용하여 EMS 표를 작성하시오.

분산요소	요인 / 효과종류 / 수준수 / 첨자	A / 고정 / a / i	B / 고정 / b / j	C / 고정 / c / k	D / 고정 / d / l	반복 / 랜덤 / n / m	MS	EMS
A	α_i						MS_A	
B	β_j						MS_B	
C	γ_k						MS_C	
D	δ_l						MS_D	
AB	$\alpha\beta_{ij}$						MS_{AB}	
AC	$\alpha\gamma_{ik}$						MS_{AC}	
AD	$\alpha\delta_{il}$						MS_{AD}	
BC	$\beta\gamma_{jk}$						MS_{BC}	
BD	$\beta\delta_{jl}$						MS_{BD}	
CD	$\gamma\delta_{kl}$						MS_{CD}	
ABC	$\alpha\beta\gamma_{ijk}$						MS_{ABC}	
ABD	$\alpha\beta\delta_{ijl}$						MS_{ABD}	
ACD	$\alpha\gamma\delta_{ikl}$						MS_{ACD}	
BCD	$\beta\gamma\delta_{jkl}$						MS_{BCD}	
ABCD	$\alpha\beta\gamma\delta_{ijkl}$						MS_{ABCD}	
E	ϵ_{ijklm}						MSe	

(3) 분산분석표를 작성하시오.

요인	자유도	제곱합	평균제곱합	F 통계량	기각값
A					
B					
C					
D					
AB					
AC					
AD					
BC					
BD					
CD					
ABC					
ABD					
ACD					
BCD					
ABCD					
오차					
계					

6.12 4개 요인 A, B, C, D를 포함한 n 반복 사요인설계를 완전확률화설계에서 하고자 한다. 요인 A는 a개 수준, 요인 B는 b개 수준, 요인 C는 c개 수준, 요인 D는 d개 수준을 갖는다. A와 B는 고정효과이고 C와 D는 랜덤효과이다. 오차항은 정규분포를 따른다고 한다.

(1) A, B, C, D 요인효과와 반복에 대한 표기로 $\alpha_i, \beta_j, \gamma_k, \delta_l$를 사용하여 통계적 모형을 적으시오(완전모형, 혼합모형).

(2) EMS 규칙을 이용하여 EMS 표를 작성하시오.

		요인 효과종류 수준수 첨자	A 고정 a i	B 고정 b j	C 랜덤 c k	D 랜덤 d l	반복 랜덤 n m		
	분산요소							MS	EMS
A		α_i						MS_A	
B		β_j						MS_B	
C		γ_k						MS_C	

D		δ_l						MS_D	
AB		$\alpha\beta_{ij}$						MS_{AB}	
AC		$\alpha\gamma_{ik}$						MS_{AC}	
AD		$\alpha\delta_{il}$						MS_{AD}	
BC		$\beta\gamma_{jk}$						MS_{BC}	
BD		$\beta\delta_{jl}$						MS_{BD}	
CD		$\gamma\delta_{kl}$						MS_{CD}	
ABC		$\alpha\beta\gamma_{ijk}$						MS_{ABC}	
ABD		$\alpha\beta\delta_{ijl}$						MS_{ABD}	
ACD		$\alpha\gamma\delta_{ikl}$						MS_{ACD}	
BCD		$\beta\gamma\delta_{jkl}$						MS_{BCD}	
ABCD		$\alpha\beta\gamma\delta_{ijkl}$						MS_{ABCD}	
E		ϵ_{ijklm}						MSe	

(3) 분산분석표를 작성하시오.

요인	자유도	제곱합	평균제곱합	F 통계량	기각값
A					
B					
C					
D					
AB					
AC					
AD					
BC					
BD					
CD					
ABC					
ABD					
ACD					
BCD					
ABCD					
오차					
계					

6.13 다음은 다이어트 요법 실행여부(요인1)와 운동여부(요인2)에 따른 요인설계에서 몸무게와 콜레스테롤 수치 데이터이다. 다이어트 요법와 운동요인과 몸무게 공변량으로 콜레스테롤 반응값을 구하는 모형을 설계하고자 한다. 다음과 같이 엑셀 데이터셋을 만들었다.

1	diet	exercise	weight	cholesterol
2	yes	low	83.8	6.57
3	yes	low	93.5	6.68
4	yes	low	100.2	6.68
5	yes	low	94.4	5.59
6	yes	low	87.9	5.89
7	yes	low	92.5	6.68
8	yes	low	81.8	5.78
9	yes	low	86.5	5.92
10	yes	low	82.8	6.14
11	yes	low	90.3	6.32
12	yes	moderate	73.6	5.67
13	yes	moderate	88.4	5.98
14	yes	moderate	86.5	6.31
15	yes	moderate	78.9	5.87
16	yes	moderate	90.7	6.09
17	yes	moderate	86.3	5.6
18	yes	moderate	82.1	6.11
19	yes	moderate	85.6	5.42
20	no	low	84.8	6.57
21	no	low	94.5	6.68
22	no	low	98.2	6.68
23	no	low	94.2	6.59
24	no	low	86.9	6.12
25	no	low	91.6	6.88
26	no	low	82.8	5.98
27	no	low	86.9	5.92
28	no	low	80.8	6.14
29	no	low	91.3	6.32
30	no	moderate	83.6	5.77
31	no	moderate	89.4	5.98
32	no	moderate	86.8	6.35
33	no	moderate	82.9	6.12
34	no	moderate	93.7	6.09
35	no	moderate	86.7	5.89
36	no	moderate	82.6	6.11
37	no	moderate	88.6	5.72

(1) 통계적 모형을 쓰시오.

(2) 요인조합별 표본개수와 콜레스테롤의 평균과 표준편차를 구하시오.

(3) 이요인 상호작용효과가 유의수준 5%에서 유의한지 확인하시오.

(4) 이요인 상호작용효과 그림을 그리시오.

(5) 콜레스테롤을 반응변수로 이요인 분산분석을 수행하고 해석하시오.

(6) 몸무게를 공변량으로 포함한 이요인 공분산분석을 수행하고 해석하시오.

7장

2^k 요인설계

요인설계 중 가장 특별한 경우는 각 요인이 모두 두 개 수준만을 갖는 경우이다. 관심요인의 개수가 k개이면 각 요인마다 2개의 수준을 가지므로 모든 수준조합에 대한 총실험횟수는 $2 \times 2 \times \cdots \times 2 = 2^k$이며 2^k 요인설계(2^k factorial design)라고 한다. 요인이 2개 수준만을 갖기 때문에 (1) 첨자 표기가 편리하다, (2) 주효과와 상호작용효과 계산이 간단하며 설명하기 쉽다.

요인의 개수가 k개이며 각 요인 모두 3개의 수준을 가지면 모든 수준조합에 대한 총실험횟수는 $3 \times 3 \times \cdots \times 3 = 3^k$이며 3^k 요인설계라고 한다.

이 장에서는 다음의 가정을 한다.

(1) 모든 요인들은 고정효과 요인이다.

(2) 처리에 대해 요인설계를 한 후 완전확률화설계로 실험한다.

(3) 오차항은 서로 독립적으로 동일한 정규분포를 따른다.

7.1 2^2 요인설계

2^k 요인설계 중 가장 간단한 형태로 2^2 요인설계를 고려하자. 요인 A와 요인 B는 각각 2개 수준을 가진다. 요인의 수준은 2개이므로 임의적으로 고(high), 저(low)로 부를 수 있다.

요인 A의 수준을 a_0와 a_1, (−, +), (0, 1)로, 요인 B의 수준을 b_0와 b_1, (−, +), (0, 1)로 표현할 수 있다. 이러한 두 개 요인의 수준조합으로 만들어지는 처리조합은 <표 7.1>에서와 같이 다양한 표기방법을 사용할 수 있다. <그림 7.1>에서는 이요인설계에서의 처리조합을 2차원 평면에 나타낸 그림이다.

표 7.1 2^2 요인설계에서 처리조합 표기

처리조합 표기 1	a_0b_0	a_1b_0	a_0b_1	a_1b_1
처리조합 표기 2	(0,0)	(1,0)	(0,1)	(1,1)
처리조합 표기 3	(−,−)	(+,−)	(−,+)	(+,+)
처리조합 표기 4	(1)	a	b	ab
처리합	A_0B_0	A_1B_0	A_0B_1	A_1B_1

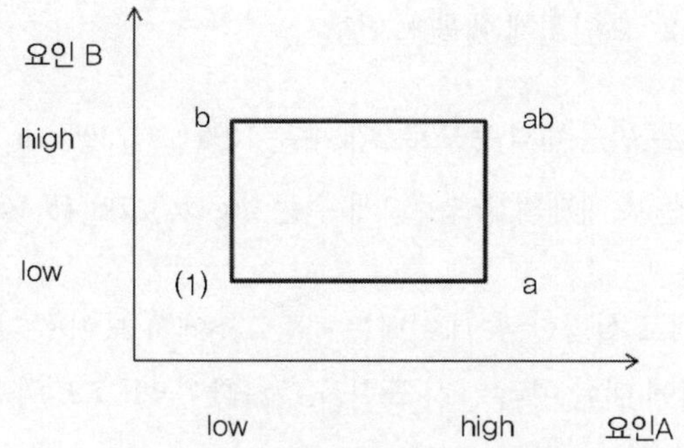

그림 7.1 이요인설계에서의 처리조합

요인이 2개 수준을 가지므로 효과에 대한 계산식이 간단하다. 요인의 주효과와 상호작용효과에 대한 계산식을 구해보자.

A의 주효과 = A의 1 수준평균 - A의 0 수준평균

$$A = \frac{a_1b_0 + a_1b_1}{2} - \frac{a_0b_0 + a_0b_1}{2} = \frac{1}{2}(a_1b_1 + a_1b_0 - a_0b_1 - a_0b_0)$$

B의 주효과 = B의 1 수준평균 - B의 0 수준평균

$$B = \frac{a_1b_1 + a_0b_1}{2} - \frac{a_1b_0 + a_0b_0}{2} = \frac{1}{2}(a_1b_1 - a_1b_0 + a_0b_1 - a_0b_0)$$

AB 상호작용효과 = B의 1 수준에서 A의 수준 간 평균차$-B$의 0 수준에서 A의 수준 간 평균차

$$AB = \frac{a_1b_1 - a_0b_1}{2} - \frac{a_1b_0 - a_0b_0}{2} = \frac{1}{2}(a_1b_1 - a_1b_0 - a_0b_1 + a_0b_0)$$

효과 계산식을 보면 A의 주효과를 구할 경우 A의 1 수준이 포함된 처리조합에 대한 계수의 부호는 "+", A의 0 수준이 포함된 처리조합에 대한 계수의 부호는 "−"로 대비(contrast)가 됨을 알 수 있다. 마찬가지로 B의 주효과를 구할 경우 B의 1 수준이 포함된 처리조합은 "+", B의 0 수준이 포함된 처리조합은 "−"로 대비가 된다. 여기서 a_ib_j는 a_ib_j 처리조합에서의 데이터를 나타낸다.

예제 7.1 3 반복 2^2 요인설계 예를 들어보자.

> 요인 A는 반응체의 농도로 2개 수준 10% (a_0), 30% (a_1)를 갖는다.
> 요인 B는 촉매제의 양으로 2개 수준 1kg (b_0), 2kg (b_1)을 갖는다.

3 반복 2^2 요인설계로 실험한 후 데이터는 <표 7.2>에서 보여 준다. <표 7.1>의 표기를 참조하여 처리조합에 대한 여러 가지 표현을 추가하여 <표 7.3>과 같이 정리할 수 있다.

표 7.2 3 반복 2^2 요인설계 데이터

요인 A \ 요인 B	b_0	b_1	A 수준합
a_0	a_0b_0 : 28 25 27	a_0b_1 : 18 19 23	A_0
a_1	a_1b_0 : 36 32 34	a_1b_1 : 31 30 29	A_1
B 수준합	B_0	B_1	G

표 7.3 3 반복 2^2 요인설계 데이터

요인 A			요인 B			처리조합			반복			처리조합 합계	처리조합 평균
									1	2	3		
−	a_0	0	−	b_0	0	a_0b_0	(1)	A low, B low	28	25	27	$A_0B_0 = 80$	27
+	a_1	1	−	b_0	0	a_1b_0	a	A high, B low	36	32	34	$A_1B_0 = 102$	34
−	a_0	0	+	b_1	1	a_0b_1	b	A low, B high	18	19	23	$A_0B_1 = 60$	20
+	a_1	1	+	b_0	1	a_1b_1	ab	A high, B high	31	30	29	$A_1B_1 = 90$	30

반복수 r일 경우에 주효과(main effect)와 상호작용효과 계산식은 다음과 같다. 각 처리조합에는 r개씩의 데이터가 포함된다. 여기서 A_iB_j = 처리조합 a_ib_j에서의 반복에 걸쳐 합한 합계를 나타낸다. $i = 0,1,\ j = 0,1$.

$$\begin{aligned} A &= A\text{의 주효과} = A\text{의 1 수준평균} - A\text{의 0 수준평균} \\ &= \frac{A_1B_1 + A_1B_0}{2r} - \frac{A_0B_1 + A_0B_0}{2r} \\ &= \frac{1}{2r}(A_1B_1 + A_1B_0 - A_0B_0 - A_0B_1) = \frac{1}{2r}(-A_0B_0 + A_1B_0 - A_0B_1 + A_1B_1) \end{aligned}$$

$$B = B\text{의 주효과} = B\text{의 1 수준평균} - B\text{의 0 수준평균}$$
$$= \frac{A_0B_1 + A_1B_1}{2r} - \frac{A_0B_0 + A_1B_0}{2r}$$
$$= \frac{1}{2r}(A_1B_1 + A_0B_1 - A_1B_0 - A_0B_0) = \frac{1}{2r}(-A_0B_0 - A_1B_0 + A_0B_1 + A_1B_1)$$

$AB = A$와 B의 상호작용효과

$= B$의 1 수준에서 A의 수준 간 평균차 $- B$의 0 수준에서 A의 수준 간 평균차

$$= \frac{(A_1B_1 - A_0B_1)}{2r} - \frac{(A_1B_0 - A_0B_0)}{2r} = \frac{1}{2r}(A_0B_0 - A_1B_0 - A_0B_1 + A_1B_1)$$

7.1.1 2^2 요인설계에 대한 통계적 모형

반응값 Y_{ijk}는 요인 A의 i번째 수준과 요인 B의 j번째 수준의 처리조합에서 k번째 관측값이다.

통계적 모형은

$$Y_{ijk} = \mu + \alpha_i + \beta_j + \alpha\beta_{ij} + \epsilon_{ijk} \tag{7.4}$$
$$i = 0,1,\ j = 0,1,\ k = 1,\cdots,r\ \text{(반복)}$$

이다. 여기서

$N = 2^2 \times r$는 데이터 총수

μ는 모집단의 전체평균

α_i는 요인 A의 i번째 수준효과

β_j는 요인 B의 j번째 수준효과

$\alpha\beta_{ij}$는 요인 A의 i번째 수준과 요인 B의 j번째 수준의 상호작용효과

ϵ_{ijk}는 오차항 $\sim iid\ N(0, \sigma^2)$

요인 A, 요인 B 모두 고정효과인 경우를 고려한다.

$\sum_i \alpha_i = 0,\ \sum_j \beta_j = 0,\quad \sum_i \alpha\beta_{ij} = \sum_j \alpha\beta_{ij} = 0$

7.1.2 대비 제곱합

각 요인효과 식 (7.1), (7.2)와 (7.3)에서 제수 $2r$을 제외한 선형식을 보면 계수의 합이 0이므로 대비가 된다. 대비에 관한 설명은 3장을 참조하기 바란다.

$$\begin{aligned} C_A &= (-A_0B_0 + A_1B_0 - A_0B_1 + A_1B_1) = -Y_{00}. + Y_{10}. - Y_{01}. + Y_{11}. \\ C_B &= (-A_0B_0 - A_1B_0 + A_0B_1 + A_1B_1) = -Y_{00}. - Y_{10}. + Y_{01}. + Y_{11}. \\ C_{AB} &= (A_0B_0 - A_1B_0 - A_0B_1 + A_1B_1) = Y_{00}. - Y_{10}. - Y_{01}. + Y_{11}. \end{aligned} \tag{7.5}$$

여기서 각 A_iB_j는 해당 처리조합에서 r개 반응값의 총합이다.

요인효과 표현식인 대비에 대한 제곱합을 구하면

$$SS_{contrast} = \frac{\left(\sum_{i,j} c_{ij} Y_{ij}.\right)^2}{r\sum_{i,j} c_{ij}^2}, \quad \sum_{i,j} c_{ij} = 0, \quad \sum_{i,j} c_{ij}^2 = 1+1+1+1 = 4$$

이므로 요인제곱합을 다음과 같은 식으로 쓸 수 있다:

요인 A 제곱합: $SS_A = \frac{1}{4r}(-A_0B_0 + A_1B_0 - A_0B_1 + A_1B_1)^2 = \frac{1}{4r}C_A^2$ (7.6)

요인 B 제곱합: $SS_B = \frac{1}{4r}(-A_0B_0 - A_1B_0 + A_0B_1 + A_1B_1)^2 = \frac{1}{4r}C_B^2$

AB 상호작용 제곱합: $SS_{AB} = \frac{1}{4r}(A_0B_0 - A_1B_0 - A_0B_1 + A_1B_1)^2 = \frac{1}{4r}C_{AB}^2$

보정항: $CF = \frac{1}{4r}(A_0B_0 + A_1B_0 + A_0B_1 + A_1B_1)^2$

총제곱합: $TSS = \sum_{i,j,k} Y_{ijk}^2 - CF$

오차제곱합: $SSe = TSS - SS_A - SS_B - SS_{AB}$

2^2 요인설계에서 제곱합을 구하기 위한 계수표를 <표 7.4>와 같이 정리할 수 있다. 계수표의 부호를 결정하는 방법을 설명하고자 한다.

요인 A의 주효과를 구하기 위해서는 A가 1 수준인 처리조합에는 "+"로, 0 수준인 처리조합에는 "−"로 놓는다. 요인 B의 주효과를 구하기 위해서는 B가 1 수준인 처리조합에는 "+"로, 0 수준인 처리조합에는 "−"로 놓는다. 요인효과에 관한 선형식은 서로 직교대비를 이룬다. 그러므로 AB 상호작용효과를 구하기 위해서는 A 효과의 부호와 B 효과의 부호를 곱한 계수를 이용한다.

표 7.4 2^2 요인설계에서 제곱합을 구하기 위한 계수표

요인효과	처리조합				요인효과 제수	제곱합 제수
	A_0B_0 (1)	A_1B_0 a	A_0B_1 b	A_1B_1 ab		
CF	+	+	+	+	$2r$	$4r$
a	−	+	−	+	$2r$	$4r$
b	−	−	+	+	$2r$	$4r$
ab	+	−	−	+	$2r$	$4r$

여기서 CF는 총제곱합 계산시 활용하기 위한 보정항이며 대비식은 아니다.

$$CF = \frac{1}{2r}(A_0B_0 + A_0B_1 + A_1B_0 + A_1B_1) \tag{7.7}$$

<표 7.5>를 이용하여 반복수 r일 경우에 주효과 계산식을 정리할 수 있다.

$$A = \frac{1}{2r}(-A_0B_0 + A_1B_0 - A_0B_1 + A_1B_1) \tag{7.8}$$
$$B = \frac{1}{2r}(-A_0B_0 - A_1B_0 + A_0B_1 + A_1B_1)$$
$$AB = \frac{1}{2r}(A_0B_0 - A_1B_0 - A_0B_1 + A_1B_1)$$

표 7.5 r 반복 2^2 요인설계의 분산분석표

요인	자유도	제곱합	평균제곱합	F 통계량	기각값
A	1	SS_A	$MS_A = SS_A$	$F_A = \frac{MS_A}{MSe}$	$F_{1,4(r-1)}(\alpha)$
B	1	SS_B	$MS_B = SS_B$	$F_B = \frac{MS_B}{MSe}$	$F_{1,4(r-1)}(\alpha)$
AB	1	SS_{AB}	$MS_{AB} = SS_{AB}$	$F_{AB} = \frac{MS_{AB}}{MSe}$	$F_{1,4(r-1)}(\alpha)$
오차	$2^2(r-1)$	SSe	$MSe = \frac{SSe}{4(r-1)}$		
계	$4r-1$	TSS			

7.1.3 분산분석과 가설검정

r 반복 2^2 요인설계의 분산분석을 고려하자. 총제곱합을 요인에 의한 제곱합으로 분해해서 정리하면 분산분석표 <표 7.5>를 얻는다.

관심 있는 가설에 대해 분산분석표의 F 통계량을 이용하여 요인효과에 대한 가설검정을 다음과 같이 할 수 있다.

(1) 요인 A 효과에 대한 가설검정

H_0 : $\alpha_0 = \alpha_1 = 0$ (요인 A 효과 없다)에 대해 H_1 : $not \ \ \mathrm{H_0}$

검정통계량

$$F_A = \frac{MS_A}{MSe} \tag{7.9}$$

는 귀무가설하에서 $F_{1,4(r-1)}$ 분포를 따른다.

유의수준 α에서 검정법은 만일 $F_A > F_{1,4(r-1)}(\alpha)$이면 H_0를 기각한다.

(2) 요인 B 효과에 대한 가설검정

H_0 : $\beta_0 = \beta_1 = 0$ (요인 A 효과 없다)에 대해 H_1 : $not \ \ \mathrm{H_0}$

검정통계량

$$F_B = \frac{MS_B}{MSe} \tag{7.10}$$

는 귀무가설하에서 $F_{1,4(r-1)}$ 분포를 따른다.

유의수준 α에서 검정법은 만일 $F_B > F_{1,4(r-1)}(\alpha)$이면 H_0를 기각한다.

(3) 요인 A와 요인 B의 상호작용효과에 대한 가설검정

H_0 : $\alpha\beta_{00} = \alpha\beta_{10} = \alpha\beta_{01} = \alpha\beta_{11} = 0$ (상호작용효과 없다)에 대해 H_1 : $not \ \ H_0$

검정통계량

$$F_{AB} = \frac{MS_{AB}}{MSe} \quad (7.11)$$

는 귀무가설하에서 $F_{1,4(r-1)}$ 분포를 따른다.

유의수준 α에서 검정법은 만일 $F_{AB} > F_{1,4(r-1)}(\alpha)$이면 H_0를 기각한다.

7.2 R을 이용한 2^2 요인설계 분석

예제 7.2 접착제의 강도가 접착제를 사용할 때의 압력과 온도에 영향을 받는다고 생각되어 이요인 요인설계로 실험을 하여 주어진 압력과 온도하에서 데이터 <표 7.6>을 얻었다. <프로그램 7.1>을 이용하여 결과를 얻는다.

표 7.6 압력과 온도에 대한 2^2 요인설계 접착제 데이터

압력[A]	온도(℃)[B]	
	50	100
100	9	13
150	14	20

(1) 2^2 요인설계에 대한 통계적 모형(고정효과모형)

$$Y_{ij} = \mu + \alpha_i + \beta_j + \epsilon_{ij}, i = 0,1,\ \ j = 0,1$$

여기서

μ는 모집단의 전체평균

α_i는 요인 A의 i번째 수준 압력효과

β_j는 요인 B의 j번째 수준 온도효과

ϵ_{ij}는 오차항 $\sim iid\ \ N(0, \sigma^2)$

(2) 온도(x축)에 따른 압력 상호작용그림과 압력에 따른 온도 상호작용그림을 그리고자 한다.

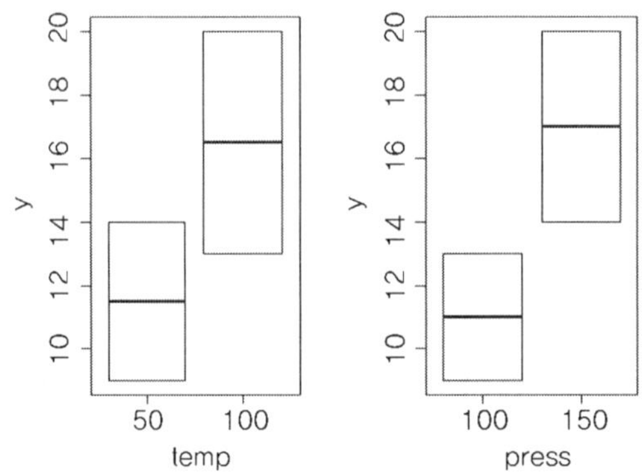

그림 7.2 접착제 데이터 요인별 상자그림

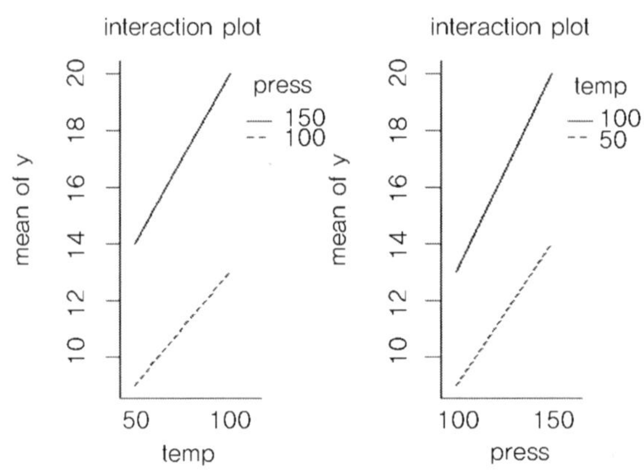

그림 7.3 접착제 데이터 요인간 상호작용그림

(3) 분산분석표

```
> summary(dd)
          Df Sum Sq Mean Sq F value Pr(>F)
press      1     36      36      36  0.105
temp       1     25      25      25  0.126
Residuals  1      1
```

(4) 각 요인수준에 따른 반응평균에 차이가 있는지 유의수준 0.05로 검정하고자 한다.

(a) 요인 A 압력효과에 대한 가설검정

$$H_0 \ : \ \alpha_0 = \alpha_1 = 0 \text{에 대해 } H_1 : \ not \ \ \mathrm{H_0}$$

검정통계량 $F_A = 36$, p-값 $= 0.105 > 0.05$로 유의수준 5%에서 H_0를 기각하지 못한다. 즉, 압력효과는 유의하지 않으므로 압력 수준 간 차이가 있다고 할 수 없다.

(2) 요인 B 온도효과에 대한 가설검정

$$H_0 \ : \ \beta_0 = \beta_1 = 0 \text{에 대해 } H_1 : \ not \ \ \mathrm{H_0}$$

검정통계량 $F_B = 25$이고 p-값 $= 0.126 > 0.05$로 유의수준 5%에서 H_0를 기각하지 못한다. 즉, 온도효과는 유의하지 않으므로 온도 수준 간 차이가 있다고 할 수 없다.

프로그램 7.1 접착제 데이터 반복 없는 2^2 요인설계 분석

```
# example 7.2
press<-c(100,100, 150,150)
temp<-c(50, 100, 50,100)
y<-c(9,13, 14,20)
  press<-as.factor(press)
  temp<-as.factor(temp)
dd<-aov(y~ press + temp)
summary(dd)

par(mfrow=c(1,2))
  plot(y~ temp);   plot(y~press)    # 그림 7.2
interaction.plot(temp, press, y, bty="l", main="interaction plot")
interaction.plot(press, temp, y, bty="l", main="interaction plot")
# 그림 7.3
```

예제 7.3 접착제의 강도가 접착제를 사용할 때의 압력과 온도에 영향을 받는다고 생각되어 이요인실험을 하여 주어진 압력(A)과 온도(B)하에서 2개씩의 데이터를 다음과 같이 얻었다. <프로그램 7.2>를 이용하여 결과를 얻는다.

표 7.7 반복 2^2 요인설계 접착제 데이터

압력[A]	온도(℃)[B]			
	50		100	
100	9	11	11	13
150	14	16	14	20

(1) <표 7.7>의 데이터에 대한 2^2 요인설계에 대한 통계적 모형(고정효과모형)

$$Y_{ijk} = \mu + \alpha_i + \beta_j + \alpha\beta_{ij} + \epsilon_{ijk},\ i = 0,1,\ \ j = 0,1,\ \ k = 1,2(\text{반복})$$

여기서

μ는 모집단의 전체평균

α_i는 요인 A 의 i번째 수준 압력효과

β_j는 요인 B의 j번째 수준 온도효과

$\alpha\beta_{ij}$는 요인 A 의 i번째 수준과 요인 B의 j번째 수준의 상호작용효과

ϵ_{ijk}는 오차항 $\sim iid\ \ N(0,\ \sigma^2)$

(2) 분산분석표와 가설검정

```
> summary(dd)
            Df Sum Sq Mean Sq F value Pr(>F)
press        1     50      50   8.333 0.0447 *
temp         1      8       8   1.333 0.3125
press:temp   1      0       0   0.000 1.0000
Residuals    4     24       6
```

(a) 요인 A 압력효과에 대한 가설검정

$$H_0\ :\ \alpha_1 = \alpha_2 = 0\ (\text{요인 A 압력효과 없다})\text{에 대해 } H_1 :\ \ not\ \ \mathrm{H_0}$$

검정통계량 $F_A = 8.333$, p-값$= 0.0447 < 0.05$로 유의수준 5%에서 H_0를 기각한다. 압력 수준 간 차이가 있다고 할 수 있다.

(b) 요인 B 온도효과에 대한 가설검정

$$H_0\ :\ \beta_0 = \beta_1 = 0\ (\text{요인 B 온도효과 없다})\text{에 대해 } H_1 :\ \ not\ \ \mathrm{H_0}$$

검정통계량 $F_B = 1.333$, p-값$= 0.3125 > 0.05$로 유의수준 5%에서 H_0를 기각하지 못한다. 즉, 온도효과는 유의하지 않으므로 압력 수준 간 차이가 있다고 할 수 없다.

(c) 요인 A와 요인 B 상호작용효과에 대한 가설검정

$H_0 \ : \ \alpha\beta_{00} = \alpha\beta_{01} = \alpha\beta_{10} = \alpha\beta_{11} = 0$ (상호작용효과 없다)에 대해 $H_1 : \ \ not \ \ \mathrm{H_0}$

검정통계량 $F_{AB} = 0.000$, p-값$= 1.0000 > 0.05$로 유의수준 5%에서 H_0를 기각하지 못한다. 즉, 온도와 압력의 상호작용효과는 있다고 할 수 없다.

(3) 요인효과에 대한 모수추정

```
> model.tables(dd)
Tables of effects
press
 100  150
-2.5  2.5
temp
 50 100
 -1   1
 press:temp
     temp
press 50         100
  100 -9.108e-17  9.108e-17
  150  9.108e-17 -9.108e-17
```

프로그램 7.2 접착제 데이터 2 반복 2^2 요인설계 분석

```
# example 7.3: 2 반복 이요인설계
press<-c(100,100, 150,150, 100,100, 150,150)
temp<-c( 50, 50,   50, 50, 100,100, 100,100)
   y<-c( 9,11,     14, 16,  11, 13,  14, 20)
press<-as.factor(press)
temp<-as.factor(temp)
dd<-aov(y~ press*temp)
summary(dd) ;
model.tables(dd)
```

7.3 2^3 요인설계

요인이 3개이며 각 요인의 수준수가 2인 경우 r 반복 2^3 요인설계를 고려해보자.

2^3 요인설계에서는 처리조합이 $2 \times 2 \times 2 = 8$개가 되므로 한 차원당 2개씩 점을 표시하여 3차원 공간에 생겨나는 처리조합을 <그림 7.4>와 같이 나타낼 수 있다.

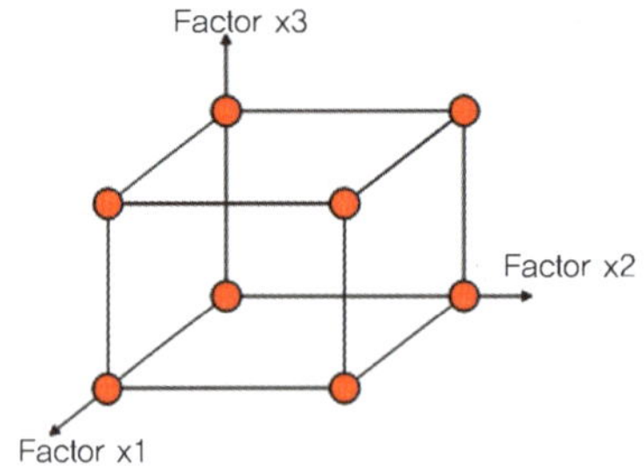

그림 7.4 2^3 요인설계 처리조합

7.3.1 통계적 모형

반응값 Y_{ijkl}는 요인 A의 i번째 수준, 요인 B의 j번째 수준, 요인 C의 k번째 처리조합에서 l번째 관측값으로 통계적 모형은

$$Y_{ijkl} = \mu + \alpha_i + \beta_j + \gamma_k + \alpha\beta_{ij} + \alpha\gamma_{ik} + \beta\gamma_{jk} + \alpha\beta\gamma_{ijk} + \epsilon_{ijkl} \quad (7.12)$$
$$i = 0,1,\ \ j = 0,1,\ \ k = 0,1,\ \ l = 1,\ldots,r$$

이다. 여기서

$N = 2^3 \times r$는 데이터 총수
μ는 모집단의 전체평균
α_i는 요인 A의 i번째 수준효과
β_j는 요인 B의 j번째 수준효과
γ_k는 요인 C의 k번째 수준효과
$\alpha\beta_{ij}$는 요인 A의 i번째 수준과 요인 B의 j번째 수준의 상호작용효과
$\alpha\gamma_{ik}$는 요인 A의 i번째 수준과 요인 C의 k번째 수준의 상호작용효과
$\beta\gamma_{jk}$는 요인 B의 j번째 수준과 요인 C의 k번째 수준의 상호작용효과

$\alpha\beta\gamma_{ijk}$는 요인 A의 i번째 수준, 요인 B의 j번째 수준, 요인 C의 k번째 수준의 상호작용효과 ϵ_{ijk}는 오차항 $\sim iid\ N(0, \sigma^2)$
요인 A, 요인 B, 요인 C가 모두 고정효과인 경우를 고려한다.

$$\sum_i \alpha_i = 0\,,\ \sum_j \beta_j = 0\,,\ \sum_k \gamma_k = 0\,,$$
$$\sum_i \alpha\beta_{ij} = \sum_j \alpha\beta_{ij} = 0\,,\ \sum_i \alpha\gamma_{ik} = \sum_k \alpha\gamma_{ik} = 0\,,\ \sum_j \beta\gamma_{jk} = \sum_k \beta\gamma_{jk} = 0\,,$$
$$\sum_i \alpha\beta\gamma_{ijk} = \sum_j \alpha\beta\gamma_{ijk} = \sum_k \alpha\beta\gamma_{ijk} = 0$$

2^3 요인설계에서 요인효과를 계산할 수 있는 계수표의 부호를 결정하는 방법을 설명하고자 한다. 요인 A의 주효과를 구하기 위해서는 A가 1 수준인 처리조합에는 "+"로, 0 수준인 처리조합에는 "−"로 계수의 부호를 놓는다. 요인 B의 주효과를 구하기 위해서는 B가 1수준인 처리조합에는 "+"로, 0 수준인 처리조합에는 "−"로 놓는다. 요인 C의 주효과를 구하기 위해서는 C가 1 수준인 처리조합에는 "+"로, 0 수준인 처리조합에는 "−"로 놓는다. AB 상호작용효과를 구하기 위해서는 A 효과의 부호와 B 효과의 부호를 곱한다. AC 상호작용효과를 구하기 위해서는 A 효과의 부호와 C 효과의 부호를 곱한다. BC 상호작용효과를 구하기 위해서는 B 효과의 부호와 C 효과의 부호를 곱한다. ABC 상호작용효과를 구하기 위해서는 A 효과의 부호와 B 효과의 부호와 C 효과의 부호를 모두 곱한다.

이러한 계수표를 구하는 방법은 2^k 요인설계에서도 확장 적용된다. 요인효과에 대한 선형식이 각각 대비이며 서로 직교대비이기 때문에 이러한 계수표를 작성할 수 있는 것이다. 여기서 $A_iB_jC_k$는 요인 A의 i번째 수준, 요인 B의 j번째 수준, 요인 C의 k번째 수준의 처리조합에서 r개 반응값의 총합이다.

표 7.8 2^3 요인설계에서 제곱합 구하기 위한 계수표

	처리조합								요인효과제수	제곱합제수
효과	(1) $A_0B_0C_0$	c $A_0B_0C_1$	b $A_0B_1C_0$	bc $A_0B_1C_1$	a $A_1B_0C_0$	ac $A_1B_0C_1$	ab $A_1B_1C_0$	abc $A_1B_1C_1$		
A	−	−	−	−	+	+	+	+	$4r$	$8r$
B	−	−	+	+	−	−	+	+	$4r$	$8r$
C	−	+	−	+	−	+	−	+	$4r$	$8r$
AB	+	+	−	−	−	−	+	+	$4r$	$8r$
AC	+	−	+	−	−	+	−	+	$4r$	$8r$
BC	+	−	−	+	+	−	−	+	$4r$	$8r$
ABC	−	+	+	−	+	−	−	+	$4r$	$8r$

7.3.2 요인효과와 요인제곱합

2^3 요인설계에서 주효과와 상호작용효과 그리고 요인제곱합에 대한 계산식은 <표 7.8>을 이용하여 쉽게 구할 수 있다.

(1) 주효과

여기서 $A_iB_jC_k$는 처리조합 $A_iB_jC_k$에서 반복하여 얻은 데이터의 합계값이다.

$$\begin{aligned} A &= \frac{1}{4r}(-A_0B_0C_0 - A_0B_0C_1 - A_0B_1C_0 - A_0B_1C_1 + A_1B_0C_0 + A_1B_0C_1 + A_1B_1C_0 \\ &\qquad + A_1B_1C_1) \\ &= \frac{1}{4r}(-Y_{000\,.} - Y_{001\,.} - Y_{010\,.} - Y_{011\,.} + Y_{100\,.} + Y_{101\,.} + Y_{110\,.} + Y_{111\,.}) \end{aligned}$$

$$\begin{aligned} B &= \frac{1}{4r}(-A_0B_0C_0 - A_0B_0C_1 + A_0B_1C_0 + A_0B_1C_1 - A_1B_0C_0 - A_1B_0C_1 + A_1B_1C_0 \\ &\qquad + A_1B_1C_1) \\ &= \frac{1}{4r}(-Y_{000\,.} - Y_{001\,.} + Y_{010\,.} + Y_{011\,.} - Y_{100\,.} - Y_{101\,.} + Y_{110\,.} + Y_{111\,.}) \end{aligned}$$

$$\begin{aligned} C &= \frac{1}{4r}(-A_0B_0C_0 + A_0B_0C_1 - A_0B_1C_0 + A_0B_1C_1 - A_1B_0C_0 + A_1B_0C_1 - A_1B_1C_0 \\ &\qquad + A_1B_1C_1) \\ &= \frac{1}{4r}(-Y_{000\,.} + Y_{001\,.} - Y_{010\,.} + Y_{011\,.} - Y_{100\,.} + Y_{101\,.} - Y_{110\,.} + Y_{111\,.}) \end{aligned}$$

(2) 상호작용효과

$$\begin{aligned} AB &= \frac{1}{4r}(A_0B_0C_0 + A_0B_0C_1 - A_0B_1C_0 - A_0B_1C_1 - A_1B_0C_0 - A_1B_0C_1 + A_1B_1C_0 \\ &\qquad + A_1B_1C_1) \\ &= \frac{1}{4r}(Y_{000\,.} + Y_{001\,.} - Y_{010\,.} - Y_{011\,.} - Y_{100\,.} - Y_{101\,.} + Y_{110\,.} + Y_{111\,.}) \end{aligned}$$

$$\begin{aligned} AC &= \frac{1}{4r}(A_0B_0C_0 - A_0B_0C_1 + A_0B_1C_0 - A_0B_1C_1 - A_1B_0C_0 + A_1B_0C_1 - A_1B_1C_0 \\ &\qquad + A_1B_1C_1) \\ &= \frac{1}{4r}(Y_{000\,.} - Y_{001\,.} + Y_{010\,.} - Y_{011\,.} - Y_{100\,.} + Y_{101\,.} - Y_{110\,.} + Y_{111\,.}) \end{aligned}$$

$$\begin{aligned} BC &= \frac{1}{4r}(A_0B_0C_0 - A_0B_0C_1 - A_0B_1C_0 + A_0B_1C_1 + A_1B_0C_0 - A_1B_0C_1 - A_1B_1C_0 \\ &\qquad + A_1B_1C_1) \\ &= \frac{1}{4r}(Y_{000\,.} - Y_{001\,.} - Y_{010\,.} + Y_{011\,.} + Y_{100\,.} - Y_{101\,.} - Y_{110\,.} + Y_{111\,.}) \end{aligned}$$

$$\begin{aligned} ABC &= \frac{1}{4r}(-A_0B_0C_0 + A_0B_0C_1 + A_0B_1C_0 - A_0B_1C_1 + A_1B_0C_0 - A_1B_0C_1 \\ &\qquad - A_1B_1C_0 + A_1B_1C_1) \\ &= \frac{1}{4r}(-Y_{000\,.} + Y_{001\,.} + Y_{010\,.} - Y_{011\,.} + Y_{100\,.} - Y_{101\,.} - Y_{110\,.} + Y_{111\,.}) \end{aligned}$$

(3) 제곱합 계산

$$SS_A = \frac{1}{8r}(-A_0B_0C_0 - A_0B_0C_1 - A_0B_1C_0 - A_0B_1C_1 + A_1B_0C_0 + A_1B_0C_1 + A_1B_1C_0 + A_1B_1C_1)^2$$

$$SS_B = \frac{1}{8r}(-A_0B_0C_0 - A_0B_0C_1 + A_0B_1C_0 + A_0B_1C_1 - A_1B_0C_0 - A_1B_0C_1 + A_1B_1C_0 + A_1B_1C_1)^2$$

$$SS_C = \frac{1}{8r}(-A_0B_0C_0 + A_0B_0C_1 - A_0B_1C_0 + A_0B_1C_1 - A_1B_0C_0 + A_1B_0C_1 - A_1B_1C_0 + A_1B_1C_1)^2$$

$$SS_{AB} = \frac{1}{8r}(+A_0B_0C_0 + A_0B_0C_1 - A_0B_1C_0 - A_0B_1C_1 - A_1B_0C_0 - A_1B_0C_1 + A_1B_1C_0 + A_1B_1C_1)^2$$

$$SS_{AC} = \frac{1}{8r}(+A_0B_0C_0 - A_0B_0C_1 + A_0B_1C_0 - A_0B_1C_1 - A_1B_0C_0 + A_1B_0C_1 - A_1B_1C_0 + A_1B_1C_1)^2$$

$$SS_{BC} = \frac{1}{8r}(+A_0B_0C_0 - A_0B_0C_1 - A_0B_1C_0 + A_0B_1C_1 + A_1B_0C_0 - A_1B_0C_1 - A_1B_1C_0 + A_1B_1C_1)^2$$

$$SS_{ABC} = \frac{1}{8r}(-A_0B_0C_0 + A_0B_0C_1 + A_0B_1C_0 - A_0B_1C_1 + A_1B_0C_0 - A_1B_0C_1 - A_1B_1C_0 + A_1B_1C_1)^2$$

$$CF = \frac{1}{8r}(A_0B_0C_0 + A_0B_0C_1 + A_0B_1C_0 + A_0B_1C_1 + A_1B_0C_0 + A_1B_0C_1 + A_1B_1C_0 + A_1B_1C_1)^2$$

총제곱합 $TSS = \sum_i \sum_j \sum_k \sum_{l=1}^{r} Y_{ijkl}^2 - CF$

처리제곱합 $SS_t = \sum_i \sum_j \sum_k \frac{Y_{ijk\cdot}^2}{r} - CF$

반복제곱합 $SS_{rep} = \sum_{l=1}^{r} \frac{Y_{\cdot\cdot\cdot l}^2}{8} - CF$

오차제곱합 $SSe = TSS - SS_t$

7.3.3 분산분석과 가설검정

반복이 없는 경우에는 ABC 상호작용효과까지 포함한 완전모형에서는 오차요인의 자유도가 0이 되므로 MSe를 구할 수 없게 되어 검정을 할 수 없다. 그러므로 ABC 3차 상호작용효과를 오차요인으로 간주해야 가설검정을 할 수 있다. 그러므로 ABC 3차 상호작용 효과에 대한 검정은 할 수 없다. 반복이 없는 경우의 분산분석표는 <표 7.9>와 같다. 반복이 있는 경우 r 반복 2^3 요인실험의 분산분석표는 <표 7.10>에 정리되어 있으며 모든 상호작용효과에 대한 검정을 할 수 있다.

표 7.9 2^3 요인설계의 분산분석표

요인	자유도	제곱합	평균제곱합	F 통계량	기각값
A	1	SS_A	MS_A	$F_A = \frac{MS_A}{MSe}$	$F_{1,1}(\alpha)$
B	1	SS_B	MS_B	$F_B = \frac{MS_B}{MSe}$	$F_{1,1}(\alpha)$
C	1	SS_C	MS_C	$F_C = \frac{MS_C}{MSe}$	$F_{1,1}(\alpha)$
AB	1	SS_{AB}	MS_{AB}	$F_{AB} = \frac{MS_{AB}}{MSe}$	$F_{1,1}(\alpha)$
AC	1	SS_{AC}	MS_{AC}	$F_{AC} = \frac{MS_{AC}}{MSe}$	$F_{1,1}(\alpha)$
BC	1	SS_{BC}	MS_{BC}	$F_{BC} = \frac{MS_{BC}}{MSe}$	$F_{1,1}(\alpha)$
오차	1	SSe	MSe		
계	7	TSS			

표 7.10 r 반복 2^3 요인설계의 분산분석표

요인	자유도	제곱합	평균제곱합	F 통계량	F_α
A	1	SS_A	MS_A	$F_A = \frac{MS_A}{MSe}$	$F_{1,8(r-1)}(\alpha)$
B	1	SS_B	MS_B	$F_B = \frac{MS_B}{MSe}$	$F_{1,8(r-1)}(\alpha)$
C	1	SS_C	MS_C	$F_C = \frac{MS_C}{MSe}$	$F_{1,8(r-1)}(\alpha)$
AB	1	SS_{AB}	MS_{AB}	$F_{AB} = \frac{MS_{AB}}{MSe}$	$F_{1,8(r-1)}(\alpha)$
AC	1	SS_{AC}	MS_{AC}	$F_{AC} = \frac{MS_{AC}}{MSe}$	$F_{1,8(r-1)}(\alpha)$
BC	1	SS_{BC}	MS_{BC}	$F_{BC} = \frac{MS_{BC}}{MSe}$	$F_{1,8(r-1)}(\alpha)$

ABC	1	SS_{ABC}	MS_{ABC}	$F_{ABC}=\dfrac{MS_{ABC}}{MSe}$	$F_{1,8(r-1)}(\alpha)$
오차	$8(r-1)$	SSe	MSe		
계	$8r-1$	TSS			

분산분석표 <표 7.10>의 F 통계량을 이용하여 요인효과에 대한 가설검정을 다음과 같이 할 수 있다.

(1) 요인 A 효과에 대한 가설검정

$$H_0 \ : \ \alpha_0 = \alpha_1 = 0 \text{ (요인 A 효과 없다)에 대해}$$
$$H_1 : not \ \ \mathrm{H_0}$$

검정통계량

$$F_A = \frac{MS_A}{MSe}$$

는 귀무가설하에서 $F_{1,8(r-1)}$ 분포를 따른다.

유의수준 α에서 검정법은 만일 $F_A > F_{1,8(r-1)}(\alpha)$이면 H_0를 기각한다.

(2) 요인 B 효과에 대한 가설검정

$$H_0 \ : \ \beta_0 = \beta_1 = 0 \text{ (요인 B 효과 없다)에 대해}$$
$$H_1 : not \ \ \mathrm{H_0}$$

검정통계량

$$F_B = \frac{MS_B}{MSe}$$

는 귀무가설하에서 $F_{1,8(r-1)}$ 분포를 따른다.

유의수준 α에서 검정법은 만일 $F_B > F_{1,8(r-1)}(\alpha)$이면 H_0를 기각한다.

(3) 요인 C 효과에 대한 가설검정

$$H_0 \ : \ \gamma_0 = \gamma_1 = 0 \text{ (요인 C 효과 없다)에 대해}$$
$$H_1 : not \quad \mathrm{H}_0$$

검정통계량

$$F_C = \frac{MS_C}{MSe}$$

는 귀무가설하에서 $F_{1,8(r-1)}$ 분포를 따른다.
유의수준 α에서 검정법은 만일 $F_C > F_{1,8(r-1)}(\alpha)$이면 H_0를 기각한다.

(4) 요인 AB 상호작용효과에 대한 가설검정

$$H_0 \ : \ \alpha\beta_{00} = \cdots = \alpha\beta_{11} = 0 \text{(요인 A와 요인 B의 상호작용효과 없다)에 대해}$$
$$H_1 : not \quad \mathrm{H}_0$$

검정통계량

$$F_{AB} = \frac{MS_{AB}}{MSe}$$

는 귀무가설하에서 $F_{1,8(r-1)}$ 분포를 따른다.
유의수준 α에서 검정법은 만일 $F_{AB} > F_{1,8(r-1)}(\alpha)$이면 H_0를 기각한다.

(5) 요인 AC 상호작용효과에 대한 가설검정

$$H_0 \ : \ \alpha\gamma_{00} = \cdots = \alpha\gamma_{11} = 0 \text{ (요인 A와 요인 C의 상호작용 효과 없다)에 대해}$$
$$H_1 : not \quad \mathrm{H}_0$$

검정통계량

$$F_{AC} = \frac{MS_{AC}}{MSe}$$

는 귀무가설하에서 $F_{1,8(r-1)}$ 분포를 따른다.

유의수준 α 에서 검정법은 만일 $F_{AC} > F_{1,8(r-1)}(\alpha)$ 이면 H_0를 기각한다.

(6) 요인 BC 상호작용효과에 대한 가설검정

H_0 : $\beta\gamma_{00} = \cdots = \beta\gamma_{11} = 0$(요인 B와 요인 C의 상호작용효과 없다)에 대해

$$H_1 : not \quad \mathrm{H}_0$$

검정통계량

$$F_{BC} = \frac{MS_{BC}}{MSe}$$

는 귀무가설하에서 $F_{1,8(r-1)}$ 분포를 따른다.

유의수준 α 에서 검정법은 만일 $F_{BC} > F_{1,8(r-1)}(\alpha)$ 이면 H_0를 기각한다.

(7) 요인 ABC 3차 상호작용효과 대한 가설검정

$H_0 : \alpha\beta\gamma_{000} = \cdots = \alpha\beta\gamma_{111} = 0$ (요인 A, B, C의 3차 상호작용효과 없다)에 대해

$$H_1 : not \quad \mathrm{H}_0$$

검정통계량

$$F_{ABC} = \frac{MS_{ABC}}{MSe}$$

는 귀무가설하에서 $F_{1,8(r-1)}$ 분포를 따른다.

유의수준 α 에서 검정법은 만일 $F_{ABC} > F_{1,8(r-1)}(\alpha)$ 이면 H_0를 기각한다.

2^3 요인설계에 대한 R 프로그램은 6.5절을 참조하기 바란다.

7.4 2^k 요인설계

일반적인 경우로 요인이 k개 있으며 각 요인은 2개 수준을 갖는 실험을 생각해보자. 요인이 k개 있으며 r 반복 2^k 요인설계의 통계적 모형에서는 k개 주효과, ${}_kC_2$ 개 2차 상호작용효과, ${}_kC_3$ 개 3차 상호작용효과,$\cdots$, 한 개 k차 상호작용효과를 포함한다. 즉 완전모형에서는 2^k-1 개 효과를 포함한다. 요인이 k개 있으며 r 반복 2^k 요인설계의 분산분석표는 <표 7.11>과 같이 정리할 수 있다. 2^k 요인설계에 대한 R 프로그램은 6.5절을 참조하면 된다.

표 7.11 r 반복 2^k 요인설계의 분산분석표

요인	자유도	제곱합	평균제곱합	F 통계량	F_α
k 주효과					
A	1	SS_A	MS_A	$F_A=\dfrac{MS_A}{MSe}$	$F_{1,2^k(r-1)}(\alpha)$
⋮	⋮	⋮	⋮	⋮	⋮
K	1	SS_K	MS_K	$F_K=\dfrac{MS_K}{MSe}$	$F_{1,2^k(r-1)}(\alpha)$
$\binom{k}{2}$ 2차 상호작용					
AB	1	SS_{AB}	MS_{AB}	$F_{AB}=\dfrac{MS_{AB}}{MSe}$	$F_{1,2^k(r-1)}(\alpha)$
⋮	⋮	⋮	⋮	⋮	⋮
AK	1	SS_{AK}	MS_{AK}	$F_{AK}=\dfrac{MS_{AK}}{MSe}$	$F_{1,2^k(r-1)}(\alpha)$
$\binom{k}{3}$ 3차 상호작용					
ABC	1	SS_{ABC}	MS_{ABC}	$F_{ABC}=\dfrac{MS_{ABC}}{MSe}$	$F_{1,2^k(r-1)}(\alpha)$
⋮	⋮	⋮	⋮	⋮	⋮
⋮	⋮	⋮	⋮	⋮	⋮
$\binom{k}{k}$ k차 상호작용					
$ABC\cdots K$	1	$SS_{ABC\cdots K}$	$MS_{ABC\cdots K}$	$F_{ABC\cdots K}=\dfrac{MS_{ABC\cdots K}}{MSe}$	$F_{1,2^k(r-1)}(\alpha)$
오차	$2^k(r-1)$	SSe	MSe		
계	$r2^k-1$	TSS			

7.5 교락법

요인실험에서 요인수가 많아지면 처리조합의 수가 급증하게 된다. 처리조합의 수가 많아져 한 블록 내에 모든 처리조합을 포함시키는 확률화완전블록설계를 이용하기 어려울 때가 있다. 또한 처리조합 수가 크지 않더라도 블록 내 환경의 균일성을 유지하기 어려울 때가 있다. 이러한 경우 전체 처리조합을 몇 개 블록에 분할하여 배치하는 방법을 생각할 수 있다. 그런데 완전블록이 아니므로 블록과 교락되어 검정할 수 없는 효과가 나온다. 그러므로 블록설계시 가장 관심 없는 효과나 고차 상호작용을 블록과 교락시켜 최소한의 정보 손실을 감수한다. 일반적으로 높은 차수의 상호작용을 블록과 교락시킨다(confounding). 희생시키는 상호작용효과와 블록효과가 교락되도록 처리배치를 한 후 실험하여 반응값을 얻을 수 있는데, 이러한 경우 상호작용효과와 블록효과는 구분되지 않는다(indistinguishable). 주효과는 주요 관심요인이므로 일반적으로 주효과는 블록효과와 교락시키지 않는다.

실제 실험상황에서 발생할 수 있는 문제에 대한 해결책으로 요인설계에서 교락법에 대해 설명하고자 한다.

7.5.1 두 개 블록에서 2^2 요인설계 교락법

2^2 요인설계로 1회 반복(single replicate)실험을 하고자 한다. 두 개 블록이 있으면 각 블록에는 2개 실험구만 있다. $2^2 = 4$개 처리조합이 생기며 각 블록에 2개의 처리조합을 배치해야 한다. 원하는 주효과를 얻고자 한다면 희생시킬 상호작용효과와 블록효과를 교락시켜 배치해야 한다. 주효과를 구하는 식은

$$A = \frac{1}{2}[ab + a - b - (1)] \tag{7.13}$$

$$B = \frac{1}{2}[ab - a + b - (1)]$$

이며 중요하게 관심 있는 효과이다. 여기서 <표 7.1>의 표기 4를 사용한다.

AB 상호작용효과를 구하는 다음의 식에서 교락법 처리배치 방법을 생각할 수 있다.

$$AB = \frac{1}{2}[ab - a - b + (1)] = \frac{1}{2}[(ab + (1)) - (a + b)] \tag{7.14}$$

$$= (\text{블록 1의 평균}) - (\text{블록 2의 평균})$$

<그림 7.5>에서와 같이 두 개의 블록에 처리배치를 하면 AB 상호작용효과와 블록효과가 구별되지 않는다(AB interaction effect is completely confounded with the blocks). 그러나 다른 주효과는 추정에 지장이 없다. 이와 같이 배치할 경우 요인 A에 대해서는 1 수준이 포함된 처리가 블록 1과 블록 2에서 모두 실험되며 0 수준이 포함된 처리도 블록 1과 블록 2에서 모두 실험할 수 있다. 요인 B에 대해서도 마찬가지로 두 블록 모두에서 각 수준의 처리가 배치됨을 알 수 있다.

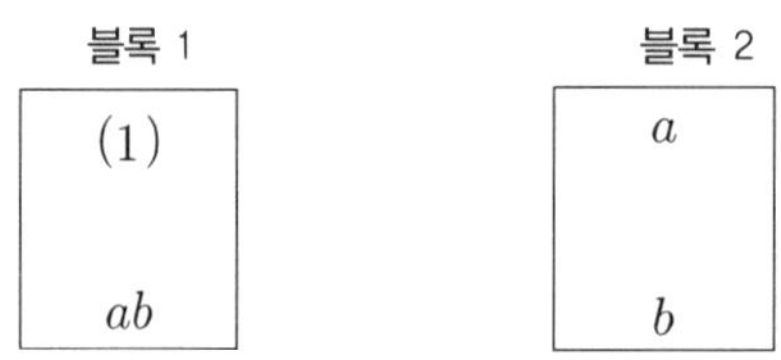

그림 7.5 2개 블록에서 2^2 요인설계

7.5.2 두 개 블록에서 2^3 요인설계 교락법

2^3 요인설계로 1회 반복(single replicate) 실험을 하고자 한다. 두 개 블록이 있으면 각 블록에는 4개 실험구만 있다. $2^3 = 8$개 처리조합이 생기며 각 블록에 2개의 처리조합을 배치해야 한다. 원하는 주효과를 얻고자 한다면 희생시킬 상호작용효과와 블록효과를 교락시켜 배치해야 한다.

ABC 상호작용효과를 구하는 다음의 식에서 교락법 처리배치 방법을 생각할 수 있다.

$$\begin{aligned} ABC &= \frac{1}{4}(-(1)+c+b-bc+a-ac-ab+abc) \\ &= \frac{1}{4}[c+b+a+abc] - \frac{1}{4}[(1)+bc+ac+ab] \\ &= (\text{블록 1의 평균}) - (\text{블록 2의 평균}) \end{aligned} \tag{7.15}$$

<그림 7.6>과 같이 두 개의 블록에 처리배치를 하면 ABC 상호작용효과와 블록효과가 구별되지 않는다. 그러나 다른 주효과 추정에는 지장이 없다. 이와 같이 배치할 경우 요인 A에 대해서는 1 수준이 포함된 처리가 블록 1과 블록 2에서 모두 고르게 배치되어 실험되며 0 수준이 포함된 처리도 블록 1과 블록 2에서 모두 고르게 실험할 수 있다. 요인 B와 요인 C에 대해서도 마찬가지로 두 블록 모두에서 각 수준의 처리가 배치됨을 알 수 있다. 블록에 배치된 처리조합은 랜덤하게 실험구에 배열한다. 또한 <표 7.8> 계수표를 활용할 수 있다.

블록 1	블록 2
a	(1)
b	ab
c	ac
abc	bc

그림 7.6 2개 블록에서 2^3 요인설계

요인효과를 구하는 식에서 계수의 부호를 보면, 해당요인에 대해 1 수준이 포함된 처리조합에는 계수의 부호가 "+"이며 0 수준이 포함된 처리조합에는 "−" 부호를 갖는다. 여기서 (1)은 $a_0b_0c_0$ 처리조합을 의미한다. <그림 7.6>의 교락법을 사용할 경우 주효과는 다음과 같이 쓸 수 있어 각 블록 내에서 대비로 나타난다.

$$
\begin{aligned}
A &= \frac{1}{4}[-(1)-c-b-bc+a+ac+ab+abc] \qquad (7.16)\\
&= \frac{1}{4}[ac+ab-(1)-bc]+\frac{1}{4}[a+abc-c-b]\\
&= (\text{블록 1에서의 대비}) + (\text{블록 2에서의 대비})
\end{aligned}
$$

$$
\begin{aligned}
B &= \frac{1}{4}[-(1)-c+b+bc-a-ac+ab+abc]\\
&= \frac{1}{4}[-ac+ab-(1)+bc]+\frac{1}{4}[-a+abc-c+b]\\
&= (\text{블록 1에서의 대비}) + (\text{블록 2에서의 대비})
\end{aligned}
$$

$$
\begin{aligned}
C &= \frac{1}{4}[-(1)+c-b+bc-a+ac-ab+abc]\\
&= \frac{1}{4}[ac-ab-(1)+bc]+\frac{1}{4}[-a+abc+c-b]\\
&= (\text{블록 1에서의 대비}) + (\text{블록 2에서의 대비})
\end{aligned}
$$

7.5.3 두 개 블록에서 2^k 요인설계 교락법

요인의 개수가 k개인 일반적인 경우를 고려하자. 2^k 요인설계에서 2개의 블록으로 나누고자 할 때 다음의 선형조합식을 사용한다.

$$L = \alpha_1 x_1 + \alpha_2 x_2 + \cdots + \alpha_k x_k \qquad (7.17)$$

여기서 α_i는 교락될 효과에 i번째 요인이 나타나면 1, 그렇지 않으면 0을 갖는다.

x_i는 특정 처리조합에 나타나는 i번째 요인으로, 그 요인이 높은 수준에 있으면 1, 낮은 수준에 있으면 0을 갖는다. 가능한 모든 처리조합에서 L값을 계산하고 2개 블록에 배치하면 되므로 2로 나눈 나머지 값을 계산한 후, 나머지 값이 같은 처리조합을 동일한 블록에 포함한다. 이와 같은 L을 정의대비(defining contrast)라고 한다.

예제 7.4 2개 블록에서 2^2 요인설계에서 AB 2차 상호작용효과를 블록과 교락시키는 설계를 하고자 한다. 정의대비는 $L = x_1 + x_2 (\text{mod})\ 2$로 한다.

처리조합		정의대비 계산	(mod) 2
a_0b_0	(1)	$L=0+0=0$	0
a_1b_0	a	$L=1+0=1$	1
a_0b_1	b	$L=0+1=1$	1
a_1b_1	ab	$L=1+1=2$	0

그러므로 다음과 같이 블록에 배치한다.

블록 1	블록 2
(1)	a
ab	b

예제 7.5 2개 블록에서 2^3 요인설계에서 ABC 3차 상호작용효과를 블록과 교락시키는 설계를 하고자 한다. 정의대비는 $L = x_1 + x_2 + x_3\ (\text{mod})\ 2$이다.

처리조합		정의대비 계산	(mod) 2
$a_0b_0c_0$	(1)	$L=0+0+0=0$	0
$a_1b_0c_0$	a	$L=1+0+0=1$	1
$a_0b_1c_0$	b	$L=0+1+0=1$	1
$a_1b_1c_0$	ab	$L=1+1+0=2$	0
$a_0b_0c_1$	c	$L=0+0+1=1$	1
$a_1b_0c_1$	ac	$L=1+0+1=2$	0
$a_0b_1c_1$	bc	$L=0+1+1=0$	0
$a_1b_1c_1$	abc	$L=1+1+1=3$	1

그러므로 다음과 같이 블록에 배치된다.

블록 1	블록 2
a	(1)
b	ab
c	ac
abc	bc

예제 7.6 2개 블록에서 2^3 요인설계에서 AC 2차 상호작용효과를 블록과 교락시키는 설계를 하고자 한다. 정의대비는 $L = x_1 + x_3$ (mod) 2이다.

처리조합		정의대비 계산	(mod) 2
$a_0b_0c_0$	(1)	$L=0+0=0$	0
$a_1b_0c_0$	a	$L=1+0=1$	1
$a_0b_1c_0$	b	$L=0+0=0$	0
$a_1b_1c_0$	ab	$L=1+0=1$	1
$a_0b_0c_1$	c	$L=0+1=1$	1
$a_1b_0c_1$	ac	$L=1+1=2$	0
$a_0b_1c_1$	bc	$L=0+1=1$	1
$a_1b_1c_1$	abc	$L=1+1=2$	0

그러므로 다음과 같이 블록에 배치된다.

블록 1	블록 2
a ab c bc	(1) b ac abc

예제 7.7 2개 블록에서 2^4 요인설계에서 $ABCD$ 4차 상호작용효과를 블록과 교락시키는 설계를 하고자 한다. 정의대비는 $L = x_1 + x_2 + x_3 + x_4$ (mod) 2이다.

처리조합		정의대비 계산	(mod) 2
$a_0b_0c_0d_0$	(1)	$L=0+0+0+0=0$	0
$a_1b_0c_0d_0$	a	$L=1+0+0+0=1$	1
$a_0b_1c_0d_0$	b	$L=0+1+0+0=1$	1
$a_1b_1c_0d_0$	ab	$L=1+1+0+0=0$	0
$a_0b_0c_1d_0$	c	$L=0+0+1+0=1$	1
$a_1b_0c_1d_0$	ac	$L=1+0+1+0=2$	0

$a_0b_1c_1d_0$	bc	$L=0+1+1+0=2$	0
$a_1b_1c_1d_0$	abc	$L=1+1+1+0=3$	1
$a_0b_0c_0d_1$	d	$L=0+0+0+1=1$	1
$a_1b_0c_0d_1$	ad	$L=1+0+0+1=2$	0
$a_0b_1c_0d_1$	bd	$L=0+1+0+1=2$	0
$a_1b_1c_0d_1$	abd	$L=1+1+0+1=3$	1
$a_0b_0c_1d_1$	cd	$L=0+0+1+1=2$	0
$a_1b_0c_1d_1$	acd	$L=1+0+1+1=3$	1
$a_0b_1c_1d_1$	bcd	$L=0+1+1+1=3$	1
$a_1b_1c_1d_1$	$abcd$	$L=1+1+1+1=4$	0

그러므로 처리조합은 다음과 같이 두 개 블록에 배치된다.

블록 1	블록 2
a b c abc d abd acd bcd	(1) ab ac bc ad bd cd $abcd$

7.5.4 부분교락법

상호작용의 일부 정보만이라도 얻고자 하는 경우에 처리조합이 반복될 때마다 블록과 교락되는 요인효과를 바꾸는 방법으로 부분교락법(partially confounded design)에 대해 설명하고자 한다.

2^3 요인설계에서 부분교락법을 설계하고자 한다. 반복할 때마다 서로 다른 상호작용효과를 블록과 교락시켜 처리배치를 하면 각 상호작용효과를 추정할 수 있게 된다. 이러한 설계의 분산분석표는 <표 7.12>에서 보여 준다.

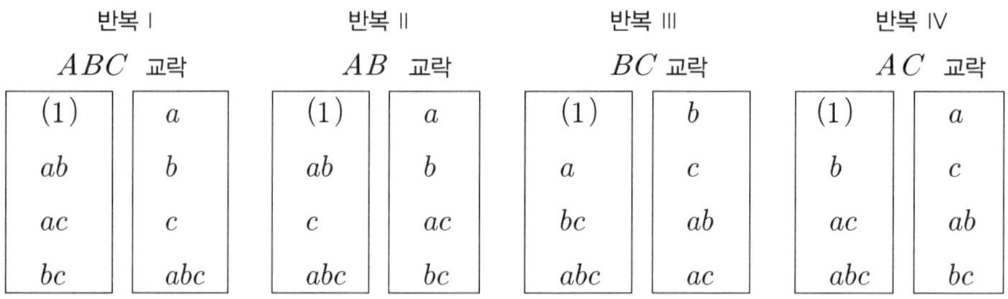

그림 7.7 2^3 요인설계에서 부분교락법

표 7.12 4 반복이며 블록과 교락한 2^3 요인설계의 분산분석표

요인	자유도	제곱합	평균제곱합	F 통계량	F_α
반복	3	SS_{rep}			
반복내 블록	4(2−1)=4	SS_{block}			
A	1	SS_A	MS_A	$F_A = \frac{MS_A}{MSe}$	$F_{1,17}(\alpha)$
B	1	SS_B	MS_B	$F_B = \frac{MS_B}{MSe}$	$F_{1,17}(\alpha)$
C	1	SS_C	MS_C	$F_C = \frac{MS_C}{MSe}$	$F_{1,17}(\alpha)$
AB (반복 I, III, IV)	1	SS_{AB}	MS_{AB}	$F_{AB} = \frac{MS_{AB}}{MSe}$	$F_{1,17}(\alpha)$
AC (반복 I, II, III)	1	SS_{AC}	MS_{AC}	$F_{AC} = \frac{MS_{AC}}{MSe}$	$F_{1,17}(\alpha)$
BC (반복 I, II, IV)	1	SS_{BC}	MS_{BC}	$F_{BC} = \frac{MS_{BC}}{MSe}$	$F_{1,17}(\alpha)$
ABC (반복 II, III, IV)	1	SS_{ABC}	MS_{ABC}	$F_{ABC} = \frac{MS_{ABC}}{MSe}$	$F_{1,17}(\alpha)$
오차	17	SSe	MSe		
계	31	TSS			

7.6 R을 이용한 부분교락법 분석

예제 7.8 기체(C_2F_6)량(요인 A), 전기량(요인 B), RF power(Radio Frequency power, 초고주파 대역)(요인 C)를 요인으로 한 질소화합물 부식(nitride etch) 실험을 통해 요인의 영향을 알아보고자 한다. 각 요인은 2개 수준을 가지며 반응값은 부식비율이다. 처리조합은 모두 8개가 생기는데 한 회로에는 4번의 실험밖에 할 수 없고 반복실험은 가능하다. 2번 반복 2^3 요인설계실험을 다음과 같은 부분교락법으로 실시하여 반응값을 얻었다. 요인효과에 대한 통계적 분석을 하고자 한다. 반복과 블록요인 등을 포함한 엑셀데이터셋 etch.csv를 만든 후 읽어 들인다.

반복 I ABC 교락		반복 II AB 교락	
블록 1	블록 2	블록 1	블록 2
(1)=55 ab=64 ac=74 bc=105	a=66 b=63 c=103 abc=73	(1)=65 ab=100 c=63 abc=86	a=60 b=60 ac=87 bc=106

표 7.13 엑셀데이터셋 etch.csv

rep	block	A	B	C	y
1	1	0	0	0	55
1	1	1	1	0	64
1	1	1	0	1	74
1	1	0	1	1	105
1	2	1	0	0	66
1	2	0	1	0	63
1	2	0	0	1	103
1	2	1	1	1	73
2	1	0	0	0	65
2	1	1	1	0	100
2	1	0	0	1	63
2	1	1	1	1	86
2	2	1	0	0	60
2	2	0	1	0	60
2	2	1	0	1	87
2	2	0	1	1	106

프로그램 7.3 부식비율 데이터 교락법 분석

```
etch<- read.csv("D:\\13expd\\etch.csv", header=T)   # 표 7.3
attach(etch)
rep<-as.factor(rep)                    # 반복
  block<-as.factor(block)              # 블록
  A<-as.factor(A)
  B<-as.factor(B)
  C<-as.factor(C)
L<-aov(y ~ rep+rep:block+ A*B*C )
anova(L)
  model.tables(L, type="means")     # 모든 요인 수준평균
  model.tables(L, type="effects")   # 모든 요인 수준효과
detach(etch)
```

```
> L<-aov(y ~ rep+rep:block+ A*B*C )
> anova(L)
Analysis of Variance Table
Response: y
           Df  Sum Sq Mean Sq F value  Pr(>F)
rep         1   36.00   36.00  0.1689 0.69812
A           1    6.25    6.25  0.0293 0.87075
B           1  441.00  441.00  2.0690 0.20985
C           1 1681.00 1681.00  7.8865 0.03762 *
rep:block   2    6.25    3.13  0.0147 0.98549
A:B         1   21.12   21.12  0.0991 0.76562
A:C         1  676.00  676.00  3.1715 0.13504
B:C         1    0.25    0.25  0.0012 0.97401
A:B:C       1  990.12  990.12  4.6452 0.08369 .
Residuals   5 1065.75  213.15
```

분산분석 결과를 보면 유의수준 $\alpha = 0.05$에서 C 효과만 유의하다.

예제 7.9 (교락법) A, B, C 세 개 요인설계를 2개 블록에 나누어서 실험을 했다.

반복 1		반복 2		반복 3		반복 4	
블록1	블록2	블록3	블록4	블록5	블록6	블록7	블록8
(1) 10	a 17	(1) 11	a 8	(1) 6	b 9	a 17	(1) 9
ab 17	b 12	b 9	ab 9	a 15	ab 14	b 13	ab 15
c 9	ac 19	ac 16	c 6	bc 8	c 7	c 9	ac 17
abc 10	bc 11	abc 16	bc 2	abc 1	ac 14	abc 16	bc 14

(1) 반복별로 블록과 교락된 효과를 찾아보자.

같은 블록에서 동일한 부호를 갖는 효과가 블록과 교락되어 있으므로 계수표 <표 7.14>를 참조하여 교락된 효과를 찾을 수 있다.(<표 7.8>과 동일한 계수표이다)

표 7.14 2^3 요인설계에서 제곱합을 구하기 위한 계수표

	처리조합							
효과	(1) $A_0B_0C_0$	c $A_0B_0C_1$	b $A_0B_1C_0$	bc $A_0B_1C_1$	a $A_1B_0C_0$	ac $A_1B_0C_1$	ab $A_1B_1C_0$	abc $A_1B_1C_1$
A	−	−	−	−	+	+	+	+
B	−	−	+	+	−	−	+	+
C	−	+	−	+	−	+	−	+
AB	+	+	−	−	−	−	+	+
AC	+	−	+	−	−	+	−	+
BC	+	−	−	+	+	−	−	+
ABC	−	+	+	−	+	−	−	+

각 반복에서 블록과 교락된 효과는 다음과 같이 찾을 수 있다.

Rep 1: AB

Rep 2: AC

Rep 3: BC

Rep 4: ABC

(2) 상자그림

(a) (b)

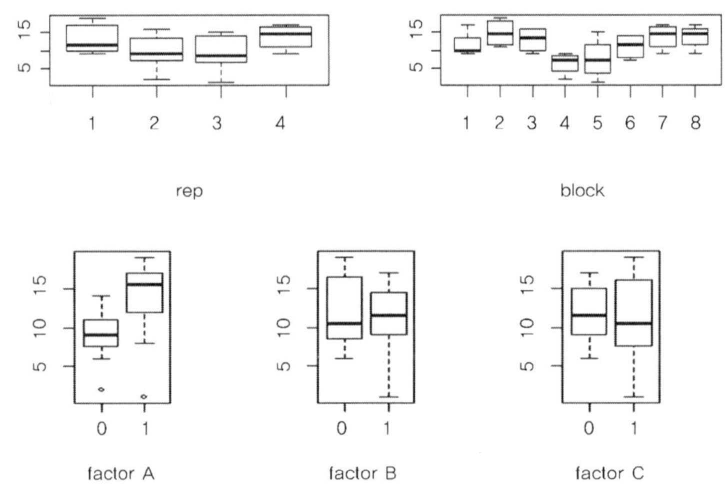

그림 7.8 (a) 삼요인 교락법 반복과 블록에 대한 상자그림
(b) 삼요인 교락법 요인 수준별 상자그림

(3) 분산분석

프로그램 7.4 반복 교락법 분석

```
da<- read.csv("D:\\13expd\\예제7.9.csv", header=T)   # 예제 7.9 데이터
da
attach(da)
rep<-as.factor(Rep)              # 반복
  block<-as.factor(block)        # 블록
  A<-as.factor(A)
  B<-as.factor(B)
  C<-as.factor(C)

par(mfrow=c(1,2))                # 그림 7.8(a)
 boxplot(y~rep, sub="rep") ; boxplot(y~block, sub="block")

op=par(mfrow=c(1,3))             # 그림 7.8(b)
  boxplot(y~A, sub="factor A") ; boxplot(y~B, sub="factor B")
```

```
  boxplot(y~C, sub="factor C")
par(op)

L<-aov(y ~ rep+ block +A+B+C )
anova(L)
model.tables(L, type="means")    # 모든 요인 수준평균
model.tables(L, type="effects")  # 모든 요인 수준효과

L1<-aov(y ~ rep +A+B+C+ A:B + A:C )
anova(L1)
model.tables(L1, type="means")    # 모든 요인 수준평균
model.tables(L1, type="effects")  # 모든 요인 수준효과
```

```
> da
   Rep block A B C  y
1    1      1 0 0 0 10
2    1      1 1 1 0 17
3    1      1 0 0 1  9
4    1      1 1 1 1 10
5    1      2 1 0 0 17
6    1      2 0 1 0 12
7    1      2 1 0 1 19
8    1      2 0 1 1 11
9    2      3 0 0 0 11
10   2      3 0 1 0  9
11   2      3 1 0 1 16
12   2      3 1 1 1 16
13   2      4 1 0 0  8
14   2      4 1 1 0  9
15   2      4 0 0 1  6
16   2      4 0 1 1  2
17   3      5 0 0 0  6
18   3      5 1 0 0 15
19   3      5 0 1 1  8
20   3      5 1 1 1  1
21   3      6 0 1 0  9
22   3      6 1 1 0 14
23   3      6 0 0 1  7
24   3      6 1 0 1 14
25   4      7 1 0 0 17
26   4      7 0 1 0 13
27   4      7 0 0 1  9
28   4      7 1 1 1 16
29   4      8 0 0 0  9
30   4      8 1 1 0 15
31   4      8 1 0 1 17
32   4      8 0 1 1 14
```

```
> L<-aov(y ~ rep+ block +A+B+C )
> anova(L)
Analysis of Variance Table
Response: y
          Df  Sum Sq Mean Sq F value    Pr(>F)
rep        3  130.125  43.375  5.3463 0.0067874 **
block      4  136.750  34.187  4.2139 0.0116663 *
A          1  180.500 180.500 22.2480 0.0001173 ***
B          1    6.125   6.125  0.7550 0.3947350
C          1    8.000   8.000  0.9861 0.3320121
Residuals 21 170.375   8.113
```

반복, 블록, 요인의 주효과만 포함한 모형에 대한 분산분석표를 보여 준다. 요인 A 효과가 유의하다. 반복과 블록효과 또한 유의하다.

```
> model.tables(L, type="means")          # 모든 요인 수준평균
Tables of means
Grand mean
11.4375
rep
     1      2      3      4
13.125  9.625  9.250 13.750
block
     1      2      3      4      5      6      7      8
 9.813 13.063 14.813  8.063  9.688 13.188 11.438 11.438
A
     0      1
 9.063 13.813
B
     0      1
11.875 11.000
C
     0      1
11.938 10.938

> model.tables(L, type="effects")        # 모든 요인 수준효과
Tables of effects
rep
      1       2       3       4
 1.6875 -1.8125 -2.1875  2.3125
block
     1      2      3      4      5      6      7      8
-1.625  1.625  3.375 -3.375 -1.750  1.750  0.000  0.000
A
     0      1
-2.375  2.375
B
     0      1
 0.4375 -0.4375
```

```
C
     0    1
 0.5 -0.5
```

결과를 보면, 요인 A 의 수준효과는 $\alpha_0 = -2.375$, $\alpha_1 = 2.375$ 이다. 요인 B의 수준효과는 $\beta_0 = -0.4375$, $\beta_1 = 0.4375$ 이다. 요인 C의 수준효과는 각각 $\gamma_0 = 0.5$, $\gamma_1 = -0.5$ 이다.

연습문제

7.1 2^2 요인설계로 다음의 데이터를 얻었다. 각 요인은 2개 수준을 가지며 만들어지는 처리조합에 대해 완전확률화설계로 실험 후 다음의 데이터를 얻었다.

요인 A \ 요인 B	B_1	B_2
A_1	0 2	4 6
A_2	4 8	8 10

(1) 2^2 요인설계에 대한 통계적 모형을 설계하시오.
(2) 각 요인에 대해 수준별 평균과 표준편차를 구하시오.
(3) 요인 A에 대한 요인 B의 상호작용그림을 그리시오.
(4) 요인 A와 요인 B에 대한 주효과를 구하시오.
(5) AB 상호작용효과를 구하시오.
(6) (4)에서 구한 값을 이용하여 요인 A 처리제곱합과 요인 B 처리제곱합을 구하시오.
(7) (5)에서 구한 값을 이용하여 요인 AB 상호작용 처리제곱합을 구하시오.
(8) 모든 효과를 포함한 완전모형에 대한 분산분석표를 만드시오.
(9) (8)의 분산분석표를 기반으로 각 요인효과에 대해 유의수준 5%로 가설검정하시오.
(10) 각 요인효과에 대한 모수를 추정하시오.
(11) $\hat{Y}_{ijk}$ 을 구하시오.
(12) 잔차 $\widehat{\epsilon_{ijk}}$ 를 구하시오.
(13) 오차항의 분산에 대한 추정값을 구하시오.

7.2 칩(chip) 종류와 온도(상온, 저온)가 회로 고장과의 관계를 알고자 완전확률화설계로 2 반복 2^2 요인설계로 테스트 실험을 하여 다음의 데이터를 얻었다. 반응값은 1000회 실험 중 회로고장 비율이다.

요인 A(온도) \ 요인 B(칩)	b_0	b_1
a_0 (저온)	a_0b_0 : 35 39	a_0b_1 : 67 66
a_1 (상온)	a_1b_0 : 101 95	a_1b_1 : 34 31

(1) 2^2 요인설계에 대한 통계적 모형을 설계하시오.
(2) 각 요인에 대해 수준별 평균과 표준편차를 구하시오.
(3) 요인 A에 대한 요인 B의 상호작용그림을 그리시오.
(4) 온도(A)에 대한 주효과를 구하시오.
(5) 칩 종류(B)에 대한 주효과를 구하시오.
(6) AB 상호작용효과를 구하시오.
(7) 모든 효과를 포함한 완전모형에 대한 분산분석표를 만드시오.
(8) 각 요인효과에 대해 유의수준 5%에서 가설검정하시오.
(9) 요인효과에 대한 모수를 추정하시오.

7.3 어떤 생물학자가 바이러스성장에 관한 연구를 하는데 바이러스가 성장하는 데 있어 바이러스의 종류와 배양시간, 배양액종류가 영향을 미친다고 생각되어 완전확률화설계로 3 반복의 2^3 요인실험을 하여 다음의 데이터를 얻었다.

	바이러스 (A0)							바이러스 (A1)						
	배양액종류(C)							배양액종류(C)						
배양시간(B)	C0			C1			계	C0			C1			계
12 시간(B0)	21	23	25	25	27	29		20	22	24	22	24	26	
18 시간(B1)	37	38	39	31	34	37		35	37	39	39	40	41	
계														

(1) 2^3 요인설계에 대한 통계적 모형을 설계하시오.
(2) 각 요인에 대해 수준별 평균과 표준편차를 구하시오.
(3) 요인 A에 대한 요인 B의 상호작용그림, 요인 A에 대한 요인 C의 상호작용그림, 요인 B에 대한 요인 C의 상호작용그림을 그리시오.
(4) 바이러스종류(A)에 대한 주효과를 구하시오.
(5) 배양시간(B)에 대한 주효과를 구하시오.
(6) 배양액종류(C)에 대한 주효과를 구하시오.
(7) AB 상호작용효과를 구하시오.
(8) AC 상호작용효과를 구하시오.
(9) BC 상호작용효과를 구하시오.
(10) ABC 3차 상호작용효과를 구하시오.
(11) 모든 효과를 포함한 완전모형에 대한 분산분석표를 만드시오.
(12) 분산분석표를 보고 유의수준 5%에서 유의한 효과를 쓰시오.
(13) 유의수준 5%에서 유의하지 않은 상호작용을 오차항으로 합하여(pooling) 다시 분산분석표를 만드시오.
(14) (13)에서 제안하는 축소모형을 쓰시오.

7.4 반응에 영향을 미치는 요인 A 와 요인 B에 대해 완전확률화설계로 2 반복 2^2 요인설계로 실험을 하여 데이터를 얻었다.

요인 A			요인 B			처리조합			반복			
									1	2	3	4
−	a_0	0	−	b_0	0	a_0b_0	(1)	A low, B low	28	25	27	29
+	a_1	1	−	b_0	0	a_1b_0	a	A high, B low	36	32	34	35
−	a_0	0	+	b_1	1	a_0b_1	b	A low, B high	18	19	23	20
+	a_1	1	+	b_0	1	a_1b_1	ab	A high, B high	31	30	29	32

(1) 2^2 요인실험에 대한 통계적 모형을 설계하시오.
(2) 각 요인에 대해 수준별 평균과 표준편차를 구하시오.
(3) 요인별 상자그림을 그리시오.
(4) 요인 A에 대한 요인 B의 상호작용그림을 그리시오.
(5) 요인 A에 대한 주효과를 구하시오.
(6) 요인 B에 대한 주효과를 구하시오.
(7) AB 상호작용효과를 구하시오.
(8) 모든 효과를 포함한 완전모형에 대한 분산분석표를 만드시오.
(9) 각 요인효과에 대해 유의수준 5%에서 가설검정하시오.
(10) 요인효과에 대한 모수를 추정하시오.

7.5 초코 쿠키 맛에 영향을 미치는 세 개를 고려하여 각 요인은 2개 수준을 갖도록 한다. 완전확률화설계로 7 반복 2^3 요인설계로 7명의 전문가들로부터 맛점수를 데이터를 얻었다. 여기서 전문가는 블록으로 간주할 수 있다.

요인	−	+
A : 오븐 팬 재질	유리	알루미늄
B : 혼합 도구	숟가락	믹서기
C : 초코 쿠키 믹스 브랜드	M	N

표본	요인			전문가 맛점수						
초코 쿠키	A	B	C	1	2	3	4	5	6	7
1	−	−	−	11	9	10	10	11	10	8
2	+	−	−	15	10	16	14	12	9	6
3	−	+	−	9	12	11	11	11	12	9
4	+	+	−	16	17	15	15	16	17	14

5	−	−	+	10	9	8	9	11	10	10
6	+	−	+	12	14	15	14	13	13	12
7	−	+	+	10	12	14	10	8	7	9
8	+	+	+	15	16	12	13	12	9	14

(1) 2^3 요인설계에 대한 통계적 모형을 설계하시오.
(2) 각 요인에 대해 수준별 평균과 표준편차를 구하시오.
(3) 요인별 상자그림을 그리시오.
(4) 각 요인에 대한 주효과를 구하시오.
(5) 이차 상호작용효과를 구하시오.
(6) 모든 효과를 포함한 완전모형에 대한 분산분석표를 만드시오.
(7) 각 요인효과에 대해 유의수준 5%에서 가설검정하시오.
(8) (7)의 가설검정 결과를 바탕으로 유의하지 않은 상호작용효과들을 합하여 축소모형을 만들고 이에 대한 분산분석표를 작성하시오(주효과는 포함).

7.6 화학물질 생성 실험에서 세 가지 요인 A, B, C에 대해 관심이 있으며 각 요인은 모두 두 수준을 갖도록 정했다. 처리조합에 대해 완전확률화설계로 실험되었으며 다음의 데이터를 얻었다.

A_1				A_2			
B_1		B_2		B_1		B_2	
C_1	C_2	C_1	C_2	C_1	C_2	C_1	C_2
1595	1745	1835	1838	1573	2185	1700	1717
1578	1689	1823	1614	1592	1685	1815	1814

(1) 2^3 요인설계에 대한 통계적 모형을 쓰시오.
(2) 각 요인에 대해 수준별 평균과 표준편차를 구하시오.
(3) 요인 A에 대한 요인 B의 상호작용그림을 그리시오.
(4) 각 요인에 대한 주효과를 구하시오.
(5) 이요인 상호작용효과 AB, AC, BC를 구하시오.
(6) 삼요인 상호작용효과 ABC를 구하시오.
(7) 모든 효과를 포함한 완전모형에 대한 분산분석표를 만드시오.
(9) 각 요인효과에 대해 유의수준 5%에서 가설검정하시오.
(9) 요인효과에 대한 모수를 추정하시오.
(10) 오차항의 분산에 대한 추정값을 구하시오.

7.7 다음은 2^4 요인설계 실험한 후 각 처리조합에서의 데이터이다. 최고차 상호작용을 오차항으로 간주하고 분석하시오.

처리조합	관측값	처리조합	관측값
(1)	50	d	78
a	70	ad	76
b	48	bd	75
ab	58	abd	65
c	43	cd	86
ac	65	acd	55
bc	60	bcd	50
abc	90	$abcd$	96

(1) 통계적 모형을 설계하시오.

(2) 분산분석표를 작성하고 주효과와 상호작용효과에 대해 유의수준 0.05에서 가설검정하시오 (가설, 검정통계량, $p-$값, 검정결과, 결론).

(3) 유의하지 않은 상호작용효과에 대한 제곱합을 오차제곱합으로 합하여 새로운 분산분석표를 작성하고 제안하는 모형을 쓰시오.

7.8 화학물질 생성 실험에서 네 가지 요인 A, B, C, D에 대해 관심이 있으며 각 요인은 모두 두 수준을 갖도록 설정했다. 처리조합에 대해 완전확률화설계로 실험되었으며 다음의 데이터를 얻었다.

D_1							
A_1				A_2			
B_1		B_2		B_1		B_2	
C_1	C_2	C_1	C_2	C_1	C_2	C_1	C_2
1595	1745	1835	1838	1573	2185	1700	1717
1578	1689	1823	1918	1592	1685	1815	1814

D_2							
A_1				A_2			
B_1		B_2		B_1		B_2	
C_1	C_2	C_1	C_2	C_1	C_2	C_1	C_2
1895	2145	1670	2138	1763	1835	1700	1957
1578	1789	1725	1914	1700	1785	1815	1922

(1) 2^4 요인설계에 대한 통계적 모형을 설계하시오.

(2) 각 요인에 대해 수준별 평균과 표준편차를 구하시오.

(3) 고려할 수 있는 이요인 상호작용그림을 모두 그리시오.

(4) 각 요인에 대한 주효과를 구하시오.

(5) 모든 효과를 포함한 완전모형에 대한 분산분석표를 만드시오.

(6) 각 요인효과에 대해 유의수준 5%에서 가설검정하시오.

(7) (6)의 가설검정 결과를 바탕으로 유의하지 않은 상호작용효과들을 합하여 축소모형을 만들고 이에 대한 분산분석표를 작성하시오(주효과는 포함).

7.9 A, B 두 요인에 대해 BIBD 설계로 한 블록에 2개 처리조합만 실험하여 6개의 블록에서 다음의 데이터를 얻었다. 각 반복별로 교락된 효과를 찾으시오.

반복 1		반복 2		반복 3	
1	2	3	4	5	6
(1)	a	(1)	a	(1)	b
ab	b	b	ab	a	ab

7.10 r 반복 2^4 요인설계에서 주효과와 상호작용효과 그리고 요인제곱합에 대한 계산식을 위한 계수표를 만드시오.

	처리조합																요인효과	제곱합
효과	(1)	a	b	c	d	ab	ac	ad	bc	bd	cd	abc	abd	acd	bcd	$abcd$	제수	제수
A																		
B																		
C																		
D																	$8r$	$16r$
AB																		
AC																		
AD																		
BC																		
BD																		
CD																		
ABC																		
ABD																		
ACD																		
BCD																		
ABCD																		

7.11 2개 블록에서 2^3 요인설계에서 AB 2차 상호작용효과를 블록과 교락시키는 설계를 하고자 한다. 정의대비는 $L = x_1 + x_2$ (mod) 2를 활용하여 배치하시오.

처리조합		정의대비 계산	(mod) 2
$a_0b_0c_0$	(1)		
$a_1b_0c_0$	a		
$a_0b_1c_0$	b		
$a_1b_1c_0$	ab		
$a_0b_0c_1$	c		
$a_1b_0c_1$	ac		
$a_0b_1c_1$	bc		
$a_1b_1c_1$	abc		

7.12 2^4 요인설계에서 2개의 블록과 교락시키는 교락법을 설계하고자 한다.

(1) ABD 3차 상호작용효과를 2개의 블록과 교락시키는 교락법을 설계하고자 한다. 적절한 정의대비를 정하고 다음의 표를 완성한 후 2개 블록에 처리조합을 배치하시오.

(2) $ABCD$ 4차 상호작용효과를 2개의 블록과 교락시키는 교락법을 설계하고자 한다. 적절한 정의대비를 정하고 다음의 표를 완성한 후 2개 블록에 처리조합을 배치하시오.

처리조합		정의대비 계산	(mod) 2
$a_0b_0c_0d_0$	(1)		
$a_1b_0c_0d_0$	a		
$a_0b_1c_0d_0$	b		
$a_1b_1c_0d_0$	ab		
$a_0b_0c_1d_0$	c		
$a_1b_0c_1d_0$	ac		
$a_0b_1c_1d_0$	bc		
$a_1b_1c_1d_0$	abc		

처리조합		정의대비 계산	(mod) 2
$a_0b_0c_0d_1$	d		
$a_1b_0c_0d_1$	ad		
$a_0b_1c_0d_1$	bd		
$a_1b_1c_0d_1$	abd		
$a_0b_0c_1d_1$	cd		
$a_1b_0c_1d_1$	acd		
$a_0b_1c_1d_1$	bcd		
$a_1b_1c_1d_1$	$abcd$		

7.13 2^3 요인설계에서 하루에 4개 처리조합만 실험할 수 있어 실험일과 교락시켜 2일에 걸쳐 데이터를 다음과 같이 얻었다.

1 일 :	$(1)=2$	$a=1$	$bc=3$	$abc=4$
2 일 :	$c=1$	$ac=4$	$b=6$	$ab=0$

2일간의 변동을 조사하여 어느 효과가 실험일과 교락되었는지 찾으시오.

7.14 2^3 요인설계에서 부분교락법으로 다음의 데이터를 얻었다. 적절한 통계분석을 통해 유의한 효과를 찾으시오.

반복 I ABC 교락	반복 II AB 교락	반복 III BC 교락	반복 IV AC 교락
$(1)=2$ $ab=3$ $ac=-7$ $bc=-2$	$(1)=-3$ $ab=8$ $c=-6$ $abc=0$	$(1)=-2$ $a=-6$ $bc=-1$ $abc=-4$	$(1)=-5$ $b=4$ $ac=0$ $abc=-2$
$a=0$ $b=1$ $c=0$ $abc=-1$	$a=1$ $b=1$ $ac=-6$ $bc=2$	$b=9$ $c=-3$ $ab=0$ $ac=-4$	$a=0$ $c=-3$ $ab=2$ $bc=-1$

8장

부분요인설계

8.1 이수준 부분요인설계

2^k 요인설계실험에서 요인의 개수 k가 증가할수록 동일한 조건을 만들 수 있는 여건이나 실험의 재료사용에 대한 문제가 발생할 수 있다. 예를 들어, 요인이 6개인 경우 2^6 요인설계를 완전요인설계로 하려면 64개의 처리조합에 대해 완전확률화설계를 하기 위한 동일한 조건의 실험단위가 64개 있어야 한다. 그런데 총자유도 $64-1=63$ 중 주효과에 대한 자유도를 생각해 보면 $(2-1)\times 6=6$만 필요하다. 2차 상호작용에 대한 자유도는 $\binom{6}{2}=15$이며 나머지 자유도 42는 3차 이상의 고차 상호작용과 관련된 자유도이다. 고차 상호작용에 대해서는 무시할 수 있는 경우 주효과와 2차 상호작용에 대한 정보를 얻기 위해서는 처리조합의 일부만 실시해도 가능하다. 이러한 설계를 이수준 부분요인설계(two-level fractional factorial design)라고 하며 실제로 널리 활용되고 있는 매우 유용한 설계이다.

부분요인설계(fractional factorial design)는 요인을 선택하고 결정하는 실험에 주로 활용된다. 반응에 영향을 준다고 여겨지는 여러 요인들을 대상으로 실험설계를 하여 의미 있는 요인들을 선별할 수 있다. 부분요인설계에서는 주요 효과에 대한 추정은 가능하도록 하고 고차 상호작용은 무시할 수 있다(오차항과 교락시킨다).

8.2 2^k 요인설계에서 1/2 부분요인설계

2^k 요인설계에서는 요인의 수준들의 조합으로 2^k개 처리조합이 생긴다. 그런데 실험할 수 있는 실험단위는 2^{k-1}개만 가능할 경우 실험하고자 하는 처리조합을 반으로 줄여야 한다. 이러한 경우 1/2 부분요인설계에 대해 설명하고자 한다.

8.2.1 2^3 요인설계에서 1/2 부분요인설계

2^3 요인설계에서 실험단위는 4개만 있다고 하자. 처리조합은 8개인데 4번만 실험해야 하므로 1/2만 실험할 수 있으므로 2^{3-1} 설계라고 한다.

<표 8.1>에서는 2^3 요인설계에서 처리조합과 함께 요인효과를 구할 때의 부호를 보여준다. 8개 처리조합 중 4개만을 선택해야 할 때 ABC 행에서 "+" 부호를 가진 처리조합만 고를 수 있다. 이러한 경우 ABC를 특별한 부분을 결정하는 생성자(generator)로서 정의관계(defining relation)라고 부른다. $I=+ABC$와 $I=-ABC$되는 부분을 나누어 <표 8.2>

와 같이 정리할 수 있다.

2^{3-1} 설계에서 정의관계 $I=+ABC$인 경우 선택되는 처리조합은 (a, b, c, abc)이고 $I=-ABC$인 경우 선택되는 처리조합은 $(ab, ac, bc, (1))$이다.

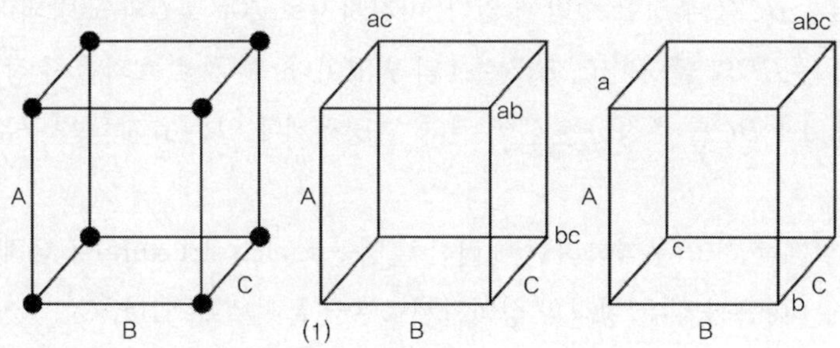

(a) (b) (c)

그림 8.1 (a) 완전 2^3 요인 처리조합 (b)와 (c) 1/2 부분 2^3 요인 처리조합
각 꼭짓점은 처리조합을 나타낸다. (b)와 (c)는 ABC가 교락된 경우

표 8.1 2^3 요인설계에서 계수 부호

효과	처리조합 (1)	a	b	c	ab	ac	bc	abc
A	−	+	−	−	+	+	−	+
B	−	−	+	−	+	−	+	+
C	−	−	−	+	−	+	+	+
AB	+	−	−	+	+	−	−	+
AC	+	−	+	−	−	+	−	+
BC	+	+	−	−	−	−	+	+
ABC	−	+	+	+	−	−	−	+

표 8.2 2^3 요인설계에서 $I=ABC$와 $I=-ABC$

효과	$I=+ABC$ a	b	c	abc	$I=-ABC$ ab	ac	bc	(1)
A	+	−	−	+	+	+	−	−
B	−	+	−	+	+	−	+	−
C	−	−	+	+	−	+	+	−
AB	−	−	+	+	+	−	−	+
AC	−	+	−	+	−	+	−	+
BC	+	−	−	+	−	−	+	+
ABC	+	+	+	+	−	−	−	−

ABC 상호작용효과에 대한 추정을 희생해서 ABC 효과의 부호가 '+' 인 처리들만 실험하면 나머지 효과들에서는 '+' 와 '−' 부호가 반반씩 균형 있게 나타난다. 이는 효과추정식에서 각각 대비이기 때문이기도 하다. 그러나 <표 8.2>에서 보면 A 효과와 BC 효과는 구분할 방법이 없다. 이런 경우 A와 BC는 교락된 것이며 A와 BC를 별명들(aliases)로 부르고 실제 $A+BC$를 추정할 수밖에 없다. 마찬가지로 B는 AC와 교락되며 C는 AB와 교락된다. A는 BC의 별명이고, BC는 A의 별명이다. 결국 A 효과를 추정하고자 할 때, 실제로 효과 $A+BC$를 추정하는 셈이 된다. 별명관계에 있는 효과들을 구분하여 떼어낼 수는 없다.

부분요인설계를 하고 분석하려면 이러한 별명구조(alias structure)에 대해 이해해야 한다. 별명구조는 다음과 같은 형식의 정의관계로부터 끌어낼 수 있다.

$$I = ABC$$

여기서 I는 단위원소이고 ABC는 일부요인실험을 위해 선정된 희생시킬 효과로서, 일부요인실험의 생성자(generator)라 부른다. 이 정의관계를 통해 각 주효과의 별명구조를 나열할 수 있다. 곱할 때 지수가 2이면 0으로 간주한다.

$$\begin{aligned} A &= A(ABC) = A^2BC = BC \\ B &= B(ABC) = AB^2C = AC \\ C &= C(ABC) = ABC^2 = AB \end{aligned} \tag{8.1}$$

A, B, C의 주효과를 다음과 같이 표시할 수 있다.

$$\begin{aligned} & l_A \rightarrow A+BC \\ & l_B \rightarrow B+AC \\ & l_C \rightarrow C+AB \end{aligned} \tag{8.2}$$

A, B, C의 주효과를 다음과 같이 쓸 수 있다.

$$\begin{aligned} l_A &= \frac{1}{2}(a-b-c+abc) \\ l_B &= \frac{1}{2}(-a+b-c+abc) \\ l_C &= \frac{1}{2}(-a-b+c+abc) \end{aligned} \tag{8.3}$$

별명구조로부터

$$l_{BC} = \frac{1}{2}(a - b - c + abc)$$
$$l_{AC} = \frac{1}{2}(-a + b - c + abc)$$
$$l_{AB} = \frac{1}{2}(-a - b + c + abc)$$

이므로 $l_A = l_{BC}$, $l_B = l_{AC}$, $l_C = l_{AB}$이고 이들을 구별할 수 없다.

또한, ABC 상호작용효과에 대한 추정을 희생하여 ABC 효과의 부호가 '–'인 처리들만 실험하면 나머지 효과들에서는 '+'와 '–' 부호가 반반씩 나타난다.

별명구조는 다음과 같은 형식의 정의관계(defining relation)로부터 끌어낼 수 있다.

$$I = -ABC$$

여기서 I는 단위원소이고 ABC는 일부요인실험을 위해 선정된 희생시킬 효과로서, 일부요인실험의 생성자가 된다. 이러한 정의관계를 통해 각 주효과의 별명구조를 나열할 수 있다.

$$A = A(-ABC) = -A^2BC = -BC$$
$$B = B(-ABC) = -AB^2C = -AC$$
$$C = C(-ABC) = -ABC^2 = -AB$$

A, B, C의 주효과를 다음과 같이 표시할 수 있다.

$$l_A' \rightarrow A - BC$$
$$l_B' \rightarrow B - AC$$
$$l_C' \rightarrow C - AB$$

A, B, C의 주효과를 다음과 같이 쓸 수 있다.

$$l_A' = \frac{1}{2}(ab + ac - bc - (1))$$
$$l_B' = \frac{1}{2}(ab - ac + bc - (1))$$
$$l_C' = \frac{1}{2}(-ab + ac + bc - (1))$$

그러므로 주효과를 구하기 위해서는 다음과 같다.

$$\frac{1}{2}(l_A + l_A{}') \rightarrow \frac{1}{2}(A + BC + A - BC) = A$$
$$\frac{1}{2}(l_B + l_B{}') \rightarrow \frac{1}{2}(B + AC + B - AC) = B$$
$$\frac{1}{2}(l_C + l_C{}') \rightarrow \frac{1}{2}(C + AB + C - AB) = C$$

상호작용효과를 구하기 위해서는 다음과 같다.

$$\frac{1}{2}(l_A - l_A{}') \rightarrow \frac{1}{2}(A + BC - A + BC) = BC$$
$$\frac{1}{2}(l_B - l_B{}') \rightarrow \frac{1}{2}(B + AC - B + AC) = AC$$
$$\frac{1}{2}(l_C - l_C{}') \rightarrow \frac{1}{2}(C + AB - C + AB) = AB$$

의 관계식을 이용할 수 있다.

만일 2^{3-1} 요인설계를 두 번 반복할 수 있다면 한 번은 $I = ABC$를 사용하고 나머지 한 번은 $I = -ABC$를 사용하면 주효과와 이요인 상호작용효과를 추정할 수 있게 된다.

8.2.2 설계해상도

2^{3-1} 설계를 해상도 III 설계(resolution III design)라고 한다. 이 설계에서는 주효과와 2차 상호작용효과가 별명구조를 갖는다. 일반적으로 로마 숫자를 이용하여 해상도에 대한 표기를 한다. 예를 들어, 해상도 III인 2^{3-1} 설계는 2^{3-1}_{III}로 표기한다.

해상도 R을 갖는 실험설계는 다음의 조건을 만족하는 설계이다: 어떤 p-요인 효과도 $(R-p)$보다 작은 요인효과와 별명이 아닌 구조를 갖는다.

부분요인설계에서는 모형에 포함된 모든 요인효과에 대해 분해해서 추정할 수 없게 된다. 그럼에도 불구하고 주효과 및 저차의 상호작용효과에 대해서는 추정하는 것이 중요하며 이렇게 효과들에 대한 분해 추정 능력에 대한 정도를 해상도로 나타낸 것이다.

(1) 해상도 III 설계

어떤 주효과도 다른 주효과와 별명이 아닌 설계이다. 그러나 주효과들은 이요인 상호작용(two-factor interaction)과 별명을 가질 수 있다.

표 8.3 1/2 부분실시 2^3 요인설계

	2^2 완전요인 (기본설계)		2_{III}^{3-1}, $I=ABC$				2_{III}^{3-1}, $I=-ABC$			
Run	A	B	A	B	C	처리조합	A	B	C	처리조합
1	−	−	−	−	+	c	−	−	−	(1)
2	+	−	+	−	−	a	+	−	+	ac
3	−	+	−	+	−	b	−	+	+	bc
4	+	+	+	+	+	abc	+	+	−	ab

(2) 해상도 IV 설계

어떤 주효과도 다른 주효과나 이요인 상호작용과 별명이 아닌 설계이다. 그러나 이요인 상호작용들은 서로 별명을 가질 수 있다.

(3) 해상도 V 설계

어떤 주효과나 이요인 상호작용도 다른 주효과나 이요인 상호작용과 별명이 아닌 설계이다. 그러나 이요인 상호작용들은 삼요인 상호작용들과 서로 별명을 가질 수 있다.

2^k 요인설계에서 1/2 부분요인설계는 기본설계(basic design)를 통해 가장 높은 해상도를 갖도록 설계될 수 있다. 이번에는 기본설계를 활용하여 1/2 부분실시 2^{k-1} 요인설계를 하는 방법을 설명하고자 한다. 2^{k-1} 요인에 대해 완전요인설계를 한 후 이것을 기본설계로 하여 다음 열에는 k번째 요인에 대한 부호를 결정하는 데 앞선 $k-1$ 개 열의 곱으로 부호를 정하면 된다.

1/2 부분실시 2^3 요인설계 예를 <표 8.3>에서 보여 준다. 요인이 3개인 경우이므로 $(3-1)=2$ 개의 A, B에 대해 완전요인설계를 한 후 다음 열에 정의관계를 사용하여 C에 대한 부호를 결정한다. 정의관계 $I=ABC$를 사용할 경우 c, a, b, abc 처리조합에 대한 실험을 하고 정의관계 $I=-ABC$를 사용할 경우에는 (1), ab, bc, ac 처리조합에 대한 실험을 하면 된다.

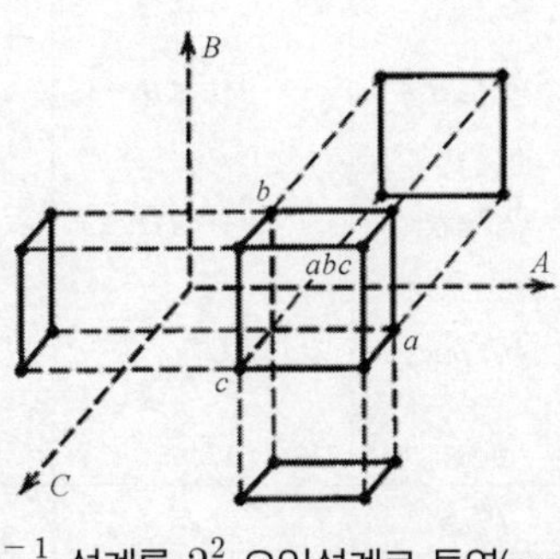

그림 8.2 2_{III}^{3-1} 설계를 2^2 요인설계로 투영(projection)

표 8.4 1/2 부분실시 2^3 요인설계 분산분석표($I=ABC$)

요인	자유도	제곱합	평균제곱합
A	1	SS_A	$MS_A=SS_A$
B	1	SS_B	$MS_B=SS_B$
C	1	SS_C	$MS_C=SS_C$
계	3	TSS	

2_{III}^{3-1} 설계를 2^2 요인설계로 투영(projection)한 그림으로 <그림 8.2>를 참조하기 바란다. 요인이 3개이므로 2^3 완전요인설계라면 3차원 공간에 정육면체의 꼭짓점을 이루는 처리조합에 대해 실험하면 된다. 그러나 2_{III}^{3-1} 설계인 경우 1개 차원이 줄어드는 효과이므로 투영을 고려하여 설명할 수 있다. $2^3=8$개 중 부분실시되는 $2^2=4$개 꼭짓점은 두 개 요인이 이루는 2차원 평면으로 투영시켰을 때 $2^2=4$개 점이 된다.

정의관계 $I=ABC$를 사용할 경우 c, a, b, abc 처리조합에 대해 한 번씩 실험을 한 경우 분산분석표를 고려해 보자. <표 8.4>와 같이 만들 수는 있으나 주효과에 대한 검정은 할 수 없다. 주효과에 대한 추정은 가능하나 오차에 대한 자유도가 나오지 않으므로 검정을 할 수 없다. 그러므로 검정을 하기 위해서는 반복이 필요하다. 2 반복의 경우 <표 8.5>의 분산분석을 할 수 있다.

표 8.5 2 반복 1/2 부분실시 2^3 요인설계 분산분석표($I=ABC$와 $I=-ABC$)

요인	자유도	제곱합	평균제곱합	F 통계량	기각값
A	1	SS_A	MS_A	$F_A=\frac{MS_A}{MSe}$	$F_{1,1}(\alpha)$
B	1	SS_B	MS_B	$F_B=\frac{MS_B}{MSe}$	$F_{1,1}(\alpha)$
C	1	SS_C	MS_C	$F_C=\frac{MS_C}{MSe}$	$F_{1,1}(\alpha)$
AB	1	SS_{AB}	MS_{AB}	$F_{AB}=\frac{MS_{AB}}{MSe}$	$F_{1,1}(\alpha)$
AC	1	SS_{AC}	MS_{AC}	$F_{AC}=\frac{MS_{AC}}{MSe}$	$F_{1,1}(\alpha)$
BC	1	SS_{BC}	MS_{BC}	$F_{BC}=\frac{MS_{BC}}{MSe}$	$F_{1,1}(\alpha)$
오차	1	SSe	MSe		
계	7	TSS			

표 8.6 1/2 부분실시 2^4 요인설계

	2^3 완전요인 (기본설계)			2_{IV}^{4-1}, $I=ABCD$					2_{IV}^{4-1}, $I=-ABCD$				
Run	A	B	C	A	B	C	D=ABC	처리조합	A	B	C	D=ABC	처리조합
1	−	−	−	−	−	−	−	(1)	−	−	−	+	d
2	+	−	−	+	−	−	+	ad	+	−	−	−	a
3	−	+	−	−	+	−	+	bd	−	+	−	−	b
4	+	+	−	+	+	−	−	ab	+	+	−	+	abd
5	−	−	+	−	−	+	+	cd	−	−	+	−	c
6	+	−	+	+	−	+	−	ac	+	−	+	+	acd
7	−	+	+	−	+	+	−	bc	−	+	+	+	bcd
8	+	+	+	+	+	+	+	$abcd$	+	+	+	−	abc

1/2 부분실시 2^4 요인설계 예는 <표 8.6>에서 보여 준다. 요인이 4개인 경우이므로 (4−1) = 3개의 A, B, C에 대해 완전요인설계를 한 후 다음 열에 정의관계를 사용하여 D에 대한 부호를 결정한다. 정의관계 $I=ABCD$를 사용할 경우 (1), ad, bd, ab, cd, ac, bc, $abcd$ 처리조합에 대한 실험을 하고, 정의관계 $I=-ABCD$를 사용할 경우에는 d, a, b, abd, c, acd, bcd, abc 처리조합에 대한 실험을 하면 된다.

1/2 부분실시 2^4 요인설계에서 정의관계 $I=ABCD$를 사용할 경우 별명에 대해 알아보자.

$$A = A(ABCD) = A^2BCD = BCD$$
$$B = B(ABCD) = AB^2CD = ACD$$
$$C = C(ABCD) = ABC^2D = ABD$$
$$D = D(ABCD) = ABCD^2 = ABC$$

A, B, C, D의 주효과를 다음과 같이 표시할 수 있다.

$$l_A \rightarrow A + BCD$$
$$l_B \rightarrow B + ACD$$
$$l_C \rightarrow C + ABD$$
$$l_D \rightarrow D + ABC$$

A, B, C, D의 주효과를 다음과 같이 쓸 수 있다.

$$l_A = \frac{1}{4}(-(1) + ad - bd + ab - cd + ac - bc + abcd)$$

$$l_B = \frac{1}{4}(-(1) - ad + bd + ab - cd - ac + bc + abcd)$$

$$l_C = \frac{1}{4}(-(1) - ad - bd - ab + cd + ac + bc + abcd)$$

$$l_D = \frac{1}{4}(-(1) + ad + bd - ab + cd - ac - bc + abcd)$$

별명구조로부터

$$l_{BCD} = \frac{1}{4}(-(1) + ad - bd + ab - cd + ac - bc + abcd)$$

$$l_{ACD} = \frac{1}{4}(-(1) - ad + bd + ab - cd - ac + bc + abcd)$$

$$l_{ABD} = \frac{1}{4}(-(1) - ad - bd - ab + cd + ac + bc + abcd)$$

$$l_{ABC} = \frac{1}{4}(-(1) + ad + bd - ab + cd - ac - bc + abcd)$$

이므로 $l_A = l_{BCD}$, $l_B = l_{ACD}$, $l_C = l_{ABD}$, $l_D = l_{ABC}$이고 이들을 구별할 수 없다.

1/2 부분실시 2^5 요인설계 예는 <표 8.7>에서 보여 준다. 요인이 5개인 경우이므로 (5−1) = 4개의 A, B, C, D에 대해 완전요인설계를 한 후 다음 열에 정의관계를 사용하여 E에 대한 부호를 결정한다.

정의관계 $I = ABCDE$를 사용할 경우 $e, a, b, abe, c, ace, bce, abc, d, ade, bde, abd, cde, acd, bcd, abcde$ 처리조합에 대한 실험을 한다. 정의관계 $I = -ABCDE$를 사용할 경우에는 $(1), ae, be, ab, ce, ac, bc, abce, de, ad, bd, abde, cd, acde, bcde, abcd$ 처리조합에 대한 실험을 하면 된다.

표 8.7 1/2 부분실시 2^5 요인설계

	2^4완전요인 (기본설계)				2^{5-1}, $I=ABCDE$						2^{5-1}, $I=-ABCDE$					
Run	A	B	C	D	A	B	C	D	E=ABCD	처리조합	A	B	C	D	E=ABCD	처리조합
1	−	−	−	−	−	−	−	−	+	e	−	−	−	−	−	(1)
2	+	−	−	−	+	−	−	−	−	a	+	−	−	−	+	ae
3	−	+	−	−	−	+	−	−	−	b	−	+	−	−	+	be
4	+	+	−	−	+	+	−	−	+	abe	+	+	−	−	−	ab
5	−	−	+	−	−	−	+	−	−	c	−	−	+	−	+	ce
6	+	−	+	−	+	−	+	−	+	ace	+	−	+	−	−	ac
7	−	+	+	−	−	+	+	−	+	bce	−	+	+	−	−	bc
8	+	+	+	−	+	+	+	−	−	abc	+	+	+	−	+	$abce$
9	−	−	−	+	−	−	−	+	−	d	−	−	−	+	+	de
10	+	−	−	+	+	−	−	+	+	ade	+	−	−	+	−	ad
11	−	+	−	+	−	+	−	+	+	bde	−	+	−	+	−	bd
12	+	+	−	+	+	+	−	+	−	abd	+	+	−	+	+	$abde$
13	−	−	+	+	−	−	+	+	+	cde	−	−	+	+	−	cd
14	+	−	+	+	+	−	+	+	−	acd	+	−	+	+	+	$acde$
15	−	+	+	+	−	+	+	+	−	bcd	−	+	+	+	+	$bcde$
16	+	+	+	+	+	+	+	+	+	$abcde$	+	+	+	+	−	$abcd$

1/2 부분실시 2^5 요인설계에서 정의관계 $I=ABCDE$를 사용할 경우 별명에 대해 알아보자.

$$A = A(ABCDE) = A^2BCDE = BCDE$$
$$B = B(ABCDE) = AB^2CDE = ACDE$$
$$C = C(ABCDE) = ABC^2DE = ABDE$$
$$D = D(ABCDE) = ABCD^2E = ABCE$$
$$E = E(ABCDE) = ABCDE^2 = ABCD$$

A, B, C, D, E의 주효과를 다음과 같이 표시할 수 있다.

$$l_A \rightarrow A + BCDE$$
$$l_B \rightarrow B + ACDE$$
$$l_C \rightarrow C + ABDE$$
$$l_D \rightarrow D + ABCE$$
$$l_E \rightarrow E + ABCD$$

이요인 상호작용효과는 다음과 같은 구조를 갖는다.

$$AB = AB(ABCDE) = A^2B^2CDE = CDE$$
$$AC = AC(ABCDE) = A^2BC^2DE = BDE$$
$$AD = AD(ABCDE) = A^2BCD^2E = BCE$$
$$AE = AE(ABCDE) = A^2BCDE^2 = BCD$$
$$BC = BC(ABCDE) = AB^2C^2DE = ADE$$
$$BD = BD(ABCDE) = AB^2CD^2E = ACE$$
$$BE = BE(ABCDE) = AB^2CDE^2 = ACD$$
$$CD = CD(ABCDE) = ABC^2D^2E = ABE$$
$$CE = CE(ABCDE) = ABC^2DE^2 = ABD$$
$$DE = DE(ABCDE) = ABCD^2E^2 = ABC$$

이요인 상호작용효과 추정은 다음과 같은 관계를 갖는다.

$$\begin{array}{ll} l_{AB} \rightarrow AB + CDE & l_{BD} \rightarrow BD + ACE \\ l_{AC} \rightarrow AC + BDE & l_{BE} \rightarrow BE + ACD \\ l_{AD} \rightarrow AD + BCE & l_{CD} \rightarrow CD + ABE \\ l_{AE} \rightarrow AE + BCD & l_{CE} \rightarrow CE + ABD \\ l_{BC} \rightarrow BC + ADE & l_{DE} \rightarrow DE + ABC \end{array}$$

이와 같은 설계는 해상도 V를 갖는다.

예제 8.1 2_{III}^{3-1}, $I = ABC$ 부분요인설계로 다음의 처리조합에서 반응값을 얻었다. 요인효과에 대한 통계적 분석을 하고자 한다.

표 8.8 (a) 2_{III}^{3-1}, $I = ABC$ 부분요인설계 데이터 1

	2_{III}^{3-1}, $I = ABC$				
Run	A	B	C	처리조합	반응값
1	−	−	+	c	22
2	+	−	−	a	32
3	−	+	−	b	34
4	+	+	+	abc	40

$I=ABC$ 이므로 생성되는 정의관계를 구해 보면 다음과 같다.

$$A=A(ABC)=A^2BC=BC$$
$$B=B(ABC)=AB^2C=AC$$
$$C=C(ABC)=ABC^2=AB$$

요인 A, B, C의 각 주효과는 다음과 같이 계산할 수 있으며 별명구조를 갖는다.

$$l_A=\frac{1}{2}(a-b-c+abc)=\frac{1}{2}(32-34-22+40)=8=l_{BC}$$
$$l_B=\frac{1}{2}(-a+b-c+abc)=\frac{1}{2}(-32+34-22+40)=10=l_{AC}$$
$$l_C=\frac{1}{2}(-a-b+c+abc)=\frac{1}{2}(-32-34+22+40)=-2=l_{AB}$$

예제 8.2 [예제 8.1] 데이터에 추가해서 한 번 더 실험을 할 수 있었다. 2_{III}^{3-1}, $I=-ABC$ 부분요인설계로 다음의 처리조합에서 반응값을 얻었다. 요인효과에 대한 통계적 분석을 하고자 한다.

표 8.8 (b) 2_{III}^{3-1}, $I=-ABC$ 부분요인설계 데이터 2

	2_{III}^{3-1}, $I=-ABC$				
Run	A	B	C	처리조합	반응값
1	−	−	−	(1)	20
2	+	−	+	ac	36
3	−	+	+	bc	28
4	+	+	−	ab	30

$$A=A(-ABC)=A^2BC=-BC$$
$$B=B(-ABC)=AB^2C=-AC$$
$$C=C(-ABC)=ABC^2=-AB$$
$$l_A'=\frac{1}{2}(ab+ac-bc-(1))=\frac{1}{2}(30+36-28-20)=9$$
$$l_B'=\frac{1}{2}(ab-ac+bc-(1))=\frac{1}{2}(30-36+28-20)=1$$
$$l_C'=\frac{1}{2}(-ab+ac+bc-(1))=\frac{1}{2}(-30+36+28-20)=7$$

주효과를 구하기 위해서는 다음과 같다.

$$\frac{1}{2}(l_A + l_A{}') = \frac{1}{2}(8+9) = 8.5 \quad \rightarrow \frac{1}{2}(A + BC + A - BC) = A$$
$$\frac{1}{2}(l_B + l_B{}') = \frac{1}{2}(10+1) = 5.5 \quad \rightarrow \frac{1}{2}(B + AC + B - AC) = B$$
$$\frac{1}{2}(l_C + l_C{}') = \frac{1}{2}(-2+7) = 2.5 \rightarrow \frac{1}{2}(C + AB + C - AB) = C$$

상호작용효과를 구하기 위해서는 다음과 같다.

$$\frac{1}{2}(l_A - l_A{}') = \frac{1}{2}(8-9) = -0.5 \quad \rightarrow \frac{1}{2}(A + BC - A + BC) = BC$$
$$\frac{1}{2}(l_B - l_B{}') = \frac{1}{2}(10-1) = 4.5 \quad \rightarrow \frac{1}{2}(B + AC - B + AC) = AC$$
$$\frac{1}{2}(l_C - l_C{}') = \frac{1}{2}(-2-7) = -4.5 \rightarrow \frac{1}{2}(C + AB - C + AB) = AB$$

예제 8.3 2_{IV}^{4-1} 요인설계로 표시된 처리조합에서 <그림 8.3>과 같이 데이터를 얻었다. 각 꼭짓점은 처리조합을 나타내며 각 정육면체는 블록을 나타낸다. 요인효과에 대한 통계적 분석을 하고자 한다.

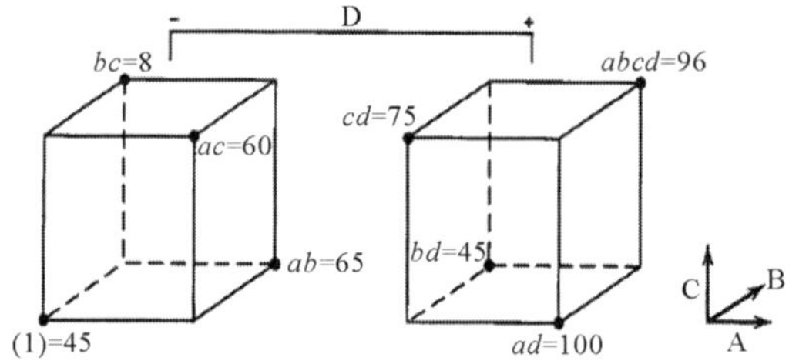

그림 8.3 2_{IV}^{4-1} 요인설계 실시한 처리조합과 반응값

주효과는 다음과 같이 계산할 수 있다:

$$l_A = \frac{1}{4}(-(1) + ad - bd + ab - cd + ac - bc + abcd)$$
$$= \frac{1}{4}(-45 + 100 - 45 + 65 - 75 + 60 - 80 + 96) = 19$$

$$l_B = \frac{1}{4}(-(1) - ad + bd + ab - cd - ac + bc + abcd)$$
$$= \frac{1}{4}(-45 - 100 + 45 + 65 - 75 - 60 + 80 + 96) = 1.5$$

$$l_C = \frac{1}{4}(-(1) - ad - bd - ab + cd + ac + bc + abcd)$$
$$= \frac{1}{4}(-45 - 100 - 45 - 65 + 75 + 60 + 80 + 96) = 14$$

$$l_D = \frac{1}{4}(-(1) + ad + bd - ab + cd - ac - bc + abcd)$$
$$= \frac{1}{4}(-45 + 100 + 45 - 65 + 75 - 60 - 80 + 96) = 16.5$$

8.3 2^k 요인설계에서 1/4 부분요인설계

2^k 요인설계에서 좀 더 작은 부분실시를 해야 하는 경우가 있다. 이번에는 2^k 요인설계에서 1/4 부분요인설계로서 2^{k-2} 부분요인설계에 대해 고려해 보고자 한다.

$(k-2)$개 완전요인설계를 기본설계(basic design)로 한 후 2개의 생성자 $I=P, I=Q$를 정하고 두 생성자에 대한 부호를 계산하여 나머지 2개 요인의 부호를 결정한다. 그러면 2^{k-2} 부분요인설계에 필요한 처리조합을 선택할 수 있다.

1/4 부분실시 2^{6-2} 요인설계를 해 보자. 정의관계를 $I=ABCE, I=BCDF$로 정했다고 하자. 두 개의 정의관계 곱하면 새로운 정의관계가 생긴다.

$$I = ABCE = ABCE \cdot BCDF = AB^2C^2DEF = ADEF$$

그러므로 $I=ABCE, I=BCDF, I=ADEF$가 생성자가 된다.

별명구조를 살펴보면

$$A = AI = A \cdot ABCE = A^2BCE = BCE$$
$$= A \cdot BCDF = ABCDF = ABCDF \cdot ABCE = DEF$$

즉, $A = BCE = DEF = ABCDF$ 별명을 갖는다. 이와 같이 한 요인이 여러 별명을 갖게 되며 <표 8.9>에 별명구조가 정리되어 있다. 별명을 정리한 후 E, F에 대한 별명으로 <표 8.10>에서와 같이 부호를 계산한 후 처리조합을 결정한다.

표 8.9 1/4 부분실시 2^{6-2} 요인설계에서 별명구조($I=ABCE$, $I=BCDF$인 경우)

$A=BCE=DEF=ABCDF$	$AB=CE=ACDF=BDEF$
$B=ACE=CDF=ABDEF$	$AC=BE=ABDF=CDEF$
$C=ABE=BDF=ACDEF$	$AD=EF=ABDF=CDEF$
$D=BCF=AEF=ABCDE$	$AE=BC=DF=ABCDEF$
$E=ABC=ADF=BCDEF$	$AF=DE=BCEF=ABCD$
$F=BCD=ADE=ABCEF$	$BD=CF=ACDE=ABEF$
$ABC=CDE=ACF=BEF$	$BF=CD=ACEF=ABDE$
$ACD=BDE=ABF=CEF$	

표 8.10 1/4 부분실시 2^{6-2} 요인설계

	2^4 완전요인 (기본설계)				2_{IV}^{6-2}, $I=ABCE$, $I=BCDF$		
Run	A	B	C	D	E=ABC	F=BCD	처리조합
1	−	−	−	−	−	−	(1)
2	+	−	−	−	+	−	ae
3	−	+	−	−	+	+	bef
4	+	+	−	−	−	+	abf
5	−	−	+	−	+	+	cef
6	+	−	+	−	−	+	acf
7	−	+	+	−	−	−	bc
8	+	+	+	−	+	−	$abce$
9	−	−	−	+	−	+	df
10	+	−	−	+	+	+	$adef$
11	−	+	−	+	+	−	bde
12	+	+	−	+	−	−	abd
13	−	−	+	+	+	−	cde
14	+	−	+	+	−	−	acd
15	−	+	+	+	−	+	$bcdf$
16	+	+	+	+	+	+	$abcdef$

8.4 R을 이용한 부분요인설계 분석

예제 8.4 [예제 8.2] 데이터에 대해 R을 이용하여 요인효과에 대한 통계적 분석을 하고자 한다. <프로그램 8.1>을 활용한다.

프로그램 8.1 부분 삼요인설계 분석

```
frac<-read.csv("D:\\13expd\\ex8.1.csv", header=T)
frac ;  attach(frac)
A<-as.factor(A)
B<-as.factor(B)
C<-as.factor(C)

op=par(mfrow=c(1,3))     # 그림 8.4
  boxplot(y~A, sub="A") ;  boxplot(y~B, sub="B")
  boxplot(y~C, sub="C")
par(op)

tapply(y, A, mean) ; tapply(y, B, mean); tapply(y, C, mean)

faov1<-aov(y~A+B+C)
  summary(faov1)
model.tables(faov1)  # model parameters

faov2<-aov(y~A+B+C+A:B+A:C+B:C)
  summary(faov2)
model.tables(faov2)  # model parameters
```

```
> frac
  A B C  y
1 0 0 1 22
2 1 0 0 32
3 0 1 0 34
4 1 1 1 40
5 0 0 0 20
6 1 0 1 36
7 0 1 1 28
8 1 1 0 30
> tapply(y, A, mean)
   0    1
27.5 33.0
> tapply(y, B, mean)
   0    1
27.5 33.0
> tapply(y, C, mean)
   0    1
30.0 30.5
```

각 요인 수준별 평균을 보여 준다.

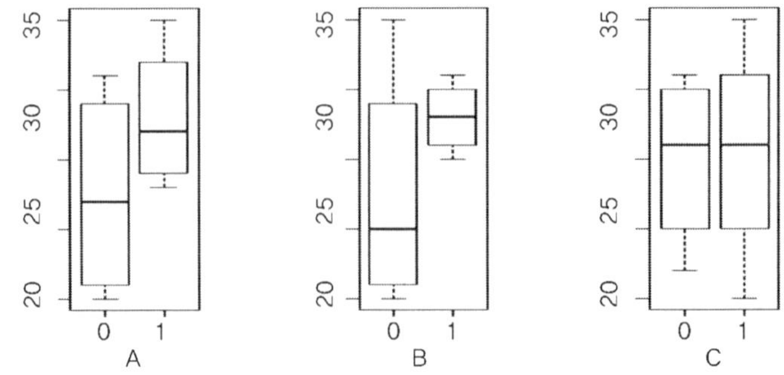

그림 8.4 부분 삼요인설계 요인별 상자그림

```
> faov1<-aov(y~A+B+C)
>   summary(faov1)
            Df Sum Sq Mean Sq F value Pr(>F)
A            1   60.5    60.5   1.198  0.335
B            1   60.5    60.5   1.198  0.335
C            1    0.5     0.5   0.010  0.926
Residuals   4  202.0    50.5
```

주효과만 포함한 모형에 대한 분산분석표이다. 유의수준 $\alpha = 0.05$에서 요인효과는 모두 유의하지 않다.

```
> model.tables(faov1)  # model parameters
Tables of effects
A
    0     1
-2.75  2.75
B
    0     1
-2.75  2.75
C
    0     1
-0.25  0.25
```

faov1 모형에 대한 모수추정값을 보여 준다.

```
> faov2<-aov(y~A+B+C+A:B+A:C+B:C)
>   summary(faov2)
            Df Sum Sq Mean Sq F value Pr(>F)
A            1   60.5    60.5   2.469   0.361
B            1   60.5    60.5   2.469   0.361
C            1    0.5     0.5   0.020   0.910
A:B          1  112.5   112.5   4.592   0.278
A:C          1   24.5    24.5   1.000   0.500
B:C          1   40.5    40.5   1.653   0.421
Residuals    1   24.5    24.5
```

주효과와 관심 있는 2차 상호작용효과를 포함한 모형에 대한 분산분석표이다. 유의수준 $\alpha = 0.05$에서 요인효과는 모두 유의하지 않다.

```
> model.tables(faov2)  # model parameters
Tables of effects
A
    0     1
-2.75  2.75
B
    0     1
-2.75  2.75
C
    0     1
-0.25  0.25
A:B
   B
A   0     1
  0 -3.75  3.75
  1  3.75 -3.75
A:C
   C
A   0     1
  0  1.75 -1.75
  1 -1.75  1.75
B:C
   C
B   0     1
  0 -2.25  2.25
  1  2.25 -2.25
```

faov2 모형에 대한 모수추정값을 보여 준다.

예제 8.5 [그림 8.3]의 데이터에 대해 R을 이용하여 요인효과에 대한 통계적 분석을 하고자 한다. <프로그램 8.2>를 활용한다.

표 8.11 엑셀 데이터셋 그림 8.3 데이터.csv

A	B	C	D	y
0	0	0	0	45
0	1	1	0	80
1	1	0	0	65
1	0	1	0	60
1	0	0	1	75
0	1	0	1	45
1	0	0	1	100
1	1	1	1	96

프로그램 8.2 부분 사요인설계 분석

```
frac<-read.csv("D:\\13expd\\그림8.3데이터.csv", header=T)
  frac ;  attach(frac)
A<-as.factor(A)
B<-as.factor(B)
C<-as.factor(C)
D<-as.factor(D)

op=par(mfrow=c(1,4))      # 그림 8.5
  boxplot(y~A, sub="A") ;  boxplot(y~B, sub="B")
  boxplot(y~C, sub="C") ;  boxplot(y~D, sub="D")
par(op)

tapply(y, A, mean)  ;  tapply(y, B, mean)
tapply(y, C, mean)  ;  tapply(y, D, mean)

faov1<-aov(y~A+B+C+D)
  summary(faov1)
model.tables(faov1)  # model parameters
```

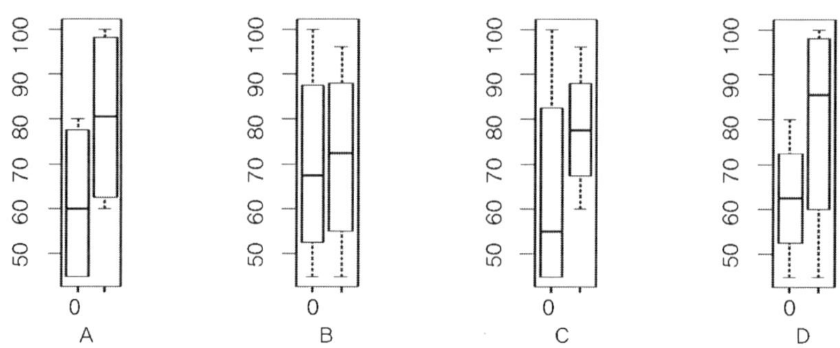

그림 8.5 부분 사요인설계 요인별 상자그림

```
> tapply(y, A, mean)
    0     1
61.25 80.25
> tapply(y, B, mean)
   0    1
70.0 71.5
> tapply(y, C, mean)
    0     1
63.75 77.75
> tapply(y, D, mean)
   0    1
62.5 79.0
```

각 요인수준별 평균을 보여 준다.

```
> faov1<-aov(y~A+B+C+D)
>   summary(faov1)
            Df Sum Sq Mean Sq F value Pr(>F)
A            1  722.0   722.0   1.538  0.303
B            1    4.5     4.5   0.010  0.928
C            1  392.0   392.0   0.835  0.428
D            1  544.5   544.5   1.160  0.360
Residuals    3 1408.5   469.5
```

주효과만 포함한 모형에 대한 분산분석표이다. 유의수준 $\alpha = 0.05$에서 요인효과는 모두 유의하지 않다.

```
> model.tables(faov1)  # model parameters
Tables of effects
A
   0    1
-9.5  9.5
B
    0     1
-0.75  0.75
C
 0  1
-7  7
D
    0     1
-8.25  8.25
```

모형에서 효과에 대한 추정값을 보여 준다.

8.5 R을 이용한 부분요인 설계

2^{k-1} 요인 설계를 생성하기 위해 R 패키지 FrF2를 이용한다.

예제 8.7 2개 수준을 갖는 요인 5개(A, B, C, D, E)에 대해 2^{5-1} 부분요인 설계, 즉 $\left(\frac{1}{2}\right)2^6$ 부분 설계를 하고자 한다. 실험설계를 위한 처리조합 계수를 구하고 생성자 E=ABCD 경우 별명구조를 구하고자 한다.

```
> library(FrF2)
> design <- FrF2( 16, 5, generators = "ABCD", randomize = FALSE)
  # 16 runs,2^(5-1) factorial design with generator E=ABCD
  # randomize = FALSE : standard order
  # Remove randomize = FALSE : randomized order
> design
   A  B  C  D  E
1  -1 -1 -1 -1  1
2   1 -1 -1 -1 -1
3  -1  1 -1 -1 -1
4   1  1 -1 -1  1
5  -1 -1  1 -1 -1
6   1 -1  1 -1  1
7  -1  1  1 -1  1
8   1  1  1 -1 -1
9  -1 -1 -1  1 -1
10  1 -1 -1  1  1
11 -1  1 -1  1  1
12  1  1 -1  1 -1
13 -1 -1  1  1  1
14  1 -1  1  1 -1
15 -1  1  1  1 -1
16  1  1  1  1  1
class=design, type= FrF2.generators
```

FrF2 패키지의 aliases()를 사용하면 이미 구성된 디자인에 대해 별명구조를 출력할 수 있다.

```
> y <- runif(16, 0, 1)
> aliases( lm( y~ (.)^4, data = design))  # generators = "ABCD"(4)
 A = B:C:D:E
 B = A:C:D:E
 C = A:B:D:E
 D = A:B:C:E
 E = A:B:C:D
 A:B = C:D:E
 A:C = B:D:E
 A:D = B:C:E
 A:E = B:C:D
 B:C = A:D:E
 B:D = A:C:E
 B:E = A:C:D
 C:D = A:B:E
 C:E = A:B:D
 D:E = A:B:C
```

주효과는 4차 상호작용과 교락되고, 이요인 상호작용은 3요인 상호작용과 교락된다.

예제 8.8 2개 수준을 갖는 요인 6개(A, B, C, D, E, F)에 대해 2^{6-3} 부분요인 설계, 즉 $\left(\frac{1}{8}\right)2^6$ 부분 설계를 하고자 한다. 실험설계를 위한 처리조합 계수를 구하고 생성자 D=AB, E=AC, F=BC인 경우 별명구조를 구하고자 한다.

```
> library(FrF2)
> frac <- FrF2( 8, 6, generators = c("AB", "AC", "BC"))
 # 8 runs,2^(6-3) factorial design with generator E=ABCD
> frac
   A  B  C  D  E  F
1 -1 -1  1  1 -1 -1
2 -1  1 -1 -1  1 -1
3 -1 -1 -1  1  1  1
4 -1  1  1 -1 -1  1
5  1  1  1  1  1  1
6  1  1 -1  1 -1 -1
7  1 -1 -1 -1 -1  1
8  1 -1  1 -1  1 -1

> des1 <- FrF2( 16, 8 )  #  16 runs 2^(8-4) design
> y <- runif( 16, 0, 1 )
> library(DoE.base)
> generators(des1)
$generators
[1] "E=ABC" "F=ABD" "G=ACD" "H=BCD"
> aliases( lm( y ~ (.)^3, data = des1) ) # generators = "ABC"(3)
> generators(des1)
$generators
[1] "E=ABC" "F=ABD" "G=ACD" "H=BCD"

> aliases( lm( y ~ (.)^3, data = des1) ) # generators = "ABC"(3)
 A = B:C:E = B:D:F = B:G:H = C:D:G = C:F:H = D:E:H = E:F:G
 B = A:C:E = A:D:F = A:G:H = C:D:H = C:F:G = D:E:G = E:F:H
 C = A:B:E = A:D:G = A:F:H = B:D:H = B:F:G = D:E:F = E:G:H
 D = A:B:F = A:C:G = A:E:H = B:C:H = B:E:G = C:E:F = F:G:H
 E = A:B:C = A:D:H = A:F:G = B:D:G = B:F:H = C:D:F = C:G:H
 F = A:B:D = A:C:H = A:E:G = B:C:G = B:E:H = C:D:E = D:G:H
 G = A:B:H = A:C:D = A:E:F = B:C:F = B:D:E = C:E:H = D:F:H
 H = A:B:G = A:C:F = A:D:E = B:C:D = B:E:F = C:E:G = D:F:G
 A:B = C:E = D:F = G:H
 A:C = B:E = D:G = F:H
 A:D = B:F = C:G = E:H
 A:E = B:C = D:H = F:G
 A:F = B:D = C:H = E:G
 A:G = B:H = C:D = E:F
 A:H = B:G = C:F = D:E
```

예제 8.9 2개 수준을 갖는 요인 9개(A,B,C,D,E,F,G,H,J)에 대해 2^{9-5} 부분요인 설계, 즉 $\left(\frac{1}{32}\right)2^9$ 부분 설계를 하고자 한다. 실험설계를 위한 처리조합 계수를 구하고 생성자에 대한 별명구조를 구하고자 한다.

```
> des2 <- FrF2( 16, 9 )  #  16 runs 2^(9-5) design
> y <- runif( 16, 0, 1 )
>  library(DoE.base)
> generators(des2)
$generators
[1] "E=AB"   "F=AC"   "G=AD"   "H=BCD"  "J=ABCD "

> des2
    A  B  C  D  E  F  G  H  J
1   1  1 -1  1  1 -1  1 -1 -1
2   1  1  1  1  1  1  1  1  1
3   1  1 -1 -1  1 -1 -1  1  1
4   1 -1 -1 -1 -1 -1 -1 -1 -1
5   1 -1  1  1 -1  1  1 -1 -1
6  -1  1 -1  1 -1  1 -1 -1  1
7  -1 -1 -1 -1  1  1  1 -1  1
8  -1  1  1 -1 -1  1  1  1 -1
9   1 -1 -1  1 -1 -1  1  1  1
10 -1  1  1 -1 -1 -1  1 -1  1
11 -1  1  1  1 -1 -1 -1  1 -1
12 -1 -1  1  1  1 -1 -1 -1  1
13 -1 -1 -1  1  1  1 -1  1 -1
14  1 -1  1 -1 -1  1 -1  1  1
15  1  1  1 -1  1  1 -1 -1 -1
16 -1 -1  1 -1  1 -1  1  1 -1

> aliases( lm( y ~ (.)^3, data = des2) ) # generators = "ABC"(3)
 A = C:F = D:G = H:J = B:E
 B = C:D:H = C:E:F = C:G:J = D:E:G = D:F:J = E:H:J = F:G:H = A:E
 C = B:D:H = B:E:F = B:G:J = D:E:J = D:F:G = E:G:H = F:H:J = A:F
 D = B:C:H = B:E:G = B:F:J = C:E:J = C:F:G = E:F:H = G:H:J = A:G
 E = B:C:F = B:D:G = B:H:J = C:D:J = C:G:H = D:F:H = F:G:J = A:B
 F = B:C:E = B:D:J = B:G:H = C:D:G = C:H:J = D:E:H = E:G:J = A:C
 G = B:C:J = B:D:E = B:F:H = C:D:F = C:E:H = D:H:J = E:F:J = A:D
 H = B:C:D = B:E:J = B:F:G = C:E:G = C:F:J = D:E:F = D:G:J = A:J
 J = B:C:G = B:D:F = B:E:H = C:D:E = C:F:H = D:G:H = E:F:G = A:H
 B:C = D:H = E:F = G:J = A:B:F = A:C:E = A:D:J = A:G:H
 B:D = C:H = E:G = F:J = A:B:G = A:C:J = A:D:E = A:F:H
 B:F = C:E = D:J = G:H = A:B:C = A:D:H = A:E:F = A:G:J
 B:G = C:J = D:E = F:H = A:B:D = A:C:H = A:E:G = A:F:J
 B:H = C:D = E:J = F:G = A:B:J = A:C:G = A:D:F = A:E:H
 B:J = = D:F = E:H = A:B:H = A:C:D = A:E:J = A:F:G
```

8.6 Plackett-Burman 설계

2^k 요인 설계에서 부분실시는 여러 변수를 고려할 수 있으며 반응변수에 영향을 미치는 요인을 찾는 데 가장 유용하다. 이러한 실험설계를 선별설계(screening design)라고 한다. 1946년 Plackett와 Burman은, 상호작용효과가 없는 경우, 중요한 주효과(main effect)를 선별하는 설계를 제안했다.

2^k 부분 요인 설계로부터 고안되었는데 N개 관측값을 얻고 $(N-1)$개 주효과에 대해 검토하며 N은 4의 배수로 정해야 한다. 첫 번째 행의 부호가 결정되면 두 번째 행은 오른쪽으로 한 칸씩 옮기고 마지막 부호는 맨 앞으로 온다. 마찬가지 방법으로 계속하여 $(N-1)$번째 행까지 만든다. <표 8.12> Plackett-Burman 설계에서 주효과는 2차와 고차 상호작용과 교락된다.

표 8.12 Plackett-Burman screening design 예

N	$(N-1)$ run
$N=8$	+ + + − + − −
$N=12$	+ + − + + + − − − + −
$N=16$	+ + + + − + − + + − − + − − −
$N=20$	+ + − − + + + + − + − + − − − − + + −
$N=24$	+ + + + + − + − + + − − + + − − + − + − − − −

$N=8$인 경우 Plackett-Burman 설계를 하기 위해 <표 8.12>의 $N=8$ 설계에서 마지막 위치에 있는 요소를 밀어내 앞으로 다시 쓰면 두 번째 행의 계수를 얻는다. 이와 같은 방법으로 마지막 행까지 반복하여 정리하면 <표 8.13>을 얻어 처리조합을 정할 수 있다. 그리고 해당하는 처리조합에서 관측값을 측정하면 된다. 처리조합에 대한 실험 순서는 랜덤하게 정한다. <표 8.13> 설계에서 보면 주효과에 대한 대비(contrast)가 되어 주효과를 계산할 수 있으며 교락된 2요인 상호작용과 3요인 상호작용효과를 보여준다.

Plackett-Burman 설계에는 2요인 및 3요인 이상의 상호작용과 함께 완전 교락이 아닌 부분 교락이 있다. 일부 효과가 직교하는 속성을 가지고 있지만 다른 양방향 및 고차 상호작용과 완전교락하거나 직교하는 상관관계를 허용하는 동일한 구조를 갖지는 않는다.

표 8.13 $N=8$인 경우 Plackett-Burman 설계 (7개 요인)

		요인							반응
실행(Run)	처리조합	A	B	C	D	E	F	G	Y
1	abce	+1	+1	+1	−1	+1	−1	−1	
2	bcdf	−1	+1	+1	+1	−1	+1	−1	
3	cdeg	−1	−1	+1	+1	+1	−1	+1	
4	adef	+1	−1	−1	+1	+1	+1	−1	
5	befg	−1	+1	−1	−1	+1	+1	+1	
6	acfg	+1	−1	+1	−1	−1	+1	+1	
7	abdg	+1	+1	−1	+1	−1	−1	+1	
8	(1)	−1	−1	−1	−1	−1	−1	−1	
two-factor interaction		$-BF$ $-CD$ $-EG$	$-AF$ $-CG$ $-DE$	$-AD$ $-BG$ $-EF$	$-AC$ $-BE$ $-FG$	$-AG$ $-BD$ $-CF$	$-AB$ $-CE$ $-DG$	$-AE$ $-BC$ $-DF$	
three-factor interaction		BCE BDG CFG DEF	ACE ADG CDF EFG	ABE AFG BDF DEG	ABG AEF BCF CEG	ABC ADF BFG CDG	ACG ADE BCD BEG	ABD ACF BEF CDE	

* ABF, ACD, AEG, BCG, BDE, CEF, DFG가 교락된다(− 부호 경우).

I=(−)ABCDEFG이므로 별명구조를 구해보면 다음과 같다:

ABCE(ABCDEFG)=DFG, BCDF(ABCDEFG)=AEG, CDEG(ABCDEFG)=ABF,

ADEF(I)=BCG, BEFG(I)=ACD, ACFG(I)=BDE,

ABDG(I)=CEF

<표 8.13>에서 $N=8$인 경우 Plackett-Burman 설계 교락 효과를 계산해 본다.

A: (+) A(ABCE)=BCE A(ADEF)=DEF A(ACFG)=CFG A(ABDG)=BDG

(−) A(BCDF)=ABCDF A(CDEG)=ACDEG A(BEFG)=ABEFG

(−2차) ABCDF(ABF)= CD ACDEG(ACD)= EG ABEFG(AEG)= BF

B: (+) B(ABCE)=ACE B(BCDF)=CDF B(BEFG)=EFG B(ABDG)=ADG

(−) B(CDEG)=BCDEG B(ADEF)=ABDEF B(ACFG)=ABCFG

(−2차) BCDEG(BCG)=DE ABDEF(BDE)= AF ABCFG(ABF)= CG

<표 8.13> 설계로 7개 요인에 대해 데이터를 얻은 경우 분산분석표를 만들어 보면 주효과에 대한 제곱합은 계산할 수 있으나 오차항의 자유도가 0이라서 효과에 대한 F-검정을 할 수 없다. 그러므로 검정을 하기 위해서는 실험 횟수를 늘려 크기를 증가한 Plackett-Burman 설계로 오차항의 자유도를 얻도록 할 수 있다.

표 8.14 $N=8$인 경우 Plackett-Burman 설계 (7개 요인) 분산분석표

요인	자유도	제곱합	평균제곱합	F 통계량	기각값
A	1	SS_A	MS_A	–	
B	1	SS_B	MS_B	–	
C	1	SS_C	MS_C	–	
D	1	SS_D	MS_D	–	
E	1	SS_E	MS_E	–	
F	1	SS_F	MS_F	–	
G	1	SS_G	MS_G	–	
계	$N-1=7$	TSS			

표 8.15 $N=16$ Plackett-Burman 설계 (1/32 부분 설계): 9개 요인의 경우 분산분석표

요인	자유도	제곱합	평균제곱합	F 통계량	기각값
A	1	SS_A	MS_A	$F_A=\dfrac{MS_A}{MSe}$	$F_{1,MSe자유도}(\alpha)$
B	1	SS_B	MS_B	$F_B=\dfrac{MS_B}{MSe}$	$F_{1,MSe자유도}(\alpha)$
C	1	SS_C	MS_C	$F_C=\dfrac{MS_C}{MSe}$	$F_{1,MSe자유도}(\alpha)$
D	1	SS_D	MS_D	$F_D=\dfrac{MS_D}{MSe}$	$F_{1,MSe자유도}(\alpha)$
E	1	SS_E	MS_E	$F_E=\dfrac{MS_E}{MSe}$	$F_{1,MSe자유도}(\alpha)$
F	1	SS_F	MS_F	$F_F=\dfrac{MS_F}{MSe}$	$F_{1,MSe자유도}(\alpha)$
G	1	SS_G	MS_G	$F_G=\dfrac{MS_G}{MSe}$	$F_{1,MSe자유도}(\alpha)$
H	1	SS_H	MS_H	$F_H=\dfrac{MS_H}{MSe}$	$F_{1,MSe자유도}(\alpha)$
J	1	SS_J	MS_J	$F_J=\dfrac{MS_J}{MSe}$	$F_{1,MSe자유도}(\alpha)$
오차	$(N-1)-9=6$	SSe	MSe		
계	$N-1=15$	TSS			

예제 8.10 돼지고기 뱃살(pork belly) 조각에 대해 4개 요인을 고려하여 실험을 하였다. A=press effect, B=molding temperature, C=slicing temperature, D=side of hog. 한 번에 8개 조각에 대해서만 실험이 가능하므로 $N=8$ Plackett-Burman 설계로 <표 8.16>의 데이터를 얻었다. <표 8.13>에서 2차 상호작용 별명구조로부터 E=−BD, F=−AB, G=−BC를 얻는다. 또는 열의 곱으로 계수를 얻을 수 있다.

표 8.16 $N=8$인 경우 Plackett–Burman 설계 (4개 요인) 돼지고기 데이터

		요인							반응
실행(Run)	처리조합	A	B	C	D	E=−BD	F=−AB	G=−BC	Y
1	abc	+1	+1	+1	−1	+1	−1	−1	83.0
2	bcd	−1	+1	+1	+1	−1	+1	−1	83.2
3	cd	−1	−1	+1	+1	+1	−1	+1	92.3
4	ad	+1	−1	−1	+1	+1	+1	−1	98.3
5	be	−1	+1	−1	−1	+1	+1	+1	84.8
6	ac	+1	−1	+1	−1	−1	+1	+1	88.5
7	abd	+1	+1	−1	+1	−1	−1	+1	93.1
8	(1)	−1	−1	−1	−1	−1	−1	−1	97.4
	대비값	5.2	−32.4	−26.6	13.2	−3.8	−11	−3.1	
	주효과값	1.3	−8.1	−6.65	3.3	−0.95	−2.75	−0.775	
	별명구조	−CD	−ABCD	−AD	−AC	ABC	BCD	ABD	

4개 요인의 대비는 다음과 같이 계산한다:

$$C_A = (1)83.0+(-1)83.2+(-1)92.3+(1)98.3$$
$$+(-1)84.8+(1)88.5+(1)93.1+(-1)97.4 = 5.2$$
$$C_B = (1)83.0+(1)83.2+(-1)92.3+(-1)98.3$$
$$+(+1)84.8+(-1)88.5+(1)93.1+(-1)97.4 = -32.4$$
$$C_C = (1)83.0+(1)83.2+(1)92.3+(-1)98.3$$
$$+(-1)84.8+(1)88.5+(-1)93.1+(-1)97.4 = -26.6$$
$$C_D = (-1)83.0+(1)83.2+(1)92.3+(1)98.3$$
$$+(-1)84.8+(-1)88.5+(1)93.1+(-1)97.4 = 13.2$$

각 요인의 주효과는 각 요인에 대해 4번 반복 실험이 되었으므로 4로 나누어 계산한다:

$$A_{eff} = C_A/4 = 5.2/4 = 1.3$$
$$B_{eff} = C_B/4 = -32.4/4 = -8.1$$
$$C_{eff} = C_C/4 = -26.6/4 = -6.65$$
$$D_{eff} = C_D/4 = 13.2/4 = 3.3$$

각 요인의 주효과는 + 수준과 − 수준으로 두 개 수준을 가지므로 각 요인에 대한 효과는 다음과 같이 계산한다:

$A_{eff} = 1.3/2 = \quad 6.5,\ -6.5$

$B_{eff} = -8.1/2 = -4.05,\ 4.05$

$C_{eff} = -6.65/2 = -3.325,\ 3.325$

$D_{eff} = 3.3/2 = \quad 1.65,\ -1.65$

2차 상호작용에 대한 대비는 다음과 같이 얻는다:

$$C_{BD} = (1)83.0 + (-1)83.2 + (1)92.3 + (1)98.3 + (1)84.8 + (-1)88.5 + (-1)93.1 + (-1)97.4 = -3.8$$

$$C_{AB} = (-1)83.0 + (1)83.2 + (-1)92.3 + (1)98.3 + (1)84.8 + (1)88.5 + (-1)93.1 + (-1)97.4 = -11$$

$$C_{BC} = (-1)83.0 + (-1)83.2 + (1)92.3 + (-1)98.3 + (1)84.8 + (1)88.5 + (1)93.1 + (-1)97.4 = -3.1$$

2차 상호작용효과는 4번 반복 실험이 되었으므로 4로 나누어 다음과 같이 계산한다:

$BD_{eff} = C_{BD}/4 = -3.8/4 = -0.95$

$AB_{eff} = C_{AB}/4 = -11/4 = -2.75$

$BC_{eff} = C_{BC}/4 = -3.1/4 = -0.775$

예제 8.11 학생의 성적은 여러 요인에 의해 영향을 받는다:

study (A), exercise (B), nutrition (C), friend party (D), instructor (E), program (F), University (G), family life (H), work life (J).

교육연구가는 512명에 대해 9개 요인에 대한 부분 설계로 요인을 선별하고자 한다.

다음의 별명구조로부터 데이터 <표 8.17>을 얻었다.

E=ABC F=BCD G=ACD H=ABD J=ABCD

요인 선별을 위한 분산분석표를 작성하고자 한다. 요인효과는 대비를 구성하고 효과 간 서로 직교한다.

표 8.17 $N=16$인 경우 Plackett-Burman 설계 (1/32 부분설계): 9개 요인 성적 데이터

		요인									반응
실행(Run)	처리조합	A	B	C	D	E	F	G	H	J	Y=GPA
1	j	−1	−1	−1	−1	−1	−1	−1	−1	+1	2.00
2	aegh	+1	−1	−1	−1	+1	−1	+1	+1	−1	3.50
3	begh	−1	+1	−1	−1	+1	−1	+1	+1	−1	2.50
4	abfgj	+1	+1	−1	−1	−1	+1	+1	−1	+1	4.00
5	cefg	−1	−1	+1	−1	+1	+1	+1	−1	−1	1.70
6	acfhj	+1	−1	+1	−1	−1	+1	−1	+1	+1	3.00
7	bcghj	−1	+1	+1	−1	−1	−1	+1	+1	+1	2.50
8	abce	+1	+1	+1	−1	+1	−1	−1	−1	−1	4.00
9	dfgh	−1	−1	−1	+1	−1	+1	+1	+1	−1	2.00
10	adefj	+1	−1	−1	+1	+1	+1	−1	−1	+1	3.00
11	bdegj	−1	+1	−1	+1	+1	−1	+1	−1	+1	2.30
12	abdh	+1	+1	−1	+1	−1	−1	−1	+1	−1	4.00
13	cdehj	−1	−1	+1	+1	+1	−1	−1	+1	+1	2.00
14	acdg	+1	−1	+1	+1	−1	−1	+1	−1	−1	3.00
15	bcdf	−1	+1	+1	+1	−1	+1	−1	−1	−1	1.90
16	abcdefghj	+1	+1	+1	+1	+1	+1	+1	+1	+1	4.00

분산분석표의 F-통계량을 이용하여 요인효과에 대한 가설검정을 다음과 같이 할 수 있다.

(i) 요인 A 효과에 대한 가설검정

$$H_0 \ : \ \alpha_1 = \alpha_2 = 0 \text{ (요인 A 효과 없다) 대해 } H_1 : not \ \ \mathrm{H_0}$$

검정통계량

$$F_A = \frac{MS_A}{MSe}$$

는 귀무가설하에서 $F_{1,\,(N-1)}$ 분포를 따른다.

유의수준 α에서 검정법은 만일 $F_A > F_{1,\,(N-1)}(\alpha)$ 이면 H_0을 기각한다.

(ii) 요인 B 효과에 대한 가설검정

$$H_0 \ : \ \beta_1 = \beta_2 = 0 \text{ (요인 B 효과 없다) 대해 } H_1 : not \ \ \mathrm{H_0}$$

검정통계량

$$F_B = \frac{MS_B}{MSe}$$

는 귀무가설하에서 $F_{1,\,(N-1)}$ 분포를 따른다.

유의수준 α에서 검정법은 만일 $F_B > F_{1,\,(N-1)}(\alpha)$ 이면 H_0을 기각한다.

(iii) AB 상호작용효과에 대한 가설검정

H_0 : $\alpha\beta_{11} = \alpha\beta_{12} = \alpha\beta_{21} = \alpha\beta_{22} = 0$ (요인 A와 요인 B의 상호작용효과 없다)

대해 $H_1 : not\ \ \mathrm{H}_0$

검정통계량

$$F_{AB} = \frac{MS_{AB}}{MSe}$$

는 귀무가설하에서 $F_{1,\,(N-1)}$ 분포를 따른다.

유의수준 α에서 검정법은 만일 $F_{AB} > F_{1,\,(N-1)}(\alpha)$이면 H_0을 기각한다.

8.7 R을 이용한 Plackett-Burman 설계 분석

예제 8.12 요인의 개수에 따른 12, 20, 24 (4의 배수)실행의 경우 Plackett-Burman 설계를 프로그램으로 얻고자 한다. <프로그램 8.3>을 활용한다.

프로그램 8.3 Plackett-Burman 설계

```
install.packages("daewr")
library(daewr)
nruns=12; nfactors=8
PBDes(nruns, nfactors, randomize=FALSE)
```

결과 8.3 Plackett-Burman 설계 -요인 개수 12개인 경우

```
> PBDes(nruns, nfactors, randomize=FALSE)
   A  B  C  D  E  F  G  H
1  1  1 -1  1  1  1 -1 -1
2 -1  1  1 -1  1  1  1 -1
```

```
3   1 -1  1  1 -1  1  1  1
4  -1  1 -1  1  1 -1  1  1
5  -1 -1  1 -1  1  1 -1  1
6  -1 -1 -1  1 -1  1  1 -1
7   1 -1 -1 -1  1 -1  1  1
8   1  1 -1 -1 -1  1 -1  1
9   1  1  1 -1 -1 -1  1 -1
10 -1  1  1  1 -1 -1 -1  1
11  1 -1  1  1  1 -1 -1 -1
12 -1 -1 -1 -1 -1 -1 -1 -1
```

Plackett-Burman 설계를 위한 계수 결과를 이용하여 A B C D E F G H 8개 요인에 대한 주효과를 각 열의 계수를 이용하여 대비식으로 계산한다.

예제 8.13 2개 수준을 가진 11개 요인에 대한 12회 실행의 경우 Plackett-Burman 설계를 구하고 (R 프로그램 8.3) 처리조합을 배치하고자 한다. 해당하는 처리조합으로 실험을 한 후 반응값을 얻은 후 유의한 요인을 선별하고자 한다.

	A	B	C	D	E	F	G	H	J	K	L	처리조합
1	1	1	-1	1	1	1	-1	-1	-1	1	-1	abdefk
2	-1	1	1	-1	1	1	1	-1	-1	-1	1	bcefgl
3	1	-1	1	1	-1	1	1	1	-1	-1	-1	cdfgh
4	-1	1	-1	1	1	-1	1	1	1	-1	-1	bdeghj
5	-1	-1	1	-1	1	1	-1	1	1	1	-1	cefhjk
6	-1	-1	-1	1	-1	1	1	-1	1	1	1	dfgjkl
7	1	-1	-1	-1	1	-1	1	1	-1	1	1	aeghkl
8	1	1	-1	-1	-1	1	-1	1	1	-1	1	abfhjl
9	1	1	1	-1	-1	-1	1	-1	1	1	-1	abcgjk
10	-1	1	1	1	-1	-1	-1	1	-1	1	1	bcdhkl
11	1	-1	1	1	1	-1	-1	-1	1	-1	1	acdejl
12	-1	-1	-1	-1	-1	-1	-1	-1	-1	-1	-1	(1)

예제 8.14 예제 8.10에서 Plackett-Burman 설계로 얻은 돼지고기 데이터에 대해 분석하고자 한다.

프로그램 8.4 P-B 설계한 돼지고기 데이터 요인분석

```
# pork data
pork<-read.csv("d:/expdesign/pork_pbdesign.csv", header=T)
head(pork)
attach(pork)
a1<-aov(y~A+B+C+D+E..BD+F..AB+G..BC, data=pork)
summary(a1)
a2<-aov(y~factor(A)+factor(B)+factor(C)+factor(D), data=pork)
summary(a2)
model.tables(a2, type="effects")
model.tables(a2, type="means")
a3<-aov(y~factor(B)+factor(C), data=pork)
summary(a3)
```

결과 8.4 P-B 설계한 돼지고기 데이터 분석 결과

```
> summary(a1)
           Df Sum Sq Mean Sq
A           1   3.38    3.38
B           1 131.22  131.22
C           1  88.45   88.45
D           1  21.78   21.78
E..BD       1   1.81    1.81
F..AB       1  15.12   15.12
G..BC       1   1.28    1.28
> a2<-aov(y~A+B+C+D, data=pork)
> summary(a2)
           Df Sum Sq Mean Sq F value Pr(>F)
A           1   3.38    3.38   0.557 0.5097
B           1 131.22  131.22  21.618 0.0188 *
C           1  88.45   88.45  14.571 0.0316 *
D           1  21.78   21.78   3.588 0.1545
Residuals   3  18.21    6.07
```

유의수준 5%에서 선별 검정 결과 요인 B와 요인 C가 유의하다. 그러므로 유의한 요인만 선별하여 분산분석을 하고자 한다.

```
> model.tables(a2, type="effects")
Tables of effects
 factor(A)
factor(A)
   -1     1
-0.65  0.65
 factor(B)
factor(B)
   -1     1
 4.05 -4.05
 factor(C)
factor(C)
    -1      1
 3.325 -3.325
 factor(D)
factor(D)
   -1     1
-1.65  1.65
> summary(a3)
            Df Sum Sq Mean Sq F value Pr(>F)
factor(B)    1 131.22  131.22   15.13 0.0115 *
factor(C)    1  88.45   88.45   10.20 0.0242 *
Residuals    5  43.37    8.67
```

예제 8.15 [예제 8.11]에서 Plackett-Burman 설계로 얻은 성적 데이터에 대해 분석하고자 한다.

프로그램 8.5 9개 요인 Plackett–Burman 설계한 성적 데이터 분산분석

```
dat<-read.csv("d:/expdesign/st_score_pbdesign.csv", header=T)
head(dat)
attach(dat)
A=factor(A)
B=factor(B)
C=factor(C)
D=factor(D)
E=factor(E)
F=factor(F)
G=factor(G)
H=factor(H)
J=factor(J)
a1<-aov(response~A+B+C+D+E+F+G+H+J ) #screening
```

```
summary(a1)
a2<-aov(response~A+B) #with significant factors
summary(a2)
a3<-aov(response~A+B+A:B) #including interaction
summary(a3)
```

결과 8.5 9개 요인 Plackett-Burman 설계한 성적 데이터 분산분석

```
> a<-aov(response~A+B+C+D+E+F+G+H+J )
> summary(a)
            Df Sum Sq Mean Sq F value   Pr(>F)
A            1  8.410   8.410 144.043 2.03e-05 ***
B            1  1.563   1.563  26.762  0.00207 **
C            1  0.090   0.090   1.541  0.26073
D            1  0.062   0.062   1.070  0.34073
E            1  0.023   0.023   0.385  0.55757
F            1  0.069   0.069   1.181  0.31883
G            1  0.018   0.018   0.303  0.60210
H            1  0.125   0.125   2.134  0.19433
J            1  0.008   0.008   0.145  0.71693
Residuals    6  0.350   0.058
```

<표 8.18>은 9개 요인으로 작성한 분산분석표이다. 유의수준 5%에서 선별 검정 결과 요인 A와 요인 B가 유의하다. 그러므로 유의한 요인만 선별하여 분산분석을 하고자 한다.

```
> a2<-aov(response~A+B)
> summary(a2)
            Df Sum Sq Mean Sq F value   Pr(>F)
A            1  8.410   8.410  146.75 1.87e-08 ***
B            1  1.563   1.563   27.27 0.000165 ***
Residuals   13  0.745   0.057
```

유의수준 5%에서 요인 A와 요인 B가 유의하다. 두 요인의 상호작용효과를 포함한 모형을 적합해 보고 유의성을 알아보고자 한다.

```
> a3<-aov(response~A+B+A:B)
> summary(a3)
            Df Sum Sq Mean Sq F value   Pr(>F)
A            1  8.410   8.410 203.879 6.82e-09 ***
B            1  1.563   1.563  37.879 4.91e-05 ***
```

```
A:B          1 0.250   0.250   6.061   0.0299 *
Residuals   12 0.495   0.041
---
Signif. codes:
0 '***' 0.001 '**' 0.01 '*' 0.05 '.' 0.1
```

유의수준 5%에서 요인 A와 요인 B가 유의하며 상호작용도 유의하다. <표 8.19>는 선별된 효과들로만 분석한 분산분석표이다.

표 8.18 9개 요인의 성적데이터에 대한 분산분석표

요인	자유도	제곱합	평균제곱합	F 통계량	p-값
A	1	8.410	8.410	144.043	2.03×10^{-5} ***
B	1	1.563	1.563	26.762	0.00207 **
C	1	0.090	0.090	1.541	0.26073
D	1	0.062	0.062	1.070	0.34073
E	1	0.023	0.023	0.385	0.55757
F	1	0.069	0.069	1.181	0.31883
G	1	0.018	0.018	0.303	0.60210
H	1	0.125	0.125	2.134	0.19433
J	1	0.008	0.008	0.145	0.71693
오차	6	0.350	0.058		
계	$N-1=15$				

표 8.19 유의한 요인 효과 선별후 성적데이터에 대한 분산분석표

요인	자유도	제곱합	평균제곱합	F 통계량	p-값
A	1	8.410	8.410	203.879	6.82×10^{-9} ***
B	1	1.563	1.563	37.879	4.91×10^{-5} ***
A*B	1	0.250	0.250	6.061	0.0299 *
오차	12	0.495	0.041		
계	$N-1=15$				

연습문제

8.1 화학공정 실험에서 5개 요인 A, B, C, D, E를 고려하는데 모두 2개 수준을 갖는다. 실험여건상 한 번에 16개 실험만 가능하므로 정의관계 $I = ABCDE$를 사용하여 완전확률화설계로 배치하여 5번 반복 실험 후 데이터를 얻었다. 요인효과를 알기 위한 적절한 분석을 하시오.

> 요인 A : resin type
> 요인 B : hardner type
> 요인 C : exposure type
> 요인 D : developing type
> 요인 E : cure rate

처리조합		A	B	C	D	E	데이터				
$a_0b_0c_0d_0e_0$	(1)	0	0	0	0	0	19.0	18.8	19.6	18.3	17.9
$a_1b_1c_0d_0e_0$	ab	1	1	0	0	0	16.6	16.4	17.2	16.8	16.6
$a_1b_0c_1d_0e_0$	ac	1	0	1	0	0	13.3	14.6	14.8	15.0	14.8
$a_1b_0c_0d_1e_0$	ad	1	0	0	1	0	14.0	14.1	13.6	13.1	12.0
$a_1b_0c_0d_0e_1$	ae	1	0	0	0	1	12.6	12.9	13.7	13.1	13.6
$a_0b_1c_1d_0e_0$	bc	0	1	1	0	0	16.9	18.2	21.1	20.8	21.3
$a_0b_1c_0d_1e_0$	bd	0	1	0	1	0	20.1	20.3	22.3	20.4	18.6
$a_0b_1c_0d_0e_1$	be	0	1	0	0	1	20.0	21.5	20.2	18.4	20.6
$a_0b_0c_1d_1e_0$	cd	0	0	1	1	0	20.0	19.6	21.2	21.1	21.4
$a_0b_0c_1d_0e_1$	ce	0	0	1	0	1	24.3	23.2	20.2	24.1	23.8
$a_0b_0c_0d_1e_1$	de	0	0	0	1	1	28.6	24.8	24.9	26.8	27.7
$a_1b_1c_1d_1e_0$	$abcd$	1	1	1	1	0	16.3	16.9	17.7	17.3	17.2
$a_1b_1c_1d_0e_1$	$abce$	1	1	1	0	1	17.8	17.5	16.9	16.4	16.8
$a_1b_1c_0d_1e_1$	$abde$	1	1	0	1	1	15.3	15.2	16.6	13.5	14.9
$a_1b_0c_1d_1e_1$	$acde$	1	0	1	1	1	13.4	14.2	14.2	14.0	13.3
$a_0b_1c_1d_1e_1$	$bcde$	0	1	1	1	1	21.6	20.7	20.9	21.5	21.2

8.2 설계생성자(design generator) $C=AB$를 사용하여 2^{3-1}_{III} 부분요인설계를 위해 다음 표를 채우시오.

	2^2 완전요인(기본설계)		2^{3-1}_{III}, $I=ABC$	
Run	A	B	$C=AB$	처리조합
1	−	−		
2	+	−		
3	−	+		
4	+	+		

8.3 자동차 부품 공정에서 5개 요인 A, B, C, D, E를 고려하는데 모두 2개 수준을 갖는다. 실험 여건상 한 번에 16개 실험만 가능하므로 완전확률화설계로 배치하여 3번 반복 실험 후 데이터를 얻었다.

요인 A: furnace temperature 요인 B: heating time
요인 C: transfer time 요인 D: hold down time
요인 E: quench oil temperature

(1) 다음 표의 처리조합 표기를 채우시오.
(2) 요인효과를 알기 위한 적절한 분석을 하시오.

처리조합		A	B	C	D	E	데이터		
		−	−	−	−	−	7.78	7.78	7.81
		+	−	−	+	−	8.15	8.18	7.88
		−	+	−	+	−	7.50	7.56	7.50
		+	+	−	−	−	7.59	7.56	7.50
		−	−	+	+	−	7.54	8.00	7.88
		+	−	+	−	−	7.69	8.09	8.06
		−	+	+	−	−	7.56	7.52	7.44
		+	+	+	+	−	7.56	7.81	7.69
		−	−	−	−	+	7.50	7.25	7.12
		+	−	−	+	+	7.88	7.88	7.44
		−	+	−	+	+	7.50	7.56	7.50
		+	+	−	−	+	7.63	7.75	7.56
		−	−	+	+	+	7.32	7.44	7.45
		+	−	+	−	+	7.56	7.69	7.62
		−	+	+	−	+	7.18	7.23	7.25
		+	+	+	+	+	7.81	7.50	7.59

8.4 설계생성자(design generator) $D = AB,\ E = AC$를 사용하여 2_{III}^{5-2} 부분요인설계를 위해 다음 표를 채우시오. 주효과와 2차 상호작용효과에 대한 별명구조를 쓰시오.

	2^3 완전요인 (기본설계)			2_{III}^{5-2}, $I = ABD,\ I = ACE$		
Run	A	B	C	D=AB	E=AC	처리조합
1	−	−	−			
2	+	−	−			
3	−	+	−			
4	+	+	−			
5	−	−	+			
6	+	−	+			
7	−	+	+			
8	+	+	+			

8.5 다음은 사요인 부분요인설계로 얻은 데이터이다.

(1) 4개 요인 각각의 주효과를 구하시오.

(2) 적절한 분산분석표를 만드시오.

		A_1		A_2	
		B_1	B_2	B_1	B_2
C_1	D_1			96.9	125.7
	D_2	43.5	22.4		
C_2	D_1	14.1	9.5		
	D_2			28.8	52.5

8.6 정의관계 $I=ABCDEF$를 사용한 1/2 부분실시 2^6 요인설계를 위해 다음 표를 채워 실험해야 할 처리조합을 구하시오.

	2^5 완전요인 (기본설계)					2^{6-1}, $I=ABCDEF$						
Run	A	B	C	D	E	A	B	C	D	E	$F=ABCDE$	처리조합
1												
2												
3												
4												
5												
6												
7												
8												
9												
10												
11												
12												
13												
14												
15												
16												
17												
18												
19												
20												
21												
22												
23												
24												
25												
26												
27												
28												
29												
30												
31												
32												

8.7 A, B, C, D 네 개 요인에 대한 부분 설계로 다음의 데이터를 얻었다.

		A_1		A_2	
		B_1	B_2	B_1	B_2
C_1	D_1			96.6	125.7
	D_2	43.5	22.4		
C_2	D_1	14.1	9.5		
	D_2			28.8	52.5

(1) 어떤 상호작용효과가 교락되었는가?

(2) 분산분석하고 해석하시오.

8.8 철강에 대한 마감처리에 대한 실험으로 B, C, D, E, F 다섯 개 요인에 대한 부분 설계로 다음의 데이터를 얻었다. 각 요인은 2개 수준을 갖는다.

B: 슬래브 폭(slab width)
C: 유황 퍼센트(percent sulfur)
D: 턴디쉬 예열 온도(tundish temperature)
E: 주조 속도(casting speed)
F: 몰드 수준(mold level)

턴디쉬(Tundish)는 연강으로 된 외판에 내측으로 내화물을 안을 댄 용기로 제철, 제강 공장에서 통상 30~100톤 정도의 용강을 연속 주조기의 각 Strand에 분배 주입하기 위하여 사용된다. 턴디쉬 내측의 내화물은 용강의 온도 하강 방지 및 안전한 주입을 위해 예열되어야 한다.

						Slab width B (in.)			
						〈60		〉62	
						Sulfur C (%)			
						〈0.015	〉0.017	〈0.015	〉0.017
Tundish temperature D(℉)	〉2845	Casting speed E (L/min)	〉59	Mold Level (in.)	〉10		2	3	
					5-8	0			0
			〈54		〉10	5			0
					5-8		6	0	
	〈2840		〉59		〉10	6			3
					5-8		2	0	
			〈54		〉10		7	0	
					5-8	1			0

(1) 어떤 상호작용효과가 교락되었는가?

(2) 분산분석하고 해석하시오.

8.9 A, B, C, D, E 다섯 개 요인에 대한 부분 설계로 정의대비 $I = ABCDE$를 사용하여 처리조합을 정한 후 실험으로 다음의 데이터를 얻었다.

처리조합	A	B	C	D	E	Data				
(1)	1	1	1	1	1	19.0	18.8	19.6	18.3	17.9
ab	2	2	1	1	1	16.6	16.4	17.2	16.8	16.6
ac	2	1	2	1	1	13.3	14.6	14.8	15.0	14.8
ad	2	1	1	2	1	14.0	14.1	13.6	13.1	12.0
ae	2	1	1	1	2	12.6	12.9	13.7	13.1	13.6
bc	1	2	2	1	1	16.9	18.2	21.3	20.8	21.0
bd	1	2	1	2	1	20.2	19.6	19.8	20.1	21.2
be	1	2	1	1	2	20.0	21.0	22.3	18.4	20.6
cd	1	1	2	2	1	20.5	19.6	21.0	21.0	21.4
ce	1	1	2	1	2	24.3	23.2	20.2	24.1	23.8
de	1	1	1	2	2	28.6	24.8	24.9	26.8	27.7
abcd	2	2	2	2	1	16.3	16.9	17.7	17.3	17.1
abce	2	2	2	1	2	17.7	17.5	16.9	16.4	16.8
abde	2	2	1	2	2	15.3	15.2	16.6	13.5	14.9
acde	2	1	2	2	2	13.4	14.2	14.2	14.0	13.3
bcde	1	2	2	2	2	21.6	20.7	20.9	21.5	21.2

(1) 통계적 모형을 쓰시오.

(2) 적절한 분산분석을 하고 해석하시오.

8.10 7개 요인일 때 $N = 8$ Plackett–Burman 설계로 다음의 데이터를 얻었다.

실행 (run)	처리조합	요인 A	B	C	D	E	F	G	Y
1	abce	+1	+1	+1	−1	+1	−1	−1	77
2	bcdf	−1	+1	+1	+1	−1	+1	−1	68
3	cdeg	−1	−1	+1	+1	+1	−1	+1	75
4	adef	+1	−1	−1	+1	+1	+1	−1	72
5	befg	−1	+1	−1	−1	+1	+1	+1	67
6	acfg	+1	−1	+1	−1	−1	+1	+1	68
7	abdg	+1	+1	−1	+1	−1	−1	+1	72
8	(1)	−1	−1	−1	−1	−1	−1	−1	64

(1) 통계적 모형을 쓰시오.

(2) 적절한 분산분석을 하고 해석하시오.

8.11 〈표 8.13〉 Plackett-Burman 설계에서 C, D, E, F 주효과와 교락된 2차와 3차 상호작용효과에 대한 별명구조 계산을 보여 결과를 확인하시오.

8.12 7개 요인에 대한 실험설계로 다음과 같은 부분 설계로 반응값을 측정하여 데이터를 얻었다.

처리 조합	A	B	C	D=AB	E=AC	F=BC	G=ABC	response
	−1	−1	−1	1	1	1	−1	104
	1	−1	−1	−1	−1	1	1	192
	−1	1	−1	−1	1	−1	1	179
	1	1	−1	1	−1	−1	−1	107
	−1	−1	1	1	−1	−1	1	239
	1	−1	1	−1	1	−1	−1	181
	−1	1	1	−1	−1	1	−1	172
	1	1	1	1	1	1	1	217

(1) 표의 첫째 열에 처리조합을 기호 a b c d e f g로 채우시오.

(2) A, B, C 주효과를 계산하시오.

(3) 분산분석표를 작성하고 유의수준 5%에서 가설검정하고 분석하시오.

9장

분할구설계

요인배치를 이용하여 진행하는 실험에서 요인들의 처리조합에 대한 완전확률화할 수 없는 상황도 발생한다. 또한 요인배치를 확률화완전블록설계로 할 수 없는 경우도 생긴다. 이와 같은 경우 분할구설계를 통해 실험을 설계할 수 있다. 한 요인의 실험단위를 더 작은 실험단위로 분할하여 다른 요인의 수준들이 배치되는 상황을 고려하고자 한다. 이러한 상황에서는 분할구설계(split plot design: SPD)를 활용하여 랜덤화에 대한 제한 조건을 해결하여 실험설계를 할 수 있다.

9.1 분할구설계의 자료구조

분할구(split plot)실험은 블록화 실험으로 블록 자체를 실험단위로 간주한다. 그러므로 블록을 주구(whole plot)라고 하고 블록 내 실험단위는 분할구(split plot, split unit, subplot)라고 한다. 두 단계 실험단위에 대해 두 단계 랜덤화가 이루어진다. 블록 수준의 처리에 대한 랜덤화를 한 후 주구내 분할구 실험단위에 대한 랜덤화가 진행된다.

분할구실험은 농업실험에서의 사용을 위해 Fisher(1925)에 의해 개발되었다. 간단한 예를 들어 보자. 수확량에 영향을 미치는 두 가지 관개방법(irrigation method: 요인 A)과 두 종류 비료(fertilizer: 요인 B)를 고려하고자 하며 4개의 실험단위로서의 밭(field)이 있다. 4개 밭을 2개씩 나누어 두 가지 관개방법을 적용한 후 각 밭을 2개의 플롯(plot)으로 나누어 랜덤하게 두 가지 비료를 적용한다. 첫 번째 랜덤화는 4개의 밭(whole plot)에 적용하고 두 번째 랜덤화는 밭(whole plot) 내의 플롯(split plot)에 적용한다.

산업실험에서 요인은 실험에 따라 차별화되기도 한다. 특정 처리가 비싸거나 변화시키는 데 시간이 오래 걸리는 경우 또는 큰 배치 안에서 실험이 이루어지는 경우 다른 처리를 위해 분할구로 나눈다. Box et al.(2005)는 바꾸기 쉬운 요인을 split plot, 바꾸기 어려운 요

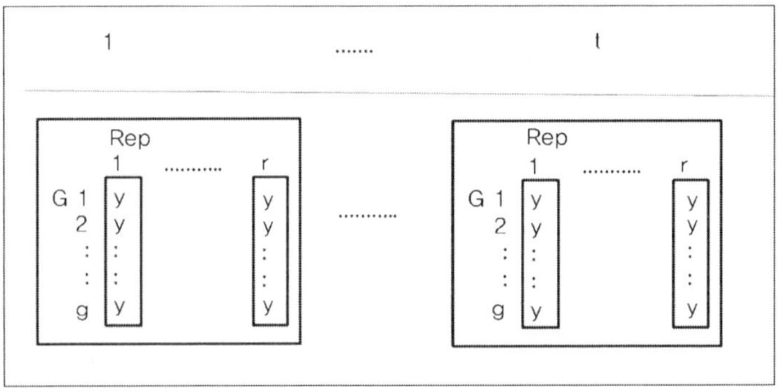

그림 9.1 분할구설계 자료구조(주구요인 t개 수준, 분할구요인 g개 수준, r 반복)

인을 whole plot으로 간주할 수 있음을 설명한다. 분할구설계에 대한 자료구조는 <그림 9.1>과 같이 표현할 수 있다.

예제 9.1 4가지 식이요법(diet)에 대해 12명의 참가자들이 있으며 이들은 모두 아침과 저녁으로 실험 후 반응값을 측정한다. 여기서 반응값은 몸무게이다. 식이요법과 시점(아침/저녁)은 교차되어 있다(crossed). 식이요법별로 3명을 랜덤하게 배정하고 아침/저녁으로 실험한다. 식이요법이 주구(whole plot)이고 시점이 분할구(split plot)이며 실험 단위는 참가자이며 3회 반복이다. 실험 후 <표 9.1>의 데이터를 얻었다.

표 9.1 식이요법 분할구설계 데이터

시점(time)	식이요법(diet)											
	1			2			3			4		
	참가자			참가자			참가자			참가자		
	1	2	3	1	2	3	1	2	3	1	2	3
아침	123	120	122	117	125	122	114	109	115	140	141	138
저녁	135	136	129	139	136	142	123	132	132	150	147	154

예제 9.2 2 반복 4×3 요인설계를 하고자 한다. 전기부품 수명 실험에서 지속시간과 오븐온도를 요인으로 한다. 4×3 처리조합을 완전히 랜덤하게 배치하여 완전확률화설계로 실험하려면 12개의 오븐이 필요하다. 그런데 전기부품에 대해 실험할 수 있는 특수 오븐은 4개만 있는 상황이다. 4장에서 다룬 확률화완전블록설계를 고려하여 온도를 블록으로 한다면 각 온도(블록)에서 전체 실험을 실시할 수 있어야 한다. 그런데 이 실험상황에서 보면 온도는 오븐과 관련되어 있다. 즉, 오븐을 선택하면 온도가 고정된다. 온도가 고정되면 오븐 내에서 한 개는 5분, 한 개는 10분, 한 개는 15분 지속시간을 배정한다. 온도 내에서 세 수준의 지속시간은 세 개로 분할된다. 그러므로 오븐온도가 주구이고 오븐온도 내 지속시간이 분할구로 세 수준으로 분할된 분할구설계를 해야 한다. 오븐온도 내에서 지속시간을 배정하여 실험한 후 부품에 대한 수명 데이터 <표 9.2>를 얻었다.

표 9.2 전기부품 수명 실험 분할구설계 데이터

반복	지속 시간 (min) [분할구]	오븐 온도 (°F) [주구] 오븐 1 580	오븐 2 600	오븐 3 620	오븐 4 640
1	5	217	158	129	223
	10	233	138	186	227
	15	195	152	161	179
2	5	188	156	160	201
	10	201	130	170	201
	15	213	180	182	199

분할구설계에서는 두 관심요인 중의 하나를 블록요인처럼 간주하여 실험을 진행한다. 그러므로 블록으로 취급되는 요인의 랜덤화가 제한되므로 그 요인 자체의 효과가 실험단위에 교락된다는 단점이 있다. 블록요인으로 간주되지 않는 요인은 완전확률화설계로 되므로 정보의 손실이 없기 때문에 주요 관심요인은 분할구요인으로 정하는 것이 좋다.

<예제 9.1>을 예로 들어 설명해보자. 실험단위는 오븐 내 놓인 지속시간이 결정된 부품이라고 하자. 오븐온도를 600°F로 맞추었는데 실제로는 650°F가 되었다면, 반응값을 얻었을 때 오븐 때문인지 측정오차 때문인지 서로 교락되어 알 수 없다.

예제 9.3 강철막대(steel bar)의 부식에 대한 저항에 대해 연구하고자 제조시 난로온도(furnace temperature)와 코팅(coating) 방법을 고려한 실험을 하고자 한다. 한 요인은 3 수준 온도이고 다른 요인은 4 종류 코팅(coating) 방법이다. 따라서 두 요인에 대해 요인설계를 한다면 $3 \times 4 = 12$개 처리조합을 강철막대에 랜덤하게 배치하면 된다. 12개의 난로가 있다 하더라도 효율성이나 경비 측면에서 볼 때 완전확률화설계는 현실적으로 부적절하다. 그런데 난로는 6개만 있는 상황이며 이러한 처리조합 배치를 완전히 랜덤하게 할 수는 없는 상황이다. 또한 한 수준의 난로온도가 정해지면 4가지 코팅방법을 적용한 강철막대를 난로에 넣어 실험을 해야만 한다. 난로온도를 확률화하고 난로온도 내에서 코팅방법을 확률화하여 실험을 설계한다. 그러므로 난로온도를 주구, 코팅방법을 분할구로 하여 분할구설계를 통해 <표 9.3>의 데이터(Box et al., 2005)를 얻었다. 여기서 난로온도가 바꾸기 어려운 요인이므로 한 수준의 온도에 이른 상황에서 4개의 강철막대에 대해 4가지 코팅방법을 랜덤하게 배치한다. 난로온도(주구 요인)에 대해 3개의 주구와 각 주구 내에서는 코팅방법(분할구 요인) 4개씩의 분할구가 있다. 이러한 실험에 대해 2번 반복한다.

표 9.3 강철막대 코팅 분할구설계 데이터

주구	온도 (oC)	코팅 (랜덤 순서)			
1	360	C_2 73	C_3 83	C_1 67	C_4 89
2	370	C_1 65	C_3 87	C_4 86	C_2 91
3	380	C_3 147	C_1 155	C_2 127	C_4 212
4	380	C_4 153	C_3 90	C_2 100	C_1 108
5	370	C_4 150	C_1 140	C_3 121	C_2 142
6	360	C_1 33	C_4 54	C_2 8	C_3 46

분할구설계의 필요성과 장점은 무엇인가?

(1) 비용(cost)

완전확률화설계로 실험을 수행할 경우보다 분할구 순서에서의 처리실험에 대한 비용이 적게 든다. 완전확률화설계에서 모든 요인은 실험마다 서로 독립적으로 초기상태로 놓아야 한다. 요인의 수준이 리셋(reset)되지 않는다면 부주의한 분할이 발생하게 되고, 그럼에도 불구하고 완전확률화설계에 대한 분산분석을 하면 결과에 대한 유효성이 문제가 된다.

(2) 효율성(efficiency)

분할구설계는 완전확률화설계에 비해 비용이 적게 드는 면 이외에도 통계적으로 효율적이다. 분할구배치로 분할구요인 효과 추정시 정밀도가 증가한다. 그러므로 완전확률화설계가 가능한 경우에도 분할구설계를 추천하기도 한다.

(3) 유효성(validity)

바꾸기 어려운 요인에 대한 랜덤화가 이루어지지 않았는데도 불구하고 완전확률화설계로 간주하는 경우 분산추정값이 과대/과소하게 되어 분산에 기반을 둔 검정통계량에 의한 검정결과가 유효하지 않게 된다. 실험설계를 할 때 실험단위들에 대한 그룹화에 대한 문제 제기가 필수적이며 분할구설계에 대한 활용을 고려해 볼 수 있다. 또한 실험의 유효성과 더불어 분석의 유효성을 주의 깊게 살펴봐야 한다.

9.2 분할구설계

분할구설계는 제1요인의 t 수준을 t개의 주구에 랜덤하게 배치하고 주구를 g개의 분할구로 나누어 제2요인의 g 수준을 주구 내에서 다시 랜덤하게 배치하여 tg개의 처리조합을 한 번 반복으로 하여 r회 반복하는 실험설계이다.

분할구설계는 주구에 배치된 요인은 주구와 교차되고, 분할구에 배치된 요인은 교차되지 않으므로 중요도가 떨어지는 요인을 주구에 배치하고 주관심 요인을 분할구에 배치한다.

9.2.1 통계적 모형

주구에 대해 완전확률화설계를 한 분할구설계에 대한 통계적 모형을 고려하자.

반응값 Y_{ijk}는 i번째 처리(주구)에서 j번째 개체에서 k번째 처리(분할구)에서의 관측값으로 분할구설계에 대한 통계적 모형은

$$Y_{ijk} = \mu + \underbrace{\tau_i + \epsilon_{ij}}_{whole\ plot} + \underbrace{\gamma_k + \tau\gamma_{ik} + \delta_{ijk}}_{split\ plot} \tag{9.1}$$

$$i = 1,2,\cdots t, \quad j = 1,2,\cdots,r(\text{반복}), \quad k = 1,2,\cdots,g$$

이다. 여기서

$N = trg$는 데이터 총수

μ는 모집단의 전체평균

τ_i는 i번째 주구 처리효과(whole plot treatment effect)

ϵ_{ij}는 주구 오차항, $\epsilon_{ij} \sim iid\ N(0,\ \sigma_\epsilon^2)$

γ_k는 k번째 분할구효과(split plot treatment effect)

$\tau\gamma_{ik}$는 i번째 주구 처리와 k번째 분할구 처리의 상호작용효과

δ_{ijk}는 분할구 오차항, $\delta_{ijk} \sim iid\ N(0,\ \sigma_\delta^2)$

각 요인효과는 고정효과로 가정한다.

$$\sum_{i=1}^{t}\tau_i = 0,\ \sum_{k=1}^{g}\gamma_k = 0,\ \sum_{i=1}^{t}\tau\gamma_{ik} = \sum_{k=1}^{g}\tau\gamma_{ik} = 0$$

모형 (9.1)은 처리요인으로 주구요인 한 개와 분할구요인 한 개가 있는 모형이다.

9.2.2 분산분석과 가설검정

분할구설계에 대한 분산분석표는 <표 9.4>에서 보여 준다. EMS 계산 결과도 보여 주므로 검정통계량 선택에 활용한다.

표 9.4 분할구설계 분산분석표(고정효과모형)

요인	자유도	제곱합	평균제곱합	F 통계량	EMS
주구 처리 (whole plot : wp)	$(t-1)$	SS_{wp}	MS_{wp}	$F_{wp}=\frac{MS_{wp}}{MS_{wpe}}$	$\sigma_\delta^2+g\sigma_\epsilon^2+\frac{rg}{t-1}\sum_i \tau_i^2$
주구 오차	$t(r-1)$	SS_{wpe}	MS_{wpe}		$\sigma_\delta^2+g\sigma_\epsilon^2$
분할구 처리 (split plot : sp)	$(g-1)$	SS_{sp}	MS_{sp}	$F_{sp}=\frac{MS_{sp}}{MS_{spe}}$	$\sigma_\delta^2+\frac{rt}{g-1}\sum_k \gamma_k^2$
주구와 분할구 상호작용	$(g-1)(t-1)$	$SS_{sp\times wp}$	$MS_{sp\times wp}$	$F_{sw}=\frac{MS_{sp\times wp}}{MS_{spe}}$	$\sigma_\delta^2+\frac{r\sum_{i,k}\gamma_{ik}^2}{(g-1)(t-1)}$
분할구 오차	$t(g-1)(r-1)$	SS_{spe}	MS_{spe}		σ_δ^2
계	$tgr-1$	TSS			

여기서

$$\overline{Y}=\frac{1}{trg}\sum_{i=1}^{t}\sum_{j=1}^{r}\sum_{k=1}^{g}Y_{ijk} \tag{9.2}$$

$$TSS=\sum_i\sum_j\sum_k(Y_{ijk}-\overline{Y})^2$$

$$SS_{wp}=rg\sum_i(\overline{Y}_{i\cdot\cdot}-\overline{Y})^2$$

$$SS_{wpe}=g\sum_{ij}(\overline{Y}_{ij\cdot}-\overline{Y}_{i\cdot\cdot})^2$$

$$SS_{sp}=rt\sum_k(\overline{Y}_{\cdot\cdot k}-\overline{Y})^2$$

$$SS_{sp\times ws}=r\sum_i\sum_k(\overline{Y}_{i\cdot k}-\overline{Y}_{i\cdot\cdot}-\overline{Y}_{\cdot\cdot k}+\overline{Y})^2$$

$$SS_{spe}=\sum_i\sum_j\sum_k(Y_{ijk}-\overline{Y}_{ij\cdot}-\overline{Y}_{i\cdot k}+\overline{Y}_{i\cdot\cdot})^2$$

분산분석표 <표 9.4>의 F 통계량을 이용하여 분할구설계에서 각 요인효과에 대한 가설검정을 다음과 같이 할 수 있다.

(1) 주구 처리요인효과에 대한 가설검정

$$H_0 \ : \ \tau_1 = \cdots = \tau_t = 0 \text{ (주구 처리요인효과 없다)에 대해 } H_1 : not \quad \mathrm{H}_0$$

검정통계량

$$F_{wp} = \frac{MS_{wp}}{MS_{wpe}}$$

는 귀무가설하에서 $F_{t-1,\, t(r-1)}$ 분포를 따른다.

유의수준 α 에서 검정법은 만일 $F_{wp} > F_{t-1,\, t(r-1)}(\alpha)$ 이면 H_0를 기각한다.

(2) 분할구 처리요인효과에 대한 가설검정

$$H_0 \ : \ \gamma_1 = \cdots = \gamma_g = 0 \text{ (분할구 처리요인효과 없다)에 대해 } H_1 : not \quad \mathrm{H}_0$$

검정통계량

$$F_{sp} = \frac{MS_{sp}}{MS_{spe}}$$

는 귀무가설하에서 $F_{g-1,\, t(g-1)(r-1)}$ 분포를 따른다.

유의수준 α 에서 검정법은 만일 $F_{sp} > F_{g-1,\, t(g-1)(r-1)}(\alpha)$ 이면 H_0를 기각한다.

(3) 주구 처리요인과 분할구 처리요인의 상호작용효과에 대한 가설검정

$$H_0 : \tau\gamma_{ik} = 0\,,\ i = 1, \ldots, t,\ \ k = 1, \ldots, g \text{ (상호작용효과 없다)에 대해}$$
$$H_1 : not \quad \mathrm{H}_0$$

검정통계량

$$F_{sw} = \frac{MS_{sp \times wp}}{MS_{spe}}$$

는 귀무가설하에서 $F_{(g-1)(t-1),\, t(g-1)(r-1)}$ 분포를 따른다.

유의수준 α 에서 검정법은 만일 $F_{sw} > F_{(g-1)(t-1),\, t(g-1)(r-1)}(\alpha)$ 이면 H_0를 기각한다.

9.3 분할 - 분할구설계

분할구설계에서는 한 개 처리(분할구 요인)가 다른 처리(주구 요인) 내에서 랜덤화되도록 설계된다. 분할구요인 내에 또 다른 분할구요인이 있을 경우 분할–분할구설계(split-split plot design)가 가능하다.

(1) 물리적인 실험조건 때문에 분할–분할구 설계를 할 수 있다.

(2) 다단계 분할구설계가 가능하며 통계적 모형도 확장 가능하다.

주구는 완전확률화설계로 계획되고 주구 내에서 분할구가 배치되며 분할구 내에서 다시 분할되어 분할–분할구가 형성된다.

9.3.1 통계적 모형

완전확률화설계에서의 분할–분할구설계에 대한 통계적 모형을 고려하자.

반응값 Y_{ijkl}는 i번째 처리(주구)에서 j번째 개체에서 k번째 처리(분할구)와 l번째 처리(분할–분할구)에서의 관측값으로 이에 대한 통계적 모형은

$$Y_{ijkl} = \mu + \underbrace{\tau_i + \epsilon_{ij}}_{whole\ plot} + \underbrace{\gamma_k + \tau\gamma_{ik} + \delta_{ijk}}_{split\ plot} + \underbrace{\psi_l + \tau\psi_{il} + \gamma\psi_{kl} + \tau\gamma\psi_{ikl} + w_{ijkl}}_{split-split\ \ plot} \tag{9.3}$$

$$i = 1,2,\cdots,t,\ \ j = 1,2,\cdots,r,\ \ k = 1,2,\cdots,g,\ \ \ l = 1,2,\ldots,s$$

이다. 여기서

$N = trgs$는 데이터 총수

μ는 모집단의 전체평균

τ_i는 i번째 주구 처리효과(whole plot treatment effect)

ϵ_{ij}는 주구 오차항, $\epsilon_{ij} \sim iid\ \ N(0,\ \sigma_\epsilon^2)$

γ_k는 k번째 분할구효과(split plot treatment effect)로 고정효과

$\tau\gamma_{ik}$는 i번째 주구 처리와 k번째 분할구 처리의 상호작용효과

δ_{ijk}는 분할구 오차항, $\delta_{ijk} \sim iid\ \ N(0,\ \sigma_\delta^2)$

ψ_l는 l번째 분할–분할구 효과(split-split plot treatment effect)

$\tau\psi_{il}$는 i번째 주구 처리와 l번째 분할–분할구 처리의 상호작용효과

$\gamma\psi_{kl}$는 k번째 분할구 처리와 l번째 분할–분할구 처리의 상호작용효과

$\tau\gamma\psi_{ikl}$는 i번째 주구 처리와 k번째 분할구 처리와 l번째 분할–분할구 처리 내의 상호작용효과

w_{ijkl}는 분할–분할구 오차항, $\delta_{ijk} \sim iid\ N(0,\ \sigma_w^2)$

각 요인효과는 고정효과로 가정한다.

$$\sum_{i=1}^{t}\tau_i = 0,\ \sum_{k=1}^{g}\gamma_k = 0,\ \sum_{i=1}^{t}\tau\gamma_{ik} = \sum_{k=1}^{g}\tau\gamma_{ik} = 0$$

$$\sum_{l=1}^{s}\psi_l = 0,\ \sum_{i=1}^{t}\tau\psi_{il} = \sum_{l=1}^{s}\tau\psi_{il} = \sum_{k=1}^{g}\gamma\psi_{il} = \sum_{l=1}^{s}\gamma\psi_{il} = 0$$

$$\sum_{i,k}\tau\gamma\psi_{ik} = \sum_{i,l}\tau\gamma\psi_{il} = \sum_{k,l}\tau\gamma\psi_{kl} = 0$$

9.3.2 분산분석과 가설검정

분할–분할구설계에 대한 분산분석표는 <표 9.5>에서 보여 준다. 또한 <표 9.6>에서는 EMS 계산 결과를 보여 주므로 검정통계량 선택에 활용할 수 있다.

표 9.5 분할구설계 분산분석표(고정효과모형)

요인	자유도	제곱합	평균제곱합	F 통계량
주구 처리 (whole plot: wp)	$(t-1)$	SS_{wp}	$MS_{wp} = \dfrac{SS_{wp}}{t-1}$	$F_{wp} = \dfrac{MS_{wp}}{MS_{wpe}}$
주구 오차	$t(r-1)$	SS_{wpe}	$MS_{wpe} = \dfrac{SS_{wpe}}{t(r-1)}$	
분할구 처리 (split plot:sp)	$(g-1)$	SS_{sp}	$MS_{sp} = \dfrac{SS_{sp}}{g-1}$	$F_{sp} = \dfrac{MS_{sp}}{MS_{spe}}$
주구와 분할구 상호작용	$(g-1)(t-1)$	$SS_{sp\times wp}$	$MS_{sp\times wp} = \dfrac{SS_{sp\times wp}}{(g-1)(t-1)}$	$F_{sp\times wp} = \dfrac{MS_{sp\times wp}}{MS_{spe}}$
분할구 오차	$t(g-1)(r-1)$	SS_{spe}	$MS_{spe} = \dfrac{SS_{spe}}{t(g-1)(r-1)}$	

분할-분할구 처리 (split-split plot: ssp)	$s-1$	SS_{ssp}	$MS_{ssp}=\frac{SS_{ssp}}{(s-1)}$	$F_{ssp}=\frac{MS_{ssp}}{MS_{sspe}}$
분할구와 주구 상호작용 ssp×wp	$(s-1)(t-1)$	$SS_{ssp\times wp}$	$MS_{ssp\times wp}=\frac{SS_{ssp\times wp}}{(s-1)(t-1)}$	$F_{ssp\times wp}=\frac{MS_{ssp\times wp}}{MS_{sspe}}$
ssp×sp	$(s-1)(g-1)$	$SS_{ssp\times sp}$	$MS_{ssp\times sp}=\frac{SS_{ssp\times sp}}{(s-1)(g-1)}$	$F_{ssp\times sp}=\frac{MS_{ssp\times sp}}{MS_{sspe}}$
ssp×sp×wp (ssw)	$(s-1)(g-1)(t-1)$	SS_{ssw}	$MS_{ssw}=\frac{SS_{ssw}}{(s-1)(g-1)(t-1)}$	$F_{ssw}=\frac{MS_{ssw}}{MS_{sspe}}$
분할-분할구 오차 ssp 오차 (sspe)	$(s-1)(r-1)tg$	$SS_{ssp\,e}$	$MS_{ssp\,e}=\frac{SS_{ssp\,e}}{(s-1)(r-1)tg}$	
계	$tgrs-1$	TSS		

여기서

$$\overline{Y}=\frac{1}{tgrs}\sum_i\sum_j\sum_k\sum_l Y_{ijkl}$$

$$TSS=\sum_i\sum_j\sum_k\sum_l(Y_{ijkl}-\overline{Y})^2 \qquad (9.4)$$

$$SS_{wp}=srg\sum_i(\overline{Y}_{i...}-\overline{Y})^2$$

$$SS_{wpe}=sg\sum_{ij}(\overline{Y}_{ij..}-\overline{Y}_{i...})^2$$

$$SS_{sp}=srt\sum_k(\overline{Y}_{..k.}-\overline{Y})^2$$

$$SS_{sp\times wp}=sr\sum_i\sum_k(\overline{Y}_{i.k.}-\overline{Y}_{i...}-\overline{Y}_{..k.}+\overline{Y})^2$$

$$SS_{spe}=s\sum_i\sum_j\sum_k(Y_{ijk}-\overline{Y}_{ij..}-\overline{Y}_{i.k.}+\overline{Y}_{i...})^2$$

$$SS_{ssp}=rgt\sum_l(\overline{Y}_{...l}-\overline{Y})^2$$

$$SS_{ssp\times wp}=rg\sum_{i,l}(\overline{Y}_{i..l}-\overline{Y}_{i...}-\overline{Y}_{...l}+\overline{Y})^2$$

$$SS_{ssp\times sp}=rt\sum_{k,l}(\overline{Y}_{..kl}-\overline{Y}_{..k.}-\overline{Y}_{...l}+\overline{Y})^2$$

$$SS_{ssw}=r\sum_{i,k,l}(\overline{Y}_{i.kl}-\overline{Y}_{i.k.}-\overline{Y}_{i..l}-\overline{Y}_{.jkl}+\overline{Y}_{i...}+\overline{Y}_{.k..}+\overline{Y}_{...l}-\overline{Y})^2$$

$$SS_{ssp\,e}=\sum_{i,k}[\sum_{j,l}(Y_{ijkl}-\overline{Y}_{ijk.}-\overline{Y}_{i.kl}+\overline{Y}_{i.k.})^2]$$

표 9.6 분할-분할구설계 분산분석표

요인	자유도	평균제곱합	EMS
주구 처리 (whole plot: wp)	$(t-1)$	MS_{wp}	$\sigma_w^2+s\sigma_\delta^2+sg\sigma_\epsilon^2+\frac{srg}{t-1}\sum_i \tau_i^2$
주구 오차	$t(r-1)$	MS_{wpe}	$\sigma_w^2+s\sigma_\delta^2+sg\cdot\sigma_\epsilon^2$
분할구 처리 (split plot: sp)	$(g-1)$	MS_{sp}	$\sigma_w^2+s\sigma_\delta^2+\frac{srt}{g-1}\sum_k \gamma_k^2$
주구와 분할구 상호작용	$(g-1)(t-1)$	$MS_{sp\times wp}$	$\sigma_w^2+s\sigma_\delta^2+\frac{sr\sum_{i,k}\gamma_{ik}^2}{(g-1)(t-1)}$
분할구 오차	$t(g-1)(r-1)$	MS_{spe}	$\sigma_w^2+s\sigma_\delta^2$
분할-분할구 처리 (split-split plot: ssp)	$s-1$	MS_{ssp}	$\sigma_w^2+\frac{rgt}{s-1}\sum_l \psi_l^2$
주구와 분할구 상호작용 ssp×wp	$(s-1)(t-1)$	$MS_{ssp\times wp}$	$\sigma_w^2+\frac{rg}{(s-1)(t-1)}\sum_{i,l}\tau\psi_{il}^2$
ssp×sp	$(s-1)(g-1)$	$MS_{ssp\times sp}$	$\sigma_w^2+\frac{rt}{(s-1)(g-1)}\sum_{k,l}\gamma\psi_{kl}^2$
ssp×sp×wp	$(s-1)(g-1)(t-1)$	MS_{ssw}	$\sigma_w^2+\frac{r}{(s-1)(g-1)(t-1)}\sum_{i,k,l}\tau\gamma\psi_{ikl}^2$
분할-분할구 오차 ssp 오차	$(s-1)(r-1)tg$	MS_{sspe}	σ_w^2
계	$tgrs-1$		

분산분석표의 F 통계량을 이용하여 분할구설계에서 각 요인효과에 대한 가설검정을 다음과 같이 할 수 있다.

(1) 주구 처리요인효과에 대한 가설검정

H_0 : $\tau_1=\cdots=\tau_t=0$ (주구 처리요인효과 없다)에 대해 H_1 : not $\mathrm{H_0}$

검정통계량

$$F_{wp}=\frac{MS_{wp}}{MS_{wpe}}$$

는 귀무가설하에서 $F_{t-1,\, t(r-1)}$ 분포를 따른다.

유의수준 α에서 검정법은 만일 $F_{wp}>F_{t-1,\, t(r-1)}(\alpha)$이면 H_0를 기각한다.

(2) 분할구 처리요인효과에 대한 가설검정

H_0 : $\gamma_1 = \cdots = \gamma_g = 0$ (분할구 처리요인효과 없다)에 대해 $H_1 : not \quad \mathrm{H}_0$

검정통계량

$$F_{sp} = \frac{MS_{sp}}{MS_{spe}}$$

는 귀무가설하에서 $F_{g-1,\, t(g-1)(r-1)}$ 분포를 따른다.
유의수준 α에서 검정법은 만일 $F_{sp} > F_{g-1,\, t(g-1)(r-1)}(\alpha)$이면 H_0를 기각한다.

(3) 주구 처리요인과 분할구 처리요인의 상호작용효과에 대한 가설검정

$H_0 : \tau\gamma_{ik} = 0\,,\ i = 1, \ldots, t,\ k = 1, \ldots, g$ (상호작용효과 없다)에 대해 $H_1 : not \quad \mathrm{H}_0$

검정통계량

$$F_{sp \times wp} = \frac{MS_{sp \times wp}}{MS_{spe}}$$

는 귀무가설하에서 $F_{(g-1)(t-1),\, t(g-1)(r-1)}$ 분포를 따른다.
유의수준 α에서 검정법은 만일 $F_{sp \times wp} > F_{(g-1)(t-1),\, t(g-1)(r-1)}(\alpha)$이면 H_0를 기각한다.

(4) 분할-분할구 처리요인효과에 대한 가설검정

$H_0 : \psi_1 = \cdots = \psi_s = 0$ (분할-분할구 처리요인효과 없다)에 대해 $H_1 : not \quad \mathrm{H}_0$

검정통계량

$$F_{ssp} = \frac{MS_{ssp}}{MS_{sspe}}$$

는 귀무가설하에서 $F_{s-1,\, tg(s-1)(r-1)}$ 분포를 따른다.
유의수준 α에서 검정법은 만일 $F_{ssp} > F_{s-1,\, tg(s-1)(r-1)}(\alpha)$이면 H_0를 기각한다.

(5) 분할-분할구와 주구의 상호작용효과에 대한 가설검정

$H_0 : \tau\psi_{il} = 0\ ,\ \ i = 1,\dots,t,\ \ l = 1,\dots,s$ (상호작용효과 없다)에 대해 $H_1 : not\ \ \mathrm{H_0}$

검정통계량

$$F_{ssp\times wp} = \frac{MS_{ssp\times wp}}{MS_{sspe}}$$

는 귀무가설하에서 $F_{(s-1)(t-1),\ tg(s-1)(r-1)}$ 분포를 따른다.
유의수준 α에서 검정법은 만일 $F_{ssp\times sp} > F_{(s-1)(t-1),\ tg(s-1)(r-1)}(\alpha)$이면 H_0를 기각한다.

(6) 분할-분할구와 분할구의 상호작용효과에 대한 가설검정

$H_0 : \gamma\psi_{kl} = 0\ ,\ \ k = 1,\dots,g,\ \ l = 1,\dots,s$ (상호작용효과 없다)에 대해 $H_1 : not\ \ \mathrm{H_0}$

검정통계량

$$F_{ssp\times sp} = \frac{MS_{ssp\times sp}}{MS_{sspe}}$$

는 귀무가설하에서 $F_{(s-1)(g-1),\ tg(s-1)(r-1)}$ 분포를 따른다.
유의수준 α에서 검정법은 만일 $F_{ss} > F_{(s-1)(g-1),\ tg(s-1)(r-1)}(\alpha)$이면 H_0를 기각한다.

(7) 분할-분할구와 분할구와 주구의 상호작용효과에 대한 가설검정

$H_0 : \tau\gamma\psi_{ikl} = 0\ ,\ i = 1,\dots,t,\ \ k = 1,\dots,g,\ \ l = 1,\dots,s$에 대해 $H_1 : not\ \ \mathrm{H_0}$

검정통계량

$$F_{ssw} = \frac{MS_{ssp\times sp\times wp}}{MS_{sspe}} = \frac{MS_{ssw}}{MS_{sspe}}$$

는 귀무가설하에서 $F_{(s-1)(g-1)(t-1),\, tg(s-1)(r-1)}$ 분포를 따른다.

유의수준 α에서 검정법은 만일 $F_{ssw} > F_{(s-1)(g-1)(t-1),\, tg(s-1)(r-1)}(\alpha)$이면 H_0를 기각한다.

예제 9.4 (분할–분할구설계) 식물에 영향을 미치는 오존 기체(ozone gas) 영향을 알아보기 위한 실험을 하고자 한다. 4 수준의 오존(Ozone) 농도를 가진 2개의 실험방(Chamber)이 있어 총 8개의 실험방이 있다. 6종류(Variety)의 식물이 각 실험방에 놓여 일정기간 성장하도록 한다. 각 식물의 두 군데, 즉 뿌리(Root)와 꼭대기(Top)에서 채취되어 데이터가 기록된다(Location). 오존이 주구이며 각 주구마다 2개의 실험방이 있다. 식물 종류가 분할구이며 오존 수준하에서 랜덤화로 설계된다. 식물의 위치가 분할–분할구가 되며 식물 종류 내에 놓인다. 실험단위인 식물에서 뿌리와 꼭대기로 분할된 분할–분할구요인이 된다. 이와 같은 분할–분할구설계를 하게 된다.

표 9.7 분할–분할구설계 오존 데이터

	오존 농도(Ozone)															
	1				2				3				4			
	실험방				실험방				실험방				실험방			
	1		2		1		2		1		2		1		2	
식물 종류	R	T	R	T	R	T	R	T	R	T	R	T	R	T	R	T
1	0.26	0.37	0.13	0.27	0.23	0.29	0.01	0.33	0.11	0.05	0.4	0.41	0.38	0.11	0.54	0.18
2	0.09	0.24	0.49	0.09	0.32	0.33	0.12	0.41	0.35	0.28	0.48	0.53	0.56	0.38	0.33	0.3
3	0.26	0.24	0.13	0.19	0.36	0.02	0.2	0.26	0.13	0.45	0.11	0.28	0.61	0.18	0.7	0.14
4	0.51	0.12	0.45	0.21	0.31	0.18	0.04	0.45	0.34	0.58	0.25	0.17	0.22	0.33	0.56	0.4
5	0.04	0.8	0.55	0	0.32	0.49	0.12	0.41	0.34	0.09	0.28	0.38	0.2	0.81	0.36	0.19
6	0.02	0.55	0.11	0.75	0.03	0.3	0.37	0.2	0.35	0.6	0.19	0.47	0.3	0.36	0.66	0.63

9.4 R을 이용한 분할구설계 분석

예제 9.5 식이요법 분할구설계로 얻은 <표 9.1> 데이터에 대해 통계적 분석을 하고자 한다. 데이터를 입력하기 위해 <표 9.8>과 같은 txt 파일을 만든 후 read.table( )로 읽어 들인다.

표 9.8 diet.txt 파일

Diet	Subject	Time	BP
1	1	AM	123
1	1	PM	135
1	2	AM	120
1	2	PM	136
1	3	AM	122
1	3	PM	129
2	4	AM	117
2	4	PM	139
2	5	AM	125
2	5	PM	136
2	6	AM	122
2	6	PM	142
3	7	AM	114
3	7	PM	123
3	8	AM	109
3	8	PM	132
3	9	AM	115
3	9	PM	132
4	10	AM	140
4	10	PM	150
4	11	AM	141
4	11	PM	147
4	12	AM	138
4	12	PM	154

프로그램 9.1 식이요법 분할구설계 분석

```
# Split Plot with CRD on Whole Plots
# Note how Subject Data are entered!
data<-read.table("d:/13expd/Diet.txt",sep = " ",header=T)
  Diet<-as.character(data[,1])
  Subject<-as.character(data[,2])
  Time<-as.character(data[,3])
  BP<-data[,4]
aovdata <- data.frame(Diet,Subject,Time,BP)        # Split Plot analysis
s.aov<-aov(BP ~Diet+Error(Diet/Subject)+Time*Diet,data=aovdata)
  summary(s.aov)       # anova table
tab<-list(Diet,Time)
tapply(BP,tab,mean)     # Table the cell means
```

```
> s.aov<-aov(BP ~Diet+Error(Diet/Subject)+Time*Diet,data=aovdata)
>  summary(s.aov)         # anova table
Error: Diet
     Df Sum Sq Mean Sq
Diet  3   1874   624.5
Error: Diet:Subject
          Df Sum Sq Mean Sq F value Pr(>F)
Residuals  8  58.67   7.333
Error: Within
          Df Sum Sq Mean Sq F value   Pr(>F)
Time       1 1190.0  1190.0  73.611 2.63e-05 ***
Diet:Time  3   53.1    17.7   1.095    0.405
Residuals  8  129.3    16.2
```

분할구 요인인 Time 효과에 대한 검정통계량 $F_{sp} = 73.61$이고 p-값 $= 2.63 \times 10^{-5} < \alpha = 0.05$이므로 귀무가설을 기각한다. 즉, Time에 따른 반응값의 차이가 있다.

```
> tapply(BP,tab,mean)      # Table the cell means
        AM       PM
1 121.6667 133.3333
2 121.3333 139.0000
3 112.6667 129.0000
4 139.6667 150.3333
```

식이요법과 시간에 대한 이원배치 평균을 보여준다.

예제 9.6 농업적 중요성을 지닌 새로운 식물을 A 국가에서 도입하고자 한다. 귀리(oat) 세 개의 종자(Golden.rain, Marvellous, Victory)가 있으며 네 종류(n0, n1, n2, n3)의 질소비료를 사용했을 때 수확량이 가장 우수한 종자와 비료종류를 결정하고자 한다. 이와 같은 농업실험에서 이요인 설계를 적용하는 것은 현실적으로 어렵다. 왜냐하면 실험실에서의 기구를 이용한 실험과 달리 농업실험은 작은 땅에서 편리하게 처리에 대한 실험을 하기 어렵기 때문이다. 랜덤화 블록을 응용한 실험설계를 생각할 수 있으며 분할구를 이용한 랜덤화가 가능하다. 종자를 블록으로 간주하고 주구로 하여 랜덤화한 후 비료의 종류를 분할구로 하여 종자 내에서 랜덤하게 배치한다.

표 9.9 oats 데이터

블록 (Block)	종류(Variety) [주구]	질소비료(nitrogen fertilizer) (랜덤 순서) [분할구]			
I	Victory	N_1 111	N_2 130	N_3 157	N_4 174
I	Golden.rain	N_1 117	N_2 114	N_3 161	N_4 141
I	Marvellous	N_1 105	N_2 140	N_3 118	N_4 156
II	Victory	N_1 61	N_2 91	N_3 97	N_4 100
II	Golden.rain	N_1 70	N_2 108	N_3 126	N_4 149
II	Marvellous	N_1 96	N_2 124	N_3 121	N_4 144
III	Victory	N_1 68	N_2 64	N_3 112	N_4 86
III	Golden.rain	N_1 60	N_2 102	N_3 89	N_4 96
III	Marvellous	N_1 89	N_2 129	N_3 132	N_4 124
IV	Victory	N_1 74	N_2 89	N_3 81	N_4 122
IV	Golden.rain	N_1 64	N_2 103	N_3 132	N_4 133
IV	Marvellous	N_1 70	N_2 89	N_3 104	N_4 117
V	Victory	N_1 62	N_2 90	N_3 100	N_4 116
V	Golden.rain	N_1 80	N_2 82	N_3 94	N_4 126

V	Marvellous	N_1 63	N_2 70	N_3 109	N_4 99
VI	Victory	N_1 53	N_2 74	N_3 118	N_4 113
VI	Golden.rain	N_1 89	N_2 82	N_3 86	N_4 104
VI	Victory	N_1 97	N_2 99	N_3 119	N_4 121

프로그램 9.2 oats 데이터에 대한 분할구설계 분석

```
library(MASS)
data(oats) ; attach(oats) ; head(oats)
oats<-data.frame(oats)
table(V) ; table(N)
tapply(Y, list(V,N),mean)
tapply(Y, list(V,B),mean)

  library(lattice)
dotplot(Y~N|V*B, data=oats, xlab="Amount", ylab="Yield", type="l")
# 그림 9.2

mycol = c("black", "blue", "purple")      # 그림 9.3
xyplot(Y~N|B, groups=V, type="b", col=mycol, lty=1, ylab="Yield", data=oats)

myColorPars <- standard.theme('pdf')
myColorPars$superpose.symbol$pch <- c(1,3,4);
Nitro<-as.numeric(N)
xyplot(Y~ jitter(Nitro), data=oats, group=V, pch=c(1,3,4),
       auto.key=list(columns=3), par.settings=myColorPars )   # 그림 9.4

oats.mod <- aov(Y ~ block + variety*nitro + Error(I(block:variety)))
summary(oats.mod)     # anova table
```

```
> table(V) ; table(N)
V
Golden.rain  Marvellous     Victory
         24          24          24
N
0.0cwt 0.2cwt 0.4cwt 0.6cwt
    18     18     18     18
> tapply(Y, list(V,N),mean)
              0.0cwt    0.2cwt     0.4cwt    0.6cwt
Golden.rain 80.00000  98.50000  114.6667  124.8333
```

```
Marvellous  86.66667 108.50000  117.1667  126.8333
Victory     71.50000  89.66667  110.8333  118.5000
> tapply(Y, list(V, B),mean)
                 I     II    III    IV     V      VI
Golden.rain 133.25 113.25  86.75 108.0  95.50   90.25
Marvellous  129.75 121.25 118.50  95.0  85.25  109.00
Victory     143.00  87.25  82.50  91.5  92.00   89.50
```

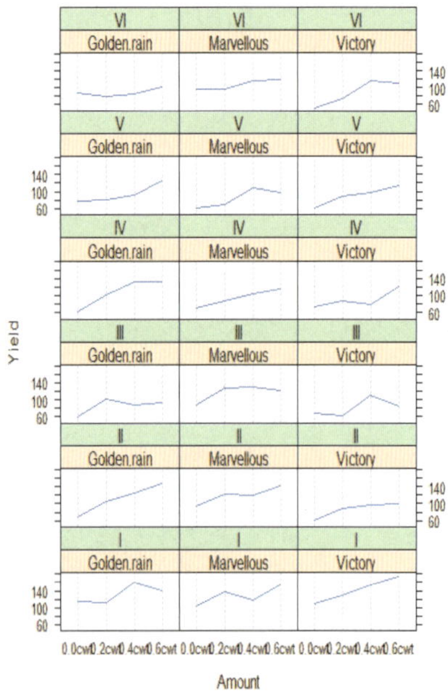

그림 9.2 oats 데이터에 대한 dotplot

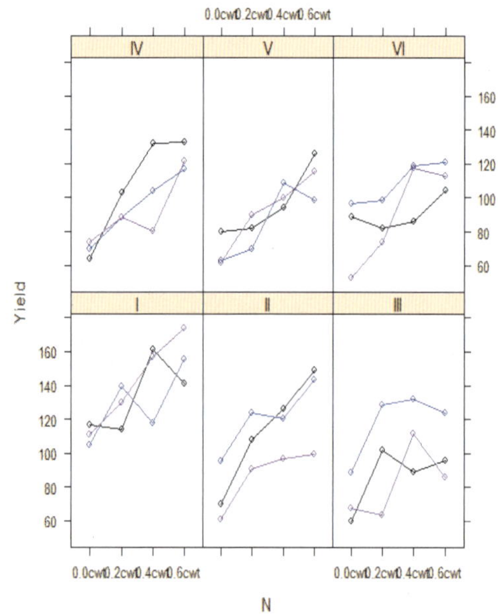

그림 9.3 oats 데이터에 대한 xyplot

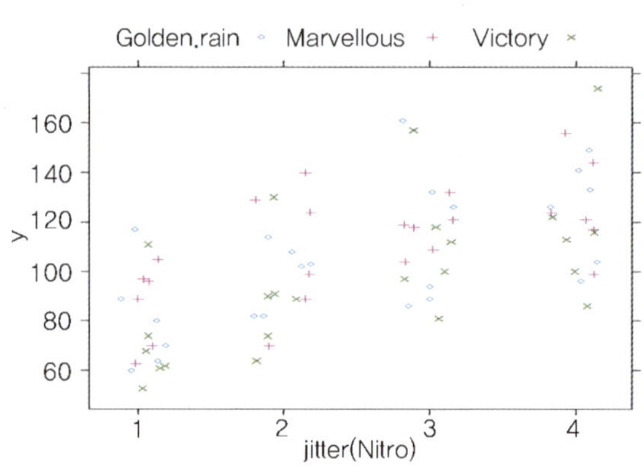

그림 9.4 oats 데이터에 대한 산점도

```
> summary(oats.mod)
Error: I(block:variety)
          Df Sum Sq Mean Sq F value  Pr(>F)
```

```
block       5  15875    3175   5.280  0.0124 *
variety     2   1786     893   1.485  0.2724
Residuals 10    6013     601
Error: Within
              Df Sum Sq Mean Sq F value    Pr(>F)
nitro          3  20020    6674  37.686  2.46e-12 ***
variety:nitro  6    322      54   0.303  0.932
Residuals     45   7969     177
```

분할구요인 nitro 효과에 대한 검정통계량 $F_{sp} = 37.686$이고, p-값 $= 2.46 \times 10^{-12}$ $< \alpha = 0.05$이므로 귀무가설을 기각한다. 즉, nitro 효과가 유의하다.

예제 9.7 분할-분할구설계로 얻은 오존 데이터 <표 9.7>에 대해 R 프로그램을 이용하여 분석하고자 한다.

프로그램 9.3 오존 데이터에 대한 분할-분할구설계 분석

```
ozone<-read.table( "D:\\13expd\\OZoneSSP2.txt", header=T)
attach(ozone);   head(ozone)

Chamber<-as.factor(Chamber)      # repetition
Ozone<-as.factor(Ozone)          # whole plot
Variety<-as.factor(Variety)      # split plot
Location<-as.factor(Location)    # split-split plot

tapply(Y, list(Chamber,Ozone), mean)
tapply(Y, list(Ozone,Variety), mean)
tapply(Y, list(Ozone,Location), mean)
tapply(Y, list(Variety,Location), mean)

mod<-aov(Y~Ozone*Variety*Location+Error(Chamber/Ozone/Variety/Location))
summary(mod)

par(mfrow=c(2,2))    # 그림 9.5
interaction.plot(Location, Variety, Y)
interaction.plot(Location, Ozone, Y)
interaction.plot(Variety, Ozone, Y)

library(lattice)
mycol = c( "black", "red",  "blue", "green3", "salmon", "skyblue" )
xyplot(Y~Location|Ozone*Chamber, groups=Variety, type="b",
         col=mycol, lty=1, ylab="Y",main="ozone")    # 그림 9.6
```

```
> tapply(Y, list(Chamber,Ozone), mean)
          1         2         3         4
1 0.2916667 0.2650000 0.3058333 0.3700000
2 0.2808333 0.2433333 0.3291667 0.4158333
```

Chamber*Ozone 수준에서의 평균을 보여 준다.

```
> tapply(Y, list(Ozone,Variety), mean)
       1      2      3      4      5      6
1 0.2575 0.2275 0.2050 0.3225 0.3475 0.3575
2 0.2150 0.2950 0.2100 0.2450 0.3350 0.2250
3 0.2425 0.4100 0.2425 0.3350 0.2725 0.4025
4 0.3025 0.3925 0.4075 0.3775 0.3900 0.4875
```

Chamber*Variety 수준에서의 평균을 보여 준다.

```
> tapply(Y, list(Ozone,Location), mean)
          R         T
1 0.2533333 0.3191667
2 0.2025000 0.3058333
3 0.2775000 0.3575000
4 0.4516667 0.3341667
```

Ozone*Location 수준에서의 평균을 보여 준다.

```
> tapply(Y, list(Variety,Location), mean)
        R       T
1 0.25750 0.25125
2 0.34250 0.32000
3 0.31250 0.22000
4 0.33500 0.30500
5 0.27625 0.39625
6 0.25375 0.48250
```

Variety*Location 수준에서의 평균을 보여 준다.

```
> mod<-aov(Y~Ozone*Variety*Location + Error(Chamber/Ozone/Variety/Location) )
> summary(mod)

Error: Chamber
          Df   Sum Sq  Mean Sq F value Pr(>F)
Residuals  1 0.002017 0.002017

Error: Chamber:Ozone
          Df  Sum Sq Mean Sq F value Pr(>F)
Ozone      3 0.25400 0.08467   14.62  0.027 *
Residuals  3 0.01738 0.00579
---
Signif. codes:  0 '***' 0.001 '**' 0.01 '*' 0.05 '.' 0.1 ' ' 1
```

```
Error: Chamber:Ozone:Variety
              Df Sum Sq Mean Sq F value Pr(>F)
Variety        5 0.1533 0.03067   1.045  0.419
Ozone:Variety 15 0.1690 0.01127   0.384  0.968
Residuals     20 0.5867 0.02933
Error: Chamber:Ozone:Variety:Location
                        Df  Sum Sq  Mean Sq  F value  Pr(>F)
Location                 1  0.0260  0.02600   0.645   0.430
Ozone:Location           3  0.1853  0.06177   1.532   0.232
Variety:Location         5  0.2809  0.05618   1.393   0.262
Ozone:Variety:Location  15  0.6926  0.04618   1.145   0.373
Residuals               24  0.9677  0.04032
```

완전확률화설계인 경우 반복인 Chamber 효과를 무시할 수 있다. 그러므로 분산분석 결과를 <표 9.10>과 같이 정리한다. 유의수준 $\alpha = 0.05$에서 주구 요인 Ozone 효과만 유의함을 알 수 있다.

<그림 9.5>에서는 두 개 요인별 상호작용그림을 보여 주므로 두 개 요인수준별 관계를 알 수 있다. <그림 9.6>은 Chamber(2 수준)*Ozone(4 수준) 내 Variety에 따른 Location에 따른 반응값을 보여 준다.

표 9.10 오존 데이터 분할–분할구설계 분산분석표

요인	자유도	제곱합	평균제곱합	F 통계량	p-값
Ozone (wp)	3	0.2540	0.08467	17.640	0.009
주구 오차	4	0.0193	0.0048		
Variety (sp)	5	0.1533	0.03067	1.045	0.419
Ozone*Variety	15	0.1690	0.01127	0.384	0.968
분할구 오차	20				
Location (ssp)	1	0.0260	0.02600	0.645	0.430
Ozone*Location	3	0.1853	0.06177	1.532	0.232
Variety*Location	5	0.2809	0.05618	1.393	0.262
Ozone*Variety*Location	15	0.6926	0.04618	1.145	0.373
분할–분할구 오차	24	0.9677	0.04032		
계	95				

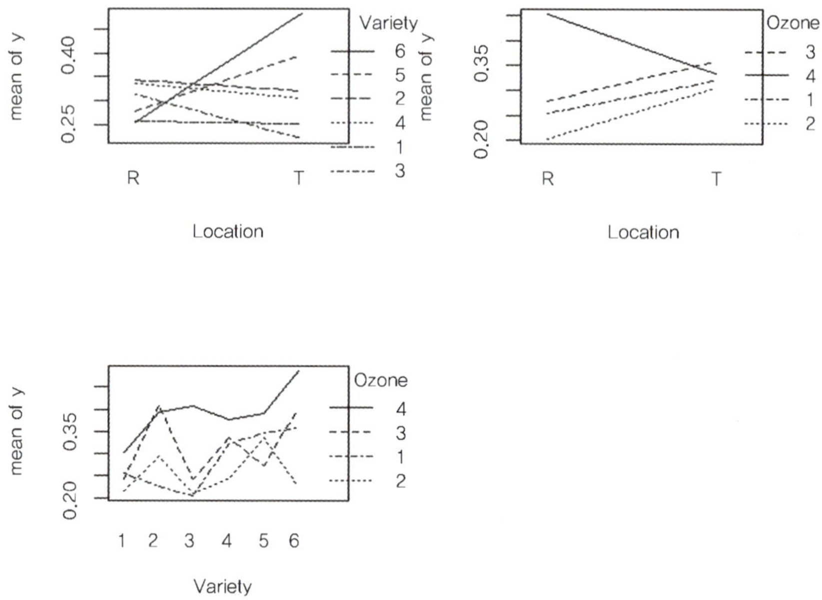

그림 9.5 오존 데이터에 대한 상호작용그림

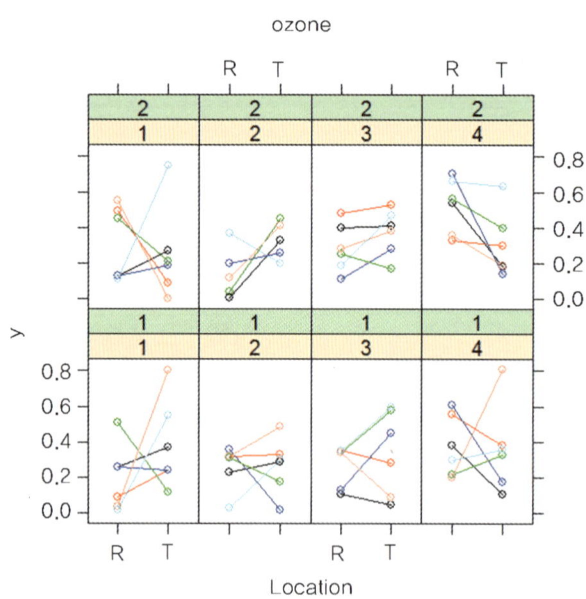

그림 9.6 오존 데이터에 대한 Chamber(2 수준)*Ozone(4 수준) 내 Variety에 따른 Location 반응값

연습문제

9.1 빵 굽는 온도(baking temperature)와 재료배합법(recipe, mix)이 빵의 맛에 영향을 주는지 연구하고자 한다. 세 종류의 배합법을 선택하여 5가지 서로 다른 온도에서 빵을 굽는다. 각 재료배합에 대해 5개로 나눈 후 각 오븐(oven)에 세 종류의 재료배합(mix)이 정해진 빵으로 구운 후 맛을 평가한다. 이러한 오븐은 5개가 있으며 서로 다른 온도로 맞추어져 있다. 이와 같은 실험을 2일 동안 반복 수행한다.

반복	재료배합 (mix)	온도(temperature) (°F)				
		175	185	195	205	215
I	1	47	29	35	47	57
	2	35	46	47	39	52
	3	43	43	43	46	47
II	1	26	28	32	25	37
	2	21	21	28	26	27
	3	21	28	25	25	31

(1) 분할구설계에 대한 통계적 모형을 쓰시오.

(2) 분산분석표를 작성하시오.

(3) 각 처리효과에 대해 유의수준 $\alpha = 0.05$에서 가설검정하시오.

9.2 전자 부품 수명 실험을 하고자 한다. 각 실험방(chamber)은 습도(humidity)가 고정되어 있다. 두 개의 strip으로부터 한 개의 상자(box)를 선택하여 넣고 pull-off force를 측정했다. 분할구설계로부터 습도와 strip이 반응에 영향을 주는지 연구하고자 한다. 이와 같은 실험을 2회 반복 수행한다.

반복	Strips	Humidity(%)		
		50	70	90
I	1	1.12	3.50	1.00
	2	1.13	0.75	0.50
II	1	1.75	1.75	1.50
	2	5.25	1.62	1.50

(1) 분할구설계에 대한 통계적 모형을 쓰시오.

(2) 분산분석표를 작성하시오.

(3) 각 요인효과에 대해 유의수준 $\alpha = 0.05$에서 가설검정하시오.

9.3 회로(circuit) 제조 공정 중 산화물 제거(oxide removal)에 압력(pressure), 동력(power), 온도(temperature)가 영향을 미치는지 연구하고자 한다. 온도를 세 수준으로 정하고 압력과 동력의 조합인 $3 \times 3 = 9$개 처리조합에 대해 웨이퍼가 랜덤하게 배정되어 2회 반복 실험을 하여 데이터를 얻었다.

(1) 분할-분할구설계에 대한 통계적 모형을 쓰시오.

(2) 분산분석표를 작성하시오.

(3) 각 처리효과에 대해 유의수준 $\alpha = 0.05$에서 가설검정하시오.

		압력								
		1			2			3		
		동력			동력			동력		
반복	온도	1	2	3	1	2	3	1	2	3
1	1	146	202	264	189	229	298	181	225	267
	2	141	212	258	160	228	323	182	253	330
	3	133	180	247	159	184	250	173	199	270
2	1	167	212	258	188	231	311	180	222	264
	2	147	197	259	154	224	334	178	250	331
	3	120	177	242	160	189	242	174	201	276

9.4 곡류 수확량(yield)에 대해 영향을 미치는 용수로(irrigation), 씨앗의 밀도(density), 비료(fertilizer) 요인을 고려하여 분할–분할구설계를 했다. 용수로 여부를 두 수준(control, irrigated)으로 정하고 땅을 2 등분하여 한 쪽은 용수로가 없고 다른 한 쪽은 용수로가 있도록 했다. 용수시설이 있는 땅은 곡식 씨앗의 심는 밀도(density: high, low, medium)에 따라 3개의 분할구로 나누었으며 비료(fertilizer) 세 종류(N, N+P, P)를 다르게 주었다. 주구는 용수로 여부, 분할구는 씨앗의 밀도, 분할–분할구는 비료이다. 4개 블록에서 실험을 하여 데이터를 얻었다.

(1) 분할–분할구설계에 대한 통계적 모형을 쓰시오.

(2) 분산분석표를 작성하시오.

(3) 각 처리효과에 대해 유의수준 $\alpha = 0.05$에서 가설검정하시오.

		기준(Control)			용수시설(Irrigated)		
	씨앗 밀도	N	NP	P	N	NP	P
블록 A	high	81	93	92	78	122	98
	low	90	107	95	80	100	87
	medium	92	92	89	121	119	110
블록 B	high	74	74	81	136	132	133
	low	83	95	80	102	105	109
	medium	98	106	98	99	123	94
블록 C	high	82	94	78	119	136	122
	low	85	88	88	60	114	104
	medium	112	91	104	90	113	118
블록 D	high	85	83	89	116	133	136
	low	86	89	78	73	114	114
	medium	79	87	86	109	126	131

참고문헌

- 김재희 (2012) R을 이용한 통계프로그래밍 기초(개정판), 자유아카데미.
- 박동권 (1995) 실험계획법, 자유아카데미.
- 박성현 (2003) 현대실험계획법(개정판), 민영사.
- 박흥선 (2005) SAS를 이용한 실험계획과 분산분석, 자유아카데미.
- 성내경 (1997) 실험설계와 분석, 자유아카데미.
- 임용빈, 박성현, 안병진, 김영일 (2008) 실용적인 실험계획법, 자유아카데미.
- Albert, J. and Rizzo, M. (2011) R by Example, Springer, New York.
- Box, G. E. P.(1988) Signal-to-noise ratios, performance criteria, and transformation, *Technometrics*, Vol. 2, 455-476.
- Box, G., Hunter, W. and Hunter, S. (2005). Statistics for Experimenters: Design, Innovation, and Discovery, 2nd edition. New York, NY: Wiley-Interscience.
- Box, G. E. P. and Wilson, K. G (1951) On the experimental attainment of optimum condition, *Journal of the Royal Statistical Society*, B, Vol. 13, 1-45.
- Carmer, S. G. and Swanson, M.R. (1973) Evaluation of ten pairwise multiple comparison procedures by Monte Carlo methods, *Journal of American Statistical Association*, 68, 314, 66-74.
- Casella, G. (2008) Statistical Design, Springer, New York.
- Cochran, W. G. and Cox, G. M. (1957) Experimental Design, Wiley, New York.
- Hicks, C. R. and Turner, K. V. (1999) Fundamental Concepts in the Design of Experiments, Oxford University Press, Oxford.
- Hunter, J. S. (1985) Statistical design applied to product design, *Journal of Quality Technology*, Vol. 17, 210-221.
- Hunter, J. S. (1989) Let's all beware the Latin square, Quality Engineering, Vol. 1, 454-465.
- Jones, B. and Nachtsheim, C. J. (2009) Split-Plot designs: What, Why, and How, *Journal of Quality Technology*, 41, 4, 340-361.
- Lawson, J. (2014). Design and Analysis of Experiments with R. CRC press.

- Montgomery, D.C. (2009) Design and Analysis of Experiments, Wiley, New York.
- Morgan, E. (1995) Chemometrics: Experimental Design, Wiley, New York.
- Myers, R. H. and Montgomery, D. C. (1995) Response Surface Methodology, Wiley, New York.
- Myers, R. H. and Montgomery, D. C. (2002) Response Surface Methodology, 2nd edition, Wiley, New York.
- Rasch, D., Pilz, J. Verdooren, R. and Gebhardt, A. (2011) Optimal Experimental Design with R, CRC Press, New York.
- Scheffe, H. (1953) A method for judging all contrasts in the analysis of variance, *Biometrika,* 40, 87-104.
- Taguchi, G. and Wu, Y. (1980) Introduction to off-line quality control, Central Japan Quality Control Association, Nagoya, Japan.
- Yates, M. A. (1935) Complex experiments, *Supplement to the Journal of the Royal Statistical Society*, Vol 2, No2, 181-247.

찾아보기

저자 소개

김재희(金哉希, Jaehee Kim)
서울대학교 계산통계학과 학사
서울대학교 통계학 석사
미국 Texas A&M University 통계학 박사
미국 Texas A&M University, Department of Statistics 방문교수
미국 Columbia University, Department of Biostatistics 방문교수
현) 덕성여자대학교 정보통계학과 교수

R을 이용한
통계적 실험설계와 분석 -제3판-

저 자 김재희
발 행 인 김지영
발 행 처 자유아카데미
주 소 경기도 파주시 회동길 37-42
파주출판도시
전 화 031-955-1321
팩 스 031-955-1322
홈페이지 www.freeaca.com
전자우편 main@freeaca.com (대표)
editor@freeaca.com (편집)
crm@freeaca.com (영업)
등 록 제406-2003-017호, 1980. 7. 12
제3판1쇄 2025년 1월 5일 발행
정 가 32,000원

저자와의
협의하에
인지생략

ISBN 979-11-5808-659-6 93310